清华开发者书库 · Python

Python Programming in Action

关东升◎编著

Python

从小白到大牛

（第2版）

清華大學出版社
北京

内容简介

本书是一部系统论述Python编程语言、OOP编程思想以及函数式编程思想的立体化教程（含图书、教学课件、源代码与视频教程）。全书共分为四篇：第一篇Python语言基础（第1～8章），第二篇Python编程进阶（第9～17章），第三篇Python常用库与框架（第18～22章），第四篇Python项目实战（第23～28章）。主要内容包括：开篇综述、开发环境搭建、第一个Python程序、Python语法基础、Python编码规范、数据类型、运算符、控制语句、数据结构（序列、集合和字典）、函数与函数式编程、面向对象编程、异常处理、常用模块、正则表达式、文件操作与管理、数据交换格式、数据库编程、网络编程、wxPython图形用户界面编程、Python多线程编程、项目实战1：网络爬虫技术——爬取搜狐证券股票数据、项目实战2：数据分析技术——贵州茅台股票数据分析、项目实战3：数据可视化技术——贵州茅台股票数据可视化、项目实战4：计算机视觉技术——网站验证码识别、项目实战5：Python Web Flask框架——PetStore宠物商店项目、项目实战6：Python综合技术——QQ聊天工具开发。

为便于读者高效学习，快速掌握Python编程方法，本书提供完整的教学课件、完整的源代码与丰富的配套视频教程以及在线答疑服务等内容。

本书适合作为Python程序设计者的参考用书。

图书在版编目（CIP）数据

Python从小白到大牛 / 关东升编著. —2版. — 北京：清华大学出版社，2021.1（2021.8重印）
（清华开发者书库・Python）
ISBN 978-7-302-56247-4

Ⅰ. ①P… Ⅱ. ①关… Ⅲ. ①软件工具–程序设计 Ⅳ. ①TP311.561

中国版本图书馆CIP数据核字（2020）第151714号

责任编辑：盛东亮　钟志芳
封面设计：李召霞
责任校对：时翠兰
责任印制：沈　露

出版发行：清华大学出版社
网　　址：http://www.tup.com.cn，http://www.wqbook.com
地　　址：北京清华大学学研大厦A座　　**邮　　编：**100084
社 总 机：010-62770175　　**邮　　购：**010-83470235
投稿与读者服务：010-62776969，c-service@tup.tsinghua.edu.cn
质量反馈：010-62772015，zhiliang@tup.tsinghua.edu.cn
课 件 下 载：http://www.tup.com.cn,010-83470236
印 装 者：天津鑫丰华印务有限公司
经　　销：全国新华书店
开　　本：203mm×260mm　　**印　　张：**29.5　　**字　　数：**833千字
版　　次：2018年11月第1版　2021年3月第2版　　**印　　次：**2021年8月第2次印刷
印　　数：2501～4500
定　　价：99.00元

产品编号：088566-01

推荐序

FOREWORD

人类社会从古至今发展到现在已是日新月异，科技正在为这个世界勾勒更加绚丽的未来，这其中离不开人类与计算机之间沟通的技术。凭借一行行的代码、一串串的字符，人类与计算机的交流不再困难重重、不再受到空间的阻隔，计算机语言也随着时代的发展越发体现出魅力。

JetBrains 致力于为开发者打造智能的开发工具，让计算机语言交流也能够轻松自如。历经 15 年的不断创新，JetBrains 始终在不断完善其平台，以满足最顶尖的开发需要。

在全球，JetBrains 平台备受数百万开发者的青睐，应用于各行各业，见证着它们的创新与突破。在 JetBrains 平台上，我们始终追求为开发者简化复杂项目的目标，利用 JetBrains 平台自动完成项目中的简单部分，让开发者能够最大限度地专注于代码的设计和全局的构建。

JetBrains 提供一流的工具帮助开发者打造完美的代码。为了展现每种语言的独特性，我们的 IDE（集成开发环境）致力于为开发者提供如下产品：Java（IntelliJ IDEA）、C/C++（CLion）、Python（PyCharm）、PHP（PhpStorm）、NET 跨平台（ReSharper，Rider），并提供相关的团队项目追踪、代码审查工具等。不仅如此，JetBrains 还创造了自己的语言—— Kotlin，让程序的逻辑和含义更加清晰。

与此同时，JetBrains 还为开源项目、教育行业和社区提供了独特的免费版本。这些版本不仅适用于专业的开发者，满足相关的开发需求，而且能够使初学者易于上手，由浅入深地使用计算机语言进行交互沟通。

JetBrains 将同清华大学出版社一起，策划一套涉及上述产品与技术的高水平图书，也希望通过这套书，更广泛地让读者体会到 JetBrains 平台协助编程的无穷魅力。期待更多的读者能够高效开发，发挥出最大的创造潜力。

让未来在你的指尖跳动！

JetBrains 大中华区市场经理

赵磊

前言

PREFACE

Python 语言诞生至今将近 30 年，但是在前 20 年里，在国内使用 Python 进行软件开发的程序员并不多。而在近 5 年的时间里，人们对 Python 语言的关注度迅速提高，这不仅因为 Python 语言非常优秀，更是由于当前科学计算、人工智能、大数据和区块链等新技术发展带来的需要。

Python 语言具有优良的动态特性、胶水语言特性、简单的语法和面向对象特性，并拥有成熟而丰富的第三方库。其主要应用领域涵盖了热门的人工智能开发、数据挖掘、嵌入式开发、Web 开发与后端服务开发，拥有健全的语言生态和广泛的应用场景——这是大量程序员从其他编程语言转向 Python 的主要原因，也是广大高校计算机类、电子信息类、自动化类专业将 Python 作为程序设计基础课程的原因。也正是由于这种迫切的教育需求，笔者精心编著了本书。

根据第 1 版中广大读者的反馈，以及 Python 新功能变化，《Python 从小白到大牛》（第 2 版）变化如下：

（1）IDE 工具不再推荐使用 Eclipse+PyDev 和 Visual Studio Code，而推荐使用 PyCharm。

（2）介绍搭建自己的 Web 服务器。

（3）数据库升级为 MySQL 8。

（4）增加了计算机视觉技术介绍。

（5）增加了数据分析技术介绍。

（6）增加了 Python Web Flask 框架介绍。

（7）PetStore 宠物商店项目改为用 Web 技术实现。

（8）增加了网站验证码识别项目。

本书是 Python 计算机编程语言入门图书。无论读者是 Python 编程爱好者、高校计算机相关专业学生、还是从事软件开发的工程师，都可以从本书入门，成为 Python 程序员。如果读者想深入学习 Python 在某一领域的应用技术，则需要进一步阅读相关书籍。

本书继续采用立体化图书概念，所谓“立体化图书”就是图书包含书籍、配套视频、配套课件、配套源代码和服务等内容。

除关东升外，赵志荣、赵大羽、关锦华、闫婷娇、王馨然、关秀华和赵浩丞也参与本书部分内容的写作。感谢赵浩丞手绘了书中全部草图，并从专业的角度修改书中图片，力求更加真实完美地奉献给广大读者。

由于 Python 编程应用不断更新迭代，加之作者水平有限，书中难免存在疏漏与不妥之处，恳请读者提出宝贵意见，以便再版改进。

关东升　2021 年 1 月

知识图谱

MAPPING KNOWLEDGE DOMAIN

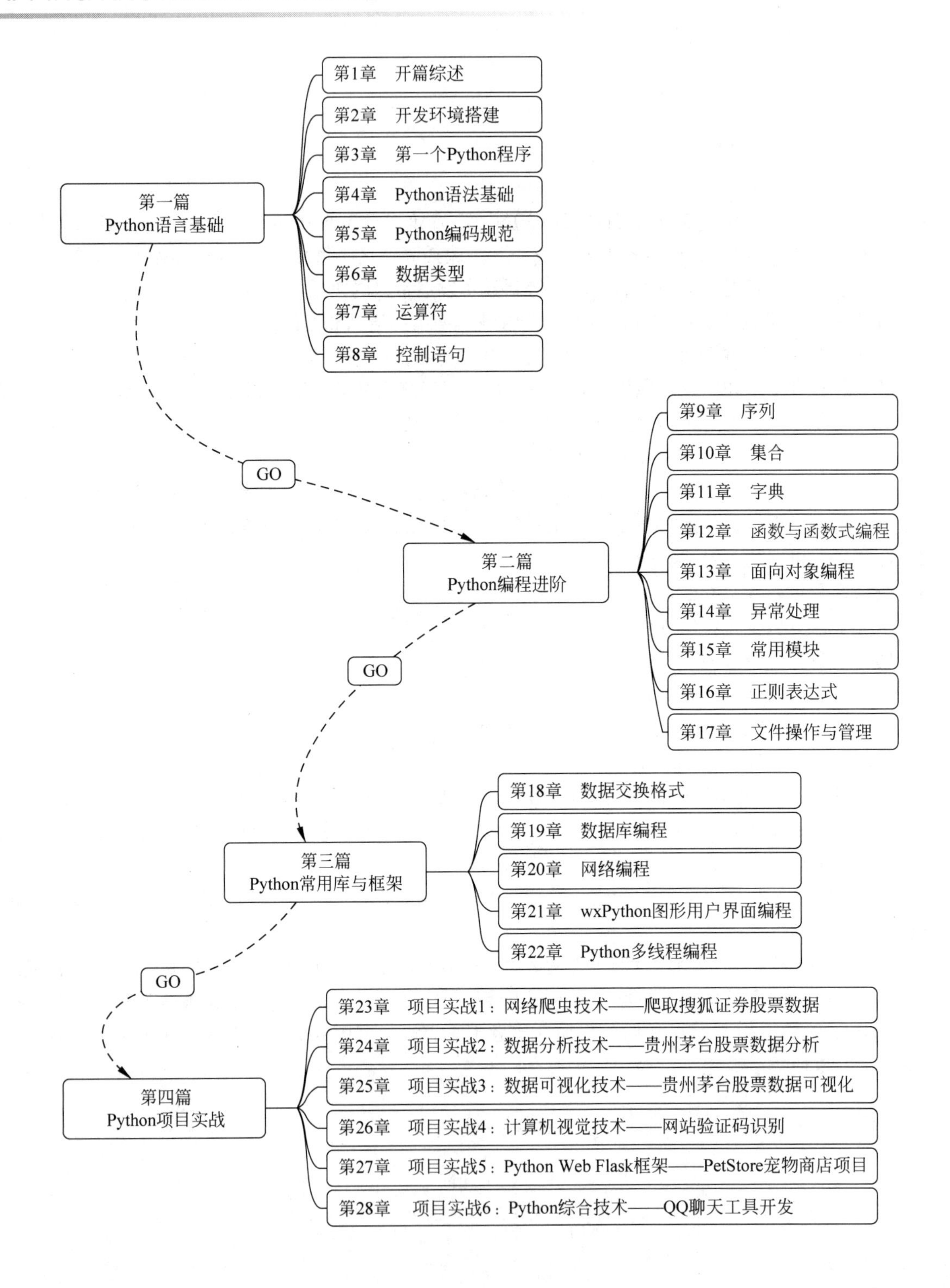

目录

CONTENTS

第一篇　Python 语言基础

第二篇 Python 编程进阶

第三篇　Python 常用库与框架

第一篇
Python 语言基础

本篇包括8章内容，系统介绍了Python语言的基础知识。内容包括Python语言历史、Python语言特点、开发环境搭建、创建第一个Python程序、Python语法基础、Python编码规范、数据类型、运算符和控制语句等。通过本篇的学习，读者可以全面了解Python的发展及特点，详细了解Python的语法规范，初步掌握Python程序设计的基本方法。

第 1 章

开 篇 综 述

Python 语言诞生至今将近 30 年，现在 Python 仍然是非常热门的编程语言之一，很多平台中都在使用 Python 开发。表 1-1 为 TIOBE 社区发布的 2019 年 3 月和 2020 年 3 月的编程语言排行榜，从排行中可见 Python 语言的热度。

表 1-1　TIOBE 编程语言排行榜

2020 年 3 月	2019 年 3 月	变化	编程语言	推荐指数 / %	指数变化 / %
1	1		Java	17.78	2.90
2	2		C	16.33	3.03
3	3		Python	10.11	1.85
4	4		C++	6.79	–1.34
5	6	↑	C#	5.32	2.05
6	5	↓	Visual Basic .NET	5.26	–1.17
7	7		JavaScript	2.05	–0.38
8	8		PHP	2.02	–0.40
9	9		SQL	1.83	–0.09
10	18	↑↑	Go	1.28	0.26
11	14	↑	R	1.26	–0.02
12	12		Assembly language	1.25	–0.16
13	17	↑↑	Swift	1.24	0.08
14	15	↑	Ruby	1.05	–0.15
15	11	↓↓	MATLAB	0.99	–0.48
16	22	↑↑	PL/SQL	0.98	0.25
17	13	↓↓	Perl	0.91	–0.40
18	20	↑↑	Visual Basic	0.77	–0.19
19	10	↓↓	Objective-C	0.73	–0.95
20	19	↓↓	Delphi/Object Pascal	0.71	–0.30

1.1 Python 语言历史

微课视频

Python 语言之父荷兰人吉多·范罗苏姆（Guido van Rossum）在 1989 年圣诞节期间，在阿姆斯特丹为了打发圣诞节的无聊时间，决心开发一门解释程序语言。1991 年第一个 Python 解释器公开版发布，它是用 C 语言编写实现的，并能够调用 C 语言的库文件。Python 一诞生就已经具有了类、函数和异常处理等内容，包含字典、列表等核心数据结构，以及模块为基础的拓展系统。

2000 年 Python 2 发布，Python 2 的最后一个版本是 Python 2.7，它还会存在较长一段时间，Python 2.7 支持时间延长到 2020 年。2008 年 Python 3 发布，Python 3 与 Python 2 是不兼容的，由于很多 Python 程序和库都是基于 Python 2 的，所以 Python 2 和 Python 3 程序会长期并存，不过 Python 3 的新功能吸引了很多开发人员，因此，很多开发人员也从 Python 2 升级到 Python 3。作为初学者，如果学习 Python 应该从 Python 3 开始。

Python 单词翻译为“蟒蛇”，一想到这种动物就不会有很愉快的感觉。那为什么这种新语言取名为 Python 呢？是因为吉多喜欢看英国电视秀节目蒙提·派森的飞行马戏团，于是他将这种新语言起名为 Python。

1.2 Python 语言设计哲学——Python 之禅

微课视频

Python 语言有它的设计理念和哲学，称为“ Python 之禅”。Python 之禅是 Python 的灵魂，理解 Python 之禅能帮助开发人员编写出优秀的 Python 程序。在 Python 交互式运行工具 IDLE（Python Shell 工具）中输入 import this 命令，如图 1-1 所示，显示内容就是 Python 之禅。

```
Python 3.8.1 Shell
File Edit Shell Debug Options Window Help
Python 3.8.1 (tags/v3.8.1:1b293b6, Dec 18 2019, 22:39:24) [MSC v.1916 32 bit (I
ntel)] on win32
Type "help", "copyright", "credits" or "license()" for more information.
>>> import this
The Zen of Python, by Tim Peters

Beautiful is better than ugly.
Explicit is better than implicit.
Simple is better than complex.
Complex is better than complicated.
Flat is better than nested.
Sparse is better than dense.
Readability counts.
Special cases aren't special enough to break the rules.
Although practicality beats purity.
Errors should never pass silently.
Unless explicitly silenced.
In the face of ambiguity, refuse the temptation to guess.
There should be one-- and preferably only one --obvious way to do it.
Although that way may not be obvious at first unless you're Dutch.
Now is better than never.
Although never is often better than *right* now.
If the implementation is hard to explain, it's a bad idea.
If the implementation is easy to explain, it may be a good idea.
Namespaces are one honking great idea -- let's do more of those!
>>>
Ln: 7 Col: 19
```

图 1-1　IDLE 中 Python 之禅

Python 之禅翻译解释如下：

Python 之禅——Tim Peters

优美胜于丑陋

明了胜于晦涩

简洁胜于复杂

复杂胜于凌乱

扁平胜于嵌套

宽松胜于紧凑

可读性很重要

即便是特例，也不可违背这些规则

不要捕获所有错误，除非你确定需要这样做

如果存在多种可能，不要猜测

通常只有唯一一种是最佳的解决方案

虽然这并不容易，因为你不是 Python 之父

做比不做要好，但不假思索就动手还不如不做

如果你的方案很难懂，那肯定不是一个好方案，反之亦然

命名空间非常有用，应当多加利用

1.3　Python 语言特点

Python 语言能够流行起来，并长久不衰，得益于 Python 语言有很多优秀的关键特点。其特点如下。

微课视频

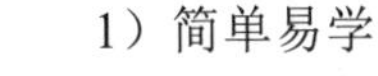

1）简单易学

Python 设计目标之一就是能够方便学习，使用简单。它使你能够专注于解决问题而不是过多关注语言本身。

2）面向对象

Python 支持面向对象的编程。与其他主要的语言如 C++ 和 Java 相比，Python 以一种非常强大而又简单的方式实现面向对象编程。

3）解释性

Python 是解释执行的，即 Python 程序不需要编译成二进制代码，可以直接从源代码运行程序。在计算机内部，Python 解释器把源代码转换成为中间字节码形式，然后再把它解释为计算机使用的机器语言并执行。

4）免费开源

Python 是免费开放源代码的软件。简单地说，你可以自由地转发这个软件、阅读它的源代码、对它做改动、把它的一部分用于新的自由软件中。

5）可移植性

Python 解释器已经被移植在许多平台上，Python 程序无须修改就可以在多个平台上运行。

6）胶水语言

Python 被称为胶水语言，所谓胶水语言是用来连接其他语言编写的软件组件或模块。Python 能够称为胶水语言是因为标准版本 Python 是用 C 编译的，称为 CPython。所以 Python 可以调用 C 语言，借助于 C 接口 Python 几乎可以驱动所有已知的软件。

7）丰富的库

Python 标准库（官方提供的）种类繁多，它可以帮助处理各种工作，这些库不需要安装直接可以使用。除了标准库以外，还有许多其他高质量的库可以使用。

8）规范的代码

Python 采用强制缩进的方式使得代码具有极佳的可读性。

9）支持函数式编程

虽然 Python 并不是一种单纯的函数式编程，但是也提供了函数式编程的支持，如函数类型、Lambda 表达式、高阶函数和匿名函数等。

10）动态类型

Python 是动态类型语言，它不会检查数据类型，在变量声明时不需要指定数据类型。

1.4 Python 语言应用前景

微课视频

Python 与 Java 语言一样，都是高级语言，它们不能直接访问硬件，也不能编译为本地代码运行。除此之外，Python 几乎可以做任何事情。下面是 Python 语言主要的应用前景。

1）桌面应用开发

Python 语言可以开发传统的桌面应用程序。如 Tkinter、PyQt、PySide、wxPython 和 PyGTK 等 Python 库可以快速开发桌面应用程序。

2）Web 应用开发

Python 经常被用于 Web 开发。很多网站是基于 Python Web 开发的，如豆瓣、知乎和 Dropbox 等。很多成熟的 Python Web 框架，如 Django、Flask、Tornado、Bottle 和 web2py 等 Web 框架，可以帮助开发人员快速开发 Web 应用。

3）自动化运维

Python 可以编写服务器运维自动化脚本。很多服务器采用 Linux 和 UNIX 系统，以前很多运维人员编写系统管理 Shell 脚本实现运维工作，而现在使用 Python 编写的系统管理脚本，在可读性、代码可重用性、可扩展性等方面优于普通 Shell 脚本。

4）科学计算

Python 语言广泛地应用于科学计算。如 NumPy、SciPy 和 Pandas 是优秀的数值计算和科学计算库。

5）数据可视化

Python 语言可将复杂的数据通过图表展示出来，便于数据分析。Matplotlib 库是优秀的可视化库。

6）网络爬虫

Python 语言很早就用来编写网络爬虫，谷歌等搜索引擎公司大量地使用 Python 语言编写网络爬虫。从技术层面上讲，Python 语言有很多这方面的工具，如 urllib、Selenium 和 BeautifulSoup 等，还有网络爬虫框架 scrapy。

7）人工智能

人工智能是现在非常火的一个研究方向。Python 广泛应用于深度学习、机器学习和自然语言处理等方向。由于 Python 语言的动态特点，很多人工智能框架都是采用 Python 语言实现的。

8）大数据

大数据分析中涉及的分布式计算、数据可视化、数据库操作等，Python 中都有成熟库可以完成这些工作。Hadoop 和 Spark 都可以直接使用 Python 编写计算逻辑。

9）游戏开发

Python 可以直接调用 OpenGL 实现 3D 绘制，这是高性能游戏引擎的技术基础。所以有很多 Python 语言实现的游戏引擎，如 Pygame、Pyglet 和 Cocos2d 等。

1.5 如何获得帮助

对于一个初学者必须要熟悉如下几个 Python 相关网址：

微课视频

- Python 标准库：https://docs.python.org/3/library/index.html。
- Python HOWTO：https://docs.python.org/3/howto/index.html。
- Python 教程：https://docs.python.org/3/tutorial/index.html。
- PEP 规范[①]：https://www.python.org/dev/peps/。

① PEP 是 Python Enhancement Proposals 的缩写。PEP 是为 Python 社区提供各种增强功能的技术规格说明书，也是提交新特性，以便让社区指出问题，精确化技术文档的提案。

第 2 章 开发环境搭建

“工欲善其事，必先利其器”（《论语·魏灵公》），要想做好一件事，准备工作非常重要。在开始学习 Python 技术之前，先了解如何搭建 Python 开发环境是非常重要的。

就开发工具而言，Python 官方只提供了一个解释器和交互式运行编程环境，而没有 IDE（Integrated Development Environments，集成开发环境）工具，事实上开发 Python 的第三方 IDE 工具也非常多，Python 社区推荐使用的工具，列举如下：

- PyCharm：是由 JetBrains 公司（www.jetbrains.com）开发的 Python IDE 工具。
- Eclipse+PyDev 插件：PyDev 插件下载地址为 https://www.pydev.org。
- Visual Studio Code：是由微软公司开发的，能够开发多种语言的跨平台 IDE 工具。

这几款工具都有免费版本，可以跨平台（Windows、Linux 和 macOS）。从编程程序代码、调试、版本管理等角度来看，PyCharm 和 Eclipse+PyDev 都很强大，但 Eclipse+PyDev 安装有些麻烦，需要自己安装 PyDev 插件。Visual Studio Code 风格类似于 Sublime Text 文本的 IDE 工具，同时又兼顾微软的 IDE 易用性，只要是安装相应的插件它几乎都可以开发。Visual Studio Code 与 PyCharm 相比，内核小、占用内存少，开发 Python 需要安装扩展（插件），更适合有一定开发经验的人使用。而 PyCharm 只要下载完成，安装成功就可以使用，需要的配置工作非常少。

综上所述，笔者个人推荐使用 PyCharm，本章将介绍 PyCharm 工具的安装和配置过程。

提示：本书提供给读者的示例源代码主要基于 PyCharm 工具编写的项目，因此打开这些代码需要 PyCharm 工具。

2.1 搭建 Python 环境

微课视频

无论是否使用 IDE 工具，首先应该安装 Python 环境。由于历史的原因，能够提供多个 Python 环境产品，介绍如下：

1）CPython

CPython 是由 Python 官方提供的。一般情况下提到的 Python 就是指 CPython，CPython 是基于 C 语言编写的，它实现的 Python 解释器能够将源代码编译为字节码（Bytecode），类似于 Java 语言，然后再由虚拟机执行，这样当再次执行相同源代码文件时，如果源代码文件没有被修改过，那么它会直接解释执行字节码文件，这样会提高程序的运行速度。

2）PyPy

PyPy 是基于 Python 实现的 Python 环境，速度要比 CPython 快，但兼容性不如 CPython。其官网为

www.pypy.org。

3）Jython

Jython 是基于 Java 实现的 Python 环境，可以将 Python 代码编译为 Java 字节码，也可以在 Java 虚拟机下运行。其官网为 www.jython.org。

4）IronPython

IronPython 是基于 .NET 平台实现的 Python 环境，可以使用 .NETFramework 链接库。其官网为 www.ironpython.net。

考虑到兼容性和其他一些性能，本书使用 Python 官方提供的 CPython 作为 Python 开发环境。Python 官方提供的 CPython 有多个不同平台版本（Windows、Linux/UNIX 和 macOS），大部分 Linux、UNIX 和 macOS 操作系统已经安装了 Python，只是版本有所不同。

提示：考虑到大部分读者使用的还是 Windows 系统，因此本书重点介绍 Windows 平台下 Python 开发环境的搭建。

截止到本书编写完成，Python 官方对外发布的最新版本是 Python 3.8。图 2-1 所示 Python 3.8 下载界面，其下载地址为 https://www.python.org/downloads。其中有 Python 2 和 Python 3 的多种版本可以下载，另外还可以选择不同的操作系统（Linux、UNIX、Mac OS X① 和 Windows）。如果在当前界面单击 Download Python 3.8.x 按钮，则会下载 Python 3.8.x 的安装文件。

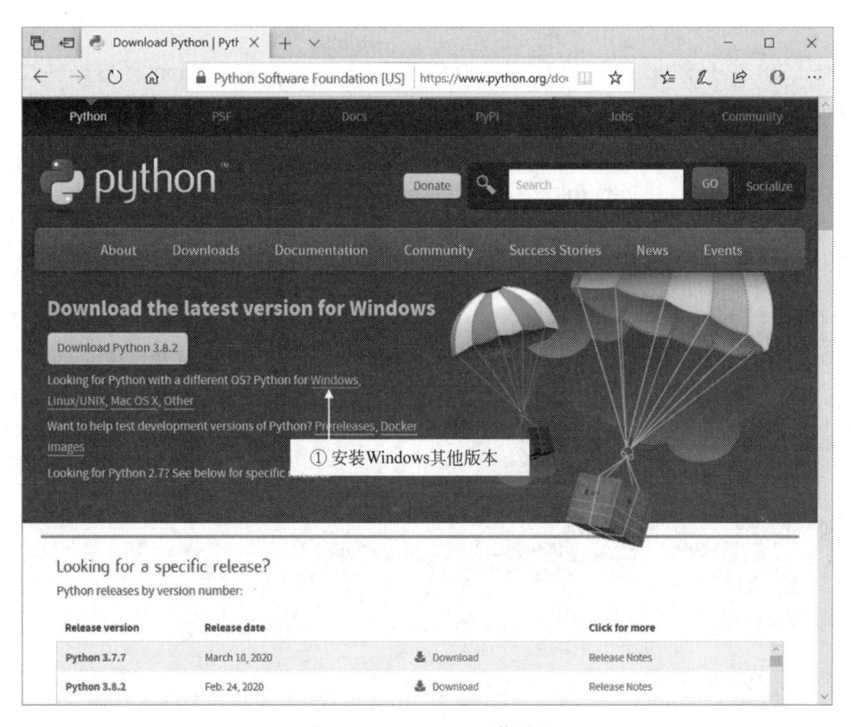

图 2-1　Python 3.8 下载界面

Python 安装文件下载完成后就可以安装了，双击该文件开始安装，安装过程中会弹出如图 2-2 所示的内容选择对话框，勾选 Add Python 3.8 to PATH 复选框可以将 Python 的安装路径添加到环境变量 PATH 中，这样就可以在任何文件夹下使用 Python 命令。选择 Customize installation 可以自定义安装，选择

① Mac OS X 是苹果桌面操作系统，基于 UNIX 操作系统，现在改名为 macOS。

Install Now 会进行默认安装。单击 Install Now 开始安装，直到安装结束关闭对话框，即可安装成功。

图 2-2　安装内容选择对话框

安装成功后，安装文件位于 <用户文件夹> \AppData\Local\Programs\Python\Python38-32 下面，在 Windows“开始”菜单中打开 Python 3.8 文件夹，会发现 4 个快捷方式文件，如图 2-3 所示，对这 4 个文件进行如下说明：

- IDLE (Python 3.8 32-bit).lnk：打开 Python IDLE 工具，IDLE 是 Python 官方提供的编写。
- Python 3.8 (32-bit).lnk：打开 Python 解释器。
- Python 3.8 Manuals (32-bit).lnk：打开 Python 帮助文档。
- Python 3.8 Module Docs (32-bit).lnk：打开 Python 内置模块帮助文档。

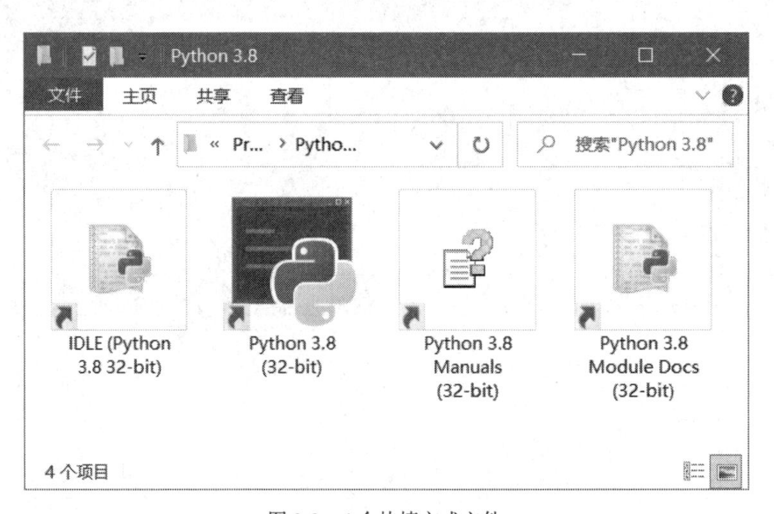

图 2-3　4 个快捷方式文件

2.2　PyCharm 开发工具

微课视频

PyCharm 是由 JetBrains 公司开发的 Python IDE 工具。JetBrains 公司是一家捷克公司，它开发的很多工具都好评如潮，如图 2-4 所示为 JetBrains 公司开发的工具，这些工具可以编写 C/C++、C#、DSL、Go、

Groovy、Java、JavaScript、Kotlin、Objective-C、PHP、Python、Ruby、Scala、SQL 和 Swift 语言。

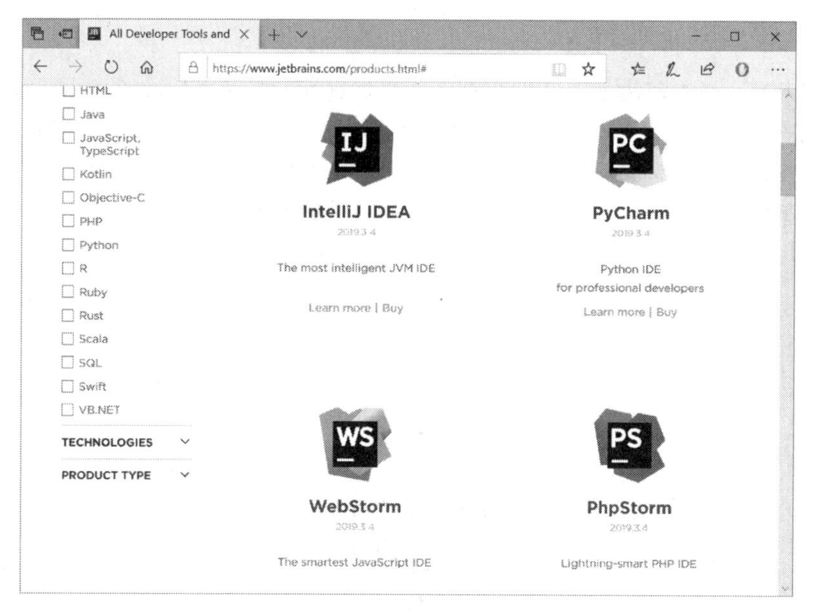

图 2-4　JetBrains 公司开发的工具

2.2.1　下载和安装

可以在如图2-4所示的界面中单击PyCharm或通过地址https://www.jetbrains.com/pycharm/download/，进入如图 2-5 所示下载界面进行下载和安装 PyCharm 工具。可见 PyCharm 有两个版本：Professional 和 Community。Professional 是收费的，可以免费试用 30 天，如果超过 30 天，则需要购买软件许可 (Licensekey)。Community 为社区版，它是完全免费的，对于学习 Python 语言社区版的读者已经足够。

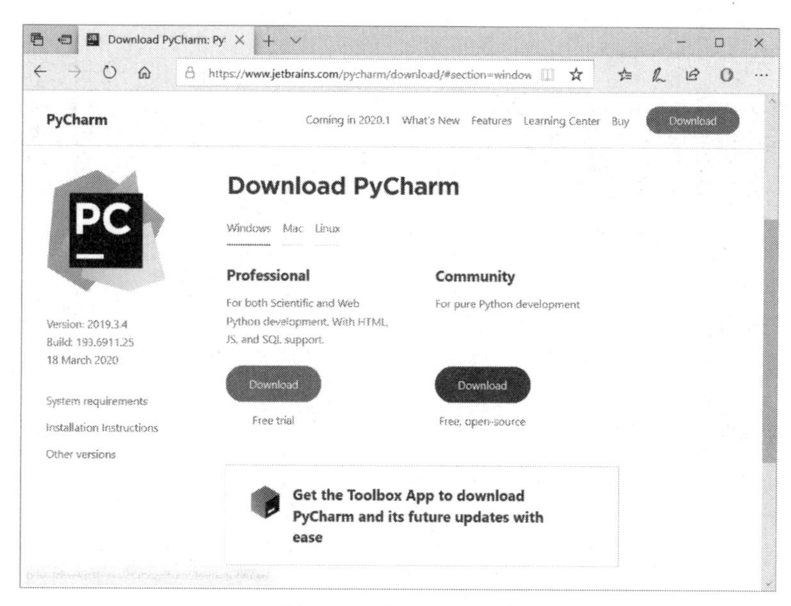

图 2-5　下载 PyCharm 界面

下载安装文件成功后即可安装，安装过程非常简单，这里不再赘述。

2.2.2 设置 Python 解释器

首次启动刚安装成功的 PyCharm，需要根据个人喜好进行一些基本的设置，这些设置过程非常简单，这里不再赘述。基本设置完成后进入 PyCharm 欢迎界面，如图 2-6 所示。单击底部的 Configure 按钮，在弹出的菜单中选择 Settings，选择左边 Project Interpreter（解释器）打开“解释器配置”对话框，如图 2-7 所示。如果右边的 Project Interpreter 没有设置，可以单击下拉列表选择 Python 解释器（见编号①）。若下拉列表中没有 Python 解释器，可以单击“配置”按钮添加 Python 解释器（见编号②）。

图 2-6　PyCharm 欢迎界面

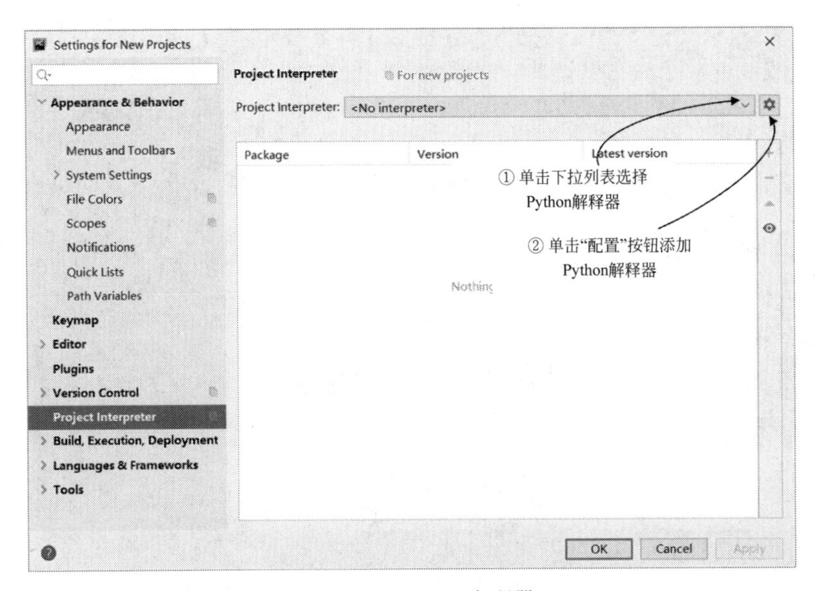

图 2-7　配置 Python 解释器

在图 2-7 中单击“配置”按钮会弹出如图 2-8 所示的菜单，单击 Show All... 菜单则显示所有可用的 Python 解释器；如果没有 Show All... 菜单，可以单击 Add... 菜单添加 Python 解释器，弹出如图 2-9 所示的对话框，其中有 4 个选择项目，介绍如下：

图 2-8　配置 Python 解释器菜单

- Virtualenv Environment 是 Python 解释器虚拟环境，当有多个不同的 Python 版本需要切换时，可以使用该选项。
- Conda Environment 是配置 Conda 环境，Conda 是一个开源的软件包管理系统和环境管理系统。安装 Conda 一般是通过安装 Anaconda 实现的，Anaconda 是一个 Python 语言的免费增值发行版，用于进行大规模数据处理、预测分析和科学计算，致力于简化包的管理和部署。

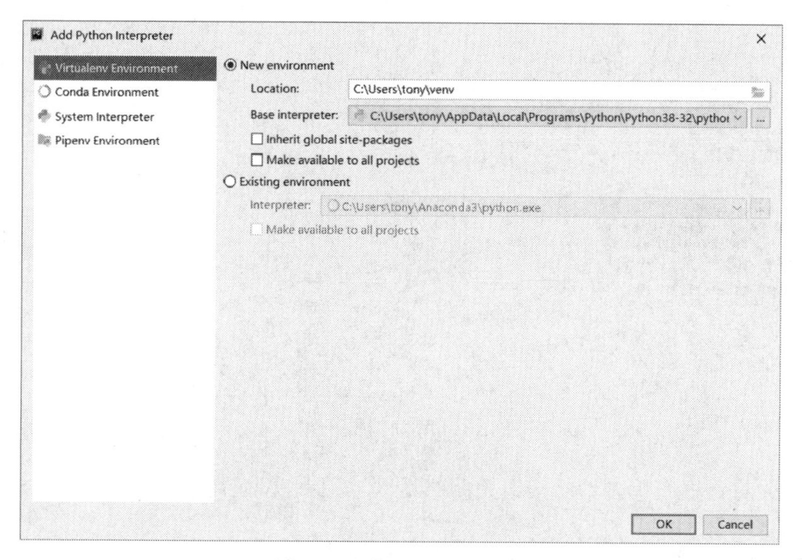

图 2-9　添加 Python 解释器

- System Interpreter 是配置当前系统安装的 Python 解释器，本例中需要选中该选项，然后在右边的 Interpreter 下拉列表中选择当前系统安装的 Python 解释器文件夹，如图 2-10 所示。

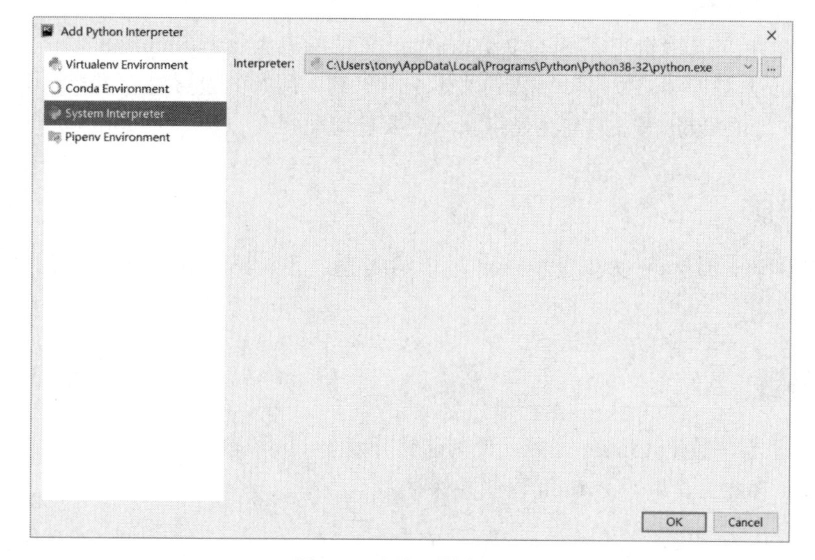

图 2-10　添加系统解释器

• Pipenv Environment 不是设置 Python 解释器，而是 Python 包管理工具 pip 环境，Python 包管理工具可以帮助安装和卸载 Python 库和包。

选择 Python 解释器完成后回到如图 2-7 所示的对话框，此时可见添加完成的解释器，如图 2-11 所示。

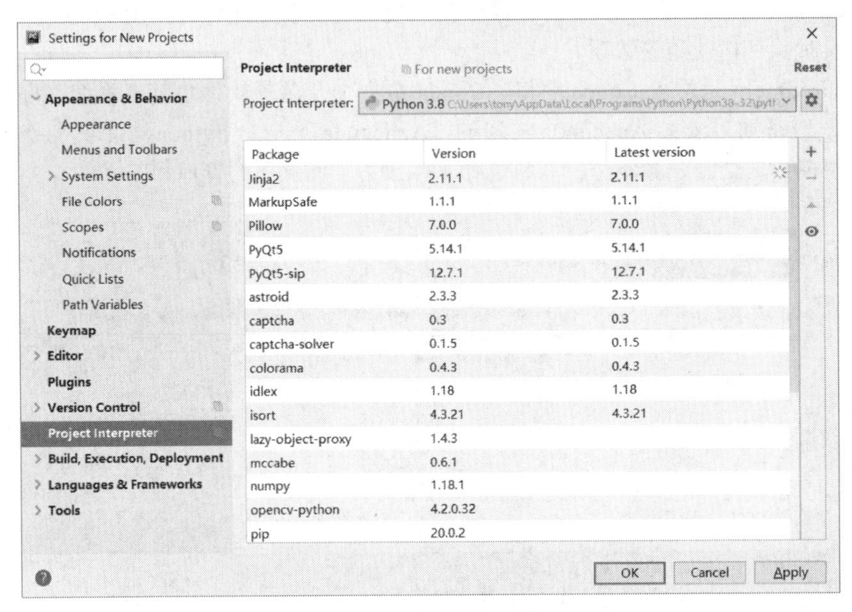

图 2-11 添加完成解释器

在图 2-11 所示的对话框中单击 OK 按钮关闭对话框，回到欢迎界面。

2.3 文本编辑工具

微课视频

也有一些读者喜欢使用单纯的文本编辑工具编写 Python 代码文件，然后再使用 Python 解释器运行。这种方式客观上可以帮助初学者记住 Python 的一些关键字，以及常用的函数和类，但是这种方式用于实际项目开发，效率是很低的。

为了满足读者使用文本编辑工具编写 Python 代码文件，笔者推荐 Sublime Text 工具。Sublime Text（www.sublimetext.com）是近年来发展和壮大的文本编辑工具，所有的设置没有图形界面，在 JSON 格式①的文件中进行，它支持 Python 语言的高亮显示，不需要任何配置。

2.4 本章小结

通过对本章的学习，读者可以掌握 Python 环境的搭建过程。熟悉 Python 开发的 PyCharm 工具的下载、安装和配置过程。

2.5 动手实践

1. 在 Windows 平台配置 PyCharm 工具，使其能够开发 Python 程序。
2. 使用 Sublime Text 工具编写 Python 程序并保存。

① JSON（JavaScript Object Notation, JS 对象标记）是一种轻量级的数据交换格式，采用键值对形式，如：{"firstName": "John"}。

第 3 章

第一个 Python 程序

本章以 Hello World 作为切入点，介绍如何编写和运行 Python 程序代码。运行 Python 程序主要有两种方式：①交互方式运行；②文件方式运行。本章介绍用这两种运行方式实现 Hello World 程序。

3.1 使用 Python Shell

微课视频

进入 Python Shell 可以通过交互方式编写和运行 Python 程序。启动 Python Shell 有以下三种方式：

（1）单击 Python 开始菜单中 Python 3.8 (32-bit).lnk 快捷方式文件启动，启动后的 Python Shell 界面如图 3-1 所示。

```
Python 3.8 (32-bit)
Python 3.8.2 (tags/v3.8.2:7b3ab59, Feb 25 2020, 22:45:29) [MSC v.1916 32 bit (Intel)] on
 win32
Type "help", "copyright", "credits" or "license" for more information.
>>> 
```

图 3-1　快捷方式文件启动 Python Shell

（2）进入 Python Shell 还可以在 Windows 命令提示符（即 DOS）中使用 Python 命令启动，启动命令不区分大小写，也没有任何参数，启动后的界面如图 3-2 所示。

（3）通过 Python IDLE 启动 Python Shell，如图 3-3 所示。Python IDLE 提供了简单的文本编辑功能，如剪切、复制、粘贴、撤销和重做等，且支持语法高亮显示。

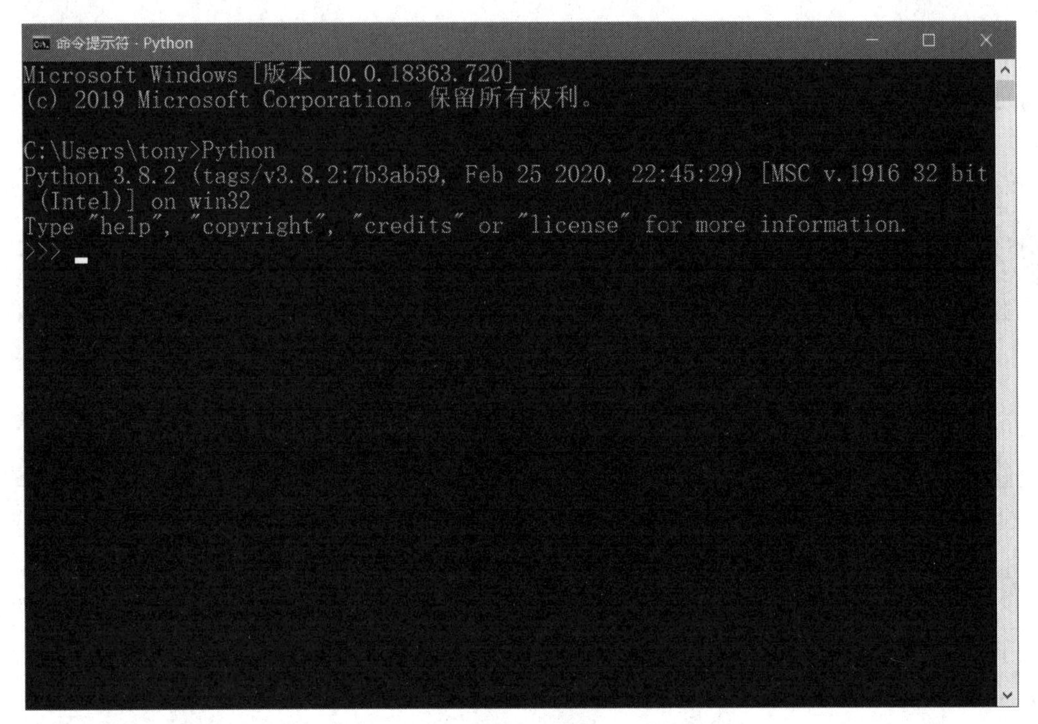

图 3-2　在命令提示行中启动 Python 解释器

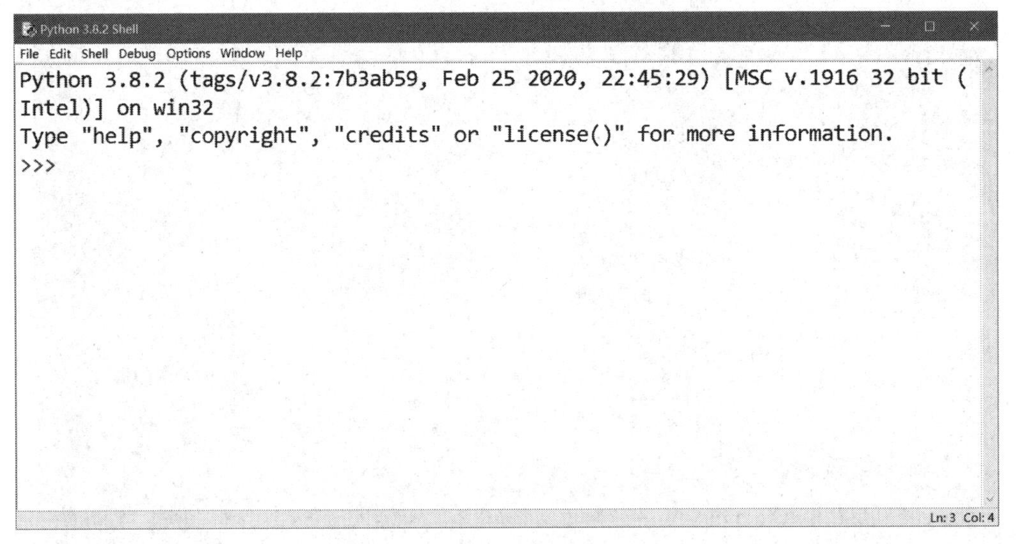

图 3-3　IDLE 工具启动的 Python Shell

无论采用哪一种方式启动 Python Shell，其命令提示符都是“>>>”，在该命令提示符后可以输入 Python 语句，然后按下 Enter 键就可以运行 Python 语句，Python Shell 马上输出结果，如图 3-4 所示是执行几条 Python 语句示例。

```
Python 3.8.2 Shell
File  Edit  Shell  Debug  Options  Window  Help
Python 3.8.2 (tags/v3.8.2:7b3ab59, Feb 25 2020, 22:45:29) [MSC v.1916 32 bit (
Intel)] on win32
Type "help", "copyright", "credits" or "license()" for more information.
>>> print('Hello World.')
Hello World.
>>> 1+1
2
>>> str = "Hello World."
>>> print(str)
Hello World.
>>>
                                                                    Ln: 10  Col: 4
```

图 3-4　在 Python Shell 中执行 Python 语句

图 3-4 所示 Python Shell 中执行的 Python 语句解释说明如下：

```
>>> print("Hello World.")          ①
Hello World.                       ②
>>> 1+1                            ③
2                                  ④
>>> str = "Hello, World."          ⑤
>>> print(str)                     ⑥
Hello, World.                      ⑦
>>>
```

代码第①行、第③行、第⑤行和第⑥行是 Python 语句或表达式，而第②行、第④行和第⑦行是运行结果。

3.2　使用 PyCharm 实现

微课视频

在 3.1 节介绍了如何使用 Python Shell 以交互方式运行 Python 代码。而交互方式运行在很多情况下适合学习 Python 语言的初级阶段，它不能保存执行的 Python 文件。如果要开发复杂的案例或实际项目，交互方式运行就不适合了。此时，可以使用 IDE 工具，通过这些工具创建项目和 Python 文件，然后再解释运行文件。

本节介绍如何使用 PyCharm 创建 Python 项目、编写 Python 文件，以及运行 Python 文件。

3.2.1　创建项目

首先在 PyCharm 中通过项目（Project）管理 Python 源代码文件，因此需要先创建一个 Python 项目，然后在项目中创建一个 Python 源代码文件。

PyCharm 创建项目步骤：打开如图 3-5 所示的 PyCharm 欢迎界面，在其中单击 Create New Project 按钮或通过选择菜单 File → New Project 打开如图 3-6 所示的对话框，在 Location 文本框中输入项目名称 HelloProj。如果没有设置 Python 解释器或想更换解释器，则可以单击图 3-6 所示的三角按钮展开 Python 解释器设置界面，对于只安装一个版本的 Python 环境读者，笔者推荐选择 Existing interpreter（已经存在解释器），如图 3-7 所示。

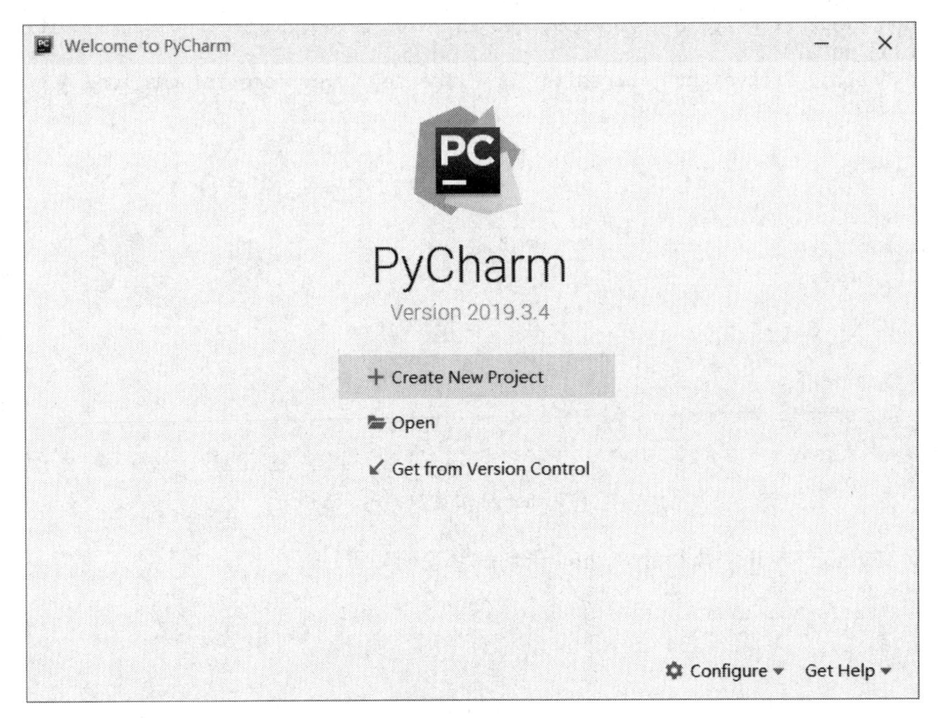

图 3-5 PyCharm 欢迎界面

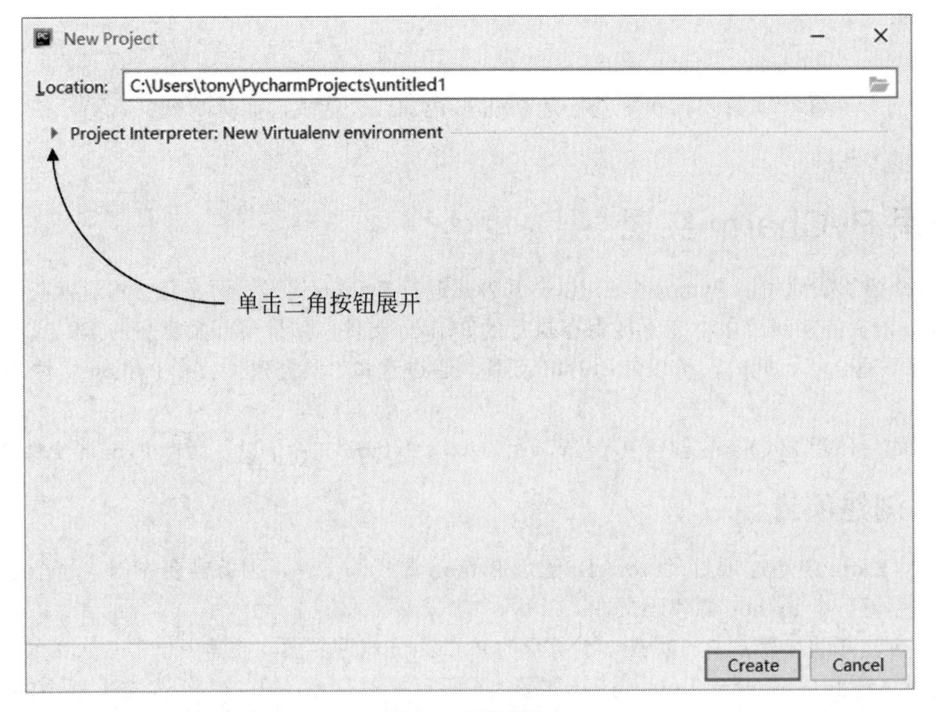

图 3-6 创建项目

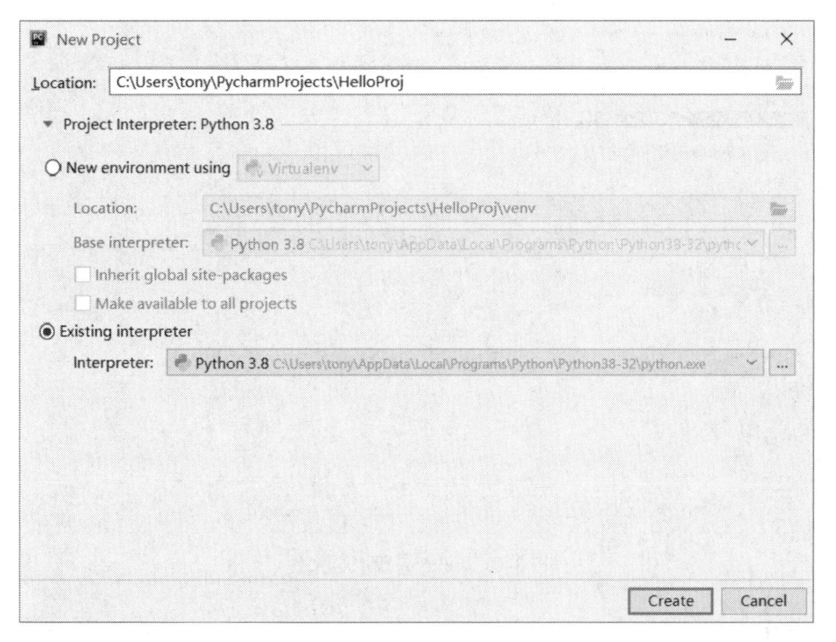

图 3-7　选择项目解释器

如果输入好项目名称，并选择好了项目解释器就可以单击 Create 按钮创建项目，如图 3-8 所示。

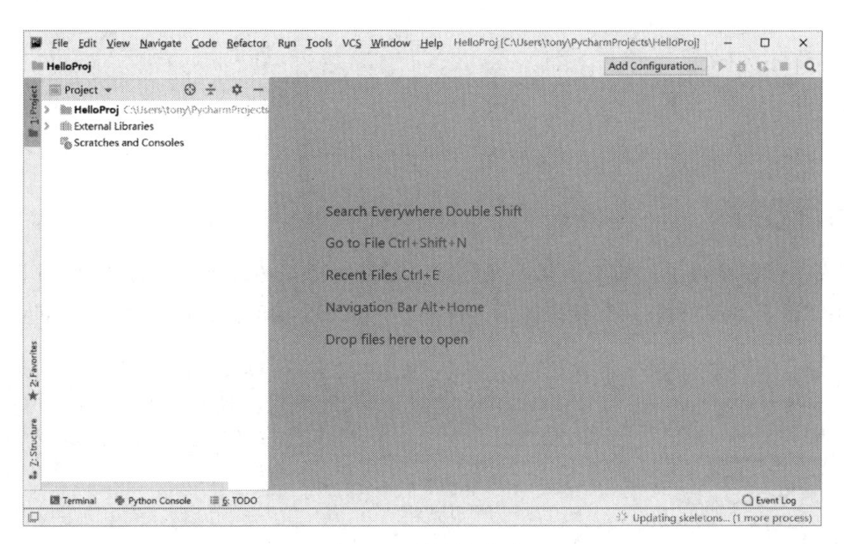

图 3-8　项目创建完成

3.2.2　创建 Python 代码文件

项目创建完成后，需要创建一个 Python 代码文件执行控制台输出操作。选择刚创建的项目中 HelloProj 文件夹，然后右击选择 New → Python File 菜单，打开“新建 Python 文件”对话框，如图 3-9 所示，在对话框 Name 文本框中输入 hello，然后按下 Enter 键创建文件，如图 3-10 所示，在左边的项目文件管理窗口中可以看到刚创建的 hello.py 源代码文件。

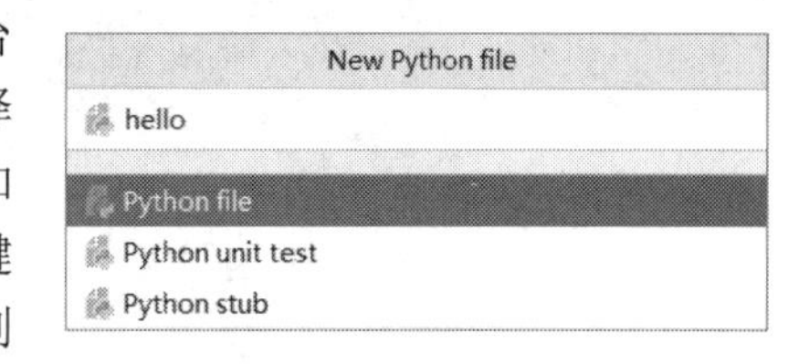

图 3-9　“新建 Python 文件”对话框

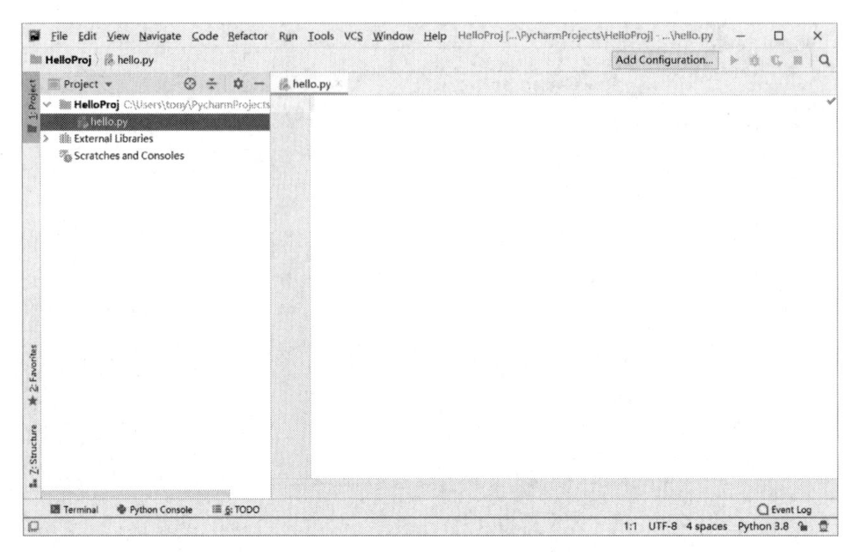

图 3-10 hello.py 源代码文件

3.2.3 编写代码

Python 代码文件运行类似于 Swift，不需要 Java 或 C 的 main 主函数，Python 解释器从上到下解释运行代码文件。

编写代码如下：

```
string = "Hello, World."
print(string)
```

3.2.4 运行程序

程序编写完成，可以运行了。如果是第一次运行，则需要在左边的项目文件管理窗口中选择 hello.py 文件，右击菜单选择 Run 'hello' 运行，运行结果如图 3-11 所示，在左下面的控制台窗口输出 Hello, World. 字符串。

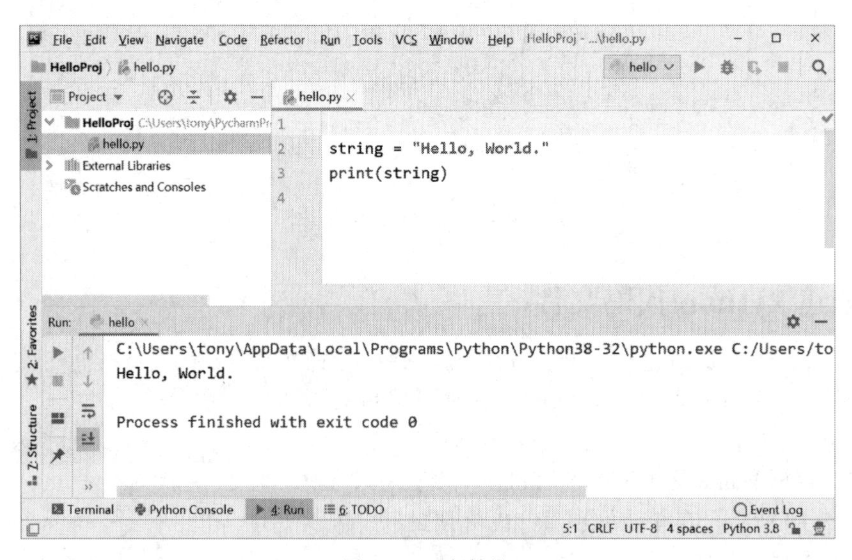

图 3-11 运行结果

注意： 如果已经运行过一次，也可直接单击工具栏中的 Run ▶按钮，或选择菜单 Run → Run 'hello'，或使用快捷键 Shift+F10，都可运行上次的程序。

3.3 文本编辑工具 +Python 解释器实现

如果不想使用 IDE 工具，那么文本编辑工具 +Python 解释器对于初学者而言是一个不错的选择，这种方式可使初学者了解 Python 运行过程，通过自己在编辑器中写入所有代码，可以帮助熟悉关键字、函数和类，能快速掌握 Python 语法。

3.3.1 编写代码

首先使用任何文本编辑工具创建一个文件，然后将文件保存为 hello.py。接着在 hello.py 文件中编写如下代码：

```
"""
Created on 2020年3月18日
作者：关东升
"""

string = "Hello, World."
print(string)
```

3.3.2 运行程序

要想运行 3.3.1 节编写的 hello.py 文件，可以在 Windows 命令提示符（Linux 和 UNIX 终端）中通过 Python 解释器指令实现，具体指令如下：

```
python hello.py
```

运行过程如图 3-12 所示。

图 3-12 Python 解释器运行文件

有的文本编辑器可以直接运行 Python 文件，例如 Sublime Text 工具不需要安装任何插件和设置，就可以直接运行 Python 文件。使用 Sublime Text 工具打开 Python 文件，通过快捷键 Ctrl+B 就可以运行文件了，如图 3-13 所示。如果是第一次运行则会弹出如图 3-14 所示的菜单，选择 Python 菜单，则可运行当前的 Python 文件。

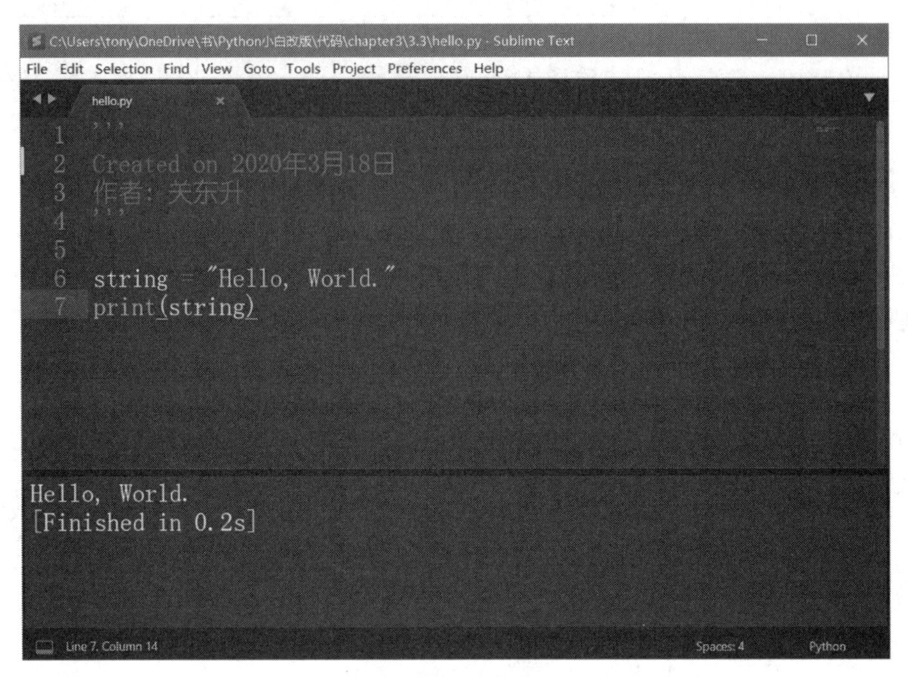

图 3-13 在 Sublime Text 中运行 Python 文件

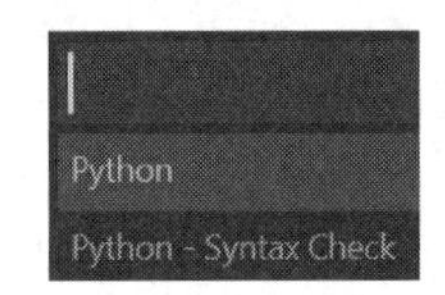

图 3-14 选择 Python 菜单

3.4 代码解释

微课视频

至此只是介绍了如何编写和运行 HelloWorld 程序，还没有对 HelloWorld 程序代码进行解释。

```
"""                          ①
Created on 2020 年 3 月 18 日
作者 : 关东升
"""                          ②

string = "Hello, World."     ③
print(string)                ④
```

从代码中可见，Python 实现 Hello World 的方式比 Java、C 和 C++ 等语言要简单得多，而且没有 main 主函数。代码解释如下：

代码第①行和第②行之间使用两对三重单引号包裹起来，这是 Python 文档字符串，起到对文档注释的作用。三重单引号可以换成三重双引号。代码第③行是声明字符串变量 string，并且使用 "Hello,World." 为它赋值。代码第④行是通过 print 函数将字符串输出到控制台，类似于 C 语言中的 printf 函数。print 函数语法如下：

```
print(*objects, sep=' ', end='\n', file=sys.stdout, flush=False)
```

print 函数有 5 个参数，*objects 是可变长度的对象参数；sep 是分隔符参数，默认值是一个空格；end 是输出字符串之后的结束符号，默认值是换号符；file 是输出文件参数，默认值 sys.stdout 是标准输出，即控制台；flush 为是否刷新文件输出流缓冲区，如果刷新字符串会马上打印输出默认值不刷新。

使用 sep 和 end 参数的 print 函数示例如下：

```
>>> print('Hello', end = ',')                              ①
Hello,
>>> print(20, 18, 39, 'Hello',  'World', sep = '|')        ②
20|18|39|Hello|World
>>> print(20, 18, 39, 'Hello',  'World', sep = '|', end = ',')
20|18|39|Hello|World,
```

上述代码中第①行用逗号“,”作为输出字符串之后的结束符号。代码中第②行用竖线“|”作为分隔符。

3.5 本章小结

本章通过一个 Hello World 示例，使读者了解到什么是 Python Shell，Python 如何启动 Python Shell 环境，然后介绍如何使用 PyCharm 工具实现该示例具体过程。此外，还介绍了使用文本编辑工具 +Python 解释器的实现过程。

3.6 动手实践：世界，你好

1. 使用 PyCharm 工具编写并运行 Python 程序，使其在控制台输出字符串“世界，你好！”。

2. 使用文本编辑工具编写 Python 程序，然后使用 Python 解释器运行该程序，使其在控制台输出字符串“世界，你好！”。

第 4 章

Python 语法基础

本章主要介绍 Python 中一些最基础的语法，其中包括标识符、关键字、常量、变量、表达式、语句、注释、模块和包等内容。

4.1 标识符和关键字

微课视频

任何一种计算机语言都离不开标识符和关键字，因此下面将详细介绍 Python 标识符和关键字。

4.1.1 标识符

标识符就是变量、常量、函数、属性、类、模块和包等由程序员指定的名字。构成标识符的字符均有一定的规范，Python 语言中标识符的命名规则如下：

（1）区分大小写，Myname 与 myname 是两个不同的标识符。

（2）首字符可以是下画线“_”或字母，但不能是数字。

（3）除首字符外其他字符，可以是下画线“_”、字母和数字。

（4）关键字不能作为标识符。

（5）不能使用 Python 内置函数作为自己的标识符。

例如，身高、identifier、userName、User_Name、_sys_val 等为合法的标识符，注意中文“身高”命名的变量是合法的，而 2mail、room#、$Name 和 class 为非法的标识符，注意 # 和 $ 不能构成标识符。

4.1.2 关键字

关键字是类似于标识符的保留字符序列，由语言本身定义好的，Python 语言中有 33 个关键字。只有三个，即 False、None 和 True 首字母大写，其他的全部小写，具体内容见表 4-1 所示。

表 4-1 Python 关键字

False	def	if	raise
None	del	import	return
True	elif	in	try
and	else	is	while
as	except	lambda	with
assert	finally	nonlocal	yield
break	for	not	
class	from	or	
continue	global	pass	

4.2　变量和常量

第 3 章中介绍了如何编写一个 Python 小程序，其中就用到了变量。变量和常量是构成表达式的重要组成部分。

4.2.1　变量

在 Python 中声明变量时不需要指定它的数据类型，只要给一个标识符赋值就声明了变量，示例代码如下：

```
# 代码文件：chapter4/4.2/hello.py

_hello = "HelloWorld"                ①
score_for_student = 0.0              ②
y = 20                               ③
y = True                             ④
```

代码第①行、第②行和第③行分别声明了 3 个变量，这些变量声明不需要指定数据类型，赋给它什么数值，它就是该类型变量了。注意代码第④行是给 y 变量赋布尔值 True，虽然 y 已经保存了整数类型 20，但它也可以接收其他类型数据。

提示： Python 是动态类型语言[①]，它不会检查数据类型，在变量声明时不需要指定数据类型。这一点与 Swift 和 Kotlin 语言不同，Swift 和 Kotlin 虽然在声明变量时也可以不指定数据类型，但是它们的编译器会自动推导出该变量的数据类型，一旦该变量确定了数据类型，就不能再接收其他类型数据了。而 Python 的变量可以接收其他类型数据。

4.2.2　常量

在很多语言中常量的定义是一旦初始化后就不能再被修改的。而 Python 不能从语法层面上定义常量，Python 没有提供一个关键字使得变量不能被修改。所以在 Python 中只能将变量当成常量使用，只是不要修改它。那么这就带来了一个问题，变量可能会在无意中被修改，从而引发程序错误。解决此问题要么靠程序员自律和自查，要么通过一些技术手段使变量不能修改。

提示： Python 作为解释性动态语言，很多情况下代码安全需要靠程序员自查。而 Java 和 C 等静态类型语言的这些问题会在编译期被检查出来。

4.3　注释

Python 程序注释使用“#”号，使用时 # 位于注释行的开头，# 后面有一个空格，接着是注释内容。

另外，在第 3 章还介绍过文档字符串，它也是一种注释，只是用来注释文档的，文档注释将在第 5 章详细介绍。

使用注释示例代码如下：

```
# coding=utf-8                       ①
```

---

① 动态类型语言会在运行期检查变量或表达式数据类型，主要有 Python、PHP 和 Objective-C 等。与动态类型语言对应的还有静态类型语言，静态类型语言会在编译期检查变量或表达式数据类型，如 Java 和 C++ 等。

```
# 代码文件：chapter4/4.3/hello.py    ②

# _hello = "HelloWorld"              ③
# score_for_student = 0.0            ④
y = 20
y = " 大家好 "

print(y)   # 打印 y 变量             ⑤
```

代码第①行和第②行中的 # 号是进行单行注释，# 号也可连续注释多行，见代码第③行和第④行，还可以在一条语句的尾端进行注释，见代码第⑤行。注意代码第①行 #coding=utf-8 的注释作用很特殊，是设置 Python 代码文件的编码集，该注释语句必须放在文件的第一行或第二行才能有效，它还有替代写法：

```
#!/usr/bin/python
# -*- coding: utf-8 -*-
```

其中 #!/usr/bin/python 注释是在 UNIX、Linux 和 macOS 等平台上安装多个 Python 版本时，具体指定哪个版本的 Python 解释器。

提示：在 PyCharm 和 Sublime Text 工具中注释可以使用快捷键，在 Windows 系统下的具体步骤：选择一行或多行代码然后按住"Ctrl+ 斜杠"组合键进行注释。去掉注释也是选中代码后按住"Ctrl+ 斜杠"组合键。

注意：在程序代码中，对容易引起误解的代码进行注释是必要的，但应避免对已清晰表达信息的代码进行注释。需要注意，频繁地注释有时反映了代码的低质量。当觉得被迫要加注释时，不妨考虑一下重写代码使其更清晰。

4.4 语句

微课视频

Python 代码是由关键字、标识符、表达式和语句等内容构成的，语句是代码的重要组成部分。语句关注代码的执行过程，如 if、for 和 while 等。在 Python 语言中，一行代码表示一条语句，语句结束可以加分号，也可以省略分号。示例代码如下：

```
# coding=utf-8
# 代码文件：chapter4/4.4/hello.py

_hello = "HelloWorld"
score_for_student = 0.0;  # 没有错误发生
y = 20

name1 = "Tom"; name2 = "Tony"     ①
```

提示：从编程规范的角度讲，语句结束不需要加分号，而且每行至多包含一条语句。代码第①行的写法是不规范的，推荐使用：

```
name1 = "Tom"
name2 = "Tony"
```

Python 还支持链式赋值语句，如果需要为多个变量赋相同的数值，可以表示为：

```
a=b=c=10
```

这条语句是把整数 10 赋值给 a、b、c 3 个变量。

另外，在 if、for 和 while 代码块的语句中，代码块不是通过大括号来界定的，而是通过缩进，缩进相同的代码在一个代码块中。

```
# coding=utf-8
# 代码文件：chapter4/4.4/hello.py

_hello = "HelloWorld"
score_for_student = 10.0;  # 没有错误发生
y = 20

name1 = "Tom"; name2 = "Tony"

# 链式赋值语句
a = b = c = 10

if y > 10:
    print(y)                    ①
    print(score_for_student)    ②
else:
    print(y * 10)               ③
print(_hello)                   ④
```

代码第①行和第②行是同一个缩进级别，它们在相同的代码块中。而代码第③行和第④行不在同一个缩进级别中，它们在不同的代码块中。

提示：一个缩进级别一般是一个制表符（Tab）或 4 个空格，考虑到不同的编辑器制表符显示的宽度不同，大部分编程语言规范推荐使用 4 个空格作为一个缩进级别。

4.5　模块

Python 中一个模块就是一个文件，模块是保存代码的最小单位，模块中可以声明变量、常量、函数、属性和类等 Python 程序元素。一个模块提供可以访问另外一个模块中的程序元素。

微课视频

下面通过示例介绍模块的使用，现有两个模块 module1 和 hello。module1 模块代码如下：

```
# coding=utf-8
#  代码文件：chapter4/4.5/module1.py

y = True
z = 10.10

print('进入module1模块')
```

hello 模块会访问 module1 模块的变量，hello 模块代码如下：

```
# coding=utf-8
# 代码文件：chapter4/4.5/hello.py
```

```
import module1                                        ①
from module1 import z                                 ②

y = 20

print(y)  # 访问当前模块变量 y                          ③
print(module1.y)  # 访问 module1 模块变量 y             ④
print(z)  # 访问 module1 模块变量 z                     ⑤
```

上述代码中 hello 模块要访问 module1 模块的变量 y 和 z。为了实现这个目的，可以通过两种 import 语句导入模块 module1 中的代码元素。

- import< 模块名 >，见代码第①行。这种方式会导入模块所有代码元素，访问时需要加“模块名 .”，见代码第④行 module1.y，module1 是模块名，y 是模块 module1 中的变量。而代码第③行的 y 是访问当前模块变量。
- from< 模块名 >import< 代码元素 >，见代码第②行。这种方式只是导入特定的代码元素，访问时不需要加“模块名 .”，见代码第⑤行 z 变量。但是需要注意，当 z 变量在当前模块中也有时，z 不能导入，即 z 是当前模块中的变量。

运行 hello.py 代码输出结果如下：

```
进入 module1 模块
20
True
10.1
```

从运行结果可见，import 语句会运行导入的模块。注意示例中使用了两次 import 语句，但只执行一次模块内容。

模块事实上提供一种命名空间（namespace）[①]。同一个模块内部不能有相同名字的代码元素，但是不同模块可以，上述示例中的 y 命名的变量就在两个模块中都有。

4.6 包

微课视频

如果有两个相同名字的模块，应如何防止命名冲突呢？那就是使用包（package），很多语言都提供了包，例如 Java、Kotlin 等，它们的作用都是一样的，即提供一种命名空间。

4.6.1 创建包

重构 4.5 节示例，现有两个 hello 模块，它们放在不同的包 com.pkg1 和 com.pkg2 中，如图 4-1 所示，从图中可见包是按照文件夹的层次结构管理的，而且每个包下面会有一个 _init_.py 文件，它告诉解释器这是一个包，这个文件内容一般情况下是空的，但可以编写代码。

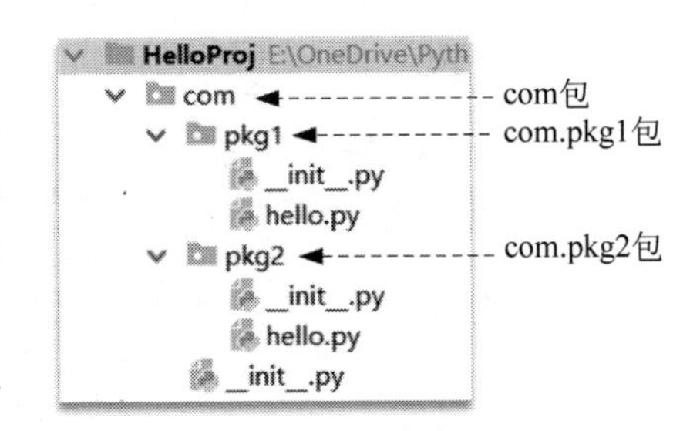

图 4-1 包层次

既然包是一个文件夹加上一个空的 _init_.py 文件，那么开发人员就可以自己在资源管理器中创建包。笔者推荐使用 PyCharm 工具

① 命名空间，也称名字空间、名称空间等，它表示着一个标识符（identifier）的可见范围。一个标识符可在多个命名空间中定义，它在不同命名空间中的含义是互不相干的。这样，在一个新的命名空间中可定义任何标识符，它们不会与任何已有的标识符发生冲突，因为已有的定义都处于其他命名空间中。

创建，它在创建文件夹的同时还会创建一个空的 _init_.py 文件。

具体步骤：使用 PyCharm 打开创建的项目，右击项目选择 New → Python Package 菜单，如图 4-2 所示，在弹出的对话框中输入包名 com.pkg1，其中 com 是一个包，pkg1 是它的下一个层次的包，中间用点“.”符号分隔。确定之后按下 Enter 键创建包。

图 4-2　PyCharm 项目中创建包

4.6.2　包导入

包创建好后，将两个 hello 模块放到不同的包 com.pkg1 和 com.pkg2 中。由于 com.pkg1 的 hello 模块需要访问 com.pkg2 的 hello 模块中的元素，那么如何导入呢？事实上还是通过 import 语句，需要在模块前面加上包名。

重构 4.5 节示例，com.pkg2 的 hello 模块代码如下：

```
# coding=utf-8
# 代码文件：chapter4/4.5/com/pkg2/hello.py

y = True
z = 10.10

print('进入 com.pkg2.hello 模块')
```

com.pkg1 的 hello 模块代码如下：

```
# coding=utf-8
# 代码文件：chapter4/4.5/com/pkg1/hello.py

import com.pkg2.hello as module1          ①
from com.pkg2.hello import z              ②

y = 20

print(y)   # 访问当前模块变量 y
print(module1.y)   # 访问 com.pkg2.hello 模块变量 y
print(z)   # 访问 com.pkg2.hello 模块变量 z
```

代码第①行使用 import 语句导入 com.pkg2.hello 模块所有代码元素，由于 com.pkg2.hello 模块名 hello 与当前模块名冲突，因此需要 asmodule1 语句为 com.pkg2.hello 模块提供一个别名 module1，访问时需要使用 module1. 前缀。

代码第②行是导入 com.pkg2.hello 模块中 z 变量。from com.pkg2.hello import z 语句也可以带有别名，该语句修改为如下代码：

```
from com.pkg2.hello import z as x
print(x)   # 访问 com.pkg2.hello 模块变量 z
```

使用别名的目的是防止发生命名冲突，也就是说要导入的 z 名字的变量在当前模块中已经存在，所以给 z 一个别名 x。

4.7 本章小结

本章主要介绍了 Python 语言中最基本的语法。首先介绍了标识符和关键字，读者需要掌握标识符的构成，了解 Python 关键字；其次介绍了 Python 中的变量、常量、注释和语句；最后介绍了模块和包，其中要理解模块和包的作用，熟悉模块和包导入方式。

4.8 同步练习

一、选择题

1. 下列是 Python 合法标识符的是（　　）。

A. 2variable　　B. variable2

C. _whatavariable　　D. _3_

E. $anothervar　　F. 体重

2. 下列不是 Python 关键字的是（　　）。

A. if　　B. then

C. goto　　D. while

二、判断题

1. 在 Python 语言中，一行代码表示一条语句，语句结束可以加分号，也可以省略分号。（　　）

2. 包与文件夹的区别是，包下面会有一个 __init__.py 文件。（　　）

第 5 章 Python 编码规范

俗话说:“没有规矩不成方圆。”编程工作往往是一个团队协同进行，因而一致的编码规范非常有必要，这样写成的代码便于团队中的其他人员阅读，也便于编写者自己以后阅读。

提示： 关于本书的 Python 编码规范借鉴了 Python 官方的 PEP8 编码规范[①]和谷歌 Python 编码规范[②]。

5.1 命名规范

程序代码中到处都是标识符，因此取一个一致并且符合规范的名字非常重要。Python 中命名规范采用多种不同方式，不同的代码元素命名不同，下面将分类说明如下：

- 模块名：应该是名词或名词短语，全部小写字母，如果是多个单词构成，可以用下画线隔开，如 dummy_threading。
- 包名：全部小写字母，中间可以由点分隔开，不推荐使用下画线。
- 类名：采用大驼峰法命名[③]，如 SplitViewController。
- 异常名：异常属于类，命名同类命名，但应该使用 Error 作为后缀。如 FileNotFoundError。
- 变量名：全部小写字母，如果由多个单词构成，可以用下画线隔开。如果变量应用于模块或函数内部，则变量名可以由单下画线开头；变量类内部私有使用变量名可以双下画线开头。不要命名双下画线开头和结尾的变量，这是 Python 保留的。另外，避免使用小写 L、大写 O 和大写 I 作为变量名。
- 函数名和方法名：应该是动词或动词短语，命名同变量命名，如 balance_account、_push_cm_exit。
- 常量名：全部大写字母，如果是由多个单词构成，可以用下画线隔开，如 YEAR 和 WEEK_OF_MONTH。

命名规范示例如下：

```
_saltchars = _string.ascii_letters + _string.digits + './'
def mksalt(method=None):

    if method is None:
        method = methods[0]
```

---

① 参考地址 https://www.python.org/dev/peps/pep-0008。

② 参考地址 https://google.github.io/styleguide/pyguide.html。

③ 大驼峰法命名是驼峰命名的一种，驼峰命名是指混合使用大小写字母来命名。驼峰命名分为小驼峰法和大驼峰法。小驼峰法就是第一个单词全部小写，后面的单词首字母大写，如 myRoomCount；大驼峰法是第一个单词的首字母也大写，如 ClassRoom。

```
        s = '${}$'.format(method.ident) if method.ident else ''
        s += ''.join(_sr.choice(_saltchars) for char in range(method.salt_chars))
        return s

METHOD_SHA256 = _Method('SHA256', '5', 16, 63)
METHOD_SHA512 = _Method('SHA512', '6', 16, 106)

methods = []
for _method in (METHOD_SHA512, METHOD_SHA256, METHOD_MD5, METHOD_CRYPT):
    _result = crypt('', _method)
    if _result and len(_result) == _method.total_size:
        methods.append(_method)
```

5.2 注释规范

微课视频

Python 中注释的语法有 3 种：单行注释、多行注释和文档注释。本节介绍如何规范使用这些注释。

5.2.1 文件注释

文件注释就是在每一个文件开头添加注释，采用多行注释。文件注释通常包括版权信息、文件名、所在模块、作者信息、历史版本信息、文件内容和作用等。

下面看一个文件注释的示例：

```
#
# 版权所有 2015 北京智捷东方科技有限公司
# 许可信息查看 LICENSE.txt 文件
# 描述：
#   实现日期基本功能
# 历史版本：
#   2015-7-22: 创建 关东升
#   2015-8-20: 添加 socket 库
#   2015-8-22: 添加 math 库
#
```

上述注释只是提供了版权信息、文件内容和历史版本信息等，文件注释要根据实际情况包括相应内容。

5.2.2 文档注释

文档注释就是文档字符串，注释内容能够生成 API 帮助文档，可以使用 Python 官方提供的 pydoc 工具从 Python 源代码文件中提取这些信息，也可以生成 HTML 文件。所有公有的模块、函数、类和方法都应该进行文档注释。

文档注释规范有些“苛刻”。文档注释推荐使用一对三重双引号“"""”包裹起来，注意不推荐使用三重单引号“'''”。文档注释应该位于被注释的模块、函数、类和方法内部的第一条语句。如果文档注释一行能够注释完成，结束的三重双引号也在同一行。如果文档注释很长，第一行注释之后要留一个空行，然后剩下的注释内容换行要与开始三重双引号对齐，最后结束的三重双引号要独占一行，并与开始三重双引号对齐。

下面代码是 Python 官方提供的 base64.py 文件的一部分。

```
#! /usr/bin/env python3

"""Base16, Base32, Base64 (RFC 3548), Base85 and Ascii85 data encodings"""      ①

# Modified 04-Oct-1995 by Jack Jansen to use binascii module
# Modified 30-Dec-2003 by Barry Warsaw to add full RFC 3548 support
# Modified 22-May-2007 by Guido van Rossum to use bytes everywhere

import re
import struct
import binascii

bytes_types = (bytes, bytearray)  # Types acceptable as binary data

def _bytes_from_decode_data(s):                                                  ②
    if isinstance(s, str):
        try:
            return s.encode('ascii')
        except UnicodeEncodeError:
            raise ValueError('string argument should contain only ASCII characters')
    if isinstance(s, bytes_types):
        return s
    try:
        return memoryview(s).tobytes()
    except TypeError:
        raise TypeError("argument should be a bytes-like object or ASCII "
                        "string, not %r" % s.__class__.__name__) from None


# Base64 encoding/decoding uses binascii

def b64encode(s, altchars=None):
    """Encode the bytes-like object s using Base64 and return a bytes object.   ③

    Optional altchars should be a byte string of length 2 which specifies an    ④
    alternative alphabet for the '+' and '/' characters.  This allows an
    application to e.g. generate url or filesystem safe Base64 strings.
    """                                                                          ⑤
    encoded = binascii.b2a_base64(s, newline=False)
    if altchars is not None:
        assert len(altchars) == 2, repr(altchars)
        return encoded.translate(bytes.maketrans(b'+/', altchars))
return encoded
```

上述代码第①行是只有一行的文档注释，代码第③行～第⑤行是多行的文档注释，注意它的第一行后面是一个空行，代码第④行接着进行注释，它要与开始三重双引号对齐。代码第⑤行是结束三重双引号，它独占一行，而且与开始三重双引号对齐。另外，代码第②行定义的函数没有文档注释，这是因为该函数是模块私有的，通过它的命名 _bytes_from_decode_data 可知它是私有的。

5.2.3 代码注释

程序代码中处理文档注释时还需要在一些关键的地方添加代码注释，文档注释一般是给一些看不到源代码的人看的帮助文档，而代码注释是给阅读源代码的人参考的。代码注释一般采用单行注释和多行注释。示例代码如下：

```
# Base32 encoding/decoding must be done in Python                ①
_b32alphabet = b'ABCDEFGHIJKLMNOPQRSTUVWXYZ234567'
_b32tab2 = None
_b32rev = None

def b32encode(s):
    """Encode the bytes-like object s using Base32 and return a bytes object.
    """
    global _b32tab2
    # Delay the initialization of the table to not waste memory    ②
    # if the function is never called                              ③
    if _b32tab2 is None:
        b32tab = [bytes((i,)) for i in _b32alphabet]
        _b32tab2 = [a + b for a in b32tab for b in b32tab]
        b32tab = None

    if not isinstance(s, bytes_types):
        s = memoryview(s).tobytes()
    leftover = len(s) % 5
    # Pad the last quantum with zero bits if necessary              ④
    if leftover:
        s = s + b'\0' * (5 - leftover)  # Don't use += !
    encoded = bytearray()
    from_bytes = int.from_bytes
    b32tab2 = _b32tab2
    for i in range(0, len(s), 5):
        c = from_bytes(s[i: i + 5], 'big')
        encoded += (b32tab2[c >> 30] +                 # bits 1 - 10  ⑤
                    b32tab2[(c >> 20) & 0x3ff] +       # bits 11 - 20
                    b32tab2[(c >> 10) & 0x3ff] +       # bits 21 - 30
                    b32tab2[c & 0x3ff]                 # bits 31 - 40
                   )
    # Adjust for any leftover partial quanta
    if leftover == 1:
        encoded[-6:] = b'======'
    elif leftover == 2:
        encoded[-4:] = b'===='
    elif leftover == 3:
        encoded[-3:] = b'==='
    elif leftover == 4:
        encoded[-1:] = b'='
    return bytes(encoded)
```

上述代码第①行～第④行都是单行注释，要求与其后的代码具有一样的缩进级别。代码第②行～第③

行是多行注释，注释时要求与其后的代码具有一样的缩进级别。代码第⑤行是尾端进行注释，这要求注释内容极短，应该再有足够的空白（至少两个空格）来分开代码和注释。

5.2.4　使用 TODO 注释

PyCharm 等 IDE 工具都为源代码提供了一些特殊的注释，就是在代码中加一些标识，便于 IDE 工具快速定位代码，TODO 注释就是其中的一种。TODO 注释虽然不是 Python 官方所提供的，但是主流的 IDE 工具也都支持 TODO 注释。有 TODO 注释说明此处有待处理的任务，或代码没有编写完成。示例代码如下：

```
import com.pkg2.hello as module1
from com.pkg2.hello import z

y = 20

# TODO 声明函数

print(y)  # 访问当前模块变量 y
print(module1.y)  # 访问 com.pkg2.hello 模块变量 y
print(z)  # 访问 com.pkg2.hello 模块变量 z
```

这些注释可以在 PyCharm 工具的 TODO 视图查看，如果没有打开 TODO 视图，可以将鼠标放到 PyCharm 左下角按钮上，弹出如图 5-1 所示的菜单，选择 TODO，打开如图 5-2 所示的 TODO 视图，单击其中的 TODO 可跳转到注释处。

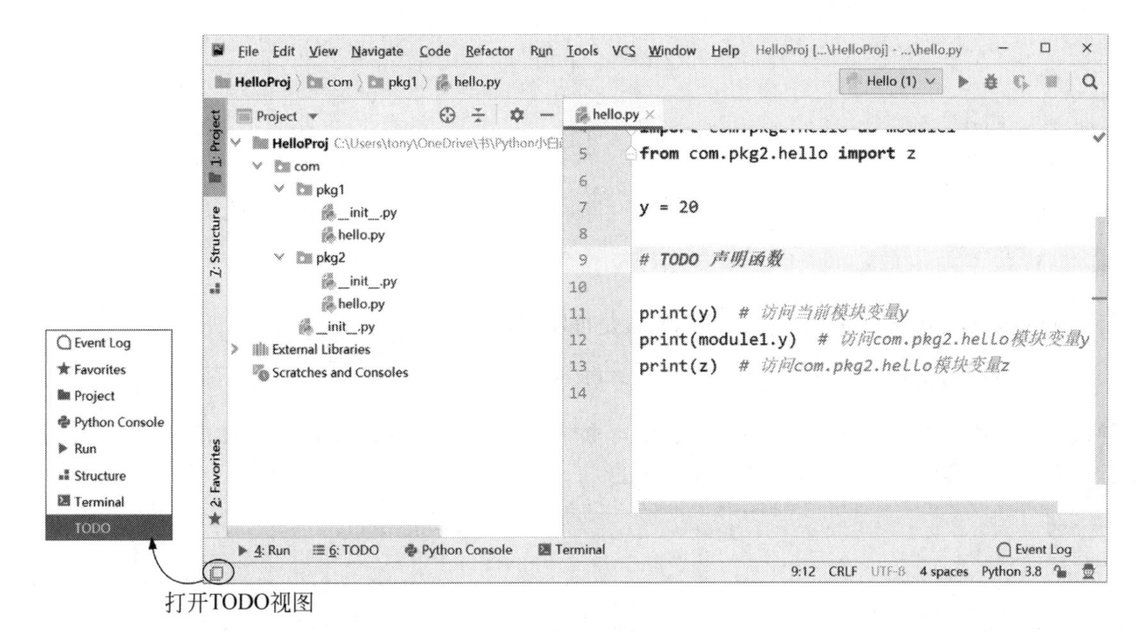

图 5-1　打开 TODO 视图

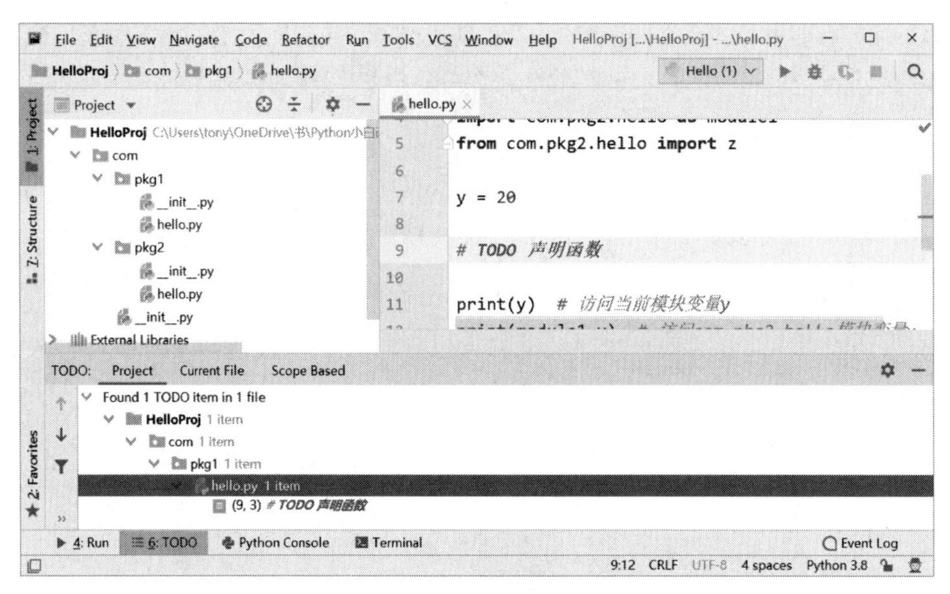

图 5-2　查看 TODO 视图

5.3　导入规范

微课视频

导入语句总是放在文件顶部，位于模块注释和文档注释之后，模块全局变量和常量之前。每个导入语句只能导入一个模块，示例代码如下：

推荐：

```
import re
import struct
import binascii
```

不推荐：

```
import re, struct, binascii
```

但是如果 from import 后面跟有多个代码元素是可以的。

```
from codeop import CommandCompiler, compile_command
```

导入语句应该按照从通用到特殊的顺序分组，顺序是：标准库→第三方库→自己模块。每组之间有一个空行，而且组中模块是按照英文字母顺序排序的。

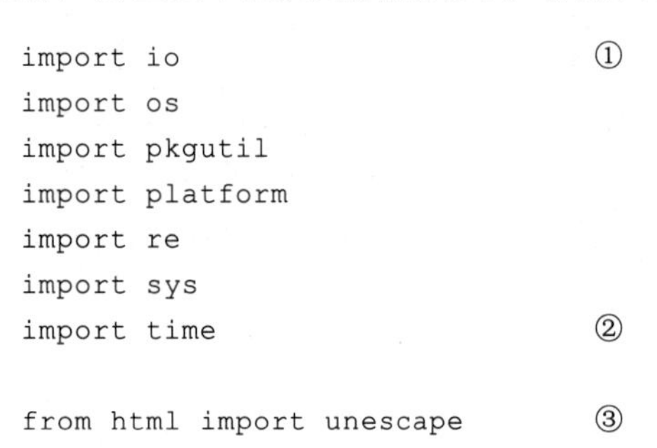

```
import io                       ①
import os
import pkgutil
import platform
import re
import sys
import time                     ②

from html import unescape       ③
```

```
from com.pkg1 import example     ④
```

上述代码中导入语句分为三组，代码第①行和第②行是标准库中的模块，注意它的导入顺序是有序的，代码第③行是导入第三方库中的模块，代码第④行是导入自己的模块。

5.4　代码排版

代码排版包括空行、空格、断行和缩进等内容。代码排版内容比较多，工作量很大，也非常重要。

微课视频

5.4.1　空行

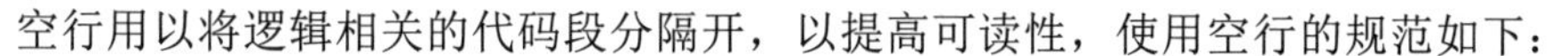

空行用以将逻辑相关的代码段分隔开，以提高可读性，使用空行的规范如下：

（1）import 语句块前后保留两个空行，示例代码如下，其中第①②处和第③④处是两个空行。

```
# Copyright 2007 Google, Inc. All Rights Reserved.
# Licensed to PSF under a Contributor Agreement.

"""Abstract Base Classes (ABCs) according to PEP 3119."""
①
②
from _weakrefset import WeakSet
③
④
```

（2）函数声明之前保留两个空行，示例代码如下，其中第①②处是两个空行。

```
from _weakrefset import WeakSet
①
②
def abstractmethod(funcobj):
    funcobj.__isabstractmethod__ = True
    return funcobj
```

（3）类声明之前保留两个空行，示例代码如下，其中第①②处是两个空行。

```
①
②
class abstractclassmethod(classmethod):
    __isabstractmethod__ = True

    def __init__(self, callable):
        callable.__isabstractmethod__ = True
        super().__init__(callable)
```

（4）方法声明之前保留一个空行，示例代码如下，其中第①处是一个空行。

```
class abstractclassmethod(classmethod):
    __isabstractmethod__ = True
    ①
    def __init__(self, callable):
        callable.__isabstractmethod__ = True
        super().__init__(callable)
```

（5）两个逻辑代码块之间应该保留一个空行，示例代码如下，其中第①处是一个空行。

```
def convert_timestamp(val):
    datepart, timepart = val.split(b" ")
    year, month, day = map(int, datepart.split(b"-"))
    timepart_full = timepart.split(b".")
    hours, minutes, seconds = map(int, timepart_full[0].split(b":"))
    if len(timepart_full) == 2:
        microseconds = int('{:0<6.6}'.format(timepart_full[1].decode()))
    else:
        microseconds = 0
    ①
    val = datetime.datetime(year, month, day, hours, minutes, seconds, microseconds)
    return val
```

5.4.2 空格

代码中的有些位置是需要有空格的，这个工作量也很大，使用空格的规范如下：

（1）赋值符号“=”前后各有一个空格。

```
a = 10
c = 10
```

（2）所有的二元运算符都应该使用空格与操作数分开。

```
a += c + d
```

（3）一元运算符包括算法运算符取反“-”和运算符取反“~”。

```
b = 10
a = -b
y = ~b
```

（4）括号内不要有空格，Python中括号包括小括号“()”、中括号“[]”和大括号“{}”。

推荐：

```
doque(cat[1], {dogs: 2}, [])
```

不推荐：

```
doque(cat[ 1 ], { dogs: 2 }, [  ])
```

（5）不要在逗号、分号、冒号前面有空格，而是要在它们后面有一个空格，除非该符号已经是行尾了。

推荐：

```
if x == 88:
    print x, y
x, y = y, x
```

不推荐：

```
if x == 88 :
```

```
    print x , y
x , y = y , x
```

（6）参数列表、索引或切片的左括号前不应有空格。

推荐：

```
doque(1)
dogs['key'] = list[index]
```

不推荐：

```
doque (1)
dict ['key'] = list [index]
```

5.4.3　缩进

4 个空格常被作为缩进排版的一个级别。虽然在开发时程序员可以使用制表符进行缩进，而默认情况下一个制表符等于 8 个空格，但是不同的 IDE 工具中一个制表符与空格对应个数会有不同，所以不要使用制表符缩进。

代码块的内容相当于首行缩进一个级别（4 个空格），示例如下：

```
class abstractclassmethod(classmethod):
    __isabstractmethod__ = True

    def __init__(self, callable):
        callable.__isabstractmethod__ = True
        super().__init__(callable)

def __new__(mcls, name, bases, namespace, **kwargs):
    cls = super().__new__(mcls, name, bases, namespace, **kwargs)
    for base in bases:
        for name in getattr(base, "__abstractmethods__", set()):
            value = getattr(cls, name, None)
            if getattr(value, "__isabstractmethod__", False):
                abstracts.add(name)
    cls.__abstractmethods__ = frozenset(abstracts)

    return cls
```

5.4.4　断行

一行代码中最多 79 个字符，对于文档注释和多行注释时一行最多 72 个字符，但是如果注释中包含 URL 地址可以不受此限制。否则，如果超过则需断行，可以依据下面的一般规范断开。

（1）在逗号后面断开。

```
bar = long_function_name(name1, name2,
                         name3, name4)
def long_function_name(var_one, var_two,
                       var_three, var_four):
```

（2）在运算符前面断开。

```
name1 = name2 * (name3 + name4
                     - name5) + 4 * name6
```

（3）尽量不要使用续行符“\”，当有括号（包括大括号、中括号和小括号）则在括号中断开，这样可以不使用续行符。

```
def long_function_name(var_one, var_two,
                       var_three, var_four):
    return var_one + var_two + var_three \      ①
           + var_four


name1 = name2 * (name3 + name4
                     - name5) + 4 * name6

bar = long_function_name(name1, name2,
                         name3, name4)

foo = {
    long_dictionary_key: name1 + name2
                         - name3 + name4 - name5
}

c = list[name2 * name3
      + name4 - name5 + 4 * name6]
```

上述代码第①行使用了续行符进行断行，其他的断行都是在括号中实现的，所以省略了续行符。有时为了省略续行符，会将表达式用小括号括起来，代码如下：

```
def long_function_name(var_one, var_two,
                       var_three, var_four):
    return (var_one + var_two + var_three
           + var_four)
```

提示：在Python中反斜杠“\”可以作为续行符使用，告诉解释器当前行和下一行是连接在一起的。但在大括号、中括号和小括号中续行是隐式的。

5.5 本章小结

通过对本章内容的学习，读者可以了解到Python编码规范，包括命名规范、注释规范、导入规范和代码排版等内容。

5.6 同步练习

选择题

1. 下列选项中哪些模块名符合Python命名规范。（　　）

A. dummy_threading

B. SplitViewController

C. WEEK_OF_MONTH

D. balance_account

2. 下列选项中哪些函数名符合 Python 命名规范。（　　）

A. dummy_threading

B. SplitViewController

C. WEEK_OF_MONTH

D. balance_account

3. 下列哪种注释是 Python 支持的。（　　）

A. /*...*/

B. /**...*/

C. #

D. 三重双引号“"""”包裹起来

第6章 数据类型

在声明变量时会用到数据类型，前面已经用到过一些数据类型，例如整数和字符串等。在Python中所有的数据类型都是类，每个变量都是类的“实例”。没有基本数据类型的概念，所以整数、浮点和字符串也都是类。

Python有6种标准数据类型：数字、字符串、列表、元组、集合和字典，而列表、元组、集合和字典可以保存多项数据，它们每个都是一种数据结构，本书中把它们统称为“数据结构”类型。

本章先介绍数字和字符串，列表、元组、集合和字典数据类型会在后面章节详细介绍。

6.1 数字类型

Python数字类型有4种：整数类型、浮点类型、复数类型和布尔类型。需要注意，布尔类型也是数字类型，它事实上是整数类型的一种。

6.1.1 整数类型

Python整数类型为int，整数类型的范围可以很大，也可以表示很大的整数，这只受所在计算机硬件的限制。

提示： Python 3不再区分整数和长整数，所有需要的整数都可以是长整数。

默认情况下一个整数值表示十进制数，例如16表示的是十进制整数。其他进制，如二进制数、八进制数和十六进制整数表示方式如下：

- 二进制数：以0b或0B为前缀，注意0是阿拉伯数字，不要误认为是英文字母o。
- 八进制数：以0o或0O为前缀，第一个字符是阿拉伯数字0，第二个字符是英文字母o或O。
- 十六进制数：以0x或0X为前缀，注意0是阿拉伯数字。

例如整数值28、0b11100、0B11100、0o34、0O34、0x1C和0X1C都表示同一个数字。在Python Shell中输出结果如下：

```
>>> 28
28
>>> 0b11100
28
>>> 0O34
28
>>> 0o34
```

```
28
>>> 0x1C
28
>>> 0X1C
28
```

6.1.2 浮点类型

浮点类型主要用来存储小数数值，Python 浮点类型为 float，Python 只支持双精度浮点类型，而且与本机相关。

浮点类型可以使用小数表示，也可以使用科学计数法表示，科学计数法中会使用大写或小写的 e 表示 10 的指数，如 e2 表示 10^2。

在 Python Shell 中运行示例如下：

```
>>> 1.0
1.0
>>> 0.0
0.0
>>> 3.36e2
336.0
>>> 1.56e-2
0.0156
```

其中 3.36e2 表示的是 3.36×10^2，1.56e–2 表示的是 1.56×10^{-2}。

6.1.3 复数类型

复数在数学中是非常重要的概念，无论是在理论物理学，还是在电气工程实践中都经常使用。但是很多计算机语言都不支持复数，而 Python 是支持复数的，这使得 Python 能够很好地用来进行科学计算。

Python 中复数类型为 complex，例如 1+2j 表示的是实部为 1、虚部为 2 的复数。在 Python Shell 中运行示例如下：

```
>>> 1+2j
(1+2j)
>>> (1+2j) + (1+2j)
(2+4j)
```

上述代码实现了两个复数 (1+2j) 的相加。

6.1.4 布尔类型

Python 中布尔类型为 bool，bool 是 int 的子类，它只有两个值：True 和 False。

注意： 任何数据类型都可以通过 bool() 函数转换为布尔值，那些被认为“没有的”“空的”值会转换为 False，反之转换为 True。如 None（空对象）、False、0、0.0、0j（复数）、''（空字符串）、[]（空列表）、()（空元组）和 {}（空字典）这些数值会转换为 False，否则是 True。

示例如下：

```
>>> bool(0)
```

```
False
>>> bool(2)
True
>>> bool(1)
True
>>> bool('')
False
>>> bool(' ')
True
>>> bool([])
False
>>> bool({})
False
```

上述代码中 bool(2) 和 bool(1) 表达式输出的 True，这说明 2 和 1 都能转换为 True，在整数中只有 0 是转换为 False 的，其他类型亦是如此。

6.2 数字类型互相转换

微课视频

学习了前面的数据类型后，大家会思考一个问题，数据类型之间是否可以转换呢？Python 通过一些函数可以实现不同数据类型之间的转换，如数字类型之间互相转换以及整数与字符串之间的转换。本节先讨论数字类型的互相转换。

除复数外，其他的 3 种数字类型（整数、浮点和布尔）都可以互相进行转换，转换分为隐式类型转换和显式类型转换。

6.2.1 隐式类型转换

多个数字类型数据之间可以进行数学计算，由于参与进行计算的数字类型可能不同，此时会发生隐式类型转换。计算过程中隐式类型转换规则如表 6-1 所示。

表 6-1 隐式类型转换规则

操作数 1 类型	操作数 2 类型	转换后的类型
布尔	整数	整数
布尔、整数	浮点	浮点

布尔数值可以隐式转换为整数类型，布尔值 True 转换为整数 1，布尔值 False 转换为整数 0。在 Python Shell 中运行示例如下：

```
>>> a = 1 + True
>>> print(a)
2
>>> a = 1.0 + 1
>>> type(a)                        ①
<class 'float'>
>>> print(a)
2.0
>>> a = 1.0 + True
>>> print(a)
```

```
2.0
>>> a = 1.0 + 1 + False
>>> print(a)
2.0
```

从上述代码表达式的运算结果类型可知表 6-1 所示的类型转换规则，这里不再赘述。另外，上述代码第①行使用了 type() 函数，type() 函数可以返回传入数据的类型，<class 'float'> 说明是浮点类型。

6.2.2　显式类型转换

在不能进行隐式转换情况下，可以使用转换函数进行显式转换。除复数外，3 种数字类型（整数、浮点和布尔）都有自己的转换函数，分别是 int()、float() 和 bool() 函数，bool() 函数在 6.1.4 节已经介绍过，这里不再赘述。

int() 函数可以将布尔、浮点和字符串转换为整数。布尔数值 True 使用 int() 函数返回 1，False 使用 int() 函数返回 0；浮点数值使用 int() 函数会截掉小数部分。int() 函数转换字符串会在 6.3 节再介绍。

float() 函数可以将布尔、整数和字符串转换为浮点。布尔数值 True 使用 float() 函数返回 1.0，False 使用 float() 函数返回 0.0；整数值使用 float() 函数会加上小数部分“.0”。float() 函数转换字符串会在 6.3 节再介绍。

在 Python Shell 中运行示例如下：

```
>>> int(False)
0
>>> int(True)
1
>>> int(19.6)
19
>>> float(5)
5.0
>>> float(False)
0.0
>>> float(True)
1.0
```

6.3　字符串类型

由字符组成的一串字符序列称为“字符串”，字符串是有顺序的，从左到右，索引从 0 开始依次递增。Python 中字符串类型是 str。

微课视频

6.3.1　字符串表示方式

Python 中字符串的表示方式有如下 3 种。

- 普通字符串：采用单引号“'”或双引号“"”包裹起来的字符串。
- 原始字符串（raw string）：在普通字符串前加 r，字符串中的特殊字符不需要转义，按照字符串的本来“面目”呈现。
- 长字符串：字符串中包含了换行缩进等排版字符，可以使用三重单引号“'''”或三重双引号“"""”包裹起来，这就是长字符串。

1）普通字符串

很多程序员习惯使用单引号“'”表示字符串，下面示例表示的都是 Hello World 字符串。

```
'Hello World'
"Hello World"
'\u0048\u0065\u006c\u006c\u006f\u0020\u0057\u006f\u0072\u006c\u0064'  ①
"\u0048\u0065\u006c\u006c\u006f\u0020\u0057\u006f\u0072\u006c\u0064"  ②
```

Python 中的字符采用 Unicode 编码，所以字符串可以包含中文等亚洲字符。代码第①行和第②行的字符串是用 Unicode 编码表示的字符串，事实上它表示的也是 Hello World 字符串，可通过 print 函数将 Unicode 编码表示的字符串输出到控制台，则会看到 Hello World 字符串。在 Python Shell 中运行示例如下：

```
>>> s = 'Hello World'
>>> print(s)
Hello World
>>> s = "Hello World"
>>> print(s)
Hello World
>>> s = '\u0048\u0065\u006c\u006c\u006f\u0020\u0057\u006f\u0072\u006c\u0064'
>>> print(s)
Hello World
>>> s = "\u0048\u0065\u006c\u006c\u006f\u0020\u0057\u006f\u0072\u006c\u0064"
>>> print(s)
Hello World
```

如果想在字符串中包含一些特殊的字符，例如换行符、制表符等，在普通字符串中则需要转义，前面要加上反斜杠“\”，这称为字符转义，表 6-2 所示是常用的几个转义符。

表 6-2 转义符

字符表示	Unicode 编码	说　明
\t	\u0009	水平制表符
\n	\u000a	换行
\r	\u000d	回车
\"	\u0022	双引号
\'	\u0027	单引号
\\	\u005c	反斜线

在 Python Shell 中运行示例如下：

```
>>> s = 'Hello\n World'
>>> print(s)
Hello
 World
>>> s = 'Hello\t World'
>>> print(s)
Hello        World
>>> s = 'Hello\' World'
>>> print(s)
```

```
Hello' World
>>> s = "Hello' World"          ①
>>> print(s)
Hello' World
>>> s = 'Hello" World'          ②
>>> print(s)
Hello" World
>>> s = 'Hello\\ World'         ③
>>> print(s)
Hello\ World
>>> s = 'Hello\u005c World'     ④
>>> print(s)
Hello\ World
```

字符串中的单引号“'”和双引号“"”也可以不用转义符。在包含单引号的字符串中使用双引号包裹字符串，见代码第①行；在包含双引号的字符串中使用单引号包裹字符串，见代码第②行。另外，可以使用 Unicode 编码替代需要转义的特殊字符，代码第④行与代码第③行是等价的。

2）原始字符串

在普通字符串前面加字母 r，表示字符串是原始字符串。原始字符串可以直接按照字符串的字面意思来使用，没有转义字符。在 Python Shell 中运行示例代码如下：

```
>>> s = 'Hello\tWorld'          ①
>>> print(s)
Hello World
>>> s = r'Hello\tWorld'         ②
>>> print(s)
Hello\tWorld
```

代码第①行是普通字符串，代码第②行是原始字符串，它们的区别只是在字符串前面加字母 r。从输出结果可见，原始字符串中的 \t 没有被当成制表符使用。

3）长字符串

字符串中包含了换行缩进等排版字符时，则可以使用长字符串。在 Python Shell 中运行示例代码如下：

```
>>> s  ='''Hello
 World'''
>>> print(s)
Hello
 World
>>> s = """ Hello \t            ①
            World"""
>>> print(s)
 Hello
           World
```

长字符串中如果包含特殊字符也需要转义，见代码第①行。

6.3.2　字符串格式化

在实际的编程过程中，经常会遇到将其他类型变量与字符串拼接到一起并进行格式化输出的情况。例如计算的金额需要保留小数点后四位，数字需要右对齐等，这些都需要格式化。

在字符串格式化时可以使用字符串的format()方法以及占位符。在Python Shell中运行示例如下：

```
>>> name = 'Mary'
>>> age = 18
>>> s = '她的年龄是{0}岁。'.format(age)                    ①
>>> print(s)
她的年龄是18岁。
>>> s = '{0}芳龄是{1}岁。'.format(name, age)               ②
>>> print(s)
Mary芳龄是18岁。
>>> s = '{1}芳龄是{0}岁。'.format(age, name)               ③
>>> print(s)
Mary芳龄是18岁。
>>> s = '{n}芳龄是{a}岁。'.format(n=name,  a=age)          ④
>>> print(s)
Mary芳龄是18岁。
```

字符串中可以有占位符（{}表示的内容），配合format()方法使用，会将format()方法中的参数替换占位符内容。占位符可以用参数索引表示，见代码第①行、第②行和第③行，即其中0表示第1个参数，1表示第2个参数，以此类推。占位符也可以使用参数的名字表示占位符，见代码第④行，n和a都是参数名字。

占位符中还可以有格式化控制符，对字符串的格式进行更加精准控制。不同的数据类型在进行格式化时需要不同的控制符，这些格式化控制符如表6-3所示。

表6-3　字符串格式化控制符

控　制　符	说　　明
s	字符串格式化
d	十进制整数
f、F	十进制浮点数
g、G	十进制整数或浮点数
e、E	科学计算法表示浮点数
o	八进制整数，符号是小写英文字母o
x、X	十六进制整数，x是小写表示，X是大写表示

格式控制符位于占位符索引或占位符名字的后面，之间用冒号分隔，例如{1:d}表示索引为1的占位符格式参数是十进制整数。在Python Shell中运行示例如下：

```
>>> name = 'Mary'
>>> age = 18
>>> money = 1234.5678
>>> "{0}芳龄是{1:d}岁。".format(name, age)                 ①
'Mary芳龄是18岁。'
>>> "{1}芳龄是{0:5d}岁。".format(age, name)                ②
'Mary芳龄是   18岁。'
>>> "{0}今天收入是{1:f}元。".format(name, money)           ③
'Mary今天收入是1234.567800元。'
>>> "{0}今天收入是{1:.2f}元。".format(name, money)         ④
```

```
'Mary 今天收入是 1234.57 元。'
>>> "{0} 今天收入是 {1:10.2f} 元。".format(name, money)     ⑤
'Mary 今天收入是    1234.57 元。'
>>> "{0} 今天收入是 {1:g} 元。".format(name, money)
'Mary 今天收入是 1234.57 元。'
>>> "{0} 今天收入是 {1:G} 元。".format(name, money)
'Mary 今天收入是 1234.57 元。'
>>> "{0} 今天收入是 {1:e} 元。".format(name, money)
'Mary 今天收入是 1.234568e+03 元。'
>>> "{0} 今天收入是 {1:E} 元。".format(name, money)
'Mary 今天收入是 1.234568E+03 元。'
>>> '十进制数 {0:d} 的八进制表示为 {0:o}，十六进制表示为 {0:x}'.format(28)
'十进制数 28 的八进制表示为 34，十六进制表示为 1c'
```

上述代码第①行中 {1:d} 是格式化十进制整数，代码第②行中 {0:5d} 是指定输出长度为 5 的字符串，不足用空格补齐。代码第③行中 {1:f} 是格式化十进制浮点数，从输出的结果可见，小数部分太长了。如果想控制小数部分可以使用代码第④行的 {1:.2f} 占位符，其中 .2 表示保留小数两位（四舍五入）。如果想设置长度可以使用代码第⑤行的 {1:10.2f} 占位符，其中 10 表示总长度，包括小数点和小数部分，不足用空格补位。

6.3.3　字符串查找

在给定的字符串中查找子字符串是比较常见的操作。字符串类（str）中提供了 find 和 rfind 方法用于查找子字符串，返回值是查找到的子字符串所在的位置，没有找到返回 –1。下面只具体说明 find 和 rfind 方法。

- str.find(sub[,start[,end]])：在索引 start 到 end 之间查找子字符串 sub，如果找到返回最左端位置的索引，如果没有找到返回 –1。start 是开始索引，end 是结束索引，这两个参数都可以省略，如果 start 省略说明查找从字符串头开始；如果 end 省略说明查找到字符串尾结束；如果全部省略就是查找全部字符串。
- str.rfind(sub[,start[,end]])：与 find 方法类似，区别是如果找到返回最右端位置的索引。如果在查找的范围内只找到一处子字符串，那么这里 find 和 rfind 方法返回值相同。

提示： 在 Python 文档中 [] 表示可以省略部分，find 和 rfind 方法参数 [,start[,end]] 表示 start 和 end 都可以省略。

在 Python Shell 中运行示例代码如下：

```
>>> source_str = "There is a string accessing example."
>>> len(source_str)                                         ①
36
>>> source_str[16]                                          ②
'g'
>>> source_str.find('r')
3
>>> source_str.rfind('r')
13
>>> source_str.find('ing')
14
```

```
>>> source_str.rfind('ing')
24
>>> source_str.find('e', 15)
21
>>> source_str.rfind('e', 15)
34
>>> source_str.find('ing', 5)
14
>>> source_str.rfind('ing', 5)
24
>>> source_str.find('ing', 18, 28)
24
>>> source_str.rfind('ing', 5)
24
```

上述代码第①行 len(source_str) 返回字符串长度，注意 len 是函数，不是字符串的一个方法，它的参数是字符串。代码第②行 source_str[16] 访问字符串中索引 16 的字符。

上述字符串查找方法比较类似，这里重点解释 source_str.find('ing', 5) 和 source_str.rfind('ing', 5) 表达式。从图 6-1 可见，ing 字符串出现过两次，索引分别是 14 和 24。source_str.find('ing', 5) 返回最左端索引 14，返回值为 14；source_str.rfind('ing', 5) 返回最右端索引 24。

0	1	2	3	4	5	6	7	8	9	10	11	12	13	14	15	16	17	18	19	20	21	22	23	24	25	26	27	28	29	30	31	32	33	34	35
T	h	e	r	e		i	s		a		s	t	r	i	n	g		a	c	c	e	s	s	i	n	g		e	x	a	m	p	l	e	.

图 6-1 source_str 字符串索引

提示：函数与方法的区别：方法是定义在类中的函数，在类的外部调用时需要通过类或对象调用，例如上述代码 source_str.find('r') 就是调用字符串对象 source_str 的 find 方法，find 方法是在 str 类中定义的。而通常的函数不是类中定义的，也称为顶层函数，它们不属于任何一个类，调用时直接使用函数即可，例如上述代码中的 len(source_str)，就调用了 len 函数，只不过它的参数是字符串对象 source_str。

6.3.4 字符串与数字互相转换

在实际的编程过程中，经常会用到字符串与数字互相转换。下面从两个不同的方面介绍字符串与数字互相转换。

1）字符串转换为数字

字符串转换为数字可以使用 int() 和 float() 函数实现，6.2.2 节介绍了这两个函数实现数字类型之间的转换，事实上这两个函数也可以接收字符串参数，如果字符串能成功转换为数字，则返回数字，否则引发异常。

在 Python Shell 中运行示例代码如下：

```
>>> int('9')
9
>>> int('9.6')
Traceback (most recent call last):
  File "<pyshell#2>", line 1, in <module>
    int('9.6')
```

```
ValueError: invalid literal for int() with base 10: '9.6'
>>> float('9.6')
9.6
>>> int('AB')
Traceback (most recent call last):
  File "<pyshell#4>", line 1, in <module>
    int('AB')
ValueError: invalid literal for int() with base 10: 'AB'
>>>
```

默认情况下 int() 函数都将字符串参数当成十进制数字进行转换，所以 int('AB') 会失败。int() 函数也可以指定基数（进制），在 Python Shell 中运行示例代码如下：

```
>>> int('AB', 16)
171
```

2）数字转换为字符串

数字转换为字符串有很多种方法，6.3.2 节介绍的字符串格式化可以实现将数字转换为字符串。另外，Python 中字符串提供了 str() 函数。

可以使用 str() 函数将任何类型的数字转换为字符串。在 Python Shell 中运行示例代码如下：

```
>>> str(3.24)
'3.24'
>>> str(True)
'True'
>>> str([])
'[]'
>>> str([1,2,3])
'[1, 2, 3]'
>>> str(34)
'34'
```

从上述代码可知 str() 函数很强大，什么类型都可以转换。但缺点是不能格式化，如果格式化字符串需要使用 format 函数。在 Python Shell 中运行示例代码如下：

```
>>> '{0:.2f}'.format(3.24)
'3.24'
>>> '{:.1f}'.format(3.24)
'3.2'
>>> '{:10.1f}'.format(3.24)
'       3.2'
```

提示：在格式化字符串时，如果只有一个参数，占位符索引可以省略。

6.4　本章小结

本章主要介绍了 Python 中的数据类型，读者需要重点掌握数字类型与字符串类型，熟悉数字类型的互相转换，以及数字类型与字符串之间的转换。

6.5 同步练习

一、选择题

1. 在 Python 中字符串表示方式是（　　）。

A. 采用单引号（'）包裹起来

B. 采用双引号（"）包裹起来

C. 三重单引号（'''）包裹起来

D. 以上都不是

2. 下列表示数字正确的是（　　）。

A. 29　　B. 0X1C　　C. 0x1A　　D. 1.96e-2　　E. 9_600_000

二、判断题

1. 在 Python 中布尔类型只有两个值：True 和 False。（　　）

2. bool() 函数可以将 None、0、0.0、0j（复数）、''（空字符串）、[]（空列表）、()（空元组）和 {}（空字典）这些数值转换为 False。（　　）

第 7 章

运　算　符

本章介绍 Python 语言中一些主要的运算符（也称操作符），包括算术运算符、关系运算符、逻辑运算符、位运算符、赋值运算符和其他运算符。

7.1　算术运算符

Python 中的算术运算符用来组织整型和浮点型数据的算术运算，按照参加运算的操作数的不同可以分为一元运算符和二元运算符。

7.1.1　一元运算符

Python 中一元运算符有多个，但是算术一元运算符只有一个，即 –，– 是取反运算符，例如：–a 是对 a 取反运算。

在 Python Shell 中运行示例代码如下：

```
>>> a = 12
>>> -a
-12
>>>
```

上述代码是把 a 变量取反，结果输出是 –12。

7.1.2　二元运算符

二元运算符包括 +、–、*、/、%、** 和 //，这些运算符主要是对数字类型数据进行操作，而 + 和 * 可以用于字符串、元组和列表等类型的数据操作，具体说明参见表 7-1。

表 7-1　二元算术运算符

运　算　符	名　　称	例　　子	说　　明
+	加	a + b	可用于数字、序列等类型数据操作，对于数字类型是求和；其他类型是连接操作
–	减	a–b	求 a 减 b 的差
*	乘	a * b	可用于数字、序列等类型数据操作，对于数字类型是求和；其他类型是连接操作
/	除	a / b	求 a 除以 b 的商
%	取余	a % b	求 a 除以 b 的余数

续表

运算符	名称	例子	说明
**	幂	a ** b	求a的b次幂
//	地板除法	a // b	求比a除以b的商小的最大整数

在Python Shell中运行示例代码如下：

```
>>> 1 + 2
3
>>> 2 - 1
1
>>> 2 * 3
6
>>> 3 / 2
1.5
>>> 3 % 2
1
>>> 3 // 2
1
>>> -3 // 2
-2
>>> 10 ** 2
100
>>> 10.22 + 10
20.22
>>> 10.0 + True + 2
13.0
```

上述例子中分别对数字类型数据进行了二元运算，其中True被当作整数1参与运算，操作数中有浮点数字，表达式计算结果也是浮点类型。其他代码比较简单，不再赘述。

字符串属于序列的一种，所以字符串可以使用+和*运算符，在Python Shell中运行示例代码如下：

```
>>> 'Hello' + 'World'
'HelloWorld'
>>> 'Hello' + 2
Traceback (most recent call last):
  File "<pyshell#35>", line 1, in <module>
    'Hello' + 2
TypeError: must be str, not int
>>>
>>> 'Hello' * 2
'HelloHello'
>>> 'Hello' * 2.2
Traceback (most recent call last):
  File "<pyshell#36>", line 1, in <module>
    'Hello' * 2.2
TypeError: can't multiply sequence by non-int of type 'float'
```

+运算符会将两个字符串连接起来，但不能将字符串与其他类型数据连接起来。*运算符第一操作数是字符串，第二操作数是整数，表示重复字符串多次。因此'Hello'*2结果是'HelloHello'，注意第二操作数只能是整数。

7.2 关系运算符

关系运算是比较两个表达式大小关系的运算，它的结果是布尔类型数据，即 True 或 False。关系运算符有 6 种：==、!=、>、<、>= 和 <=，具体说明参见表 7-2。

微课视频

表 7-2　关系运算符

运算符	名称	例子	说明
==	等于	a == b	a 等于 b 时返回 True，否则返回 False。可以应用于基本数据类型和引用类型，引用类型比较是否为引用同一个对象，这种比较往往没有实际意义
!=	不等于	a != b	与 == 相反
>	大于	a > b	a 大于 b 时返回 True，否则返回 False
<	小于	a < b	a 小于 b 时返回 True，否则返回 False
>=	大于或等于	a >= b	a 大于或等于 b 时返回 True，否则返回 False
<=	小于或等于	a <= b	a 小于或等于 b 时返回 True，否则返回 False

在 Python Shell 中运行示例代码如下：

```
>>> a = 1
>>> b = 2
>>> a > b
False
>>> a < b
True
>>> a >= b
False
>>> a <= b
True
>>> 1.0 == 1
True
>>> 1.0 != 1
False
```

Python 中的关系运算可用于比较序列或数字，整数、浮点数都是对象，可以使用关系运算符进行比较；字符串、列表和元组属于序列也可以使用关系运算符进行比较。在 Python Shell 中运行示例代码如下：

```
>>> a = 'Hello'
>>> b = 'Hello'
>>> a == b
True
>>> a = 'World'
>>> a > b
True
>>> a < b
False
>>> a = []          ①
>>> b = [1, 2]      ②
>>> a == b
False
>>> a < b
```

```
True
>>> a = [1, 2]
>>> a == b
True
```

代码第①行创建一个空列表，代码第②行创建一个两个元素的列表，它们也可以进行比较。

7.3 逻辑运算符

微课视频

逻辑运算符对布尔型变量进行运算，其结果也是布尔型，具体说明参见表7-3。

表7-3 逻辑运算符

运算符	名称	例子	说明
not	逻辑非	not a	a为True时，值为False，a为False时，值为True
and	逻辑与	a and b	a、b全为True时，计算结果为True，否则为False
or	逻辑或	a or b	a、b全为False时，计算结果为False，否则为True

Python中的“逻辑与”和“逻辑或”都采用“短路”设计，例如a and b，如果a为False，则不计算b（因为不论b为何值，“与”操作的结果都为False）；而对于a or b，如果a为True，则不计算b（因为不论b为何值，“或”操作的结果都为True）。

这种短路形式的设计，使它们在计算过程中就像电路短路一样采用最优化的计算方式，从而提高效率。

示例代码如下：

```
# 代码文件：chapter7/7.3/hello.py

i = 0
a = 10
b = 9

if a > b or i == 1:
    print("或运算为 真")
else:
    print("或运算为 假")

if a < b and i == 1:
    print("与运算为 真")
else:
    print("与运算为 假")


def f1():  ①
    return a > b


def f2():  ②
    print('--f2--')
    return a == b
```

```
print(f1() or f2())        ③
```

输出结果如下：

```
或运算为 真
与运算为 假
True
```

上述代码第①行和第②行定义的两个函数返回的是布尔值。代码第③行进行“或”运算，由于短路计算，f1 函数返回 True 之后，不再调用 f2 函数。

7.4　位运算符

位运算是以二进位（bit）为单位进行运算的，操作数和结果都是整型数据。位运算符有 6 种：~、&、|、^、>> 和 <<，具体说明参见表 7-4。

微课视频

表 7-4　位运算符

运　算　符	名　　称	例　　子	说　　明
~	位反	~x	将 x 的值按位取反
&	位与	x&y	x 与 y 位进行位与运算
|	位或	x|y	x 与 y 位进行位或运算
^	位异或	x^y	x 与 y 位进行位异或运算
>>	右移	x>>a	x 右移 a 位，高位采用符号位补位
<<	左移	x<<a	x 左移 a 位，低位用 0 补位

位运算示例代码如下：

```
# 代码文件：chapter7/7.4/hello.py

a = 0b10110010                                            ①
b = 0b01011110                                            ②

print("a | b = {0}".format(a | b))  # 0b11111110          ③
print("a & b = {0}".format(a & b))  # 0b00010010          ④
print("a ^ b = {0}".format(a ^ b))  # 0b11101100          ⑤
print("~a = {0}".format(~a))        # -179                ⑥
print("a >> 2 = {0}".format(a >> 2))  # 0b00101100        ⑦
print("a << 2 = {0}".format(a << 2))  # 0b11001000        ⑧

c = -0b1100                                               ⑨
print("c >> 2 = {0}".format(c >> 2))  # -0b00000011       ⑩
print("c <<  2 = {0}".format(c << 2))  # -0b00110000      ⑪
```

输出结果如下：

```
a | b = 254
a & b = 18
a ^ b = 236
```

```
~a = -179
a >> 2 = 44
a << 2 = 712
c >> 2 = -3
c <<  2 = -48
```

上述代码中，第①行和第②行分别声明了整数变量 a 和 b，采用二进制表示。第⑨行声明变量 c，采用二进制表示的负整数。

注意： a 和 b 位数是与本机相关的，虽然只写出了 8 位，但笔者计算机是 64 位的，所以 a 和 b 都是 64 位数字，只是在本例中省略了前 56 个零。位数多少并不会影响位反和位移运算。

代码第③行 (a | b) 表达式是进行位或运算，结果是二进制的 0b11111110（十进制是 254），它的运算过程如图 7-1 所示。从图中可见，a 和 b 按位进行或计算，只要有一个为 1，计算结果就为 1，否则为 0。

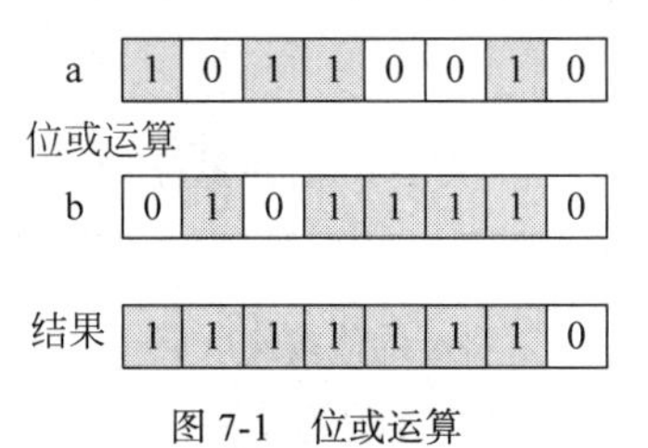

图 7-1　位或运算

代码第④行 (a & b) 是进行位与运算，结果是二进制的 0b00010010（十进制是 18），它的运算过程如图 7-2 所示。从图中可见，a 和 b 按位进行与计算，只有两位全部为 1，这一位才为 1，否则为 0。

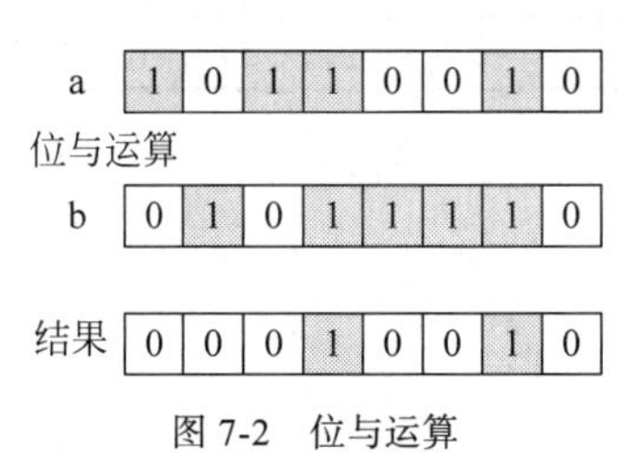

图 7-2　位与运算

代码第⑤行 (a ^ b) 是进行位异或运算，结果是二进制的 0b11101100（十进制是 236），它的运算过程如图 7-3 所示。从图中可见，a 和 b 按位进行异或计算，只有两位相反时这一位才为 1，否则为 0。

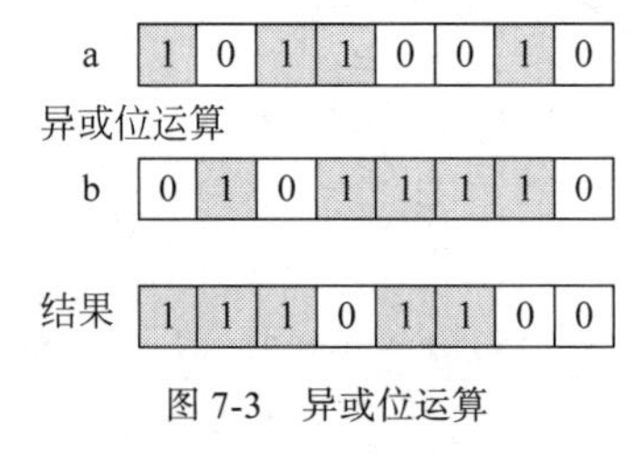

图 7-3　异或位运算

提示： 代码第⑥行 (~a) 是按位取反运算，在这个过程中涉及原码、补码、反码运算，比较麻烦。笔者归纳总结了一个公式：~a =-1 * (a + 1)，如果 a 为十进制数 178，则 ~a 为十进制数 –179。

代码第⑦行 (a >> 2) 是进行右移 2 位运算，结果是二进制的 0b00101100（十进制是 44），它的运算过

程如图7-4所示。从图中可见，a的低位被移除掉，高位用0补位（注意最高位不是1，而是0，在1前面还有56个0）。

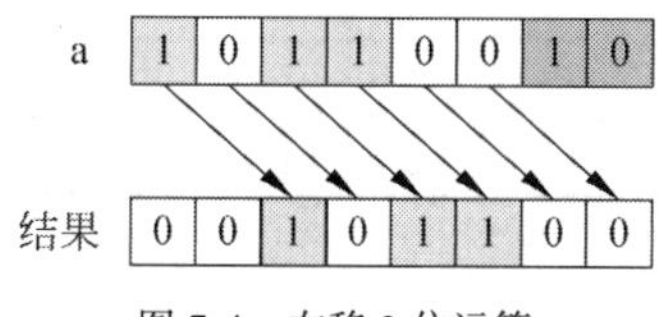

图7-4　右移2位运算

代码第⑧行(a<<2)是进行左移2位运算，结果是二进制的0b1011001000（十进制是712），它的运算过程如图7-5所示。从图中可见，由于本机是64位，所以高位不会移除掉，低位用0补位。但是需要注意，如果本机是8位的，高位会被移除掉，结果是二进制的0b11001000（十进制是310）。

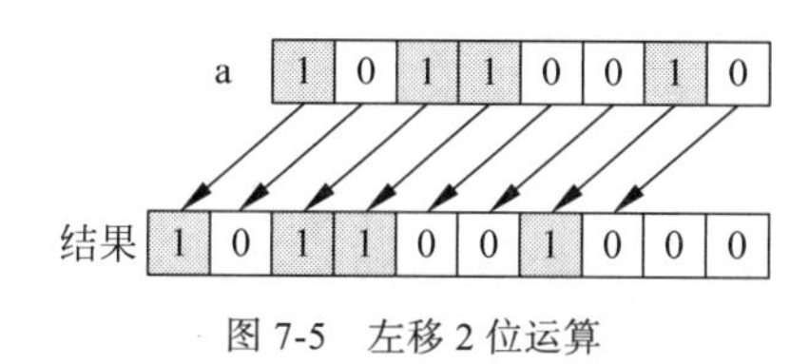

图7-5　左移2位运算

提示：代码第⑩行和第⑪行是对负数进行位运算，负数也涉及补码运算，如果对负数位移运算不理解可以先忽略负号当成正整数运行，然后运算出结果再加上负号。

提示：右移n位，相当于操作数除以2^n，例如代码第⑦行(a>>2)表达式相当于($a/2^2$)，178/4所以结果等于44。另外，左移n位，相当于操作数乘以2^n，例如代码第⑪行(a<<2)表达式相当于($a*2^2$)，178*4所以结果等于712，类似的还有代码第⑧行。

7.5　赋值运算符

赋值运算符只是一种简写，一般用于变量自身的变化，例如a与其操作数进行运算结果再赋值给a，算术运算符和位运算符中的二元运算符都有对应的赋值运算符，具体说明参见表7-5。

微课视频

表7-5　赋值运算符

运　算　符	名　　称	例　　子	说　　明
+=	加赋值	a += b	等价于 a = a + b
–=	减赋值	a–= b	等价于 a = a–b
*=	乘赋值	a *= b	等价于 a = a * b
/=	除赋值	a /= b	等价于 a = a / b
%=	取余赋值	a %= b	等价于 a = a % b
**=	幂赋值	a **= b	等价于 a = a ** b
//=	地板除法赋值	a //= b	等价于 a = a // b
&=	位与赋值	a &= b	等价于 a = a&b
|=	位或赋值	a |= b	等价于 a = a|b

续表

运 算 符	名 称	例 子	说 明
^=	位异或赋值	a ^= b	等价于 a = a^b
<<=	左移赋值	a <<= b	等价于 a = a<<b
>>=	右移赋值	a >>= b	等价于 a = a>>b

示例代码如下：

```
# 代码文件：chapter7/7.5/hello.py

a = 1
b = 2

a += b   # 相当于 a = a + b
print("a + b = {0}".format(a))          # 输出结果 3

a += b + 3   # 相当于 a = a + b + 3
print("a + b + 3 = {0}".format(a))      # 输出结果 7
a -= b   # 相当于 a = a - b
print("a - b = {0}".format(a))          # 输出结果 6

a *= b   # 相当于 a = a * b
print("a * b = {0}".format(a))          # 输出结果 12

a /= b   # 相当于 a = a / b
print("a / b = {0}".format(a))          # 输出结果 6

a %= b   # 相当于 a = a % b
print("a % b = {0}".format(a))          # 输出结果 0

a = 0b10110010
b = 0b01011110

a |= b
print("a | b = {0}".format(a))
a ^= b
print("a ^ b = {0}".format(a))
```

输出结果如下：

```
a + b = 3
a + b + 3 = 8
a - b = 6
a * b = 12
a / b = 6.0
a % b = 0.0
a | b = 254
a ^ b = 160
```

上述例子分别对整型进行了赋值运算，具体语句不再赘述。

7.6 其他运算符

除了前面介绍的主要运算符，Python 还有一些其他运算符，本节先介绍其中两个重要的“测试”运算符，其他运算符后面涉及相关内容时再详细介绍。这两个“测试”运算符是同一性测试运算符和成员测试运算符，所谓“测试”就是判断之意，因此它们的运算结果是布尔值，它们也属于关系运算符。

7.6.1 同一性测试运算符

同一性测试运算符就是测试两个对象是否为同一个对象，类似于 == 运算符，不同之处是，== 是测试两个对象的内容是否相同，当然如果是同一对象 == 也返回 True。

同一性测试运算符有两个：is 和 is not，is 是判断是同一对象，is not 是判断不是同一对象。

示例代码如下：

```
# coding=utf-8
# 代码文件：chapter7/7.6/ch7.6.1.py

class Person:              ①
    def __init__(self, name, age):
        self.name = name
        self.age = age

p1 = Person('Tony', 18)
p2 = Person('Tony', 18)

print(p1 == p2)  # False
print(p1 is p2)  # False

print(p1 != p2)  # True
print(p1 is not p2)  # True
```

上述代码第①行自定义类 Person，它有两个实例变量 name 和 age，然后创建了两个 Person 对象 p1 和 p2，它们具有相同的 name 和 age 实例变量。那么是否可以说 p1 与 p2 是同一个对象（p1 is p2 为 True）？程序运行结果不是，因为这里实例化了两个 Person 对象（Person('Tony', 18) 语句是创建对象）。

那么 p1 == p2 为什么会返回 False 呢？因为 == 虽然是比较两个对象的内容是否相当，但是也需要告诉对象比较的规则是什么，是比较 name 还是 age？这需要在定义类时重写 __eq__ 方法，指定比较规则。修改代码如下：

```
class Person:
    def __init__(self, name, age):
        self.name = name
        self.age = age

    def __eq__(self, other):
        if self.name == other.name and self.age == other.age:
            return True
        else:
            return False
```

```
p1 = Person('Tony', 18)
p2 = Person('Tony', 18)

print(p1 == p2)  # True
print(p1 is p2)  # False

print(p1 != p2)  # False
print(p1 is not p2)  # True
```

上述代码重写 __eq__ 方法，其中定义了只有在 name 和 age 都同时相等时，两个 Person 对象 p1 和 p2 才相等，即 p1 == p2 为 True。注意，p1 is p2 还是为 False 的。有关类和对象等细节问题，读者只需要知道 is 和 == 两种运算符的不同即可。

7.6.2 成员测试运算符

成员测试运算符可以测试在一个序列（sequence）对象中是否包含某一个元素。成员测试运算符有两个：in 和 not in，in 是测试是否包含某一个元素，not in 是测试是否不包含某一个元素。

示例代码如下：

```
# coding=utf-8
# 代码文件：chapter7/7.6/ch7.6.2.py

string_a = 'Hello'
print('e' in string_a)  # True                ①
print('ell' not in string_a)  # False         ②

list_a = [1, 2]
print(2 in list_a)  # True                    ③
print(1 not in list_a)  # False               ④
```

上述代码中第①行是判断字符串 Hello 中是否包含 e 字符，第②行是判断字符串 Hello 中是否不包含 e 字符串 ell，这里需要注意字符串本质也属于序列，此外还有列表和元组都属于序列，有关序列的知识会在第 9 章详细介绍。

代码第③行是判断 list_a 列表中是否包含 2 元素，代码第④行是判断 list_a 列表中是否不包含 1 元素。

7.7 运算符优先级

微课视频

在一个表达式计算过程中，运算符的优先级非常重要。表 7-6 中从上到下优先级从高到低，同一行具有相同的优先级。

表 7-6 运算符优先级

优 先 级	运 算 符	说 明
1	()	小括号
2	f(参数)	函数调用
3	[start:end], [start:end:step]	分片
4	[index]	下标
5	.	引用类成员

续表

优　先　级	运　算　符	说　　明
6	**	幂
7	~	位反
8	+, −	正负号
9	*, /, %	乘法、除法、取余
10	+, −	加法、减法
11	<<, >>	位移
12	&	位与
13	^	位异或
14	|	位或
15	in, not in, is, is not, <, <=, >, >=,<>, !=, ==	比较
16	not	逻辑非
17	and	逻辑与
18	or	逻辑或
19	lambda	Lambda 表达式

通过表 7-6 读者对运算符优先级可以有一个大体的了解，知道运算符优先级大体顺序从高到低：算术运算符→位运算符→关系运算符→逻辑运算符→赋值运算符。还有一些运算符没有介绍，后面会逐一介绍。

7.8　本章小结

通过对本章内容的学习，读者可以了解到 Python 语言运算符，这些运算符包括算术运算符、关系运算符、逻辑运算符、位运算符、赋值运算符和其他运算符，在最后还介绍了 Python 运算符优先级。

7.9　同步练习

一、选择题

1. 设有变量赋值 x=3.5; y=4.6; z=5.7，则以下的表达式中值为 True 的是（　　）。

A. x > y or x > z　　　　B. x != y

C. z > (y + x)　　　　D. x < y and not(x > z)

2. 下列关于使用“<<”和“>>”操作符的结果正确的是（　　）。

A. 0b1010000000000000 >> 4 的结果是 2560

B. 0b1010000000000000 >> 4 的结果是 256

C. 0b0000101000000000 << 2 的结果是 10240

D. 0b0000101000000000 << 2 的结果是 1024

3. 下列表达式中哪两个相等？（　　）

A. 16>>2　　B. 16/2**2　　C. 16*4　　D. 16<<2

二、判断题

同一性测试运算符有两个：is 和 is not，is 是判断是同一对象，is not 是判断不是同一对象。（　　）

第 8 章

控 制 语 句

程序设计中的控制语句有 3 种，即顺序、分支和循环语句。Python 程序通过控制语句来管理程序流，完成一定的任务。程序流是由若干个语句组成的，语句既可以是一条单一的语句，也可以是复合语句。Python 中的控制语句如下：

- 分支语句：if。
- 循环语句：while 和 for。
- 跳转语句：break、continue 和 return。

8.1 分支语句

分支语句提供了一种控制机制，使得程序具有了“判断能力”，能够像人类的大脑一样分析问题。分支语句又称条件语句，条件语句使部分程序根据某些表达式的值被有选择地执行。

Python 中的分支语句只有 if 语句。if 语句有 if 结构、if-else 结构和 elif 结构 3 种。

8.1.1 if 结构

如果条件计算为 True 就执行语句组，否则就执行 if 结构后面的语句。语法结构如下：

```
if 条件 :
    语句组
```

if 结构示例代码如下：

```
# coding=utf-8
# 代码文件：chapter8/ch8.1.1.py

score = int(input())     ①

if score >= 85:
    print(" 您真优秀！ ")

if score < 60:
    print(" 您需要加倍努力！ ")

if (score >= 60) and (score < 85):
    print(" 您的成绩还可以，仍需继续努力！ ")
```

为了灵活输入分数（score）使用 input() 函数从键盘输入字符串，见代码第①行。由于 input() 函数输入的是字符串，所以还需要使用 int() 函数将字符串转换为 int 类型。

提示：可以通过 PyCharm 或命令提示符运行 ch8.1.1.py 文件时程序会挂起，输入要测试数据 80，如图 8-1(a) 或 8-2(a) 所示，然后按 Enter 键，运行结果如图 8-1(b) 或图 8-2(b) 所示。

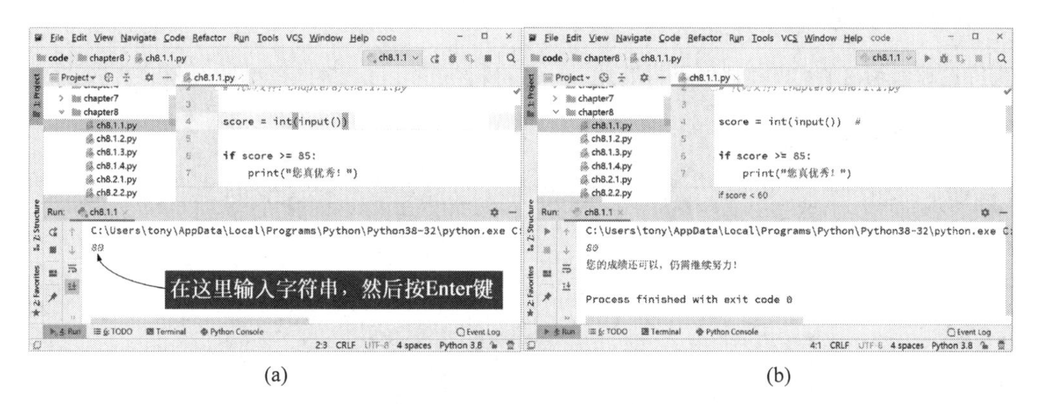

(a) (b)

图 8-1 通过 PyCharm 运行

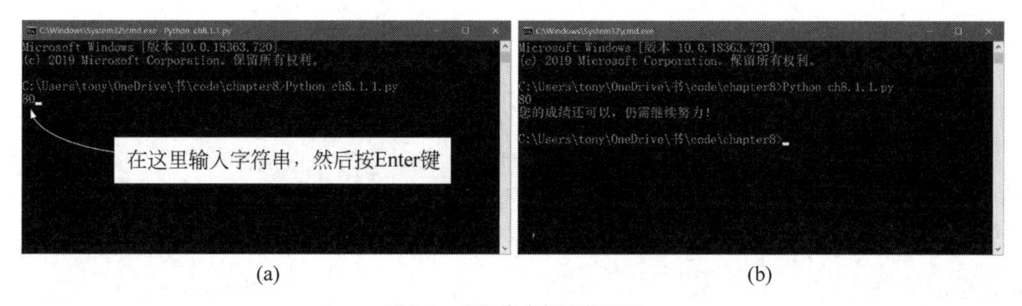

(a) (b)

图 8-2 通过命令提示符运行

8.1.2 if-else 结构

几乎所有的计算机语言都有这个结构，而且结构的格式基本相同，语句如下：

```
if 条件 :
    语句组 1
else :
    语句组 2
```

当程序执行到 if 语句时，先判断条件，如果值为 True，则执行语句组 1，然后跳过 else 语句及语句组 2，继续执行后面的语句。如果条件为 False，则忽略语句组 1 而直接执行语句组 2，然后继续执行后面的语句。

if-else 结构示例代码如下：

```
# coding=utf-8
# 代码文件：chapter8/ch8.1.2.py

import sys
```

```
score = int(input())

if score >= 60:
    print(" 及格 ")
else:
    print(" 不及格 ")
```

示例执行过程参考8.1.1节，这里不再赘述。

8.1.3 elif结构

elif结构如下：

```
if 条件1 :
    语句组1
elif 条件2 :
    语句组2
elif 条件3 :
    语句组3
    ...
elif 条件n :
    语句组n
else :
    语句组n + 1
```

可以看出，elif结构实际上是if-else结构的多层嵌套，它明显的特点就是在多个分支中只执行一个语句组，而其他分支都不执行，所以这种结构可以用于有多种判断结果的分支中。

elif结构示例代码如下：

```
# coding=utf-8
# 代码文件：chapter8/ch8.1.3.py

import sys

score = int(input())

if score >= 90:
    grade = 'A'
elif score >= 80:
    grade = 'B'
elif score >= 70:
    grade = 'C'
elif score >= 60:
    grade = 'D'
else:
    grade = 'F'

print("Grade = " + grade)
```

示例执行过程参考8.1.1节，这里不再赘述。

8.1.4 三元运算符替代品——条件表达式

在前面学习运算符时，并没有提到类似 Java 语言的三元运算符[①]。为提供类似的功能，Python 提供了条件表达式，条件表达式语法如下：

```
表达式 1 if 条件 else 表达式 2
```

其中，当条件计算为 True 时，返回表达式 1，否则返回表达式 2。

条件表达式示例代码如下：

```
# coding=utf-8
# 代码文件：chapter8/ch8.1.4.py

import sys

score = int(input())

result = '及格' if score >= 60 else '不及格'
print(result)
```

示例执行过程参考 8.1.1 节，这里不再赘述。

从示例可见，条件表达式事实上就是 if-else 结构，而普通的 if-else 结构不是表达式，不会有返回值，而条件表达式不但进行条件判断，而且还会有返回值。

8.2 循环语句

循环语句能够使程序代码重复执行，Python 支持 while 和 for 两种循环类型。

微课视频

8.2.1 while 语句

while 语句是一种先判断的循环结构，格式如下：

```
while 循环条件 :
    语句组
[else:
    语句组 ]
```

while 循环没有初始化语句，循环次数是不可知的，只要循环条件满足，循环就会一直执行循环体。while 循环中可以带有 else 语句，else 语句将在 8.3 节详细介绍。

示例代码如下：

```
# coding=utf-8
# 代码文件：chapter8/ch8.2.1.py

i = 0

while i * i < 100_000:
    i += 1

print("i = {0}".format(i))
```

① 三元运算符的语法形式：条件 ? 表达式 1: 表达式 2，当条件为真时，表达式 1 返回，否则表达式 2 返回。

```
print("i * i = {0}".format(i * i))
```

输出结果如下：

```
i = 317
i * i = 100489
```

上述程序代码的目的是找到平方数大于100_000的最小整数。使用while循环需要注意，while循环条件语句中只能写一个表达式，而且是一个布尔型表达式，那么如果循环体中需要循环变量，就必须在while语句之前对循环变量进行初始化。本例中先给i赋值为0，然后必须在循环体内部通过语句更改循环变量的值，否则将会发生死循环。

提示： 为了阅读方便，整数和浮点数均可添加多个0或下画线以提高可读性，如000.01563和_360_000，两种格式均不会影响实际值。一般是每三位加一个下画线。

8.2.2 for 语句

for语句是应用最广泛、功能最强的一种循环语句。Python语言中没有C语言风格的for语句，它的for语句相等于Java中增强for循环语句，只用于序列，序列包括字符串、列表和元组。

for语句一般格式如下：

```
for 迭代变量 in 序列 :
   语句组
[else:
    语句组 ]
```

"序列"表示所有的实现序列的类型都可以使用for循环。"迭代变量"是从序列中迭代取出的元素。for循环中也可以带有else语句，else语句将在8.3节详细介绍。

示例代码如下：

```
# coding=utf-8
# 代码文件：chapter8/ch8.2.2.py

print("---- 范围 -------")
for num in range(1, 10):  # 使用范围        ①
    print("{0} x {0} = {1}".format(num, num * num))

print("---- 字符串 -------")
#  for 语句
for item in 'Hello':                        ②
    print(item)

# 声明整数列表
numbers = [43, 32, 53, 54, 75, 7, 10]   ③

print("---- 整数列表 -------")

#  for 语句
for item in numbers:                        ④
    print("Count is : {0}".format(item))
```

输出结果：

```
---- 范围 -------
1 x 1 = 1
2 x 2 = 4
3 x 3 = 9
4 x 4 = 16
5 x 5 = 25
6 x 6 = 36
7 x 7 = 49
8 x 8 = 64
9 x 9 = 81
---- 字符串 -------
H
e
l
l
o
---- 整数列表 -------
Count is : 43
Count is : 32
Count is : 53
Count is : 54
Count is : 75
Count is : 7
Count is : 10
```

上述代码第①行 range(1,10) 函数是创建范围（range）对象，它的取值是 1 ≤ range(1,10) < 10，步长为 1，总共 9 个整数。范围也是一种整数序列，关于范围会在 8.4 节详细介绍。代码第②行是循环字符串 Hello，字符串也是一个序列，所以可以用 for 循环变量。代码第③行是定义整数列表，关于列表会在第 9 章详细介绍。代码第④行是遍历列表 numbers。

8.3 跳转语句

跳转语句能够改变程序的执行顺序，可以实现程序的跳转。Python 有 3 种跳转语句：break、continue 和 return。本节重点介绍 break 和 continue 语句的使用，return 语句将在后面章节介绍。

微课视频

8.3.1 break 语句

break 语句可用于 8.2 节介绍的 while 和 for 循环结构，它的作用是强行退出循环体，不再执行循环体中剩余的语句。

示例代码如下：

```
# coding=utf-8
# 代码文件：chapter8/ch8.3.1.py

for item in range(10):
    if item == 3:
        # 跳出循环
        break
```

```
    print("Count is : {0}".format(item))
```

在上述程序代码中，当条件 item == 3 时执行 break 语句，break 语句会终止循环。range(10) 函数省略了开始参数，默认是从 0 开始的。程序运行的结果如下：

```
Count is : 0
Count is : 1
Count is : 2
```

8.3.2 continue 语句

continue 语句用来结束本次循环，跳过循环体中尚未执行的语句，接着进行终止条件的判断，以决定是否继续循环。

示例代码如下：

```
# coding=utf-8
# 代码文件：chapter8/ch8.3.2.py

for item in range(10):
    if item == 3:
        continue
    print("Count is : {0}".format(item))
```

在上述程序代码中，当条件 item == 3 时执行 continue 语句，continue 语句会终止本次循环，循环体中 continue 之后的语句将不再执行，接着进行下次循环，所以输出结果中没有 3。程序运行结果如下：

```
Count is: 0
Count is: 1
Count is: 2
Count is: 4
Count is: 5
Count is: 6
Count is: 7
Count is: 8
Count is: 9
```

8.3.3 while 和 for 中的 else 语句

在 8.2 节介绍 while 和 for 循环时，提到过它们都可以跟 else 语句，它与 if 语句中的 else 不同。这里的 else 是在循环体正常结束时才运行的代码，当循环被中断时不执行，break、return 和异常抛出都会中断循环。循环中的 else 语句流程图如图 8-3 所示。

示例代码如下：

```
# coding=utf-8
# 代码文件：chapter8/ch8.3.3.py

i = 0

while i * i < 10:
    i += 1
```

```
    # if i == 3:
    #     break
    print("{0} * {0} = {1}".format(i, i * i))
else:
    print('While Over!')

print('-------------')

for item in range(10):
    if item == 3:
        break
    print("Count is : {0}".format(item))
else:
    print('For Over!')
```

运行结果如下：

```
1 * 1 = 1
2 * 2 = 4
3 * 3 = 9
4 * 4 = 16
While Over!
-------------
Count is : 0
Count is : 1
Count is : 2
```

上述代码在 while 循环中 break 语句被注释了，因此会进入 else 语句，所以最后输出“While Over!”。而在 for 循环中当条件满足时 break 语句执行，程序不会进入 else 语句，最后没有输出“For Over!”。

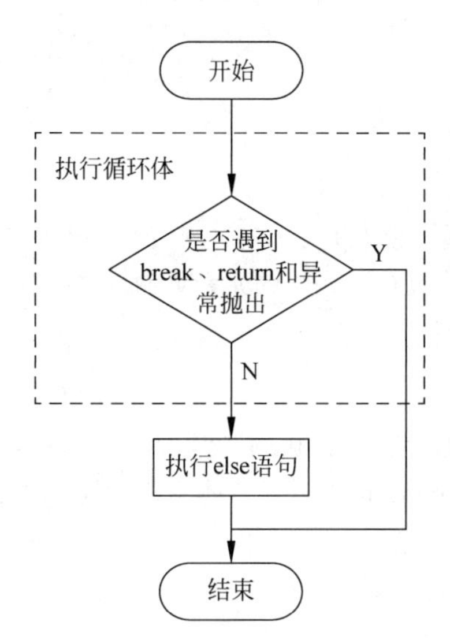

图 8-3　循环中的 else 语句

8.4 使用范围

在前面的学习过程中多次需要使用范围，范围在 Python 中类型是 range，表示一个整数序列，创建范围对象需使用 range() 函数，range() 函数语法如下：

```
range([start,] stop[, step])
```

其中的 3 个参数全部是整数类型，start 是开始值，可以省略，表示从 0 开始；stop 是结束值；step 是步长。注意 start ≤整数序列取值 <stop，步长 step 可以为负数，可以创建递减序列。

示例代码如下：

```
# coding=utf-8
# 代码文件：chapter8/ch8.4.py

for item in range(1, 10, 2):     ①
    print("Count is : {0}".format(item))

print('--------------')

for item in range(0, -10, -3):   ②
    print("Count is : {0}".format(item))
```

输出结果如下：

```
Count is : 1
Count is : 3
Count is : 5
Count is : 7
Count is : 9
--------------
Count is : 0
Count is : -3
Count is : -6
Count is : -9
```

上述代码第①行是创建一个范围，步长是 2，有 5 个元素，包含的元素见输出结果。代码第②行是创建一个递减范围，步长是 –3，有 4 个元素，包含的元素见输出结果。

8.5 本章小结

通过对本章的学习，读者可以了解到 Python 语言的控制语句，其中包括分支语句 if、循环语句（while 和 for）和跳转语句（break 和 continue）等，在本章最后还介绍了范围。

8.6 同步练习

选择题

1. 能从循环语句的循环体中跳出的语句是（　　）。

A. for 语句　　B. break 语句

C. while 语句　　D. continue 语句

2. 下列语句执行后，x的值是（　　）。

```
a = 3; b = 4; x = 5

if a < b:
    a += 1
    x += 1
```

A. 5　　　　B. 3

C. 4　　　　D. 6

8.7 动手实践：计算水仙花数

编程题

水仙花数是一个三位数，三位数各位的立方之和等于三位数本身。

1. 使用 while 循环计算水仙花数。

2. 使用 for 循环计算水仙花数。

第二篇
Python 编程进阶

本篇包括9章内容，系统介绍了Python语言进阶相关知识。内容包括：Python数据结构（序列、集合和字典）、函数与函数式编程、面向对象编程、异常处理、常用模块、正则表达式和文件操作与管理。通过本篇的学习，读者可以全面了解Python语言的进阶知识。

第 9 章

序　　列

当你有很多书时，你会考虑买一个书柜，将书分门别类地摆放进去。使用了书柜不仅使房间变得整洁，也便于以后使用书时查找。在计算机程序中会有很多数据，这些数据也需要一个容器将它们管理起来，这就是数据结构，常见的有数组（array）、集合（set）、列表（list）、队列（queue）、链表（linkedlist）、树（tree）、堆（heap）、栈（stack）和字典（dictionary）等结构。

Python 中数据结构主要有序列、集合和字典。

注意： Python 中并没有数组结构，因为数组要求元素类型是一致的。而 Python 作为动态类型语言，不强制声明变量的数据类型，也不强制检查元素的数据类型，不能保证元素的数据类型一致，所以 Python 中没有数组结构。

9.1　序列概述

微课视频

序列（sequence）是一种可迭代的[①]、元素有序、可以重复出现的数据结构。序列可以通过索引访问元素。图 9-1 是一个班级序列，其中有一些学生，这些学生是有序的，顺序是他们被放到序列中的顺序，可以通过序号访问他们。这就像老师给进入班级的人分配学号，第一个报到的是张三，老师给他分配的是 0，第二个报到的是李四，老师给他分配的是 1，以此类推，最后一个序号应该是"学生人数 –1"。

序列

序号	数值
0	张三
1	李四
2	王五
3	董六
4	张三

图 9-1　序列

序列包括的结构有列表、字符串（str）、元组（tuple）、范围（range）和字节序列（bytes）。序列可进行

① 可迭代（iterable），是指它的成员能返回一次的对象。

的操作有索引、切片（slicing）、加和乘。

9.1.1 索引操作

序列中第一个元素的索引是0，其他元素的索引是第一个元素的偏移量。可以有正偏移量，称为正值索引；也可以有负偏移量，称为负值索引。正值索引的最后一个元素索引是“序列长度 –1”，负值索引的最后一个元素索引是“ –1”。例如Hello字符串，它的正值索引如图9-2（a）所示，负值索引如图9-2（b）所示。

图9-2 索引

序列中的元素是通过索引下标访问的，即中括号[index]方式访问。在Python Shell中运行示例如下：

```
>>> a = 'Hello'
>>> a[0]
'H'
>>> a[1]
'e'
>>> a[4]
'o'
>>> a[-1]
'o'
>>> a[-2]
'l'
>>> a[5]
Traceback (most recent call last):
  File "<pyshell#2>", line 1, in <module>
    a[5]
IndexError: string index out of range
>>> max(a)
'o'
>>> min(a)
'H'
>>> len(a)
5
>>> ord('o')
111
>>> ord('H')
72
```

a[0]是所访问序列的第一个元素，最后一个元素的索引可以是4或–1。但是索引超过范围，则会发生IndexError错误。另外，获取序列的长度使用函数len()，类似的序列还有max()和min()函数，max()函数返回ASCII码最大字符，min()函数返回ASCII码最小字符。ord()函数是返回字符的ASCII码。

9.1.2 序列的加和乘

在第7章介绍+和*运算符时，提到过它们可以应用于序列。+运算符可以将两个序列连接起来，

* 运算符可以将序列重复多次。

在 Python Shell 中运行示例代码如下：

```
>>> a = 'Hello'
>>> a * 3
'HelloHelloHello'
>>> print(a)
Hello
>>> a += ' '
>>> a += 'World'
>>> print(a)
Hello World
```

9.1.3　序列切片

序列的切片就是从序列中切分出小的子序列。切片使用切片运算符，切片运算符有如下两种形式。

- [start: end]：start 是开始索引，end 是结束索引。
- [start: end: step]：start 是开始索引，end 是结束索引，step 是步长，步长是在切片时获取元素的间隔。步长可为正整数，也可为负整数。

注意： 切下的切片包括 start 位置元素，但不包括 end 位置元素，start 和 end 都可以省略。

在 Python Shell 中运行示例代码如下：

```
>>> a[1:3]
'el'
>>> a[:3]
'Hel'
>>> a[0:3]
'Hel'
>>> a[0:]
'Hello'
>>> a[0:5]
'Hello'
>>> a[:]
'Hello'
>>> a[1:-1]
'ell'
```

上述代码表达式 a[1:3] 是切出 1~3 的子字符串，注意不包括 3，所以结果是 el。表达式 a[:3] 省略了开始索引，默认开始索引是 0，所以 a[:3] 与 a[0:3] 切片结果是一样的。表达式 a[0:] 省略了结束索引，默认结束索引是序列的长度，即 5，所以 a[0:] 与 a[0:5] 切片结果是一样的。表达式 a[:] 省略了开始索引和结束索引，a[:] 与 a[0:5] 结果一样。

另外，表达式 a[1:−1] 使用了负值索引，对照图 9-2，不难计算出 a[1:−1] 结果是 ell。

切片时使用 [start: end: step] 可以指定步长（step），步长与当次元素索引、下次元素索引之间的关系如下：

```
下次元素索引 = 当次元素索引 + 步长
```

在 Python Shell 中运行示例代码如下：

```
>>> a[1:5]
'ello'
>>> a[1:5:2]
'el'
>>> a[0:3]
'Hel'
>>> a[0:3:2]
'Hl'
>>> a[0:3:3]
'H'
>>> a[::-1]
'olleH'
```

表达式 a[1:5] 省略了步长参数，步长默认值是 1。表达式 a[1:5:2] 步长为 2，结果是 el。a[0:3] 切片后的字符串是 Hel。而 a[0:3:3] 步长为 3，切片结果是 H 字符。当步长为负数时比较麻烦，负数时是从右往左获取元素，所以表达式 a[::-1] 切片的结果是原始字符串的倒置。

9.2 元组

微课视频

元组是一种序列结构，也是一种不可变序列，一旦创建就不能修改。

9.2.1 创建元组

元组可以使用如下两种方式创建。

（1）使用逗号“,”分隔元素。

（2）tuple([iterable]) 函数。

在 Python Shell 中运行示例代码如下：

```
>>> 21,32,43,45                          ①
(21, 32, 43, 45)
>>> (21, 32, 43, 45)                     ②
(21, 32, 43, 45)
>>> a = (21,32,43,45)
>>> print(a)
(21, 32, 43, 45)
>>> ('Hello', 'World')                   ③
('Hello', 'World')
>>> ('Hello', 'World', 1,2,3)            ④
('Hello', 'World', 1, 2, 3)
>>> tuple([21,32,43,45])                 ⑤
(21, 32, 43, 45)
```

代码第①行～第④行都是使用逗号分隔元素创建元组对象。其中代码第①行创建了一个有 4 个元素的元组对象，创建元组时使用小括号把元素括起来不是必需的；代码第②行使用小括号将元素括起来，这只是为了提高程序的可读性；代码第③行创建了一个字符串元组；代码第④行创建了字符串和整数混合的元组。Python 中没有强制声明数据类型，因此元组中的元素可以是任何数据类型。

代码第⑤行使用了 tuple([iterable]) 函数创建元组对象，参数 iterable 可以是任何可迭代对象，实参 [21,32,43,45] 是一个列表，因为列表是可迭代对象，可以作为 tuple() 函数参数创建元组对象。

创建元组还需要注意如下极端情况：

```
>>> a = (21)
>>> type(a)
<class 'int'>
>>> a = (21,)
>>> type(a)
<class 'tuple'>
>>> a = ()
>>> type(a)
<class 'tuple'>
```

从上述代码可见，当一个元组只有一个元素时，后面的逗号不能省略，即 (21,) 表示的是只有一个元素的元组，而 (21) 表示的是一个整数。另外，() 可以创建空元组。

9.2.2 访问元组

元组作为序列可以通过下标索引访问其中的元素，也可以对其进行切片。在 Python Shell 中运行示例代码如下：

```
>>> a =  ('Hello', 'World', 1,2,3)          ①
>>> a[1]
'World'
>>> a[1:3]
('World', 1)
>>> a[2:]
(1, 2, 3)
>>> a[:2]
('Hello', 'World')
```

上述代码第①行是元组 a，a[1] 是访问元组第二个元素，表达式 a[1:3]、a[2:] 和 a[:2] 都是切片操作。

元组还可以进行拆包（unpack）操作，就是将元组的元素取出赋值给不同变量。在 Python Shell 中运行示例代码如下：

```
>>> a =  ('Hello', 'World', 1,2,3)
>>> str1, str2, n1,n2, n3 = a               ①
>>> str1
'Hello'
>>> str2
'World'
>>> n1
1
>>> n2
2
>>> n3
3
>>> str1, str2, *n = a                      ②
>>> str1
'Hello'
>>> str2
'World'
```

```
>>> n
[1, 2, 3]
>>> str1,_,n1,n2,_ = a              ③
```

上述代码第①行是将元组 a 进行拆包操作，接收拆包元素的变量个数应该等于元组个数，接收变量个数可以少于元组个数。代码第②行接收变量个数只有 3 个，最后一个很特殊，变量 n 前面有星号，表示将剩下的元素作为一个列表赋值给变量 n。另外，还可以使用下画线指定不取值哪些元素，代码第③行表示不取第二个和第五个元素。

9.2.3 遍历元组

遍历元组一般是使用 for 循环，示例代码如下：

```
# coding=utf-8
# 代码文件：chapter9/ch9.2.3.py


a = (21, 32, 43, 45)

for item in a:                      ①
    print(item)

print('-----------')
for i, item in enumerate(a):        ②
    print('{0} - {1}'.format(i, item))
```

输出结果如下：

```
21
32
43
45
-----------
0 - 21
1 - 32
2 - 43
3 - 45
```

一般情况下遍历目的只是取出每一个元素值，见代码第①行的 for 循环。但有时需要在遍历过程中同时获取索引，这时可以使用代码第②行的 for 循环，其中 enumerate(a) 函数可以获得元组对象，该元组对象有两个元素，第一个元素是索引，第二个元素是数值。所以 (i,item) 是元组拆包过程，最后变量 i 是元组 a 的当前索引，item 是元组 a 的当前元素值。

注意：本节介绍的元组遍历方式适合于所有序列，如字符串、范围和列表等。

9.3 列表

微课视频

列表也是一种序列结构，与元组不同，列表具有可变性，可以追加、插入、删除和替换列表中的元素。

9.3.1　列表创建

列表可以使用如下两种方式创建。

（1）使用中括号 [] 将元素括起来，元素之间用逗号分隔。

（2）list([iterable]) 函数。

在 Python Shell 中运行示例代码如下：

```
>>> [20, 10, 50, 40, 30]                ①
[20, 10, 50, 40, 30]
>>> []
[]
>>> ['Hello', 'World', 1, 2, 3]         ②
['Hello', 'World', 1, 2, 3]
>>> a = [10]                            ③
>>> type(a)
<class 'list'>
>>> a = [10,]                           ④
>>> type(a)
<class 'list'>
>>> list((20, 10, 50, 40, 30))          ⑤
[20, 10, 50, 40, 30]
```

代码第①行 ~ 第④行都是使用中括号方式创建列表对象。其中代码第①行创建了一个有 5 个元素的列表对象，注意中括号不能省略，如果省略了中括号那就变成元组了。创建空列表是 [] 表达式，列表中可以放入任何对象，代码第②行是创建一个字符串和整数混合的列表。代码第③行是创建只有一个元素的列表，中括号不能省略。

无论是元组还是列表，每个元素后面都跟着一个逗号，只是最后一个元素的逗号经常是省略的，代码第④行最后一个元素没有省略逗号。

代码第⑤行使用了 list([iterable]) 函数创建列表对象，参数 iterable 可以是任何可迭代对象，实参 (20,10,50,40,30) 是一个元组，元组是可迭代对象，可以作为 list() 函数参数创建列表对象。

9.3.2　追加元素

列表中追加单个元素可以使用 append() 方法。如果想追加另一列表，可以使用 + 运算符或 extend() 方法。

append() 方法语法如下：

```
list.append(x)
```

其中 x 参数是要追加的单个元素值。

extend() 方法语法如下：

```
list.extend(t)
```

其中 t 参数是要追加的另一个列表。

在 Python Shell 中运行示例代码如下：

```
>>> student_list = ['张三', '李四', '王五']
>>> student_list.append('董六')              ①
>>> student_list
```

```
['张三', '李四', '王五', '董六']
>>> student_list += ['刘备', '关羽']          ②
>>> student_list
['张三', '李四', '王五', '董六', '刘备', '关羽']
>>> student_list.extend(['张飞', '赵云'])    ③
>>> student_list
['张三', '李四', '王五', '董六', '刘备', '关羽', '张飞', '赵云']
```

上述代码中第①行使用了 append 方法，在列表后面追加了一个元素，append() 方法不能同时追加多个元素。代码第②行利用 += 运算符追加多个元素，能够支持 += 运算是因为列表支持 + 运算。代码第③行使用了 extend() 方法追加多个元素。

9.3.3 插入元素

插入元素可以使用列表的 insert() 方法，该方法可以在指定索引位置插入一个元素。

insert() 方法语法如下：

```
list.insert(i, x)
```

其中参数 i 是要插入的索引，参数 x 是要插入的元素数值。在 Python Shell 中运行示例代码如下：

```
>>> student_list = ['张三', '李四', '王五']
>>> student_list.insert(2, '刘备')
>>> student_list
['张三', '李四', '刘备', '王五']
```

上述代码中 student_list 调用 insert() 方法，在索引 2 位置插入一个元素，新元素的索引为 2。

9.3.4 替换元素

列表具有可变性，其中的元素替换很简单，通过列表下标将索引元素放在赋值符号“=”左边，进行赋值即可替换。在 Python Shell 中运行示例代码如下：

```
>>> student_list = ['张三', '李四', '王五']
>>> student_list[0] = "诸葛亮"
>>> student_list
['诸葛亮', '李四', '王五']
```

其中 student_list[0]="诸葛亮" 替换了列表 student_list 的第一个元素。

9.3.5 删除元素

列表中实现删除元素有两种方式：一种是使用列表的 remove() 方法；另一种是使用列表的 pop() 方法。

1）remove() 方法

remove() 方法从左到右查找列表中的元素，如果找到匹配元素则删除，注意如果找到多个匹配元素，只是删除第一个，如果没有找到则会抛出错误。

remove() 方法语法如下：

```
list.remove(x)
```

其中 x 参数是要找的元素值。

使用 remove() 方法删除元素，示例代码如下：

```
>>> student_list = ['张三', '李四', '王五', '王五']
>> student_list.remove('王五')
>>> student_list
['张三', '李四', '王五']
>>> student_list.remove('王五')
>>> student_list
['张三', '李四']
```

2）pop() 方法

pop() 方法也会删除列表中的元素，但它会将成功删除的元素返回。

pop() 方法语法如下：

```
item = list.pop(i)
```

参数 i 是指定删除元素的索引，i 可以省略，表示删除最后一个元素。返回值 item 是删除的元素。使用 pop() 方法删除元素示例代码如下：

```
>>> student_list = ['张三', '李四', '王五']
>>> student_list.pop()
'王五'
>>> student_list
['张三', '李四']
>>> student_list.pop(0)
'张三'
>>> student_list
['李四']
```

9.3.6　其他常用方法

前面介绍列表追加、插入和删除时，已经介绍了一些方法。事实上列表还有很多方法，本节再介绍几个常用的方法。

- reverse()：倒置列表。
- copy()：复制列表。
- clear()：清除列表中的所有元素。
- index(x[, i [, j]])：返回查找 x 第一次出现的索引，i 是开始查找索引，j 是结束查找索引，该方法继承自序列，元组和字符串也可以使用该方法。
- count(x)：返回 x 出现的次数，该方法继承自序列，元组和字符串也可以使用该方法。

在 Python Shell 中运行示例代码如下：

```
>>> a = [21, 32, 43, 45]
>>> a.reverse()                    ①
>>> a
[45, 43, 32, 21]
>>> b = a.copy()                   ②
>>> b
[45, 43, 32, 21]
>>> a.clear()                      ③
```

```
>>> a
[]
>>> b
[45, 43, 32, 21]
>>> a = [45, 43, 32, 21, 32]
>>> a.count(32)                          ④
2
>>> student_list = ['张三', '李四', '王五']
>>> student_list.index('王五')           ⑤
2
>>> student_tuple = ('张三', '李四', '王五')
>>> student_tuple.index('王五')          ⑥
2
>>> student_tuple.index('李四', 1 , 2)
1
```

上述代码中第①行调用了 reverse() 方法将列表 a 倒置。代码第②行调用 copy() 方法复制 a，并赋值给 b。代码第③行是清除 a 中元素。代码第④行是返回 a 列表中 32 元素的个数。代码第⑤行是返回 '王五' 在 student_list 列表中的位置。代码第⑥行是返回 '王五' 在 student_tuple 元组中的位置。

9.3.7 列表推导式

Python 中有一种特殊表达式——推导式，它可以将一种数据结构作为输入，经过过滤、计算等处理，最后输出另一种数据结构。根据数据结构的不同可分为列表推导式、集合推导式和字典推导式，本节先介绍列表推导式。

如果想获得 0~9 中偶数的平方数列，可以通过 for 循环实现，代码如下：

```
# coding=utf-8
# 代码文件：chapter9/ch9.2.7.py

n_list = []
for x in range(10):
    if x % 2 == 0:
        n_list.append(x ** 2)
print(n_list)
```

输出结构如下：

```
[0, 4, 16, 36, 64]
```

0~9 中偶数的平方数列也可以通过列表推导式实现，代码如下：

```
n_list = [x ** 2 for x in range(10) if x % 2 == 0]  ①
print(n_list)
```

其中代码第①行就是列表推导式，输出的结果与 for 循环是一样的。图 9-3 所示是列表推导式语法结构，其中 in 后面的表达式是“输入序列”；for 前面的表达式是“输出表达式”，它的运算结果会保存在一个新列表中；if 条件语句用来过滤输入序列，符合条件的才传递给输出表达式，“条件语句”是可以省略的，所有元素都传递给输出表达式。

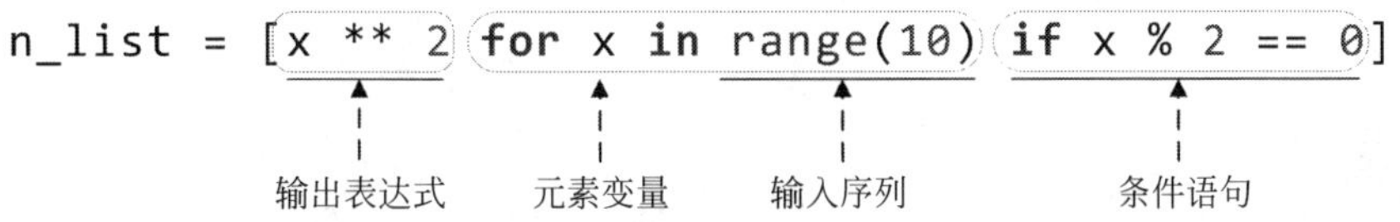

```
n_list = [x ** 2 for x in range(10) if x % 2 == 0]
```


图 9-3　列表推导式

条件语句可以包含多个条件，例如找出 0~99 可以被 5 整除的偶数数列，实现代码如下：

```
n_list = [x for x in range(100) if x % 2 == 0 if x % 5 == 0]
print(n_list)
```

列表推导式的条件语句有两个 if x % 2 == 0 和 if x % 5 == 0，可见它们“与”的关系。

9.4　本章小结

本章首先介绍了 Python 中的序列数据结构，然后详细介绍了元组和列表。通过对本章的学习掌握序列的特点，熟悉序列的遍历和切片等操作。列表创建、追加、插入、替换和删除操作也是学习的重点。

9.5　同步练习

一、选择题

1. 下列选项中属于序列的是 (　　)。

A. (21, 32, 43, 45)　　B. 21, 32, 43, 45

C. [21, 32, 43, 45]　　D. 'Hello'

2. 下列选项中属于元组的是 (　　)。

A. (21, 32, 43, 45)　　B. 21

C. [21, 32, 43, 45]　　D. 21

3. 下列选项中属于列表的是 (　　)。

A. (21, 32, 43, 45)　　B. 21

C. [21, 32, 43, 45]　　D. [21]

二、判断题

1. 列表的元素是不能重复的。(　　)

2. 序列的切片运算符 [start:end] 中，start 是开始索引，end 是结束索引。(　　)

9.6　动手实践：使用列表推导式

编程题

1. 使用列表推导式，输出 1 ～ 100 的所有素数。

2. 使用列表推导式，输出 200 ～ 300 所有能被 5 整除或 6 整除的数。

第 10 章 集　　合

第 9 章介绍序列结构，本章介绍集合结构。集合是一种可迭代的、无序的、不能包含重复元素的数据结构。图 10-1 是一个班级的集合，其中包含一些学生，这些学生是无序的，不能通过序号访问，而且不能有重复。

图 10-1　集合

提示： 与序列比较，序列中的元素是有序的，可以重复出现，而集合中的元素是无序的，且不能有重复的元素。序列强调的是有序，集合强调的是不重复。当不考虑顺序，而且没有重复的元素时，序列和集合可以互相替换。

集合又分为可变集合（set）和不可变集合（frozenset）。

10.1　可变集合

可变集合内容可以被修改，可以插入和删除元素。

10.1.1　创建可变集合

可变集合可以使用以下两种方式创建。

（1）使用大括号 {} 将元素括起来，元素之间用逗号分隔。

（2）set([iterable]) 函数。

在 Python Shell 中运行示例代码如下：

```
>>> a = {'张三', '李四', '王五'} ①
```

```
>>> a
{'张三', '李四', '王五'}
>>> a = {'张三', '李四', '王五', '王五'}    ②
>>> len(a)
3
>>> a
{'张三', '李四', '王五'}
>>> set((20, 10, 50, 40, 30))              ③
{40, 10, 50, 20, 30}
>>> b = {}                                 ④
>>> type(b)
<class 'dict'>
>>> b = set()                              ⑤
>>> type(b)
<class 'set'>
```

代码第①行和第②行都是使用大括号方式集合。在集合中如果元素有重复的会怎样呢？代码第②行包含重复的元素，创建时会剔除重复元素。

代码第③行是使用 set() 函数创建集合。

注意：{} 表示的不是一个空的集合而是一个空的字典。代码第④行 b 是字典对象，创建空集合对象要使用空参数的 set() 函数，见代码第⑤行。

另外，要获得集合中元素的个数，可以使用 len() 函数，注意 len() 是函数不是方法，本例中 len(a) 表达式返回集合 a 的元素个数。

10.1.2 修改可变集合

修改可变集合常用的方法如下：

- add(elem)：添加元素，如果元素已经存在，则不能添加，不会抛出错误。
- remove(elem)：删除元素，如果元素不存在，则抛出错误。
- discard(elem)：删除元素，如果元素不存在，不会抛出错误。
- pop()：删除返回集合中任意一个元素，返回值是删除的元素。
- clear()：清除集合。

在 Python Shell 中运行示例代码如下：

```
>>> student_set = {'张三', '李四', '王五'}
>>> student_set.add('董六')
>>> student_set
{'张三', '董六', '李四', '王五'}
>>> student_set.remove('李四')
>>> student_set
{'张三', '董六', '王五'}
>>> student_set.remove('李四')             ①
Traceback (most recent call last):
  File "<pyshell#144>", line 1, in <module>
    student_set.remove('李四')
KeyError: '李四'
>>> student_set.discard('李四')            ②
```

```
>>> student_set
{'张三', '董六', '王五'}
>>> student_set.discard('王五')
>>> student_set
{'张三', '董六'}
>>> student_set.pop()
'张三'
>>> student_set
{'董六'}
>>> student_set.clear()
>>> student_set
set()
```

上述代码第①行使用 remove() 方法删除元素时，由于要删除的 '李四' 已经不在集合中，所以会抛出错误。而同样是删除集合中不存在的元素，discard() 方法不会抛出错误，见代码第②行。

10.1.3 遍历集合

集合是无序的，没有索引，不能通过下标访问单个元素。但可以遍历集合，访问集合每个元素。

一般使用 for 循环遍历集合，示例代码如下：

```
# coding=utf-8
# 代码文件：chapter10/ch10.1.3.py

student_set = {'张三', '李四', '王五'}

for item in student_set:
    print(item)

print('-----------')
for i, item in enumerate(student_set):  ①
    print('{0} - {1}'.format(i, item))
```

输出结果如下：

```
张三
王五
李四
-----------
0 - 张三
1 - 王五
2 - 李四
```

代码第①行的 for 循环中使用了 enumerate() 函数，该函数在 9.2.3 节遍历元组时已经介绍过，但需要注意，此时变量 i 不是索引，只是遍历集合的次数。

10.2 不可变集合

微课视频

不可变集合类型是 frozenset，创建不可变集合应使用 frozenset([iterable]) 函数，不能使用大括号 {}。在 Python Shell 中运行示例代码如下：

```
>>> student_set = frozenset({'张三', '李四', '王五'})   ①
>>> student_set
frozenset({'张三', '李四', '王五'})
>>> type(student_set)
<class 'frozenset'>
>>> student_set.add('董六')                            ②
Traceback (most recent call last):
  File "<pyshell#168>", line 1, in <module>
    student_set.add('董六')
AttributeError: 'frozenset' object has no attribute 'add'
>>> a = (21, 32, 43, 45)
>>> seta = frozenset(a)                               ③
>>> seta
frozenset({32, 45, 43, 21})
```

上述代码第①行是创建不可变集合，frozenset() 的参数 {'张三','李四','王五'} 是另一个集合对象，因为集合也是可迭代对象，可以作为 frozenset() 的参数。代码第③行函数使用了一个元组 a 作为 frozenset() 的参数。

由于创建的是不可变集合，不能被修改，所以试图修改会发生错误，见代码第②行，使用 add() 发生了错误。

10.3 集合推导式

集合推导式与列表推导式类似，区别只是输出结果是集合。修改 9.3.7 节代码如下：

```
# coding=utf-8
# 代码文件：chapter10/ch10.3.py

n_list = {x for x in range(100) if x % 2 == 0 if x % 5 == 0}
print(n_list)
```

输出结构如下：

```
{0, 70, 40, 10, 80, 50, 20, 90, 60, 30}
```

由于集合是不能有重复元素的，集合推导式输出的结果会过滤掉重复的元素，示例代码如下：

```
input_list = [2, 3, 2, 4, 5, 6, 6, 6]

n_list = [x ** 2 for x in input_list]                 ①
print(n_list)

n_set = {x ** 2 for x in input_list}                  ②
print(n_set)
```

输出结构如下：

```
[4, 9, 4, 16, 25, 36, 36, 36]
{4, 36, 9, 16, 25}
```

上述代码第①行是列表推导式，代码第②行是集合推导式，从结果可见没有重复的元素。

10.4 本章小结

本章介绍了 Python 中的集合数据结构，其中包括可变集合和不可变集合两种。读者要熟悉集合结构的特点，重点掌握可变集合。

10.5 同步练习

一、选择题

1. 下列选项中属于集合的是 (　　)。

A. (21, 32, 43, 45)

B. 21, 32, 43, 45

C. {21, 32, 43, 45, 45}

D. {21, 32, 43, 45}

2. 下列选项中属于列表的是 (　　)。

A. (21, 32, 43, 45)

B. {21}

C. {}

D. [21]

3. 在一个应用程序中有如下定义：a = {1,2,3,4,5,6,7,8,9,10}，为了打印输出 a 的最后一个元素，下列正确的代码是 (　　)。

A. print(a[10])

B. print(a[9])

C. print(a[len(a)–1])

D. 以上都不是

二、判断题

集合的元素是不能重复的。(　　)

10.6 动手实践：使用集合推导式

编程题

1. 使用集合推导式，输出 1~100 的所有素数。

2. 使用集合推导式，输出 200~300 所有能被 5 整除或 6 整除的数。

第 11 章

字　典

前面章节介绍了序列和集合结构，本章介绍字典结构。字典（dict）是可迭代的、可变的数据结构，通过键来访问元素。字典结构比较复杂，它是由两部分视图构成的，一是键（key）视图，另一是值（value）视图。键视图不能包含重复元素，而值视图可以，键和值是成对出现的。

如图 11-1 所示是字典结构的“国家代号”，键是国家代号，值是国家。

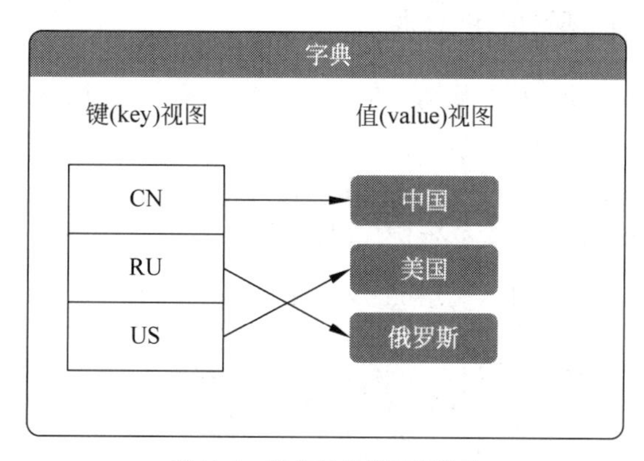

图 11-1　字典结构的国家代号

提示：字典更适合通过键快速访问值，就像查英文字典一样，键就是要查的英文单词，而值是英文单词的翻译和解释等内容。有时，一个英文单词会对应多个翻译和解释，这也是与字典特性相对应的。

11.1　创建字典

字典可以使用如下两种方式创建。

（1）使用大括号 {} 包裹键值对创建字典。

（2）dict() 函数创建字典。

微课视频

11.1.1　使用大括号创建字典

使用大括号 {} 将键值对包裹起来，“键”和“值”之间用冒号分隔，两个键值对之间用逗号分隔。

在 Python Shell 中运行示例代码如下：

```
>>> dict1 = {102: '张三', 105: '李四', 109: '王五'}      ①
>>> len(dict1)                                          ②
3
```

```
>>> dict1
{102: '张三', 105: '李四', 109: '王五'}
>>> dict1 = {102: '张三', 105: '李四', 109: '王五', 102: '董六',}          ③
>>> dict1
{102: '董六', 105: '李四', 109: '王五'}
>>>
>>> dict1 = {}                                                          ④
>>> type(dict1)
<class 'dict'>
>>>
```

上述代码第①行是使用大括号包裹键值对创建字典，这是最简单的创建字典方式，那么创建一个空字典表达式是 {}。获得字典长度（键值对个数）也是使用 len() 函数，见代码第②行。

代码第③行也是用大括号包裹键值对创建字典，但需要注意，“102: ‘董六’” 键值对替换了之前放入字典中的 “102: ‘张三’” 键值对。这是因为字典中的 “键” 不能重复。

注意： 代码第④行 {} 是创建一个空的字典对象，而不创建集合对象。

11.1.2 使用 dict() 函数创建字典

使用 dict() 函数创建字典时，dict() 函数可以有很多参数形式，常用的有：

- dict(d)：参数 d 是其他字典对象。
- dict(iterable)：参数 iterable 是可迭代对象，可以是元组或列表等。

使用 dict(d) 函数在 Python Shell 中运行示例代码如下：

```
>>> dict({102: '张三', 105: '李四', 109: '王五'})
{102: '张三', 105: '李四', 109: '王五'}
>>> dict({102: '张三', 105: '李四', 109: '王五', 102: '董六'})
{102: '董六', 105: '李四', 109: '王五'}
>>>
```

使用 dict(iterable) 函数在 Python Shell 中运行示例代码如下：

```
>>> dict(((102, '张三'), (105, '李四'), (109, '王五')))                 ①
{102: '张三', 105: '李四', 109: '王五'}
>>> dict([(102, '张三'), (105, '李四'), (109, '王五')])                 ②
{102: '张三', 105: '李四', 109: '王五'}
>>> t1 = (102, '张三')
>>> t2 = (105, '李四')
>>> t3 = (109, '王五')
>>> t = (t1, t2, t3)
>>> dict(t)                                                             ③
{102: '张三', 105: '李四', 109: '王五'}
>>> list1 = [t1, t2, t3]
>>> dict(list1)                                                         ④
{102: '张三', 105: '李四', 109: '王五'}
>>> dict(zip([102, 105, 109], ['张三', '李四', '王五']))                ⑤
{102: '张三', 105: '李四', 109: '王五'}
```

上述代码第①行、第②行、第③行和第④行都用 dict() 函数创建字典，使用这种方式不如直接使用大括号键值对简单。

代码第①行和第③行的参数都是一个元组，这个元组中要包含三个只有两个元素的元组，创建过程参考如图 11-2 所示。代码第②行和第④行的参数都是一个列表，这个列表中包含三个只有两个元素的元组。

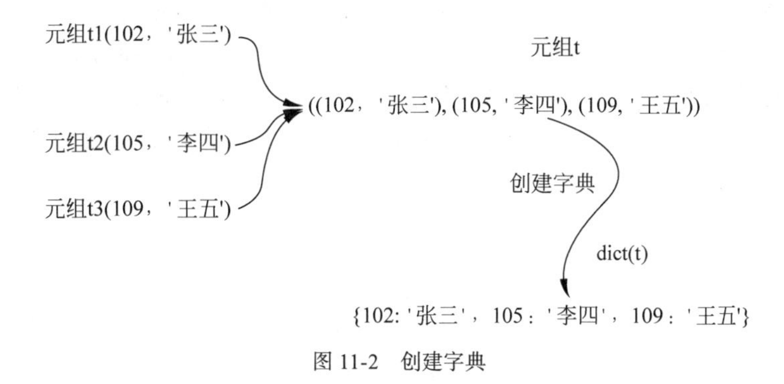

图 11-2　创建字典

代码第⑤行是使用 zip() 函数，zip() 函数将两个可迭代对象打包成元组，在创建字典时，可迭代对象元组，需要两个可迭代对象，第一个是键（[102, 105, 109]），第二个是值（[' 张三 ', ' 李四 ', ' 王五 ']），它们包含的元素个数相同，并且一一对应。

11.2　修改字典

字典可以被修改，但都是针对键和值同时操作，修改字典操作包括添加、替换和删除键值对。

在 Python Shell 中运行示例代码如下：

```
>>> dict1 = {102: '张三', 105: '李四', 109: '王五'}
>>> dict1[109]                          ①
'王五'
>>> dict1[110] = '董六'                 ②
>>> dict1
{102: '张三', 105: '李四', 109: '王五', 110: '董六'}
>>> dict1[109] = '张三'                 ③
>>> dict1
{102: '张三', 105: '李四', 109: '张三', 110: '董六'}
>>> del dict1[109]                      ④
>>> dict1
{102: '张三', 105: '李四', 110: '董六'}
>>> dict1.pop(105)
'李四'
>>> dict1
{102: '张三', 110: '董六'}
>>> dict1.pop(105, '董六')              ⑤
'董六'
>>> dict1.popitem()                     ⑥
(110, '董六')
>>> dict1
{102: '张三'}
```

访问字典中元素可通过下标实现，下标参数是键，返回对应的值，代码第①行中 dict1[109] 是取出字典 dict1 中键为 109 的值。字典下标访问的元素也可以在赋值符号“=”左边，代码第②行是给字典 110 键赋值，注意此时字典 dict1 中没有 110 键，那么这样的操作会添加“110: '董六'”键值对。如果键存在那么会替换对应的值，如代码第③行会将键 109 对应的值替换为 '张三'，虽然此时值视图中已经有 '张三' 了，但仍然可以添加，这说明值是可以重复的。代码第④行是删除 109 键对应的值，注意 del 是语句不是函数。使用 del 语句删除键值对时，如果键不存在会抛出错误。

如果喜欢使用一种方法删除元素，可以使用字典的 pop(key[,default]) 和 popitem() 方法。pop(key[,default]) 方法删除键值对时，如果键不存在则返回默认值（default），见代码第⑤行，105 键不存在返回默认值 '董六'。popitem() 方法可以删除任意键值对，返回删除的键值对构成元组，上述代码第⑥行删除了一个键值对，返回一个元组对象 (110, '董六')。

11.3 访问字典

微课视频

字典还需要一些方法用来访问它的键或值，其方法如下：

- get(key[, default])：通过键返回值，如果键不存在返回默认值。
- items()：返回字典的所有键值对。
- keys()：返回字典键视图。
- values()：返回字典值视图。

在 Python Shell 中运行示例代码如下：

```
>>> dict1 = {102: '张三', 105: '李四', 109: '王五'}
>>> dict1.get(105)              ①
'李四'
>>> dict1.get(101)              ②
>>> dict1.get(101, '董六')      ③
'董六'
>>> dict1.items()
dict_items([(102, '张三'), (105, '李四'), (109, '王五')])
>>> dict1.keys()
dict_keys([102, 105, 109])
>>> dict1.values()
dict_values(['张三', '李四', '王五'])
```

上述代码第①行通过 get() 方法返回 105 键对应的值，如果没有键对应的值，而且还没有为 get() 方法提供默认值，则不会有返回值，见代码第②行。代码第③行提供了返回值。

在访问字典时，也可以使用 in 和 not in 运算符，但需要注意，in 和 not in 运算符只在测试键视图中是否包含特定元素。

在 Python Shell 中运行示例代码如下：

```
>>> student_dict = {'102': '张三', '105': '李四', '109': '王五'}
>>> 102 in dict1
True
>>> '李四' in dict1
False
```

11.4 遍历字典

微课视频

遍历字典也是字典的重要操作。与集合不同，字典有两个视图，因此遍历过程可以只遍历值视图，也可以只遍历键视图，也可以同时遍历。这些遍历过程都是通过 for 循环实现的。

示例代码如下：

```
# coding=utf-8
# 代码文件：chapter11/ch11.4.py

student_dict = {102: '张三', 105: '李四', 109: '王五'}

print('--- 遍历键 ---')
for student_id in student_dict.keys():                    ①
    print('学号：' + str(student_id))

print('--- 遍历值 ---')
for student_name in student_dict.values():                ②
    print('学生：' + student_name)

print('--- 遍历键：值 ---')
for student_id, student_name in student_dict.items():     ③
    print('学号：{0} - 学生：{1}'.format(student_id, student_name))
```

输出结果如下：

```
--- 遍历键 ---
学号：102
学号：105
学号：109
--- 遍历值 ---
学生：张三
学生：李四
学生：王五
--- 遍历键：值 ---
学号：102 - 学生：张三
学号：105 - 学生：李四
学号：109 - 学生：王五
```

上述代码第①行是遍历字典的键视图，代码第②行是遍历字典的值视图。代码第③行是遍历字典的键值对，items() 方法返回键值对元组序列，student_id 和 student_name 是从元组拆包出来的两个变量。

11.5 字典推导式

因为字典包含了键和值两个不同的结构，因此字典推导式结果可以非常灵活，语法结构如图 11-3 所示。

微课视频

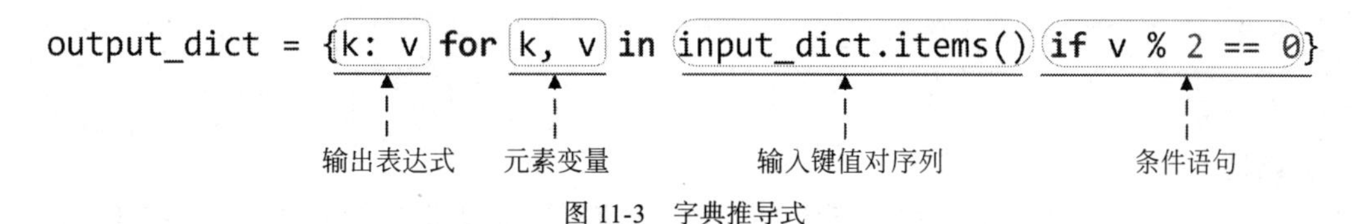

图 11-3　字典推导式

字典推导示例代码如下：

```
# coding=utf-8
# 代码文件：chapter11/ch11.5.py

input_dict = {'one': 1, 'two': 2, 'three': 3, 'four': 4}
```

```
output_dict = {k: v for k, v in input_dict.items() if v % 2 == 0}        ①
print(output_dict)

keys = [k for k, v in input_dict.items() if v % 2 == 0]                  ②
print(keys)
```

输出结构如下：

```
{'two': 2, 'four': 4}
['two', 'four']
```

上述代码第①行是字典推导式，注意输入结构不能直接使用字典，因为字典不是序列，可以通过字典的 item() 方法返回字典中键值对序列。代码第②行是字典推导式，但只返回键结构。

11.6 本章小结

本章介绍了 Python 中的字典数据结构，读者要熟悉字典结构的特点。熟悉字典的创建、修改、访问和遍历过程。另外，在本章最后介绍的字典推导式也非常重要。

11.7 同步练习

一、选择题

1. 下列语句执行后，打印输出结果是（　　）。

```
ages = {"张三": 23, "李四": 35, "王五": 65, "董六": 19}
copiedAges = ages
copiedAges["张三"] = 24
print(ages["张三"])
```

A. 65

B. 35

C. 24

D. 23

2. 下列选项中属于字典的是（　　）。

A. (21, 32, 43, 45)

B. {21}

C. {}

D. [21]

E. 以上都不是

二、判断题

字典是由键和值两个视图构成，键视图中的元素不能重复，值视图中的元素可以重复。（　　）

11.8 动手实践：使用字典推导式

编程题

使用字典推导式将 dict1 = {'a': 1, 'b': 2, 'c': 3, 'd': 4} 键转换为大写字母。

第 12 章

函数与函数式编程

程序中反复执行的代码可以封装到一个代码块中，这个代码块模仿了数学中的函数，具有函数名、参数和返回值，这就是程序中的函数。

Python 中的函数很灵活，它可以在模块中、但是在类之外定义，即函数，其作用域是当前模块；也可以在别的函数中定义，即嵌套函数；还可以在类中定义，即方法。

函数式编程是近几年发展的编程范式，Python 支持函数式编程，本章会介绍函数式编程知识：函数式编程基本、函数式编程的三大基础函数和装饰器等内容。

12.1　定义函数

在前面的学习过程中用到了一些函数，如 len()、min() 和 max()，这些函数都是由 Python 官方提供的，称为内置函数（Built-in Functions, BIF）。

微课视频

注意： Python 作为解释性语言，其函数必须先定义后调用，也就是定义函数必须在调用函数之前，否则会有错误发生。

本节介绍自定义函数，自定义函数的语法格式如下：

```
def 函数名（参数列表）：
    函数体
    return 返回值
```

在 Python 中定义函数时，关键字是 def，函数名需要符合标识符命名规范。多个参数列表之间可以用逗号“,”分隔，当然函数也可以没有参数。如果函数有返回数据，就需要在函数体最后使用 return 语句将数据返回；如果没有返回数据，则函数体中可以使用 return None 或省略 return 语句。

函数定义示例代码如下：

```
# coding=utf-8
# 代码文件：chapter12/ch12.1.py


def rectangle_area(width, height):        ①
    area = width * height
    return area                           ②
```

```
r_area = rectangle_area(320.0, 480.0)                          ③

print("320x480 的长方形的面积 :{0:.2f}".format(r_area))
```

上述代码第①行是定义计算长方形面积的函数 rectangle_area，它有两个参数，分别是长方形的宽和高，width 和 height 是参数名。代码第②行是代码通过 return 返回函数计算结果。代码第③行调用了 rectangle_area 函数。

12.2 函数参数

微课视频

Python 中的函数参数很灵活，具体体现在传递参数有多种形式上。本节介绍不同形式的参数和调用方式。

12.2.1 使用关键字参数调用函数

为了提高函数调用的可读性，在函数调用时可以使用关键字参数调用。采用关键字参数调用函数，在函数定义时不需要做额外的工作。

示例代码如下：

```
# coding=utf-8
# 代码文件：chapter12/ch12.2.1.py


def print_area(width, height):
    area = width * height
    print("{0} x {1} 长方形的面积 :{2}".format(width, height, area))


print_area(320.0, 480.0)  # 没有采用关键字参数函数调用              ①
print_area(width=320.0, height=480.0)  # 采用关键字参数函数调用    ②
print_area(320.0, height=480.0)  # 采用关键字参数函数调用          ③
# print_area(width=320.0, height)  # 发生错误                      ④
print_area(height=480.0, width=320.0)  # 采用关键字参数函数调用    ⑤
```

print_area 函数有两个参数，在调用时没有采用关键字参数函数调用的情形见代码第①行；也可以使用关键字参数调用函数，见代码第②行、第③行和第⑤行，其中 width 和 height 是参数名。从上述代码比较可见，采用关键字参数调用函数，调用者能够清晰地看出传递参数的含义，关键字参数对于有多个参数的函数调用非常有用。另外，采用关键字参数函数调用时，参数顺序可以与函数定义时的参数顺序不同。

注意：在调用函数时，一旦其中一个参数采用了关键字参数形式传递，那么其后的所有参数都必须采用关键字参数形式传递。代码第④行的函数调用中，第一个参数 width 采用了关键字参数形式，而它后面的参数没有采用关键字参数形式，因此会有错误发生。

12.2.2 参数默认值

在定义函数时可以为参数设置一个默认值，调用函数时可以忽略该参数。示例代码如下：

```
# coding=utf-8
# 代码文件：chapter12/ch12.2.2.py
```

```
def make_coffee(name="卡布奇诺"):
    return "制作一杯{0}咖啡。".format(name)
```

上述代码定义了 make-coffee 函数，其中把卡布奇诺设置为默认值。在参数列表中，默认值可以跟在参数类型的后面，通过等号提供给参数。在调用时，如果调用者没有传递参数，则使用默认值。调用代码如下：

```
coffee1 = make_coffee("拿铁")                    ①
coffee2 = make_coffee()                          ②

print(coffee1)  # 制作一杯拿铁咖啡
print(coffee2)  # 制作一杯卡布奇诺咖啡
```

其中第①行代码是传递"拿铁"参数，没有使用默认值。第②行代码没有传递参数，因此使用默认值。

提示： 在 Java 语言中 make_coffee 函数可以采用重载实现多个版本。Python 不支持函数重载，而是使用参数默认值的方式提供类似函数重载的功能。因为参数默认值只需要定义一个函数就可以了，而重载则需要定义多个函数，这会增加代码量。

12.2.3　单星号（*）可变参数

Python 中函数的参数个数可以变化，它可以接受不确定数量的参数，这种参数称为可变参数。Python 中可变参数有两种，即参数前加单星号（*）或双星号（**）形式。

单星号（*）可变参数在函数中被组装成为一个元组，示例代码如下：

```
def sum(*numbers, multiple=1):
    total = 0.0
    for number in numbers:
        total += number
    return total * multiple
```

上述代码定义了一个 sum() 函数，用来计算传递给它的所有参数之和。*numbers 是可变参数。在函数体中参数 numbers 被组装成为一个元组，可以使用 for 循环遍历 numbers 元组，计算它们的总和，然后返回给调用者。

下面是三次调用 sum() 函数的代码：

```
print(sum(100.0, 20.0, 30.0))  # 输出150.0
print(sum(30.0, 80.0))  # 输出110.0
print(sum(30.0, 80.0, multiple=2))  # 输出220.0          ①

double_tuple = (50.0, 60.0, 0.0)  # 元组或列表            ②
print(sum(30.0, 80.0, *double_tuple))  # 输出220.0       ③
```

可以看到，每次所传递参数的个数是不同的，前两次调用时都省略了 multiple 参数，第三次调用时传递了 multiple 参数，此时 multiple 应该使用关键字参数传递，否则有错误发生。

如果已经有一个元组变量（见代码第②行），能否传递给可变参数呢？这需要对元组进行拆包，见代码第③行，在元组 double_tuple 前面加上单星号"*"，单星号在这里表示将 double_tuple 拆包为 50.0, 60.0, 0.0 形式。另外，double_tuple 也可以是列表对象。

注意： 单星号（*）可变参数不是最后一个参数时，后面的参数需要采用关键字参数形式传递。代码第①行 30.0, 80.0 是可变参数，后面 multiple 参数需要关键字参数形式传递。

12.2.4 双星号（**）可变参数

双星号（**）可变参数在函数中被组装成为一个字典。

下面看一个示例，代码如下：

```
def show_info(sep=':', **info):
    print('-----info------')
    for key, value in info.items():
        print('{0} {2} {1}'.format(key, value, sep))
```

上述代码定义了一个 show_info() 函数，用来输出一些信息，其中参数 sep 为信息分隔符号，默认值是冒号“:”。**info 是可变参数，在函数体中参数 info 被组装成为一个字典。

注意： 双星号（**）可变参数必须在正规参数之后，如果本例函数定义改为 show_info(**info, sep=':') 形式，会发生错误。

下面是三次调用 show_info() 函数的代码：

```
show_info('->', name='Tony', age=18, sex=True)                    ①
show_info(student_name='Tony', student_no='1000', sep='-')      ②

stu_dict = {'name': 'Tony', 'age': 18}   # 创建字典对象
show_info(**stu_dict, sex=True, sep='=')   # 传递字典 stu_dict     ③
```

上述代码第①行是调用函数 show_info()，第一个参数 '->' 传递给 sep，其后的参数 name='Tony', age=18, sex=True 传递给 info，这种参数形式事实上就是关键字参数，注意键不要用引号括起来。

代码第②行是调用函数 show_info()，sep 也采用关键字参数传递，这种方式下 sep 参数可以放置在参数列表的任何位置，其中的关键字参数被收集到 info 字典中。

代码第③行是调用函数 show_info()，其中字典对象为 stu_dict，传递时 stu_dict 前面加上双星号“**”，双星号在这里表示将 stu_dict 拆包为 key=value 对的形式。

12.3 函数返回值

Python 函数的返回值也是比较灵活的，主要有三种形式：无返回值、单一返回值和多返回值。前面使用的函数基本是单一返回值，本节重点介绍无返回值和多返回值两种形式。

12.3.1 无返回值函数

有的函数只是为了处理某个过程，此时可以将函数设计为无返回值的。所谓无返回值，事实上是返回 None，None 表示没有实际意义的数据。

无返回值函数示例代码如下：

```
# coding=utf-8
# 代码文件：chapter12/ch12.3.1.py

def show_info(sep=':', **info):                                  ①
```

```
    """ 定义 ** 可变参数函数 """
    print('-----info------')
    for key, value in info.items():
        print('{0} {2} {1}'.format(key, value, sep))
    return  # return None 或省略      ②


result = show_info('->', name='Tony', age=18, sex=True)
print(result)  # 输出 None


def sum(*numbers, multiple=1):        ③
    """ 定义 * 可变参数函数 """
    if len(numbers) == 0:
        return  # return None 或省略 ④
    total = 0.0
    for number in numbers:
        total += number
    return total * multiple


print(sum(30.0, 80.0))  # 输出 110.0
print(sum(multiple=2)) # 输出 None
```

上述代码定义了两个函数，其中代码第①行的 show_info() 只是输出一些信息，不需要返回数据，因此可以省略 return 语句。如果一定要使用 return 语句，见代码第②行在函数结束前使用 return 或 return None 的方式。

对于本例中的 show_info() 函数强加 return 语句显然是多此一举，但是有时使用 return 或 return None 是必要的。代码第③行定义了 sum() 函数，如果 numbers 中数据是空的，后面的求和计算也就没有意义了，可以在函数的开始判断 numbers 中是否有数据，如果没有数据则使用 return 或 return None 跳出函数，见代码第④行。

12.3.2　多返回值函数

有时需要函数返回多个值，实现返回多个值的方式有很多，简单的方式是使用元组返回多个值，因为元组作为数据结构可以容纳多个数据，另外元组是不可变的，使用起来比较安全。

示例代码如下：

```
# coding=utf-8
# 代码文件：chapter12/ch12.3.2.py


def position(dt, speed):              ①
    posx = speed[0] * dt              ②
    posy = speed[1] * dt              ③
    return (posx, posy)               ④


move = position(60.0, (10, -5))       ⑤
```

```
print(" 物体位移：({0}, {1})".format(move[0], move[1])) ⑥
```

这个示例是计算物体在指定时间和速度时的位移。第①行代码是定义 position 函数，其中 dt 参数是时间，speed 参数是元组类型，speed 第一个元素是 X 轴上的速度，speed 第二个元素是 Y 轴上的速度。position 函数的返回值也是元组类型。

函数体中的第②行代码是计算 X 方向的位移，第③行代码是计算 Y 方向的位移，第④行代码将计算后的数据返回，(posx, posy) 是元组类型实例。

第⑤行代码调用函数，传递的时间是 60.0s，速度是 (10,–5)。第⑥行代码打印输出结果，结果如下：

```
物体位移：(600.0, -300.0)
```

12.4 函数变量作用域

微课视频

变量可以在模块中创建，其作用域是整个模块，称为全局变量。变量也可以在函数中创建，默认情况下其作用域是整个函数，称为局部变量。

示例代码如下：

```
# coding=utf-8
# 代码文件：chapter12/ch12.4.py

# 创建全局变量 x
x = 20                                              ①

def print_value():
    print(" 函数中 x = {0}".format(x))              ②

print_value()
print(" 全局变量 x = {0}".format(x))
```

输出结果：

```
函数中 x = 20
全局变量 x = 20
```

上述代码第①行是创建全局变量 x，全局变量作用域是整个模块，所以在 print_value() 函数中也可以访问变量 x，见代码第②行。

修改上述示例代码如下：

```
# 创建全局变量 x
x = 20

def print_value():
    # 创建局部变量 x
    x = 10                                          ①
    print(" 函数中 x = {0}".format(x))

print_value()
print(" 全局变量 x = {0}".format(x))
```

输出结果：

```
函数中 x = 10
全局变量 x = 20
```

上述代码在 print_value() 函数中添加了 x=10 语句，见代码第①行，函数中的 x 变量与全局变量 x 命名相同，在函数作用域内会屏蔽全局 x 变量。

提示：在 Python 函数中创建的变量默认作用域是当前函数，这可以让程序员少犯错误，因为函数中创建的变量，如果作用域是整个模块，那么在其他函数中也可以访问该变量，所以在其他函数中可能会由于误操作修改了变量，这样很容易导致程序出现错误。

但 Python 提供了一个 global 关键字，可将函数的局部变量作用域变成全局的。修改上述示例代码如下：

```
# 创建全局变量 x
x = 20

def print_value():
    global x                    ①
    x = 10                      ②
    print(" 函数中 x = {0}".format(x))

print_value()
print(" 全局变量 x = {0}".format(x))
```

输出结果：

```
函数中 x = 10
全局变量 x = 10
```

代码第①行是在函数中声明 x 变量的作用域为全局变量，所以代码第②行修改 x 值就是修改全局变量 x 的数值。

12.5　生成器

微课视频

在一个函数中经常使用 return 关键字返回数据，但是有时会使用 yield 关键字返回数据。使用 yield 关键字的函数返回的是一个生成器（generator）对象，生成器对象是一种可迭代对象。

例如计算平方数列，通常的实现代码如下：

```
# coding=utf-8
# 代码文件：chapter12/ch12.5.py

def square(num):                ①
    n_list = []

    for i in range(1, num + 1):
        n_list.append(i * i)    ②

    return n_list               ③
```

```
for i in square(5):              ④
    print(i, end=' ')
```

返回结果如下：

```
1 4 9 16 25
```

首先定义一个函数，见代码第①行。代码第②行通过循环计算一个数的平方，并将结果保存到一个列表对象 n_list 中。最后返回列表对象，见代码第③行。代码第④行是遍历返回的列表对象。

在 Python 中还可以有更好的解决方案，实现代码如下：

```
def square(num):

    for i in range(1, num + 1):
        yield i * i              ①


for i in square(5):              ②
    print(i, end=' ')
```

返回结果是：

```
1 4 9 16 25
```

代码第①行使用了 yield 关键字返回平方数，不再需要 return 关键字。代码第②行调用函数 square() 返回的是生成器对象。生成器对象是一种可迭代对象，可迭代对象通过 _ _next_ _() 方法获得元素，代码第②行的 for 循环能够遍历可迭代对象，就是隐式地调用了生成器的 _ _next_ _() 方法获得元素的。

显式地调用生成器的 _ _next_ _() 方法，在 Python Shell 中运行示例代码如下：

```
>>> def square(num):
    for i in range(1, num + 1):
        yield i * i


>>> n_seq = square(5)
>>> n_seq.__next__()             ①
1
>>> n_seq.__next__()
4
>>> n_seq.__next__()
9
>>> n_seq.__next__()
16
>>> n_seq.__next__()
25
>>> n_seq.__next__()             ②
Traceback (most recent call last):
  File "<pyshell#24>", line 1, in <module>
    n_seq.__next__()
StopIteration
>>>
```

上述代码第①行和第②行共调用了 6 次 _ _next_ _() 方法，但第 6 次调用会抛出 StopIteration 异常，这是因为已经没有元素可迭代了。

生成器函数通过 yield 返回数据，与 return 不同的是，return 语句一次返回所有数据，函数调用结束；而 yield 语句只返回一个元素数据，函数调用不会结束，只是暂停，直到 _ _next_ _() 方法被调用，程序继续执行 yield 语句之后的语句代码。这个过程如图 12-1 所示。

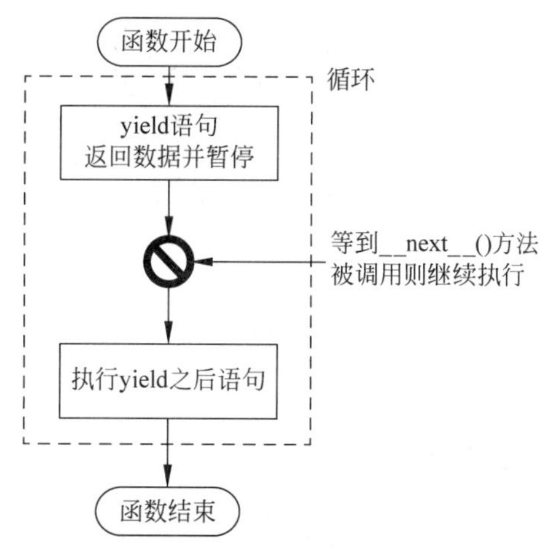

图 12-1　生成器函数执行过程

注意：生成器特别适用于遍历一些大序列对象，它无须将对象的所有元素都载入内存后才开始进行操作，仅在迭代至某个元素时才会将该元素载入内存。

12.6　嵌套函数

在本节之前定义的函数都是全局函数，并将它们定义在全局作用域中。函数还可定义在另外的函数体中，称作“嵌套函数”。

示例代码如下：

```
# coding=utf-8
# 代码文件：chapter12/ch12.6.py

def calculate(n1, n2, opr):
    multiple = 2

    # 定义相加函数
    def add(a, b):                ①
        return (a + b) * multiple

    # 定义相减函数
    def sub(a, b):                ②
        return (a - b) * multiple

    if opr == '+':
        return add(n1, n2)
    else:
```

```
        return sub(n1, n2)

print(calculate(10, 5, '+'))  # 输出结果是 30
# add(10, 5) 发生错误                              ③
# sub(10, 5)  发生错误                             ④
```

上述代码中定义了两个嵌套函数 add() 和 sub()，见代码第①行和第②行。嵌套函数可以访问所在外部函数 calculate() 中的变量 multiple，而外部函数不能访问嵌套函数局部变量。另外，嵌套函数的作用域在外部函数体内，因此在外部函数体之外直接访问嵌套函数会发生错误，见代码第③行和第④行。

12.7 函数式编程基础

微课视频

函数式编程（functional programming）与面向对象编程一样都是一种编程范式，函数式编程也称为面向函数的编程。

Python 虽然不是彻底的函数式编程语言，但还是提供了一些支持函数式编程的基本技术，主要有高阶函数、函数类型和 lambda 表达式，它们是实现函数式编程的基础。

12.7.1 高阶函数与函数类型

函数式编程的关键是高阶函数的支持。一个函数可以作为其他函数的参数，或者其他函数的返回值，那么这个函数就是“高阶函数”。

Python 支持高阶函数，为了支持高阶函数 Python 提供了一种函数类型 function。任何一个函数的数据类型都是 function 类型，即“函数类型”。

为了理解函数类型，先修改 12.6 节中嵌套函数的示例，其代码如下：

```
# coding=utf-8
# 代码文件：chapter12/ch12.7.1.py

def calculate_fun():                          ①

    # 定义相加函数
    def add(a, b):
        return a + b

    return add                                ②

f = calculate_fun()                           ③

print(type(f))                                ④

print("10 + 5 = {0}".format(f(10, 5)))        ⑤
```

输出结果如下：

```
<class 'function'>
10 + 5 = 15
```

上述代码第①行重构了 calculate_fun() 函数的定义，代码第②行结束该函数并返回，可见它的返回值是嵌套函数 add，也可以说 calculate_fun() 函数返回值数据类型是“函数类型”。

代码第③行的变量 f 指向 add 函数，变量 f 与函数一样可以被调用，代码第⑤行 f(10, 5) 表达式就是调用函数，也就是调用 add(10, 5) 函数。

另外，代码第④行 type(f) 表达式可以获得 f 变量数据类型，从输出结果可见它的数据类型是 function，即函数类型。

12.7.2　函数作为其他函数返回值使用

可以把函数作为其他函数的返回值使用，那么这个函数属于高阶函数。12.7.1 节的 calculate_fun() 函数的返回类型就是函数类型，说明 calculate_fun() 是高阶函数。下面进一步完善 12.7.1 节的示例：

```
# coding=utf-8
# 代码文件：chapter12/ch12.7.2.py

def calculate_fun(opr):
    # 定义相加函数
    def add(a, b):                          ①
        return a + b

    # 定义相减函数
    def sub(a, b):                          ②
        return a - b

    if opr == '+':                          ③
        return add
    else:
        return sub                          ④

f1 = calculate_fun('+')                     ⑤
f2 = calculate_fun('-')                     ⑥

print("10 + 5 = {0}".format(f1(10, 5)))     ⑦
print("10 - 5 = {0}".format(f2(10, 5)))     ⑧
```

输出结果如下：

```
10 + 5 = 15
10 - 5 = 5
10 的平方 = 100
```

上述代码第①行～第②行定义两个嵌套函数 add() 和 sub()，代码第③行～第④行根据 opr 参数返回不同的函数。

代码第⑤行～第⑥行调用 calculate_fun() 函数返回函数变量 f1 和 f2。代码第⑦行～第⑧行调用函数变量 f1 和 f2 对应的函数。

12.7.3　函数作为其他函数参数使用

作为高阶函数还可以作为其他函数参数使用，下面来看一个函数作为参数使用的示例：

```
# coding=utf-8
# 代码文件：chapter12/ch12.7.3.py
```

```
def calc(value, op): # op 参数是一个函数                ①
  return op(value)

def square(n):                                          ②
  return n * n

def abs(n):                                             ③
  return n if n > 0 else -n

print("3 的平方 = {}".format(calc(3, square)))          ④
print("-20 的绝对值 = {}".format(calc(-20, abs)))       ⑤
```

输出结果如下：

```
3 的平方 = 9
-20 的绝对值 = 20
```

上述代码第①行定义 calc(value, op) 函数，其中 value 参数是要计算操作数，op 参数是一个函数，可见该函数是一个高阶函数。

代码第②行和第③行定义了两个函数 square(n) 和 abs(n)，它们具有相同的参数列表和返回值类型，因此 square() 和 abs() 函数类型相同。

代码第④行调用 calc(value, op) 函数，其中实参是 3 和 square，square 是一个函数。

代码第⑤行调用 calc(value, op) 函数，其中实参是 –20 和 abs，abs 是一个函数。

12.7.4 匿名函数与 lambda 表达式

有时在使用函数时不需要给函数分配一个名字，这就是“匿名函数”，匿名函数也是函数，有函数类型。

在 Python 语言中使用 lambda 表达式表示匿名函数，声明 lambda 表达式语法如下：

```
lambda 参数列表 : lambda 体
```

lambda 是关键字声明，这是一个 lambda 表达式，“参数列表”与函数的参数列表是一样的，但不需要小括号括起来，冒号后面是“lambda 体”，lambda 表达式的主要代码在此处编写，类似于函数体。

注意：lambda 体部分不能是一个代码块，不能包含多条语句，只能有一条语句，语句会计算一个结果返回给 lambda 表达式，但是与函数不同的是，不需要使用 return 语句返回。与其他语言中的 lambda 表达式相比，Python 中提供的 lambda 表达式只能进行一些简单的计算。

重构 12.7.2 节示例，代码如下：

```
# coding=utf-8
# 代码文件：chapter12/ch12.7.4.py

def calculate_fun(opr):
    if opr == '+':
        return lambda a, b: (a + b)                   ①
    else:
        return lambda a, b: (a - b)                   ②

f1 = calculate_fun('+')
```

```
f2 = calculate_fun('-')

print(type(f1))

print("10 + 5 = {0}".format(f1(10, 5)))
print("10 - 5 = {0}".format(f2(10, 5)))
```

输出结果如下：

```
<class 'function'>
10 + 5 = 15
10 - 5 = 5
```

上述代码第①行替代了 add() 函数，第②行替代了 sub() 函数，代码变得非常简单。

12.8　函数式编程的三大基础函数

函数式编程的本质是通过函数处理数据，过滤、映射和聚合是处理数据的三大基本操作。针对其中三大基本操作，Python 提供了三个基础的函数：filter()、map() 和 reduce()。

微课视频

12.8.1　过滤函数 filter()

过滤操作使用 filter() 函数，它可以对可迭代对象的元素进行过滤，filter() 函数语法如下：

```
filter(function, iterable)
```

其中参数 function 是一个函数，参数 iterable 是可迭代对象。filter() 函数调用时 iterable 会被遍历，它的元素被逐一传入 function 函数，function 函数返回布尔值。在 function 函数中编写过滤条件，如果为 True 的元素被保留，如果为 False 的元素被过滤掉。

通过一个示例介绍 filter() 函数的使用，代码如下：

```
# coding=utf-8
# 代码文件：chapter12/ch12.8.1.py

users = ['Tony', 'Tom', 'Ben', 'Alex']

users_filter = filter(lambda u: u.startswith('T'), users) ①
print(list(users_filter))
```

输出结果如下：

```
['Tony', 'Tom']
```

代码第①行调用了 filter() 函数过滤 users 列表，过滤条件是 T 开头的元素，lambda u: u.startswith('T') 是一个 lambda 表达式，它提供了过滤条件。filter() 函数还不是一个列表，需要使用 list() 函数转换过滤之后的数据为列表。

再看一个示例，代码如下：

```
number_list = range(1, 11)
number_filter = filter(lambda it: it % 2 == 0, number_list)
print(list(number_filter))
```

该示例实现了获取 1~10 中的偶数，输出结果如下：

```
[2, 4, 6, 8, 10]
```

12.8.2 映射函数 map()

映射操作使用 map() 函数，它可以对可迭代对象的元素进行变换，map() 函数语法如下：

```
map(function, iterable)
```

其中参数 function 是一个函数，参数 iterable 是可迭代对象。map() 函数调用时 iterable 会被遍历，它的元素被逐一传入 function 函数，在 function 函数中对元素进行变换。

通过一个示例介绍 map() 函数的使用，代码如下：

```
# coding=utf-8
# 代码文件：chapter12/ch12.8.2.py

users = ['Tony', 'Tom', 'Ben', 'Alex']
users_map = map(lambda u: u.lower(), users)                      ①
print(list(users_map))
```

输出结果如下：

```
['tony', 'tom', 'ben', 'alex']
```

上述代码第①行调用 map() 函数将 users 列表元素转换为小写字母，变换使用 lambda 表达式 lambda u: u.lower()。map() 函数返回的还不是一个列表，需要使用 list() 函数将变换之后的数据转换为列表。

函数式编程时数据可从一个函数“流”入另外一个函数，但遗憾的是 Python 并不支持“链式”API。例如，想获取 users 列表中 T 开头的名字，再将其转换为小写字母，这样的需求需要使用 filter() 函数进行过滤，再使用 map() 函数进行映射变换。实现代码如下：

```
users = ['Tony', 'Tom', 'Ben', 'Alex']

users_filter = filter(lambda u: u.startswith('T'), users)

# users_map = map(lambda u: u.lower(), users_filter)                ①
users_map = map(lambda u: u.lower(), filter(lambda u: u.startswith('T'), users))  ②

print(list(users_map))
```

上述代码第①行和第②行实现相同功能。

12.8.3 聚合函数 reduce()

聚合操作会将多个数据聚合起来输出单个数据，聚合操作中最基础的是聚合函数 reduce()，reduce() 函数会将多个数据按照指定的算法积累叠加起来，最后输出一个数据。

reduce() 函数语法如下：

```
reduce(function, iterable[, initializer])
```

参数 function 是聚合操作函数，该函数有两个参数，参数 iterable 是可迭代对象，参数 initializer 是初始值。

下面通过一个示例介绍 reduce() 函数的使用，示例实现了对一个数列的求和运算，代码如下：

```
# coding=utf-8
# 代码文件：chapter12/ch12.8.3.py

from functools import reduce                                ①

users = ['Tony', 'Tom', 'Ben', 'Alex']

a = (1, 2, 3, 4)
a_reduce = reduce(lambda acc, i: acc + i, a)  # 10          ②
print(a_reduce)
a_reduce = reduce(lambda acc, i: acc + i, a, 2)  # 12       ③
print(a_reduce)
```

reduce() 函数是在 functools 模块中定义的，所以要使用 reduce() 函数需要导入 functools 模块，见代码第①行。代码第②行调用了 reduce() 函数，其中 lambda acc, i: acc+i 是进行聚合操作的 lambda 表达式，该 lambda 表达式有两个参数，其中 acc 参数是上次累积计算结果，i 是当前元素，acc + i 表达式是进行累加。reduce() 函数最后的计算结果是一个数值，可以直接通过 reduce() 函数返回。代码第③行传入了初始值 2，计算的结果是 12。

12.9 装饰器

装饰器是一种设计模式，顾名思义起的是装饰的作用。就是在不修改函数代码的情况下，给函数增加一些功能。

微课视频

12.9.1 一个没有使用装饰器的示例

现有一个返回字符串的函数，在不修改该函数情况下，将返回的字符串转换为大写字符串。

示例代码如下：

```
# coding=utf-8
# 代码文件：chapter12/ch12.9.1.py

def uppercase_decorator(func):                              ①
    def inner():                                            ②
        s = func()                                          ③
        make_uppercase = s.upper()                          ④
        return make_uppercase                               ⑤

    return inner                                            ⑥

def say_hello():                                            ⑦
    return 'hello world.'

say_hello2 = uppercase_decorator(say_hello)                 ⑧

print(say_hello2())                                         ⑨
```

输出结果如下：

```
HELLO WORLD.
```

上述代码第①行定义一个函数，它的参数 func 是函数类型参数。代码第②行定义嵌套函数 inner()。代码第③行调用 func() 函数并将返回值赋值给 s 变量。代码第④行 s.upper() 表达式将字符串转换为大写并赋值给 make_uppercase 变量。代码第⑤行结束嵌套函数 func() 调用，返回转换之后的字符串。代码第⑥行结束函数 uppercase_decorator() 调用，返回嵌套函数 inner。可见 uppercase_decorator() 是高阶函数，不仅它的参数是函数，返回值也是函数。

代码第⑦行定义返回字符串的函数 say_hello()。代码第⑧行调用 uppercase_decorator() 函数，实参是 say_hello() 函数，返回值 say_hello2 变量也是一个函数。代码第⑨行调用 say_hello2 函数。

12.9.2 使用装饰器

12.9.1 节代码使用起来比较麻烦，Python 提供了装饰器注释功能。修改 12.9.1 节示例代码如下：

```
# coding=utf-8
# 代码文件：chapter12/ch12.9.2.py

def uppercase_decorator(func):
    def inner():
        s = func()
        make_uppercase = s.upper()
        return make_uppercase

    return inner

@uppercase_decorator                                    ①
def say_hello():
    return 'hello world.'

# say_hello2 = uppercase_decorator(say_hello)           ②

print(say_hello())                                      ③
```

上述代码第①行使用 @uppercase_decorator 装饰器声明 say_hello() 函数，可见装饰器本质上是一个函数。使用了装饰器不需要显式调用 uppercase_decorator() 函数，见代码第②行，而是直接调用 say_hello() 函数即可，见代码第③行。

12.9.3 同时使用多个装饰器

比较 12.9.1 节和 12.9.2 节示例代码，不难发现使用了装饰器后调用函数很简单。一个函数可以有多个装饰器声明。

示例代码如下：

```
# coding=utf-8
# 代码文件：chapter12/ch12.9.3.py

def uppercase_decorator(func):
    def inner():
        s = func()
```

```
        make_uppercase = s.upper()
        return make_uppercase

    return inner

def bracket_decorator(func):            ①
    def inner():
        s = func()
        make_bracket = '[' + s + ']'
        return make_bracket

    return inner

@bracket_decorator                      ②
@uppercase_decorator                    ③
def say_hello():
    return 'hello world.'

print(say_hello())
```

上述代码第①行定义函数 bracket_decorator()，它可以给字符串添加括号。定义 say_hello() 函数时使用了两个装饰器声明，见代码第②行和第③行。

12.9.4　给装饰器传递参数

装饰器本质上是一个函数，因此可以给装饰器传递参数。示例代码如下：

```
# coding=utf-8
# 代码文件：chapter12/ch12.9.4.py

def calc(func):                         ①
    def wrapper(arg1):                  ②
        return func(arg1)

    return wrapper

@calc
def square(n):
  return n * n

@calc
def abs(n):
  return n if n > 0 else -n

print("3 的平方 = {}".format(square(3)))
print("-20 的绝对值 = {}".format(abs(-20)))
```

输出结果如下：

```
3 的平方 = 9
-20 的绝对值 = 20
```

上述代码第①行定义装饰器函数 calc(func)，它的参数还是一个函数。代码第②行定义嵌套函数 wrapper(arg1)，这个函数参数列表与装饰器要注释的函数（如：square(n) 和 abs(n)）参数列表一致。

12.10 本章小结

通过对本章内容的学习，读者可以熟悉如何在 Python 中定义函数、函数参数和函数返回值，了解函数变量作用域和嵌套函数。在本章最后还介绍了 Python 函数式编程基础、函数式编程的三大基础函数和装饰器内容。

12.11 同步练习

一、选择题

1. 有下列函数 sum 定义代码，调用语句正确的是（　　）。

```
def sum(*numbers):
    total = 0.0
    for number in numbers:
        total += number
return total
```

A. print(sum(100.0, 20.0, 30.0))
B. print(sum(30.0, 80.0))
C. print(sum(30.0, '80'))
D. print(sum(30.0, 80.0, *(50.0, 60.0, 0.0)))

2. 有下列函数 area 定义代码，调用语句正确的是（　　）。

```
def area(width, height):
    return width * height
```

A. area(320.0, 480.0)
B. area(width=320.0, height=480.0)
C. area(320.0, height=480.0)
D. area(width=320.0, height)
E. area(height=480.0, width=320.0)

二、判断题

1. Python 支持函数重载。（　　）

2. 函数式编程本质是通过函数处理数据，过滤、映射和聚合是处理数据的三大基本操作。针对这其中三大基本操作 Python 提供了三个基础的函数：filter()、map() 和 reduce()。（　　）

三、填空题

在下列代码横线处填写一些代码使之能够获得希望的运行。

```
x = 200

def print_value():
    ____ x
    x = 100
    print("函数中 x = {0}".format(x))
```

```
print_value()
print(" 全局变量 x = {0}".format(x))
```

输出结果如下：

```
函数中 x = 100
全局变量 x = 100
```

12.12　动手实践：找出素数

编程题

使用 filter() 函数输出 1~100 的所有素数。

第13章 面向对象编程

面向对象是Python最重要的特性，在Python中一切数据类型都是面向对象的。本章将介绍面向对象的基础知识。

13.1 面向对象概述

微课视频

面向对象的编程思想：按照真实世界客观事物的自然规律进行分析，客观世界中存在什么样的实体，构建的软件系统就存在什么样的实体。

例如，在真实世界的学校里，会有学生和老师等实体，学生有学号、姓名、所在班级等属性（数据），学生还有学习、提问、吃饭和走路等操作。学生只是抽象的描述，这个抽象的描述称为"类"。在学校里活动的是学生个体，即张同学、李同学等，这些具体的个体称为"对象"，对象也称为"实例"。

在现实世界有类和对象，软件世界也有面向对象，只不过它们会以某种计算机语言编写的程序代码形式存在，这就是面向对象编程（Object Oriented Programming，OOP）。

13.2 面向对象三个基本特性

微课视频

面向对象思想有三个基本特性：封装性、继承性和多态性。

13.2.1 封装性

在现实世界中封装的例子到处都是。例如，一台计算机内部极其复杂，有主板、CPU、硬盘和内存，而一般用户不需要了解它的内部细节，不需要知道主板的型号、CPU主频、硬盘和内存的大小，于是计算机制造商用机箱把计算机封装起来，对外提供一些接口，如鼠标、键盘和显示器等，这样当用户使用计算机时就变得非常方便。

面向对象的封装与真实世界的目的是一样的。封装能够使外部访问者不能随意存取对象的内部数据，隐藏了对象的内部细节，只保留有限的对外接口。外部访问者不用关心对象的内部细节，操作对象变得简单。

13.2.2 继承性

在现实世界中继承也是无处不在。例如轮船与客轮之间的关系，客轮是一种特殊的轮船，拥有轮船的全部特征和行为，即数据和操作。在面向对象中，轮船是一般类，客轮是特殊类，特殊类拥有一般类的全部数据和操作，称为特殊类继承一般类。一般类称为"父类"或"超类"，特殊类称为"子类"或"派生类"。为了统一，本书中一般类统称为"父类"，特殊类统称为"子类"。

13.2.3　多态性

多态性是指在父类中成员被子类继承之后，可以具有不同的状态或表现行为。

13.3　类和对象

Python 中的数据类型都是类，类是组成 Python 程序的基本要素，它封装了一个类对象的数据和操作。

微课视频

13.3.1　定义类

Python 语言中一个类的实现包括类定义和类体。类定义语法格式如下：

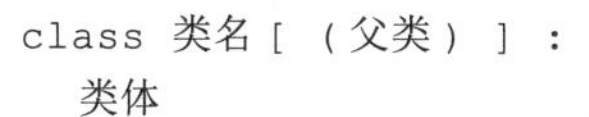

```
class 类名[(父类)]:
  类体
```

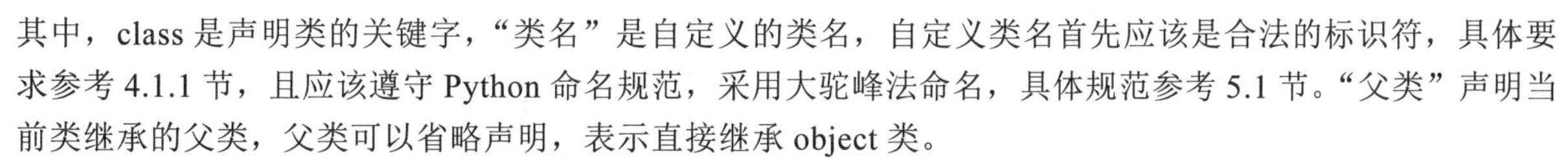

其中，class 是声明类的关键字，“类名”是自定义的类名，自定义类名首先应该是合法的标识符，具体要求参考 4.1.1 节，且应该遵守 Python 命名规范，采用大驼峰法命名，具体规范参考 5.1 节。“父类”声明当前类继承的父类，父类可以省略声明，表示直接继承 object 类。

定义动物（Animal）类代码如下：

```
class Animal(object):
    # 类体
    pass
```

上述代码声明了动物类，它继承了 object 类，object 是所有类的根类，在 Python 中任何一个动物类都直接或间接继承 object，所以 (object) 部分代码可以省略。

提示：代码的 pass 语句什么操作都不执行，用来维持程序结构的完整。有些不想编写的代码，又不想有语法错误，可以使用 pass 语句占位。

13.3.2　创建和使用对象

前面章节已经多次用到了对象，类实例化可生成对象，所以“对象”也称为“实例”。一个对象的生命周期包括三个阶段：创建、使用和销毁。销毁对象时 Python 的垃圾回收机制释放不再使用对象的内存，不需要程序员负责。程序员只关心创建和使用对象，本节介绍创建和使用对象。

创建对象很简单，就是在类后面加上一对小括号，表示调用类的构造方法。这就创建了一个对象，示例代码如下：

```
animal = Animal()
```

Animal 是 13.3.1 节定义的动物类，Animal() 表达式创建了一个动物对象，并把创建的对象赋值给 animal 变量，animal 是指向动物对象的一个引用。通过 animal 变量可以使用刚创建的动物对象，如下代码打印输出动物对象。

```
print(animal)
```

输出结果如下：

```
<__main__.Animal object at 0x0000024A18CB90F0>
```

print 函数打印对象会输出一些很难懂的信息。事实上，print 函数调用了对象的 __str__() 方法输出字符串信息，__str__() 是 object 类的一个方法，它会返回有关该对象的描述信息，由于本例中 Animal 类的 __str__() 方法是默认实现的，所以会返回这些难懂的信息，如果要打印出友好的信息，需要重写 __str__() 方法。

提示： __str__() 这种双下画线开始和结尾的方法是 Python 保留的，有着特殊的含义，称为魔法方法。

13.3.3 实例变量

在类体中可以包含类的成员，类成员如图 13-1 所示，其中包括成员变量、成员方法和属性，成员变量又分为实例变量和类变量，成员方法又分为实例方法、类方法和静态方法。

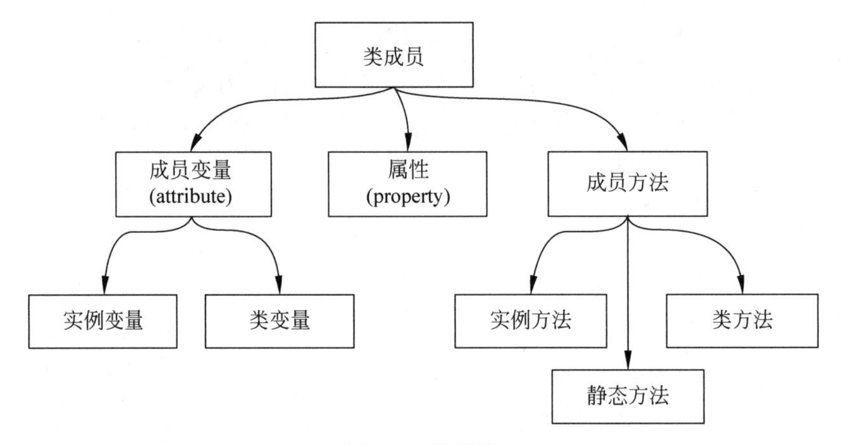

图 13-1 类成员

提示： 在 Python 类成员中有 attribute 和 property，见图 13-1。attribute 是类中保存数据的变量，如果需要对 attribute 进行封装，那么在类的外部为了访问这些 attribute，往往会提供一些 setter 和 getter 访问器。setter 访问器是对 attribute 赋值的方法，getter 访问器是取 attribute 值的方法，这些方法在创建和调用时都比较麻烦，于是 Python 又提供了 property，property 本质上就是 setter 和 getter 访问器，是一种方法。一般情况下 attribute 和 property 中文都翻译为"属性"，这样很难区分两者的含义，也有很多书将 attribute 翻译为"特性"，"属性"和"特性"在中文中区别也不大。其实很多语言都有 attribute 和 property 概念，例如 Objective-C 中 attribute 称为成员变量（或字段），property 称为属性。本书采用 Objective-C 提法将 attribute 翻译为"成员变量"，而 property 翻译为"属性"。

"实例变量"就是某个实例（或对象）个体特有的"数据"，例如你家狗狗的名字、年龄和性别与邻居家狗狗的名字、年龄和性别是不同的。本节先介绍实例变量。

Python 中定义实例变量的示例代码如下：

```
class Animal(object):                                   ①
    """ 定义动物类 """

    def __init__(self, age, sex, weight):               ②
        self.age = age    # 定义年龄实例变量            ③
        self.sex = sex    # 定义性别实例变量
        self.weight = weight    # 定义体重实例变量
```

```
animal = Animal(2, 1, 10.0)

print('年龄：{0}'.format(animal.age)) ④
print('性别：{0}'.format('雌性' if animal.sex == 0 else '雄性'))
print('体重：{0}'.format(animal.weight))
```

上述代码第①行是定义 Animal 动物类，代码第②行是构造方法，构造方法是用来创建和初始化实例变量的，有关构造方法在 13.3.5 节再详细介绍，这里不再赘述。构造方法中的 self 指向当前对象实例的引用。代码第③行是在创建和初始化实例变量 age，其中 self.age 表示对象的 age 实例变量。

代码第④行是访问 age 实例变量，实例变量需要通过“实例名 . 实例变量”的形式访问。

13.3.4　类变量

“类变量”是所有实例（或对象）共有的变量。例如有一个 Account（银行账户）类，它有三个成员变量：amount(账户金额)、interest_rate(利率) 和 owner(账户名)。在这三个成员变量中，amount 和 owner 会因人而异，对于不同的账户这些内容是不同的，而所有账户的 interest_rate 都是相同的。amount 和 owner 成员变量与账户个体实例有关，称为“实例变量”，interest_rate 成员变量与个体实例无关，或者说是所有账户实例共享的，这种变量称为“类变量”。

类变量示例代码如下：

```
class Account:
    """定义银行账户类"""

    interest_rate = 0.0668  # 类变量利率              ①

    def __init__(self, owner, amount):
        self.owner = owner  # 定义实例变量账户名
        self.amount = amount  # 定义实例变量账户金额

account = Account('Tony', 1_800_000.0)

print('账户名：{0}'.format(account.owner))            ②
print('账户金额：{0}'.format(account.amount))
print('利率：{0}'.format(Account.interest_rate))      ③
```

输出结果如下：

```
账户名：Tony
账户金额：1800000.0
利率：0.0668
```

代码第①行是创建并初始化类变量。创建类变量与实例变量不同，类变量要在方法之外定义。代码第②行是访问实例变量，通过“实例名 . 实例变量”的形式访问。代码第③行是访问类变量，通过“类名 . 类变量”的形式访问。“类名 . 类变量”事实上是有别于包和模块的另外一种形式的命名空间。

注意：不要通过实例存取类变量数据。当通过实例读取变量时，Python 解释器会先在实例中找这个变量，如果没有再到类中去找；当通过实例为变量赋值时，无论类中是否有该同名变量，Python 解释器都会创建一个同名实例变量。

在类变量示例中添加如下代码：

```
print('Account 利率：{0}'.format(Account.interest_rate))
print('ac1 利率：{0}'.format(account.interest_rate))              ①

print('ac1 实例所有变量：{0}'.format(account.__dict__))           ②
account.interest_rate = 0.01                                      ③
account.interest_rate2 = 0.01                                     ④
print('ac1 实例所有变量：{0}'.format(account.__dict__))           ⑤
```

输出结果如下：

```
Account 利率：0.0668
ac1 利率：0.0668
ac1 实例所有变量：{'owner': 'Tony', 'amount': 1800000.0}
ac1 实例所有变量：{'owner': 'Tony', 'amount': 1800000.0, 'interest_rate': 0.01, 'interest_
rate2': 0.01}
```

上述代码第①行通过实例读取 interest_rate 变量，解释器发现 account 实例中没有该变量，然后会在 Account 类中找，如果类中也没有，会发生 AttributeError 错误。虽然通过实例读取 interest_rate 变量可以实现，但不符合设计规范。

代码第③行为 account.interest_rate 变量赋值，在这样的操作下无论类中是否有同名类变量都会创建一个新的实例变量。为了查看实例变量有哪些，可以通过 object 提供的 _dict_ 变量查看，见代码第②行和第⑤行。从输出结果可见，代码第③行和第④行的赋值操作会导致创建了两个实例变量 interest_rate 和 interest_rate2。

提示：代码第③行和第④行能够在类之外创建实例变量，主要原因是 Python 的动态语言特性，Python 不能从语法层面禁止此事的发生。这样创建实例变量会引起很严重的问题，一方面，类的设计者无法控制一个类中有哪些成员变量；另一方面，这些实例变量无法通过类中的方法访问。

13.3.5 构造方法

在 13.3.3 节和 13.3.4 节中都使用了 __init__() 方法，该方法用来创建和初始化实例变量，这种方法就是“构造方法”，__init__() 方法也属于魔法方法。定义时它的第一个参数应该是 self，其后的参数才是用来初始化实例变量的。调用构造方法时不需要传入 self。

构造方法示例代码如下：

```
class Animal(object):
    """ 定义动物类 """

    def __init__(self, age, sex=1, weight=0.0):                  ①
        self.age = age  # 定义年龄实例变量
        self.sex = sex  # 定义性别实例变量
        self.weight = weight  # 定义体重实例变量


a1 = Animal(2, 0, 10.0)                                           ②
a2 = Animal(1, weight=5.0)
a3 = Animal(1, sex=0)                                             ③
```

```
print('a1 年龄：{0}'.format(a1.age))
print('a2 体重：{0}'.format(a2.weight))
print('a3 性别：{0}'.format('雌性' if a3.sex == 0 else '雄性'))
```

上述代码第①行是定义构造方法，其中参数除了第一个 self 外，其他的参数可以有默认值，这也提供了默认值的构造方法，能够给调用者提供多个不同形式的构造方法。代码第②行和第③行是调用构造方法创建 Animal 对象，其中不需要传入 self，只需要提供后面的三个实际参数。

13.3.6　实例方法

实例方法与实例变量一样都是某个实例（或对象）个体特有的。本节先介绍实例方法。

方法是在类中定义的函数。而定义实例方法时它的第一个参数也应该是 self，这个过程是将当前实例与该方法绑定起来，使该方法成为实例方法。

定义实例方法示例代码如下：

```
class Animal(object):
    """定义动物类"""

    def __init__(self, age, sex=1, weight=0.0):
        self.age = age  # 定义年龄实例变量
        self.sex = sex  # 定义性别实例变量
        self.weight = weight  # 定义体重实例变量

    def eat(self):              ①
        self.weight += 0.05
        print('eat...')

    def run(self):              ②
        self.weight -= 0.01
        print('run...')

a1 = Animal(2, 0, 10.0)
print('a1 体重：{0:0.2f}'.format(a1.weight))
a1.eat()                        ③
print('a1 体重：{0:0.2f}'.format(a1.weight))
a1.run()                        ④
print('a1 体重：{0:0.2f}'.format(a1.weight))
```

运行结果如下：

```
a1 体重：10.00
eat...
a1 体重：10.05
run...
a1 体重：10.04
```

上述代码第①行和第②行声明了两个方法，其中第一个参数是 self。代码第③行和第④行是调用这些实例方法，注意其中不需要传入 self 参数。

13.3.7 类方法

“类方法”与“类变量”类似属于类而不属于个体实例的方法，类方法不需要与实例绑定，但需要与类绑定，定义时它的第一个参数不是 self，而是类的 type 实例。type 是描述 Python 数据类型的类，Python 中所有数据类型都是 type 的一个实例。

定义类方法示例代码如下：

```
class Account:
    """ 定义银行账户类 """

    interest_rate = 0.0668   # 类变量利率

    def __init__(self, owner, amount):
        self.owner = owner   # 定义实例变量账户名
        self.amount = amount   # 定义实例变量账户金额

    # 类方法
    @classmethod
    def interest_by(cls, amt):                  ①
        return cls.interest_rate * amt          ②

interest = Account.interest_by(12_000.0)        ③
print('计算利息：{0:.4f}'.format(interest))
```

运行结果如下：

```
计算利息：801.6000
```

定义类方法有两个关键：第一，方法第一个参数 cls（见代码第①行）是 type 类型的一个实例；第二，方法使用装饰器 @classmethod 声明该方法是类方法。

代码第②行是方法体，在类方法中可以访问其他的类变量和类方法，cls.interest_rate 是访问类变量 interest_rate。

注意：类方法可以访问类变量和其他类方法，但不能访问其他实例方法和实例变量。

代码第③行是调用类方法 interest_by()，采用“类名 . 类方法”形式调用。从语法角度可以通过实例调用类方法，但这不符合规范。

13.3.8 静态方法

如果定义的方法既不想与实例绑定，也不想与类绑定，只是想把类作为它的命名空间，那么可以定义静态方法。

定义静态方法示例代码如下：

```
class Account:
    """ 定义银行账户类 """

    interest_rate = 0.0668   # 类变量利率

    def __init__(self, owner, amount):
        self.owner = owner   # 定义实例变量账户名
```

```
        self.amount = amount   # 定义实例变量账户金额

    # 类方法
    @classmethod
    def interest_by(cls, amt):
        return cls.interest_rate * amt

    # 静态方法
    @staticmethod
    def interest_with(amt):                              ①
        return Account.interest_by(amt)                  ②

interest1 = Account.interest_by(12_000.0)
print('计算利息：{0:.4f}'.format(interest1))
interest2 = Account.interest_with(12_000.0)
print('计算利息：{0:.4f}'.format(interest2))
```

上述代码第①行是定义静态方法，使用了 @staticmethod 装饰器，声明方法是静态方法，方法参数不指定 self 和 cls。代码第②行调用了类方法。

类方法与静态方法在很多场景是类似的，只是在定义时有一些区别。类方法需要绑定类，静态方法不需要绑定类，静态方法与类的耦合度更加松散。在一个类中定义静态方法只是为了提供一个基于类名的命名空间。

13.4 封装性

封装性是面向对象的三大特性之一，Python 语言没有与封装性相关的关键字，它通过特定的名称实现对变量和方法的封装。

微课视频

13.4.1 私有变量

默认情况下 Python 中的变量是公有的，可以在类的外部访问它们。如果想让它们成为私有变量，可以在变量前加上双下画线“__”。

示例代码如下：

```
class Animal(object):
    """定义动物类"""

    def __init__(self, age, sex=1, weight=0.0):
        self.age = age  # 定义年龄实例变量
        self.sex = sex  # 定义性别实例变量
        self.__weight = weight  # 定义体重实例变量      ①

    def eat(self):
        self.__weight += 0.05
        print('eat...')

    def run(self):
        self.__weight -= 0.01
        print('run...')
```

```
a1 = Animal(2, 0, 10.0)

print('a1 体重：{0:0.2f}'.format(a1.weight))        ②
a1.eat()
a1.run()
```

运行结果如下：

```
Traceback (most recent call last):
  File "C:/Users/tony/PycharmProjects/HelloProj/ch13.4.1.py", line 24, in <module>
    print('a1 体重：{0:0.2f}'.format(a1.weight))
AttributeError: 'Animal' object has no attribute 'weight'
```

上述代码第①行在weight变量前加上双下画线，这会定义私有变量__weight。__weight变量在类内部访问没有问题，但是如果在外部访问则会发生错误，见代码第②行。

提示：Python中并没有严格意义上的封装，所谓的私有变量只是形式上的限制。如果想在类的外部访问这些私有变量也是可以的，这些双下画线“__”开头的私有变量其实只是换了一个名字，它们的命名规律为“_类名__变量”，所以将上述代码a1.weight改成a1._Animal__weight就可以访问了，但这种访问方式并不符合规范，会破坏封装。可见Python的封装性靠的是程序员的自律，而非强制性的语法。

13.4.2 私有方法

私有方法与私有变量的封装是类似的，只要在方法前加上双下画线“__”就是私有方法了。示例代码如下：

```
class Animal(object):
    """ 定义动物类 """

    def __init__(self, age, sex=1, weight=0.0):
        self.age = age  # 定义年龄实例变量
        self.sex = sex  # 定义性别实例变量
        self.__weight = weight   # 定义体重实例变量

    def eat(self):
        self.__weight += 0.05
        self.__run()
        print('eat...')

    def __run(self):                              ①
        self.__weight -= 0.01
        print('run...')

a1 = Animal(2, 0, 10.0)

a1.eat()
a1.run()                                          ②
```

运行结果如下：

```
eat...
Traceback (most recent call last):
  File "C:/Users/tony/PycharmProjects/HelloProj/ch13.4.2.py", line 25, in <module>
    a1.run()
AttributeError: 'Animal' object has no attribute 'run'
```

上述代码第①行中 __run() 方法是私有方法，__run() 方法可以在类的内部访问，不能在类的外部访问，否则会发生错误，见代码第②行。

提示：如果一定要在类的外部访问私有方法也是可以的。与私有变量访问类似，命名规律为“_类名__方法”，这也不符合规范，也会破坏封装。

13.4.3　定义属性

封装通常是对成员变量进行的封装。在严格意义上的面向对象设计中，一个类是不应该有公有的实例成员变量的，这些实例成员变量应该被设计为私有的，然后通过公有的 setter 和 getter 访问器访问。

使用 setter 和 getter 访问器的示例代码如下：

```
class Animal(object):
    """定义动物类"""

    def __init__(self, age, sex=1, weight=0.0):
        self.age = age  # 定义年龄实例成员变量
        self.sex = sex  # 定义性别实例成员变量
        self.__weight = weight  # 定义体重实例成员变量

    def set_weight(self, weight):                   ①
        self.__weight = weight

    def get_weight(self):                           ②
        return self.__weight


a1 = Animal(2, 0, 10.0)
print('a1 体重：{0:0.2f}'.format(a1.get_weight()))  ③
a1.set_weight(123.45)                               ④
print('a1 体重：{0:0.2f}'.format(a1.get_weight()))
```

运行结果如下：

```
a1 体重：10.00
a1 体重：123.45
```

上述代码第①行中 set_weight() 方法是 setter 访问器，它有一个参数，用来替换现有成员变量。代码第②行的 get_weight() 方法是 getter 访问器。代码第③行是调用 getter 访问器。代码第④行是调用 setter 访问器。

访问器形式的封装需要一个私有变量，需要提供 getter 访问器和一个 setter 访问器，只读变量不用提供 setter 访问器。总之，访问器形式的封装在编写代码时比较麻烦。为了解决这个问题，Python 中提供了属性（property），定义属性可以使用 @property 和 @ 属性名 .setter 装饰器，@property 用来修饰 getter 访问器，@ 属性名 .setter 用来修饰 setter 访问器。

使用属性修改前面的示例代码如下：

```
class Animal(object):
    """ 定义动物类 """

    def __init__(self, age, sex=1, weight=0.0):
        self.age = age  # 定义年龄实例成员变量
        self.sex = sex  # 定义性别实例成员变量
        self.__weight = weight  # 定义体重实例成员变量

    @property
    def weight(self):  # 替代 get_weight(self):                    ①
        return self.__weight

    @weight.setter
    def weight(self, weight):  # 替代 set_weight(self, weight):  ②
        self.__weight = weight

a1 = Animal(2, 0, 10.0)
print('a1 体重：{0:0.2f}'.format(a1.weight))                        ③
a1.weight = 123.45  # a1.set_weight(123.45)                         ④
print('a1 体重：{0:0.2f}'.format(a1.weight))
```

上述代码第①行是定义属性 getter 访问器，使用了 @property 装饰器进行修饰，方法名就是属性名，这样就可以通过属性取值了，见代码第③行。

代码第②行是定义属性 setter 访问器，使用了 @weight.setter 装饰器进行修饰，weight 是属性名，与 getter 和 setter 访问器方法名保持一致，可以通过 a1.weight=123.45 赋值，见代码第④行。

从上述示例可见，属性本质上就是两个方法，在方法前加上装饰器使得方法成为属性。属性使用起来类似于公有变量，可以在赋值符“=”左边或右边，左边是被赋值，右边是取值。

提示： 定义属性时应该先定义 getter 访问器，再定义 setter 访问器，即代码第①行和第②行不能颠倒，否则会出现错误。这是因为 @property 修饰 getter 访问器时，定义了 weight 属性，这样在后面使用 @weight.setter 装饰器才是合法的。

13.5 继承性

微课视频

类的继承性是面向对象语言的基本特性，多态性的前提是继承性。

13.5.1 继承概念

为了了解继承性，先看这样一个场景：一位面向对象的程序员小赵，在编程过程中需要描述和处理个人信息，于是定义了类 Person，代码如下：

```
class Person:

    def __init__(self, name, age):
```

```
        self.name = name  # 名字
        self.age = age  # 年龄

    def info(self):
        template = 'Person [name={0}, age={1}]'
        s = template.format(self.name, self.age)
        return s
```

一周以后，小赵又遇到了新的需求，需要描述和处理学生信息，于是他又定义了一个新的类 Student，代码如下：

```
class Student:

    def __init__(self, name, age, school)
        self.name = name  # 名字
        self.age = age  # 年龄
        self.school = school  # 所在学校

    def info(self):
    template = 'Student [name={0}, age={1}, school={2}]'
    s = template.format(self.name, self.age, self.school)
    return s
```

很多人会认为小赵的做法能够被理解并认为这是可行的，但问题在于 Student 和 Person 两个类的结构太接近了，后者只比前者多了一个 school 实例变量，却要重复定义其他所有的内容，实在让人“不甘心”。Python 提供了解决类似问题的机制，那就是类的继承，代码如下：

```
class Student(Person):                          ①

    def __init__(self, name, age, school):  ②
        super().__init__(name, age)          ③
        self.school = school  # 所在学校      ④
```

上述代码第①行是声明 Student 类继承 Person 类，其中小括号中的是父类，如果没有指明父类（一对空的小括号或省略小括号），则默认父类为 object，object 类是 Python 的根类。代码第②行定义构造方法，子类中定义构造方法时首先要调用父类的构造方法，初始化父类实例变量。代码第③行 super().__init__(name, age) 语句是调用父类的构造方法，super() 函数是返回父类引用，通过它可以调用父类中的实例变量和方法。代码第④行是定义 school 实例变量。

提示： 子类继承父类时只是继承父类中公有的成员变量和方法，不能继承私有的成员变量和方法。

13.5.2　重写方法

如果子类方法名与父类方法名相同，而且参数列表也相同，只是方法体不同，那么子类重写（override）了父类的方法。

示例代码如下：

```
class Animal(object):
    """定义动物类"""
    def __init__(self, age, sex=1, weight=0.0):
```

```
        self.age = age
        self.sex = sex
        self.weight = weight

    def eat(self):            ①
        self.weight += 0.05
        print('动物吃...')


class Dog (Animal):
    def eat(self):            ②
        self.weight += 0.1
        print('狗狗吃...')


a1 = Dog(2, 0, 10.0)
a1.eat()
```

输出结果如下：

```
狗狗吃...
```

上述代码第①行是父类中定义eat()方法，子类继承父类并重写了eat()方法，见代码第②行。那么通过子类实例调用eat()方法时，会调用子类重写的eat()。

13.5.3 多继承

所谓多继承，就是一个子类有多个父类。大部分计算机语言如Java、Swift等，只支持单继承，不支持多继承，主要是多继承会发生方法冲突。例如，客轮是轮船也是交通工具，客轮的父类是轮船和交通工具，如果两个父类都定义了run()方法，子类客轮继承哪一个run()方法呢？

Python支持多继承，但Python给出了解决方法名字冲突的方案。这个方案是，当子类实例调用一个方法时，先从子类中查找，如果没有找到则查找父类。父类的查找顺序是按照子类声明的父类列表从左到右查找，如果没有找到再找父类的父类，依次查找下去。

多继承示例代码如下：

```
class ParentClass1:
    def run(self):
        print('ParentClass1 run...')

class ParentClass2:
    def run(self):
        print('ParentClass2 run...')

class SubClass1(ParentClass1, ParentClass2):
    pass

class SubClass2(ParentClass2, ParentClass1):
    pass

class SubClass3(ParentClass1, ParentClass2):
```

```
    def run(self):
        print('SubClass3 run...')

sub1 = SubClass1()
sub1.run()
sub2 = SubClass2()
sub2.run()
sub3 = SubClass3()
sub3.run()
```

输出结果如下：

```
ParentClass1 run...
ParentClass2 run...
SubClass3 run...
```

上述代码中定义了两个父类 ParentClass1 和 ParentClass2，以及三个子类 SubClass1、SubClass2 和 SubClass3，这三个子类都继承了 ParentClass1 和 ParentClass2 两个父类。当子类 SubClass1 的实例 sub1 调用 run() 方法时，解释器会先查找当前子类是否有 run() 方法，如果没有则到父类中查找，按照父类列表从左到右的顺序，找到 ParentClass1 中的 run() 方法，所以最后调用的是 ParentClass1 中的 run() 方法。按照这个规律，其他的两个实例 sub2 和 sub3 调用哪一个 run() 方法就很容易知道了。

13.6　多态性

在面向对象程序设计中，多态是一个非常重要的特性，理解多态有利于进行面向对象的分析与设计。

13.6.1　多态概念

发生多态要有两个前提条件：

- 继承——多态发生一定是子类和父类之间。
- 重写——子类重写了父类的方法。

下面通过一个示例解释什么是多态。如图 13-2 所示，父类 Figure（几何图形）有一个 draw（绘图）函数，Figure（几何图形）有两个子类 Ellipse（椭圆形）和 Triangle（三角形），Ellipse 和 Triangle 重写 draw() 方法。Ellipse 和 Triangle 都有 draw() 方法，但具体实现的方式不同。

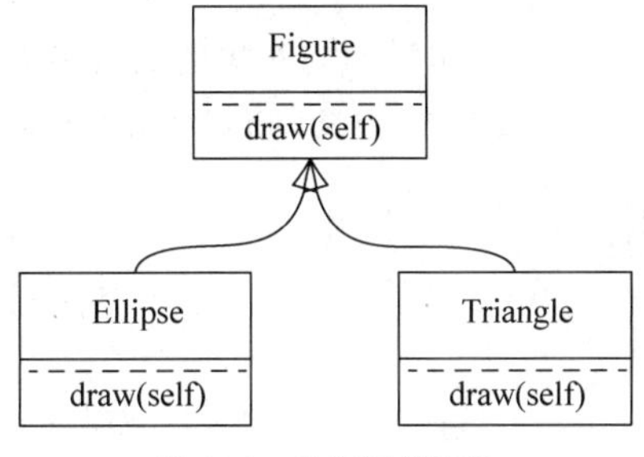

图 13-2　几何图形类图

具体代码如下：

```
# 几何图形
class Figure:
```

```
    def draw(self):
        print('绘制Figure...')

# 椭圆形
class Ellipse(Figure):
    def draw(self):
        print('绘制Ellipse...')

# 三角形
class Triangle(Figure):
    def draw(self):
        print('绘制Triangle...')

f1 = Figure()      ①
f1.draw()

f2 = Ellipse()     ②
f2.draw()

f3 = Triangle()    ③
f3.draw()
```

输出结果如下：

```
绘制Figure...
绘制Ellipse...
绘制Triangle...
```

上述代码第②行和第③行符合多态的两个前提，因此会发生多态。而代码第①行不符合，没有发生多态。多态发生时，Python 解释器根据引用指向的实例调用它的方法。

提示：与 Java 等静态语言相比，多态性对于动态语言 Python 而言意义不大。多态性优势在于运行期动态特性。例如在 Java 中多态性是指，编译期声明变量是父类的类型，在运行期确定变量所引用的实例。而 Python 不需要声明变量的类型，没有编译，直接由解释器运行，运行期确定变量所引用的实例。

13.6.2 类型检查

无论多态性对 Python 影响多大，Python 作为面向对象的语言多态性是存在的，这一点可以通过运行期类型检查证实，运行期类型检查使用 isinstance(object,classinfo) 函数，它可以检查 object 实例是否由 classinfo 类或 classinfo 子类所创建的实例。

在 13.6.1 节示例基础上修改代码如下：

```
# 几何图形
class Figure:
    def draw(self):
        print('绘制Figure...')

# 椭圆形
class Ellipse(Figure):
    def draw(self):
```

```
        print('绘制Ellipse...')

# 三角形
class Triangle(Figure):
    def draw(self):
        print('绘制Triangle...')

f1 = Figure()  # 没有发生多态
f1.draw()

f2 = Ellipse()  # 发生多态
f2.draw()

f3 = Triangle()  # 发生多态
f3.draw()

print(isinstance(f1, Triangle))  # False      ①
print(isinstance(f2, Triangle))  # False
print(isinstance(f3, Triangle))  # True
print(isinstance(f2, Figure))  # True         ②
```

上述代码第①行和第②行添加的代码，需要注意代码第②行的 isinstance(f2,Figure) 表达式是 True，f2 是 Ellipse 类创建的实例，Ellipse 是 Figure 类的子类，所以这个表达式返回 True，通过这样的表达式可以判断是否发生了多态。另外，还有一个类似于 isinstance(object,classinfo) 的 issubclass(class,classinfo) 函数，issubclass(class,classinfo) 函数用来检查 class 是否是 classinfo 的子类。示例代码如下：

```
print(issubclass(Ellipse, Triangle))  # False
print(issubclass(Ellipse, Figure))  # True
print(issubclass(Triangle, Ellipse))  # False
```

13.6.3　鸭子类型

不关注变量的类型，而是关注变量具有的方法。鸭子类型像多态一样工作，但是没有继承，只要像“鸭子”一样的行为（方法）就可以了。

鸭子类型示例代码如下：

```
class Animal(object):
    def run(self):
        print('动物跑...')

class Dog(Animal):
    def run(self):
        print('狗狗跑...')

class Car:
    def run(self):
        print('汽车跑...')

def go(animal):  # 接收参数是Animal             ①
    animal.run()
```

```
go(Animal())
go(Dog())
go(Car())  ②
```

运行结果如下：

```
动物跑...
狗狗跑...
汽车跑...
```

上述代码定义了三个类 Animal、Dog 和 Car，从代码和图 13-3 所示可见 Dog 继承了 Animal，而 Car 与 Animal 和 Dog 没有任何关系，只是它们都有 run() 方法。代码第①行定义的 go() 函数设计时考虑接收 Animal 类型参数，但是由于 Python 解释器不做任何类型检查，所以可以传入任何实际参数。当代码第②行给 go() 函数传入 Car 实例时，它可以正常执行，这就是“鸭子类型”。

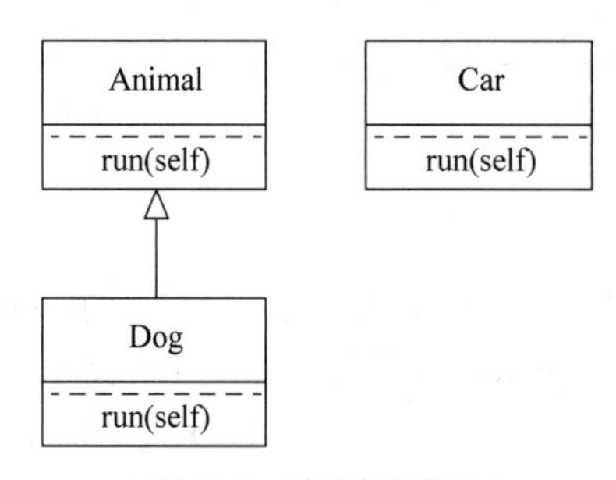

图 13-3 鸭子类型类图

在 Python 这样的动态语言中使用“鸭子类型”替代多态性设计，能够充分地发挥 Python 动态语言特点，但是也给软件设计者带来了困难，对程序员的要求也非常高。

13.7 Python 根类——object

Python 所有类都直接或间接继承自 object 类，它是所有类的“祖先”。object 类有很多方法，本节重点介绍如下两个方法。

- __str__()：返回该对象的字符串表示。
- __eq__(other)：指示其他某个对象是否与此对象“相等”。

这些方法都是需要在子类中重写的，下面就详细解释它们的用法。

13.7.1 __str__() 方法

为了日志输出等处理方便，所有的对象都可以输出自己的描述信息。为此，可以重写 __str__() 方法。如果没有重写 __str__() 方法，则默认返回对象的类名，以及内存地址等信息，例如：

```
<__main__.Person object at 0x000001FE0F349AC8>
```

下面看一个示例，在 13.5 节介绍过 Person 类，重写它的 __str__() 方法代码如下：

```
class Person:
    def __init__(self, name, age):
        self.name = name   # 名字
```

```
        self.age = age  # 年龄

    def __str__(self):                                          ①
        template = 'Person [name={0}, age={1}]'
        s = template.format(self.name, self.age)
        return s

person = Person('Tony', 18)
print(person)                                                   ②
```

运行输出结果如下：

```
Person [name=Tony, age=18]
```

上述代码第①行覆盖 __str__() 方法，返回什么样的字符串完全是自定义的，只要能够表示当前类和当前对象即可，本例是将 Person 成员变量拼接成为一个字符串。代码第②行是打印 person 对象，print() 函数会将对象的 __str__() 方法返回字符串，并打印输出。

13.7.2　对象比较方法

在 7.6.1 节介绍同一性测试运算符时，曾经介绍过内容相等比较运算符 "=="，== 用来比较两个对象的内容是否相等。当使用运算符 == 比较两个对象时，在对象的内部是通过 __eq__() 方法进行比较的。

两个人（Person 对象）相等是指什么？是名字？是年龄？问题的关键是需要指定相等的规则，就是要指定比较的是哪些实例变量相等。所以为了比较两个 Person 对象是否相等，则需要重写 __eq__() 方法，在该方法中指定比较规则。

修改 Person 代码如下：

```
class Person:
    def __init__(self, name, age):
        self.name = name  # 名字
        self.age = age  # 年龄

    def __str__(self):
        template = 'Person [name={0}, age={1}]'
        s = template.format(self.name, self.age)
        return s

    def __eq__(self, other):                                    ①
        if self.name == other.name and self.age == other.age:   ②
            return True
        else:
            return False

p1 = Person('Tony', 18)
p2 = Person('Tony', 18)

print(p1 == p2)  # True
```

上述代码第①行重写了 Person 类 __eq__() 方法，代码第②行是提供比较规则，即只有 name 和 age 都相等才认为是两个对象相等。代码中创建了两个 Person 对象 p1 和 p2，它们具有相同的 name 和 age，所以 p1 == p2 为 True。为了比较可以不重写 __eq__() 方法，那么 p1 == p2 为 False。

13.8 本章小结

本章主要介绍了面向对象编程知识。首先介绍了面向对象的一些基本概念和面向对象三个基本特性，然后介绍了类、对象、封装、继承和多态，最后介绍了 object 类。

13.9 同步练习

一、选择题

下列哪些选项是类的成员。（ ）

A. 成员变量

B. 成员方法

C. 属性

D. 实例变量

二、判断题

1. 在 Python 中，类具有面向对象的基本特征，即封装性、继承性和多态性。（ ）

2. __str__() 这种双下画线开始和结尾的方法，是 Python 保留的，有着特殊的含义的，称为魔法方法。（ ）

3. __init__() 方法，该方法用来创建和初始化实例变量，这种方法就是“构造方法”，__init__() 方法也属于“魔法方法”。（ ）

4. 类方法不需要与实例绑定，需要与类绑定，定义时它的第一个参数不是 self，而是类的 type 实例，type 是描述 Python 数据类型的类，Python 中所有数据类型都是 type 的一个实例。（ ）

5. 实例方法是在类中定义的，它的第一个参数也应该是 self，这个过程是将当前实例与该方法绑定起来。（ ）

6. 静态方法不与实例绑定，也不与类绑定，只是把类作为它的命名空间。（ ）

7. 公有成员变量就是在变量前加上两个下画线。（ ）

8. 私有方法就是在方法前加上两个下画线。（ ）

9. 属性是为了替代 getter 访问器和 setter 访问器。（ ）

10. 子类继承父类是继承父类中所有的成员变量和方法。（ ）

11. Python 语言的继承是单继承。（ ）

三、简述题

介绍什么是“鸭子类型”。

13.10 动手实践：设计多继承骡子类

编程题

设计两个类：驴和马，然后再设计一个它们的子类：骡子。

第 14 章 异常处理

很多事件并非总是按照人们自己的意愿顺利发展，而是经常出现这样或那样的异常情况。例如，计划周末郊游时，计划会安排得满满的。计划可能是这样的：从家里出发→到达目的地→游泳→烧烤→回家。但天有不测风云，若准备烧烤时天降大雨，这时只能终止郊游提前回家。“天降大雨”是一种异常情况，计划应该考虑到这种情况，并且应该有处理这种异常的预案。

为增强程序的健壮性，计算机程序的编写也需要考虑如何处理这些异常情况，Python 语言提供了异常处理功能，本章介绍 Python 异常处理机制。

14.1 一个异常示例

为了学习 Python 异常处理机制，首先看下面进行除法运算的示例。在 Python Shell 中代码如下：

微课视频

```
>>> i = input('请输入数字：')      ①

请输入数字：0
>>> print(i)
0
>>> print(5 / int(i))
Traceback (most recent call last):
  File "<pyshell#2>", line 1, in <module>
    print(5 / int(i))
ZeroDivisionError: division by zero
```

上述代码第①行通过 input() 函数从控制台读取字符串，该函数语法如下：

```
input([prompt])
```

prompt 参数是提示字符串，可以省略。

从控制台读取字符串 0 赋值给 i 变量，当执行 print(5/int(i)) 语句时，会抛出 ZeroDivisionError 异常，ZeroDivisionError 是除 0 异常。这是因为在数学上除数不能为 0，所以执行表达式 (5/a) 会有异常。

重新输入如下字符串：

```
>>> i = input('请输入数字：')
请输入数字：QWE
>>> print(i)
QWE
>>> print(5 / int(i))
```

```
Traceback (most recent call last):
  File "<pyshell#5>", line 1, in <module>
    print(5 / int(i))
ValueError: invalid literal for int() with base 10: 'QWE'
```

这次输入的是字符串 QWE，因为它不能转换为整数类型，因此会抛出 ValueError 异常。程序运行过程中难免会发生异常，发生异常并不可怕，程序员应该考虑到有可能会发生这些异常，编程时应处理这些异常，不能让程序终止，这才是健壮的程序。

14.2 异常类继承层次

微课视频

Python 中异常根类是 BaseException，异常类继承层次如下：

```
BaseException
 +-- SystemExit
 +-- KeyboardInterrupt
 +-- GeneratorExit
 +-- Exception
      +-- StopIteration
      +-- StopAsyncIteration
      +-- ArithmeticError
      |    +-- FloatingPointError
      |    +-- OverflowError
      |    +-- ZeroDivisionError
      +-- AssertionError
      +-- AttributeError
      +-- BufferError
      +-- EOFError
      +-- ImportError
           +-- ModuleNotFoundError
      +-- LookupError
      |    +-- IndexError
      |    +-- KeyError
      +-- MemoryError
      +-- NameError
      |    +-- UnboundLocalError
      +-- OSError
      |    +-- BlockingIOError
      |    +-- ChildProcessError
      |    +-- ConnectionError
      |    |    +-- BrokenPipeError
      |    |    +-- ConnectionAbortedError
      |    |    +-- ConnectionRefusedError
      |    |    +-- ConnectionResetError
      |    +-- FileExistsError
      |    +-- FileNotFoundError
      |    +-- InterruptedError
      |    +-- IsADirectoryError
      |    +-- NotADirectoryError
      |    +-- PermissionError
```

```
|    +-- ProcessLookupError
|    +-- TimeoutError
+-- ReferenceError
+-- RuntimeError
|    +-- NotImplementedError
|    +-- RecursionError
+-- SyntaxError
|    +-- IndentationError
|         +-- TabError
+-- SystemError
+-- TypeError
+-- ValueError
|    +-- UnicodeError
|         +-- UnicodeDecodeError
|         +-- UnicodeEncodeError
|         +-- UnicodeTranslateError
+-- Warning
     +-- DeprecationWarning
     +-- PendingDeprecationWarning
     +-- RuntimeWarning
     +-- SyntaxWarning
     +-- UserWarning
     +-- FutureWarning
     +-- ImportWarning
     +-- UnicodeWarning
     +-- BytesWarning
     +-- ResourceWarning
```

从异常类的继承层次可见，BaseException 的子类很多，其中 Exception 是非系统退出的异常，它包含了很多常用异常。如果自定义异常需要继承 Exception 及其子类，不要直接继承 BaseException。另外，还有一类异常是 Warning，Warning 是警告，提示程序潜在问题。

提示：从异常类继承的层次可见，Python 中的异常类命名主要的后缀有 Exception、Error 和 Warning，也有少数几个没有采用这几个后缀命名的，当然这些后缀命令的类都有它的含义。但是有些中文资料根据异常类后缀名有时翻译为“异常”，有时翻译为“错误”，为了不引起误会，本书将它们统一为“异常”，特殊情况会另行说明。

14.3　常见异常

Python 有很多异常，熟悉几个常见异常是有必要的，本节就介绍几个常见异常。

微课视频

14.3.1　AttributeError 异常

AttributeError 异常试图访问一个类中不存在的成员（包括：成员变量、属性和成员方法）而引发的异常。

在 Python Shell 中执行如下代码：

```
>>> class Animal(object): ①
        pass
```

```
>>> a1 = Animal()
>>> a1.run()                       ②
Traceback (most recent call last):
  File "<pyshell#3>", line 1, in <module>
    a1.run()
AttributeError: 'Animal' object has no attribute 'run'
>>>
>>> print(a1.age)                  ③
Traceback (most recent call last):
  File "<pyshell#4>", line 1, in <module>
    print(a1.age)
AttributeError: 'Animal' object has no attribute 'age'
>>>
>>> print(Animal.weight)           ④
Traceback (most recent call last):
  File "<pyshell#5>", line 1, in <module>
    print(Animal.weight)
AttributeError: type object 'Animal' has no attribute 'weight'
```

上述代码第①行是定义 Animal 类。代码第②行是试图访问 Animal 类的 run() 方法，由于 Animal 类中没有定义 run() 方法，结果抛出 AttributeError 异常。代码第③行是试图访问 Animal 类的实例变量（或属性）age，结果抛出 AttributeError 异常。代码第④行是试图访问 Animal 类的类变量 weight，结果抛出 AttributeError 异常。

14.3.2 OSError 异常

OSError 是操作系统相关异常。Python 3.3 版本后 IOError（输入输出异常）也并入 OSError 异常，所以输入输出异常也属于 OSError 异常。例如“未找到文件”或“磁盘已满”异常。在 Python Shell 中执行如下代码：

```
>>> f = open('abc.txt')
Traceback (most recent call last):
  File "<pyshell#10>", line 1, in <module>
    f = open('abc.txt')
FileNotFoundError: [Errno 2] No such file or directory: 'abc.txt'
```

上述代码 f=open('abc.txt') 是打开当前目录下的 abc.txt 文件，由于不存在该文件，所以抛出 FileNotFoundError 异常。FileNotFoundError 属于 OSError 异常。

14.3.3 IndexError 异常

IndexError 异常是访问序列元素时，下标索引超出取值范围所引发的异常。在 Python Shell 中执行如下代码：

```
>>> code_list = [125, 56, 89, 36]
>>> code_list[4]
Traceback (most recent call last):
  File "<pyshell#12>", line 1, in <module>
    code_list[4]
```

```
IndexError: list index out of range
```

上述代码 code_list[4] 试图访问 code_list 列表的第 5 个元素，由于 code_list 列表最多只有 4 个元素，所以会引发 IndexError 异常。

14.3.4　KeyError 异常

KeyError 异常是试图访问字典里不存在的键时而引发的异常。在 Python Shell 中执行如下代码：

```
>>> dict1[104]
Traceback (most recent call last):
  File "<pyshell#14>", line 1, in <module>
    dict1[104]
KeyError: 104
```

上述代码 dict1[104] 试图访问字典 dict1 中键为 104 的值，104 键在字典 dict1 中不存在，所以会引发 KeyError 异常。

14.3.5　NameError 异常

NameError 是试图使用一个不存在的变量而引发的异常。在 Python Shell 中执行如下代码：

```
>>> value1          ①
Traceback (most recent call last):
  File "<pyshell#16>", line 1, in <module>
    value1
NameError: name 'value1' is not defined
>>> a = value1     ②
Traceback (most recent call last):
  File "<pyshell#17>", line 1, in <module>
    a = value1
NameError: name 'value1' is not defined
>>> value1 = 10    ③
```

上述代码第①行和第②行都是读取 value1 变量值，由于之前没有创建过 value1，所以会引发 NameError。但代码第③行 value1=10 语句却不会引发异常，那是因为赋值时，如果变量不存在就会创建它，所以不会引发异常。

14.3.6　TypeError 异常

TypeError 是试图传入变量类型与要求的不符合时而引发的异常。在 Python Shell 中执行如下代码：

```
>>> i = '2'
>>> print(5 / i)  ①
Traceback (most recent call last):
  File "<pyshell#20>", line 1, in <module>
    print(5 / i)
TypeError: unsupported operand type(s) for /: 'int' and 'str'
```

上述代码第①行 (5/i) 表达式进行除法计算，需要 i 变量是一个数字类型。然而传入的却是一个字符串，所以引发 TypeError 异常。

14.3.7 ValueError 异常

ValueError 异常是由于传入一个无效的参数值而引发的异常，ValueError 异常在 14.1 节已经遇到了。在 Python Shell 中执行如下代码：

```
>>> i = 'QWE'
>>> print(5 / int(i))                                    ①
Traceback (most recent call last):
  File "<pyshell#22>", line 1, in <module>
    print(5 / int(i))
ValueError: invalid literal for int() with base 10: 'QWE'
```

上述代码第①行 (5/int(i)) 表达式进行除法计算，需要传入的变量 i 是能够使用 int() 函数转换为数字的参数。然而传入的字符串 'QWE' 不能转换为数字，所以引发了 ValueError 异常。

14.4 捕获异常

微课视频

在学习本内容之前，可以先考虑一下，在现实生活中如何对待领导布置的任务呢？当然无非是两种：自己有能力解决的自己处理；自己无力解决的反馈给领导，让领导自己处理。对待异常亦是如此。当前函数有能力解决，则捕获异常进行处理；没有能力解决，则抛给上层调用者（函数）处理。如果上层调用者还无力解决，则继续抛给它的上层调用者。异常就是这样向上传递直到有函数处理它。如果所有的函数都没有处理该异常，那么 Python 解释器会终止程序运行。这就是异常的传播过程。

14.4.1 try-except 语句

捕获异常是通过 try-except 语句实现的，最基本的 try-except 语句语法如下：

```
try :
    <可能会抛出异常的语句>
except [异常类型] :
    <处理异常>
```

1）try 代码块

try 代码块中包含执行过程中可能会抛出异常的语句。

2）except 代码块

每个 try 代码块可以伴随一个或多个 except 代码块，用于处理 try 代码块中所有可能抛出的多种异常。except 语句中如果省略“异常类型”，即不指定具体异常，则会捕获所有类型的异常；如果指定具体类型异常，则会捕获该类型异常，以及它的子类型异常。

下面看一个 try-except 示例，代码如下：

```
# coding=utf-8
# 代码文件：chapter14/ch14.4.1.py

import datetime as dt                                    ①

def read_date(in_date):                                  ②
    try:
        date = dt.datetime.strptime(in_date, '%Y-%m-%d') ③
        return date
```

```
    except ValueError: ④
        print(' 处理 ValueError 异常 ')

str_date = '2020-B-18' # '2020-8-18'
print(' 日期 = {0}'.format(read_date(str_date)))
```

上述代码第①行导入了 datetime 模块，datetime 是 Python 内置的日期时间模块。代码第②行定义了一个函数，在函数中将传入的字符串转换为日期，并进行格式化。但并非所有的字符串都是有效的日期字符串，因此调用代码第③行的 strptime() 方法有可能抛出 ValueError 异常。代码第④行是捕获 ValueError 异常。本例中的 '2020-8-18' 字符串是有效的日期字符串，因此不会抛出异常。如果将字符串改为无效的日期字符串，如 '2020-B-18'，则会打印以下信息：

```
处理 ValueError 异常
日期 = None
```

如果还需要获得异常对象，修改代码如下：

```
def read_date(in_date):
    try:
        date = dt.datetime.strptime(in_date, '%Y-%m-%d')
        return date
    except ValueError as e:
        print(' 处理 ValueError 异常 ')
        print(e)
```

ValueError as e 中的 e 是异常对象，print(e) 指令可以打印异常对象，打印异常对象会输出异常描述信息，打印信息如下：

```
处理 ValueError 异常
time data '2020-B-18' does not match format '%Y-%m-%d'
日期 = None
```

14.4.2　多个 except 代码块

如果 try 代码块中有很多语句抛出异常，而且抛出的异常种类有很多，那么可以在 try 后面跟有多个 except 代码块。多个 except 代码块语法如下：

```
try :
    < 可能会抛出异常的语句 >
except [ 异常类型 1] :
    < 处理异常 >
except [ 异常类型 2] :
    < 处理异常 >
...
except [ 异常类型 n] :
    < 处理异常 >
```

在多个 except 代码块情况下，当一个 except 代码块捕获到一个异常时，其他的 except 代码块就不再进行匹配。

注意：当捕获的多个异常类之间存在父子关系时，捕获异常顺序与 except 代码块的顺序有关。从上到下先捕获子类，后捕获父类，否则子类捕获不到。

示例代码如下：

```
# coding=utf-8
# 代码文件：chapter14/ch14.4.2.py

import datetime as dt


def read_date_from_file(filename):                          ①
    try:
        file = open(filename)                               ②
        in_date = file.read()                               ③
        in_date = in_date.strip()                           ④
        date = dt.datetime.strptime(in_date, '%Y-%m-%d')    ⑤
        return date
    except ValueError as e:                                 ⑥
        print('处理ValueError异常')
        print(e)
    except FileNotFoundError as e:                          ⑦
        print('处理FileNotFoundError异常')
        print(e)
    except OSError as e:                                    ⑧
        print('处理OSError异常')
        print(e)


date = read_date_from_file('readme.txt')
print('日期 = {0}'.format(date))
```

上述代码通过 open() 函数从文件 readme.txt 中读取字符串，然后解析成为日期。由于 Python 文件操作技术还没有介绍，读者先不要关注 open() 函数技术细节，只考虑调用它们的方法会抛出异常就可以了。

在 try 代码块中，代码第①行定义函数 read_date_from_file(filename) 用来从文件中读取字符串，并解析成为日期。代码第②行调用 open() 函数读取文件，它有可能抛出 FileNotFoundError 等 OSError 异常。如果抛出 FileNotFoundError 异常，则被代码第⑦行的 except 捕获。如果抛出 OSError 异常，则被代码第⑧行的 except 捕获。代码第③行 file.read() 方法是从文件中读取数据，它也可能抛出 OSError 异常。如果抛出 OSError 异常，则被代码第⑧行的 except 捕获。代码第④行 in_date.strip() 方法是剔除字符串前后空白字符（包括空格、制表符、换行和回车等字符）。代码第⑤行 strptime() 方法可能抛出 ValueError 异常。如果抛出则被代码第⑥行的 except 捕获。

如果将 FileNotFoundError 和 OSError 捕获顺序调换，代码如下：

```
try:
    file = open(filename)
    in_date = file.read()
    in_date = in_date.strip()
    date = dt.datetime.strptime(in_date, '%Y-%m-%d')
    return date
except ValueError as e:
    print('处理ValueError异常')
```

```
        print(e)
    except OSError as e:
        print('处理 OSError 异常')
        print(e)
    except FileNotFoundError as e:
        print('处理 FileNotFoundError 异常')
        print(e)
```

那么 except FileNotFoundError as e 代码块永远不会进入，因为 OSError 是 FileNotFoundError 父类，而 ValueError 异常与 OSError 和 FileNotFoundError 异常没有父子关系，捕获 ValueError 异常位置可以随意放置。

14.4.3　try-except 语句嵌套

Python 提供的 try-except 语句是可以任意嵌套的，修改 14.4.2 节示例代码如下：

```
# coding=utf-8
# 代码文件：chapter14/ch14.4.3.py

import datetime as dt
def read_date_from_file(filename):
    try:
        file = open(filename)
        try:                                                      ①
            in_date = file.read()                                 ②
            in_date = in_date.strip()
            date = dt.datetime.strptime(in_date, '%Y-%m-%d')     ③
            return date
        except ValueError as e:
            print('处理 ValueError 异常')
            print(e)                                              ④
    except FileNotFoundError as e:
        print('处理 FileNotFoundError 异常')
        print(e)
    except OSError as e:                                          ⑤
        print('处理 OSError 异常')
        print(e)

date = read_date_from_file('readme.txt')
print('日期 = {0}'.format(date))
```

上述代码第①行～第④行是捕获 ValueError 异常的 try-except 语句，可见这个 try-except 语句就嵌套在捕获 FileNotFoundError 和 OSError 异常的 try-except 语句中。

程序执行时如果内层抛出异常，首先由内层 except 进行捕获，如果捕获不到，则由外层 except 捕获。例如，代码第②行的 read() 方法可能抛出 OSError 异常，该异常无法被内层 except 捕获，最后被代码第⑤行的外层 except 捕获。

注意： try-except 不仅可以嵌套在 try 代码块中，还可以嵌套在 except 代码块或 finally 代码块，finally 代码块后面会详细介绍。try-except 嵌套会使程序流程变得复杂，如果能用多 except 捕获的异常，尽量不要使用 try-except 嵌套。要梳理好程序的流程再考虑 try-except 嵌套的必要性。

14.4.4 多重异常捕获

多个 except 代码块客观上提高了程序的健壮性，但是也大大增加了程序代码量。有些异常虽然种类不同，但捕获之后的处理是相同的，代码如下：

```
try:
    <可能会抛出异常的语句>
except ValueError as e:
    <调用方法 method1 处理>
except OSError as e:
    <调用方法 method1 处理>
except FileNotFoundError as e:
    <调用方法 method1 处理>
```

三个不同类型的异常，要求捕获之后的处理都是调用 method1 方法。是否可以把这些异常合并处理呢？Python 中可以把这些异常放到一个元组中，这就是多重异常捕获，可以帮助解决此类问题。上述代码修改如下：

```
# coding=utf-8
# 代码文件：chapter14/ch14.4.4.py

import datetime as dt


def read_date_from_file(filename):
    try:
        file = open(filename)
        in_date = file.read()
        in_date = in_date.strip()
        date = dt.datetime.strptime(in_date, '%Y-%m-%d')
        return date
    except (ValueError, OSError) as e:
        print('调用方法 method1 处理...')
        print(e)
```

代码中 (ValueError, OSError) 就是多重异常捕获。

注意：有的读者会问为什么不写成 (ValueError, FileNotFoundError, OSError) 呢？这是因为 FileNotFoundError 属于 OSError 异常，OSError 异常可以捕获它的所有子类异常。

14.5 异常堆栈跟踪

微课视频

有时从程序员的角度需要知道更加详细的异常信息时，可以打印堆栈跟踪信息。堆栈跟踪信息可以通过 Python 内置模块 traceback 提供的 print_exc() 函数实现，print_exc() 函数的语法格式如下：

```
traceback.print_exc(limit=None, file=None, chain=True)
```

其中，参数 limit 限制堆栈跟踪的个数，默认 None 是不限制；参数 file 判断是否输出堆栈跟踪信息到文件，默认 None 是不输出到文件；参数 chain 为 True，则将 _cause_ 和 _context_ 等属性串联起来，就像解释器本身打印未处理异常一样。

堆栈跟踪示例代码如下：

```
# coding=utf-8
# 代码文件：chapter14/ch14.5.py

import datetime as dt
import traceback as tb                                  ①

def read_date_from_file(filename):
    try:
        file = open(filename)
        in_date = file.read()
        in_date = in_date.strip()
        date = dt.datetime.strptime(in_date, '%Y-%m-%d')
        return date
    except (ValueError, OSError) as e:
        print('调用方法 method1 处理 ...')
        tb.print_exc()                                  ②

date = read_date_from_file('readme.txt')
print('日期 = {0}'.format(date))
```

上述代码第②行 tb.print_exc() 语句是打印异常堆栈信息，print_exc() 函数来自于子 traceback 模块，因此需要在代码第①行导入 traceback 模块。

发生异常，输出结果如下：

```
Traceback (most recent call last):
日期 = None
  File "C:/Users/tony/PycharmProjects/HelloProj/ch14.4.4.py", line 12, in read_date_from_
      file                                              ①
    date = dt.datetime.strptime(in_date, '%Y-%m-%d')    ②
  File "C:\Python\Python36\lib\_strptime.py", line 565, in _strptime_datetime
    tt, fraction = _strptime(data_string, format)
  File "C:\Python\Python36\lib\_strptime.py", line 362, in _strptime
    (data_string, format))
ValueError: time data '2020-B-18' does not match format '%Y-%m-%d'
```

堆栈信息从上往下为程序执行过程中函数（或方法）的调用顺序，其中的每条信息明确指出了哪一个文件（见代码第①行的 ch14.4.4.py）、哪一行（见代码第①行的 line 12）、调用哪个函数或方法（见代码第②行）。程序员能够通过堆栈信息很快定位程序哪里出了问题。

提示：在捕获到异常之后，通过 print_exc() 函数打印异常堆栈跟踪信息，往往只是用于调试，给程序员提示信息。堆栈跟踪信息对最终用户是没有意义的，本例中如果出现异常很有可能是用户输入的日期无效。捕获到异常之后应该给用户弹出一个对话框，提示用户输入日期无效，请用户重新输入，用户重新输入后再重新调用上述函数。这才是捕获异常之后的正确处理方案。

14.6　释放资源

有时 try-except 语句会占用一些资源，如打开文件、网络连接、打开数据库连接和使用数据结果集等，这些资源不能通过 Python 的垃圾收集器回收，需要程序员释放。为了确保这些资源能够被释放，可以使

用 finally 代码块或 with as 自动资源管理。

14.6.1 finally 代码块

try-except 语句后面还可以跟有一个 finally 代码块，try-except-finally 语句语法如下：

```
try :
    <可能会抛出异常的语句>
except [异常类型 1] :
    <处理异常>
except [异常类型 2] :
    <处理异常>
...
except [异常类型 n] :
    <处理异常>
finally  :
    <释放资源>
```

无论 try 正常结束还是 except 异常结束都会执行 finally 代码块，如图 14-1 所示。

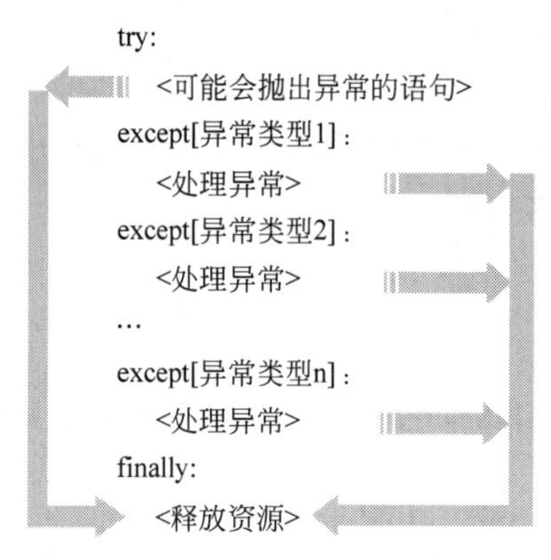

图 14-1　finally 代码块流程

使用 finally 代码块示例代码如下：

```
# coding=utf-8
# 代码文件：chapter14/ch14.6.1.py

import datetime as dt

def read_date_from_file(filename):
    try:
        file = open(filename)
        in_date = file.read()
        in_date = in_date.strip()
        date = dt.datetime.strptime(in_date, '%Y-%m-%d')
        return date
    except ValueError as e:
        print('处理 ValueError 异常')
    except FileNotFoundError as e:
        print('处理 FileNotFoundError 异常')
```

```
    except OSError as e:
        print(' 处理 OSError 异常 ')
    finally:                                ①
        file.close()                        ②

date = read_date_from_file('readme.txt')
print(' 日期 = {0}'.format(date))
```

上述代码第①行是 finally 代码块，在这里通过关闭文件释放资源，见代码第②行 file.close() 的关闭文件。

14.6.2　else 代码块

与 while 和 for 循环类似，try 语句也可以带有 else 代码块，它是在程序正常结束时执行的代码块，程序流程如图 14-2 所示。

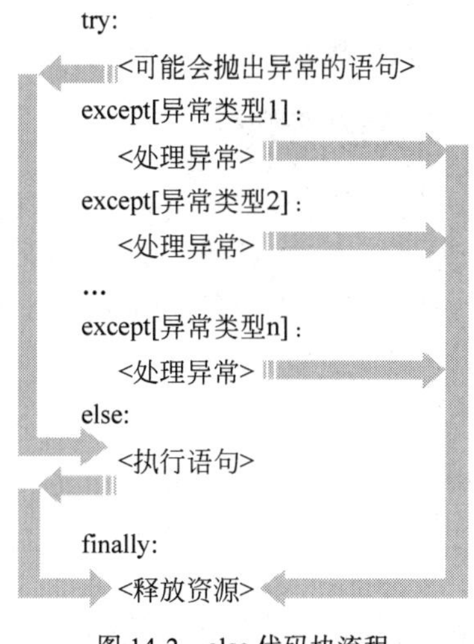

图 14-2　else 代码块流程

14.6.1 节示例代码仍然存在问题。文件关闭的前提是，文件成功打开。14.6.1 节示例代码如果在执行 open(filename) 打开文件时失败，文件没有打开，但程序会进入 finally 代码块执行 file.close() 关闭文件，这会引发一些问题。

为了解决该问题可以使用 else 代码块，修改 14.6.1 节示例代码如下：

```
# coding=utf-8
# 代码文件：chapter14/ch14.6.2.py

import datetime as dt

def read_date_from_file(filename):
    try:
        file = open(filename)              ①
    except OSError as e:
        print(' 打开文件失败 ')
    else:                                  ②
        print(' 打开文件成功 ')
        try:
            in_date = file.read()
```

```
            in_date = in_date.strip()
            date = dt.datetime.strptime(in_date, '%Y-%m-%d')
            return date
        except ValueError as e:
            print('处理ValueError异常')
        except OSError as e:
            print('处理OSError异常')
        finally:
            file.close()

date = read_date_from_file('readme.txt')
print('日期 = {0}'.format(date))
```

上述代码中 open(filename) 语句单独放在一个 try 语句中，见代码第①行。如果正常打开文件，程序会执行 else 代码块，见代码第②行。else 代码块中嵌套了 try 语句，在这个 try 代码中读取文件内容和解析日期，最后在嵌套 try 对应的 finally 代码块中执行 file.close() 关闭文件。

14.6.3 with as 代码块自动资源管理

14.6.2 节示例的程序虽然“健壮”，但程序流程比较复杂，这样的程序代码难以维护。为此 Python 提供了一个 with as 代码块帮助自动释放资源，它可以替代 finally 代码块，优化代码结构，提高程序可读性。with as 提供了一个代码块，在 as 后面声明一个资源变量，当 with as 代码块结束之后自动释放资源。

示例代码如下：

```
# coding=utf-8
# 代码文件：chapter14/ch14.6.3.py

import datetime as dt

def read_date_from_file(filename):
    try:
        with open(filename) as file: ①
            in_date = file.read()

        in_date = in_date.strip()
        date = dt.datetime.strptime(in_date, '%Y-%m-%d')
        return date
    except ValueError as e:
        print('处理ValueError异常')
    except OSError as e:
        print('处理OSError异常')

    date = read_date_from_file('readme.txt')
    print('日期 = {0}'.format(date))
```

上述代码第①行是使用 with as 代码块，with 语句后面的 open(filename) 语句可以创建资源对象，然后赋值给 as 后面的 file 变量。在 with as 代码块中包含了资源对象相关代码，完成后自动释放资源。采用了自动资源管理后不再需要 finally 代码块，不需要自己释放这些资源。

注意：所有可以自动管理的资源，需要实现上下文管理协议（Context Management Protocol）。

14.7　自定义异常类

微课视频

有些公司为了提高代码的可重用性，自己开发了一些 Python 类库，其中有自己编写的一些异常类。实现自定义异常类需要继承 Exception 类或其子类。

实现自定义异常类示例代码如下：

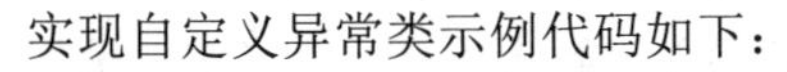

```
# coding=utf-8
# 代码文件：chapter14/ch14.7.py

class MyException(Exception):
    def __init__(self, message):                    ①
        super().__init__(message)                   ②
```

上述代码实现了自定义异常，代码第①行是定义构造方法类，其中的参数 message 是异常描述信息。代码第②行 super().__init__(message) 是调用父类构造方法，并把参数 message 传入给父类构造方法。自定义异常就是这样简单，只需要提供一个字符串参数的构造方法就可以了。

14.8　显式抛出异常

微课视频

本节之前读者接触到的异常都是由系统生成的，当异常抛出时，系统会创建一个异常对象，并将其抛出。也可以通过 raise 语句显式抛出异常，语法格式如下：

```
raise BaseException 或其子类的实例
```

显式抛出异常的目的有很多，例如不想某些异常传给上层调用者，可以捕获之后重新显式抛出另外一种异常给调用者。

修改 14.4 节示例代码如下：

```
# coding=utf-8
# 代码文件：chapter14/ch14.8.py

import datetime as dt

class MyException(Exception):
    def __init__(self, message):
        super().__init__(message)

def read_date_from_file(filename):
    try:
        file = open(filename)
        in_date = file.read()
        in_date = in_date.strip()
        date = dt.datetime.strptime(in_date, '%Y-%m-%d')
        return date
    except ValueError as e:
        raise MyException('不是有效的日期')           ①
    except FileNotFoundError as e:
```

```
        raise MyException('文件找不到')                    ②
    except OSError as e:
        raise MyException('文件无法打开或无法读取')         ③

date = read_date_from_file('readme.txt')
print('日期 = {0}'.format(date))
```

如果软件设计者不希望 read_date_from_file() 函数中捕获的 ValueError、FileNotFoundError 和 OSError 异常出现在上层调用者中，那么可以在捕获到这些异常时，通过 raise 语句显式抛出一个异常，见代码第①②和③行显式抛出自定义的 MyException 异常。

注意：raise 显式抛出的异常与系统生成并抛出的异常在处理方式上没有区别，就是两种方法，要么捕获自己处理，要么抛出给上层调用者。

14.9 本章小结

本章介绍了 Python 异常处理机制，其中包括 Python 异常类继承层次、捕获异常、释放资源、自定义异常类和显式抛出异常。

14.10 同步练习

一、选择题

显式抛出异常的语句有哪些？（　　）。

A. throw

B. raise

C. try

D. except

二、判断题

1. 每个 try 代码块可以伴随一个或多个 except 代码块，用于处理 try 代码块中所有可能抛出的多种异常。（　　）

2. 为了确保这些资源能够被释放可以使用 finally 代码块或 with as 自动资源管理。（　　）

3. 实现自定义异常类需要继承 Exception 类或其子类。（　　）

三、简述题

列举一些常见的异常。

14.11 动手实践：释放资源

编程题

1. 编写异常处理程序，通过 finally 代码块释放资源。

2. 编写异常处理程序，通过 with as 代码块释放资源。

第 15 章

常用模块

Python 官方提供了数量众多的模块，称为内置模块，本书不再一一介绍。本章归纳了 Python 在一些日常开发过程中常用的模块，至于其他的不常用类读者可以自己查询 Python 官方的 API 文档。

15.1 math 模块

Python 官方提供 math 模块进行数学运算，如指数、对数、平方根和三角函数等运算。math 模块中的函数只是整数和浮点，不包括复数，复数计算需要使用 cmath 模块。

微课视频

15.1.1 舍入函数

math 模块提供的舍入函数有 math.ceil(a) 和 math.floor(a)，math.ceil(a) 返回大于或等于 a 的最小整数；math.floor(a) 返回小于或等于 a 的最大整数。另外 Python 还提供了一个内置函数 round(a)，该函数用来对 a 进行四舍五入计算。

在 Python Shell 中运行示例代码如下：

```
>>> import math
>>> math.ceil(1.4)
2
>>> math.floor(1.4)
1
>>> round(1.4)
1

>>> math.ceil(1.5)
2
>>> math.floor(1.5)
1
>>> round(1.5)
2

>>> math.floor(1.6)
1
>>> math.ceil(1.6)
2
>>> round(1.6)
2
```

15.1.2 幂和对数函数

math 模块提供的幂和对数函数如下：

- 对数运算：math.log(a[,base]) 返回以 base 为底的 a 的对数，省略底数 base，是 a 的自然数对数。
- 平方根：math.sqrt(a) 返回 a 的平方根。
- 幂运算：math.pow(a,b) 返回 a 的 b 次幂的值。

在 Python Shell 中运行示例代码如下：

```
>>> import math
>>> math.log(8, 2)
3.0
>>> math.pow(2, 3)
8.0
>>> math.log(8)
2.0794415416798357
>>> math.sqrt(1.6)
1.2649110640673518
```

15.1.3 三角函数

math 模块中提供的三角函数如下：

- math.sin(a)：返回弧度 a 的三角正弦。
- math.cos(a)：返回弧度 a 的三角余弦。
- math.tan(a)：返回弧度 a 的三角正切。
- math.asin(a)：[①] 返回弧度 a 的反正弦。
- math.acos(a)：[①]返回弧度 a 的反余弦。
- math.atan(a)：[①]返回弧度 a 的反正切。

上述函数中 a 参数是弧度。有时需要将弧度转换为角度，或将角度转换为弧度，math 模块中提供了弧度和角度函数。

- math.degrees(a)：将弧度 a 转换为角度。
- math.radians(a)：将角度 a 转换为弧度。

在 Python Shell 中运行示例代码如下：

```
>>> import math
>>> math.degrees(0.5 * math.pi)          ①
90.0
>>> math.radians(180 / math.pi)          ②
1.0
>>> a = math.radians(45 / math.pi)       ③
>>> a
0.25

>>> math.sin(a)
0.24740395925452294
>>> math.asin(math.sin(a))
0.25
```

① 文中的 asin、acos、atan 是软件自动生成的，它们是美式反函数的表达，同中式反函数的表达 arcsin、arccos、arctan 是同样的。

```
>>> math.asin(0.2474)
0.24999591371483254
>>> math.asin(0.24740395925452294)
0.25

>>> math.cos(a)
0.9689124217106447
>>> math.acos(0.9689124217106447)
0.2500000000000002
>>> math.acos(math.cos(a))
0.2500000000000002

>>> math.tan(a)
0.25534192122103627
>>> math.atan(math.tan(a))
0.25
>>> math.atan(0.25534192122103627)
0.25
```

上述代码第①行的 degrees() 函数将弧度转换为角度，其中 math.pi 是数学常量 π。代码第②行的 radians() 函数将角度转换为弧度。代码第③行 math.radians(45 / math.pi) 表达式是将 45 角度转换为 0.25 弧度。

15.2　random 模块

random 模块提供了一些生成随机数函数，相关函数如下：

微课视频

- random.random()：返回在范围大于或等于 0.0，且小于 1.0 内的随机浮点数。
- random.randrange(stop)：返回在范围大于或等于 0，且小于 stop 内，步长为 1 的随机整数。
- random.randrange(start,stop[,step])：返回在范围大于或等于 start，且小于 stop 内，步长为 step 的随机整数。
- random.randint(a,b)：返回在范围大于或等于 a，且小于或等于 b 之间的随机整数。

示例代码如下：

```
# coding=utf-8
# 代码文件：chapter15/ch15.2.py

import random

# 0.0 <= x < 1.0 随机数
print('0.0 <= x < 1.0 随机数')
for i in range(0, 10):
    x = random.random()           ①
    print(x)

# 0 <= x < 5 随机数
print('0 <= x < 5 随机数')
for i in range(0, 10):
    x = random.randrange(5)       ②
    print(x, end=' ')
```

```
# 5 <= x < 10 随机数
print()
print('5 <= x < 10 随机数 ')
for i in range(0, 10):
    x = random.randrange(5, 10)      ③
    print(x, end=' ')

# 5 <= x <= 10 随机数
print()
print('5 <= x <= 10 随机数 ')
for i in range(0, 10):
    x = random.randint(5, 10)        ④
print(x, end=' ')
```

运行结果如下：

```
0.0 <= x < 1.0 随机数
0.14679067744719398                  ⑤
0.5376298257414011
0.35184111423811737
0.5563606040766139
0.16577538496133093
0.05700144637207416
0.37028445782666264
0.5922162613642523
0.9030691129412981
0.4284071290039221                   ⑥
0 <= x < 5 随机数
4 4 4 4 2 1 2 4 0 3                  ⑦
5 <= x < 10 随机数
5 9 9 8 7 6 7 6 5 8                  ⑧
5 <= x <= 10 随机数
10 7 5 10 6 10 9 7 8 6               ⑨
```

上述代码第①行调用了 random() 函数产生 10 个大于或等于 0.0 小于 1.0 的随机浮点数。生成结果见代码第⑤行和第⑥行。

代码第②行调用了 randrange() 函数产生 10 个大于或等于 0 小于 5 的随机整数。生成结果见代码第⑦行。

代码第③行调用了 randrange() 函数产生 10 个大于或等于 5 小于 10 的随机整数。生成结果见代码第⑧行。

代码第④行调用了 randint() 函数产生 10 个大于或等于 5 小于或等于 10 的随机整数。生成结果见代码第⑨行。

15.3 datetime 模块

微课视频

Python 官方提供的日期和时间模块主要有 time 和 datetime 模块。time 偏重于底层平台，模块中大多数函数会调用本地平台上的 C 链接库，因此有些函数运行的结果，在不同的平台上会有所不同。datetime 模块对 time 模块进行了封装，提供了高级 API，因此本章重点介绍 datetime 模块。

datetime 模块中提供了以下几个类。

- datetime：包含时间和日期。
- date：只包含日期。
- time：只包含时间。
- timedelta：计算时间跨度。
- tzinfo：时区信息。

15.3.1 datetime、date 和 time 类

datetime 模块的核心类是 datetime、date 和 time 类，本节介绍如何创建这三种不同类的对象。

1）datetime 类

一个 datetime 对象可以表示日期和时间等信息，创建 datetime 对象可以使用如下构造方法：

```
datetime.datetime(year, month, day, hour=0, minute=0, second=0, microsecond=0, tzinfo=None)
```

其中的 year、month 和 day 三个参数是不能省略的；tzinfo 是时区参数，默认值是 None 表示不指定时区；除了 tzinfo 外，其他的参数全部为合理范围内的整数。这些参数的取值范围如表 15-1 所示，注意如果超出这个范围会抛出 ValueError。

表 15-1 参数取值范围

参　数	取值范围	说　明
year	datetime.MINYEAR ≤ year ≤ datetime.MAXYEAR	datetime.MINYEAR 常量是最小年，datetime.MAXYEAR 常量是最大年
month	1 ≤ month ≤ 12	
day	1 ≤ day ≤ 给定年份和月份时，该月的最大天数	注意闰年二月份是比较特殊的，有 29 天
hour	0 ≤ hour < 24	
minute	0 ≤ minute < 60	
second	0 ≤ second < 60	
microsecond	0 ≤ microsecond < 1000000	

在 Python Shell 中运行示例代码如下：

```
>>> import datetime                                              ①
>>> dt = datetime.datetime(2020, 2, 30)                          ②
Traceback (most recent call last):
  File "<pyshell#3>", line 1, in <module>
    dt = datetime.datetime(2020, 2, 30)
ValueError: day is out of range for month
>>> dt = datetime.datetime(2020, 2, 28, 23, 60, 59, 10000)       ③
Traceback (most recent call last):
  File "<pyshell#5>", line 1, in <module>
    dt = datetime.datetime(2020, 2, 28, 23, 60, 59, 10000)
ValueError: minute must be in 0..59
>>> dt = datetime.datetime(2020, 2, 28, 23, 30, 59, 10000)
>>> dt
datetime.datetime(2020, 2, 28, 23, 30, 59, 10000)
>>>
```

在使用 datetime 时需要导入模块，见代码第①行。代码第②行试图创建 datetime 对象，由于天数 30 超出范围，因此发生 ValueError 异常。代码第③行也会发生 ValueError 异常，因为 minute 参数超出范围。

除了通过构造方法创建并初始化 datetime 对象，还可以通过 datetime 类提供的一些类方法获得 datetime 对象，这些类方法如下：

- datetime.today()：返回当前本地日期和时间。
- datetime.now(tz=None)：返回指定时区的本地当前日期和时间，如果参数 tz 为 None 或未指定，则等同于 today()。
- datetime.utcnow()：返回当前 UTC[①] 日期和时间。
- datetime.fromtimestamp(timestamp,tz=None)：返回与 UNIX 时间戳[②] 对应的本地日期和时间。
- datetime.utcfromtimestamp(timestamp)：返回与 UNIX 时间戳对应的 UTC 日期和时间。

在 Python Shell 中运行示例代码如下：

```
>>> import datetime
>>> datetime.datetime.today()                          ①
datetime.datetime(2020, 4, 2, 12, 13, 43, 500071)
>>> datetime.datetime.now()                            ②
datetime.datetime(2020, 4, 2, 12, 13, 51, 377245)
>>> datetime.datetime.utcnow()                         ③
datetime.datetime(2020, 4, 2, 4, 13, 56, 875638)
>>> datetime.datetime.fromtimestamp(999999999.999)     ④
datetime.datetime(2001, 9, 9, 9, 46, 39, 999000)
>>> datetime.datetime.utcfromtimestamp(999999999.999)  ⑤
datetime.datetime(2001, 9, 9, 1, 46, 39, 999000)
```

从上述代码可见，如果没有指定时区，datetime.now() 和 datetime.today() 是相同的，见代码第①行和第②行。代码第③行中 datetime.utcnow() 与 datetime.today() 相比晚 8 个小时，这是因为 datetime.today() 获取的是本地时间，笔者所在地是北京时间，即东八区，本地时间比 UTC 时间早 8 个小时。代码第④行和第⑤行通过时间戳创建 datetime，从结果可见，同样的时间戳 datetime.fromtimestamp() 比 datetime.utcfromtimestamp() 也是早 8 个小时。

注意： 在 Python 语言中时间戳单位是“秒”，所以它会有小数部分。而其他语言如 Java 单位是“毫秒”，当跨平台计算时间时需要注意这个差别。

2）date 类

一个 date 对象可以表示日期等信息，创建 date 对象可以使用如下构造方法：

```
datetime.date(year, month, day)
```

其中的 year、month 和 day 三个参数是不能省略的，参数应为合理范围内的整数，这些参数的取值范围参考表 15-1，如果超出这个范围会抛出 ValueError。

在 Python Shell 中运行示例代码如下：

```
>>> import datetime
```

① UTC 即协调世界时间，它以原子时为基础，是时刻上尽量接近世界时的一种时间计量系统。UTC 比 GMT 更加精准，它的出现满足了现代社会对于精确计时的需要。GMT 即格林尼治标准时间，格林尼治标准时间是 19 世纪中叶大英帝国的基准时间，同时也是世界基准时间。

② 自 UTC 时间 1970 年 1 月 1 日 00:00:00 以来至现在的总秒数。

```
>>> d = datetime.date(2018, 2, 29)      ①
Traceback (most recent call last):
  File "<pyshell#1>", line 1, in <module>
    d = datetime.date(2018, 2, 29)
ValueError: day is out of range for month
>>> d = datetime.date(2018, 2, 28)
>>> d
datetime.date(2018, 2, 28)
```

在使用 date 时需要导入 datetime 模块。代码第①行试图创建 date 对象，由于 2018 年 2 月只有 28 天，29 超出范围，因此发生 ValueError 异常。

除了通过构造方法创建并初始化 date 对象，还可以通过 date 类提供的一些类方法获得 date 对象。

- date.today()：返回当前本地日期。
- date.fromtimestamp(timestamp)：返回与 UNIX 时间戳对应的本地日期。

在 Python Shell 中运行示例代码如下：

```
>>> import datetime
>>> datetime.date.today()
datetime.date(2020, 4, 2)
>>> datetime.date.fromtimestamp(999999999.999)
datetime.date(2001, 9, 9)
```

3）time 类

一个 time 对象可以表示一天中时间信息，创建 time 对象可以使用如下构造方法：

```
datetime.time(hour=0, minute=0, second=0, microsecond=0, tzinfo=None)
```

所有参数都是可选的，除 tzinfo 外，其他参数应为合理范围内的整数，这些参数的取值范围参考表 15-1，如果超出这个范围会抛出 ValueError。

在 Python Shell 中运行示例代码如下：

```
>>> import datetime
>>> datetime.time(24,59,58,1999)      ①
Traceback (most recent call last):
  File "<pyshell#19>", line 1, in <module>
    datetime.time(24,59,58,1999)
ValueError: hour must be in 0..23
>>> datetime.time(23, 59, 58, 1999)
datetime.time(23, 59, 58, 1999)
```

在使用 time 时需要导入 datetime 模块。代码第①行试图创建 time 对象，由于一天内小时数不能超过 24，因此发生 ValueError 异常。

15.3.2 日期时间计算

如果想知道 10 天之后是哪一天，或想知道 2018 年 1 月 1 日前 5 周是哪一天，就需要使用 timedelta 类了，timedelta 对象用于计算 datetime、date 和 time 对象时间间隔。

timedelta 类构造方法如下：

```
datetime.timedelta(days=0, seconds=0, microseconds=0, milliseconds=0, minutes=0, hours=0,
```

```
weeks=0)
```

所有参数都是可选的，参数可以为整数或浮点数，可以为正数或负数。在 timedelta 内部只保存 days（天）、seconds（秒）和 microseconds（微秒）变量，所以其他参数 milliseconds（毫秒）、minutes（分钟）和 weeks（周）都应换算为 days、seconds 和 microseconds 这三个参数。

在 Python Shell 中运行示例代码如下：

```
>>> import datetime
>>> datetime.date.today()
datetime.date(2020, 4, 2)
>>> d = datetime.date.today()                          ①
>>> delta = datetime.timedelta(10)                     ②
>>> d += delta                                         ③
>>> d
datetime.date(2020, 4, 12)
>>> d = datetime.date(2020, 1, 1)                      ④
>>> delta = datetime.timedelta(weeks = 5)              ⑤
>>> d -= delta                                         ⑥
>>> d
datetime.date(2019, 11, 27)
>>>
```

上述代码第①行是获得当前本地日期；代码第②行是创建 10 天的 timedelta 对象；代码第③行 d+=delta 是当前日期 +10 天；代码第④行是创建 2020 年 1 月 1 日日期对象；代码第⑤行是创建 5 周的 timedelta 对象；代码第⑥行 d-=delta 表示 d 前 5 周的日期。

本例中只演示了日期的计算，使用 timedelta 对象可以精确到微秒，这里不再赘述。

15.3.3 日期时间格式化和解析

无论日期还是时间，当显示在界面上时，都需要进行格式化输出，使它能够符合当地人查看日期和时间的习惯。与日期时间格式化输出相反的操作为日期时间的解析，当用户使用应用程序界面输入日期时，计算机能够读入的是字符串，经过解析这些字符串获得日期时间对象。Python 中日期时间格式化使用 strftime() 方法，datetime、date 和 time 三个类中都有一个实例方法 strftime(format)；而日期时间解析使用 datetime.strptime(date_string,format) 类方法，date 和 time 没有 strptime() 方法。方法 strftime() 和 strptime() 中都有一个格式化参数 format，用来控制日期时间的格式，如表 15-2 所示是常用的日期和时间格式控制符。

表 15-2 常用的日期和时间格式控制符

指　令	含　义	示　例
%m	两位月份表示	01、02、12
%y	两位年份表示	08、18
%Y	四位年份表示	2008、2018
%d	两位表示月内中的一天	01、02、03
%H	两位小时表示（24 小时制）	00、01、23
%I	两位小时表示（12 小时制）	01、02、12
%p	AM 或 PM 区域性设置	AM 和 PM

续表

指　令	含　义	示　例
%M	两位分钟表示	00、01、59
%S	两位秒表示	00、01、59
%f	以 6 为数表示微秒	000000，000001，…，999999
%z	+HHMM 或 –HHMM 形式的 UTC 偏移	+0000、–0400、+1030，如果没有设置时区为空
%Z	时区名称	UTC、EST、CST，如果没有设置时区为空

提示：表 15-2 中的数字都是指十进制数字。控制符会因不同平台有所区别，这是因为 Python 调用了本地平台 C 库的 strftime() 函数而进行了日期和时间格式化。事实上这些控制符是 1989 版 C 语言控制符。表 15-2 只列出了常用的控制符，更多控制符可参考 https://docs.py-thon.org/3/library/datetime.html#strftime-strptime-behavior。

在 Python Shell 中运行示例代码如下：

```
>>> import datetime
>>> d = datetime.datetime.today()
>>> d.strftime('%Y-%m-%d %H:%M:%S')                                ①
'2020-04-02 12:26:24'
>>> d.strftime('%Y-%m-%d')                                         ②
'2020-04-02'

>>> str_date = '2020-02-30 10:40:26'
>>> date = datetime.datetime.strptime(str_date, '%Y-%m-%d %H:%M:%S')  ③
Traceback (most recent call last):
  File "<pyshell#38>", line 1, in <module>
    date = datetime.datetime.strptime(str_date, '%Y-%m-%d %H:%M:%S')
   File "C:\Users\tony\AppData\Local\Programs\Python\Python38-32\lib\_strptime.py", line
568, in _strptime_datetime
    tt, fraction, gmtoff_fraction = _strptime(data_string, format)
   File "C:\Users\tony\AppData\Local\Programs\Python\Python38-32\lib\_strptime.py", line
534, in _strptime
    julian = datetime_date(year, month, day).toordinal() - \
ValueError: day is out of range for month

>>> str_date = '2020-02-29 10:40:26'
>>> date = datetime.datetime.strptime(str_date, '%Y-%m-%d %H:%M:%S')
>>> date
datetime.datetime(2020, 2, 29, 10, 40, 26)

>>> date = datetime.datetime.strptime(str_date, '%Y-%m-%d')        ④
Traceback (most recent call last):
  File "<pyshell#46>", line 1, in <module>
    date = datetime.datetime.strptime(str_date, '%Y-%m-%d')
   File "C:\Users\tony\AppData\Local\Programs\Python\Python38-32\lib\_strptime.py", line
568, in _strptime_datetime
    tt, fraction, gmtoff_fraction = _strptime(data_string, format)
   File "C:\Users\tony\AppData\Local\Programs\Python\Python38-32\lib\_strptime.py", line
```

```
352, in _strptime
        raise ValueError("unconverted data remains: %s" %
    ValueError: unconverted data remains:  10:40:26
```

上述代码第①行对当前日期时间 d 进行格式化，d 包含日期和时间信息，如果只关心其中部分信息，在格式化时可以指定部分控制符，如代码第②行只是设置年月日。

代码第③行试图解析日期时间字符串 str_date，因为 2020 年 2 月没有 30 日，所以解析过程会抛出 ValueError 异常。代码第④行设置的控制符只有年月日（'%Y-%m-%d'），而要解析的字符串 '2020-02-29 10:40:26' 是有时分秒的，所以也会抛出 ValueError 异常。

15.3.4 时区

datetime 和 time 对象只是单纯地表示本地的日期和时间，没有时区信息。如果想带有时区信息，可以使用 timezone 类，它是 tzinfo 的子类，提供了 UTC 偏移时区的实现。timezone 类构造方法如下：

```
datetime.timezone(offset, name=None)
```

其中 offset 是 UTC 偏移量，+8 是东八区，北京在此时区；–5 是西五区，纽约在此时区，0 是零时区，伦敦在此时区。name 参数是时区名字，如 Asia/Beijing，可以省略。

在 Python Shell 中运行示例代码如下：

```
>>> from datetime import datetime, timezone, timedelta                    ①

>>> utc_dt = datetime(2008, 8, 19, 23, 59, 59, tzinfo= timezone.utc)      ②
>>> utc_dt
datetime.datetime(2008, 8, 19, 23, 59, 59, tzinfo=datetime.timezone.utc)
>>> utc_dt.strftime('%Y-%m-%d %H:%M:%S %Z')                               ③
'2008-08-19 23:59:59 UTC'
>>>
>>> utc_dt.strftime('%Y-%m-%d %H:%M:%S %z')                               ④
'2008-08-19 23:59:59 +0000'

>>> bj_tz = timezone(offset = timedelta(hours = 8), name = 'Asia/Beijing')  ⑤
>>> bj_tz
datetime.timezone(datetime.timedelta(0, 28800), 'Asia/Beijing')
>>> bj_dt = utc_dt.astimezone(bj_tz)                                      ⑥
>>> bj_dt
datetime.datetime(2008, 8, 20, 7, 59, 59, tzinfo=datetime.timezone(datetime.timedelta(0,
28800), 'Asia/Beijing'))
>>> bj_dt.strftime('%Y-%m-%d %H:%M:%S %Z')
'2008-08-20 07:59:59 Asia/Beijing'
>>> bj_dt.strftime('%Y-%m-%d %H:%M:%S %z')
'2008-08-20 07:59:59 +0800'

>>> bj_tz = timezone(timedelta(hours = 8))                                ⑦
>>> bj_dt = utc_dt.astimezone(bj_tz)
>>> bj_dt.strftime('%Y-%m-%d %H:%M:%S %z')
'2008-08-20 07:59:59 +0800'
```

上述代码第①行采用 fromimport 语句导入 datetime 模块，并明确指定导入 datetime、timezone 和

timedelta 类，这样在使用时就不必在类前面再加 datetime 模块名了，使用起来比较简洁。如果想导入所有的类可以使用 from datetime import* 语句。

代码第②行创建了 datetime 对象 utc_dt，tzinfo=timezone.utc 表示设置 UTC 时区，相当于 timezone(timedelta(0))。代码第③行和第④行分别格式化输出 utc_dt，它们都分别带有时区控制符。

代码第⑤行创建了 timezone 对象 bj_tz，offset=timedelta(hours=8) 表示设置时区偏移量为东八区，即北京时间。实际参数 Asia/Beijing 是时区名，可以省略，见代码第⑦行。完成时区创建还需要设置具体的 datetime 对象。代码第⑥行 utc_dt.astimezone(bj_tz) 是调整时区，返回值 bj_dt 就变成北京时间了。

15.4 本章小结

通过对本章的学习，读者可以学习到 math 模块、random 模块和 datetime 模块。本章在 math 模块中介绍了舍入函数、幂函数、对数函数和三角函数；random 模块中介绍了 random()、randrange() 和 randint() 函数；datetime 模块中介绍了 datetime、date 和 time 类，以及 timedelta 和 timezone 类。

15.5 同步练习

一、选择题

下列表达式中能够生成大于或等于 0 且小于 10 的整数。(　　)

A. int(random.random() * 10)

B. random.randrange(0, 10, 1)

C. random.randint(0, 10)

D. random.randrange(0, 10)

二、判断题

1. math 模块进行数学运算，如指数、对数、平方根和三角函数等。math 模块中的函数只是整数和浮点，不包括复数，复数计算需要使用 cmath 模块。(　　)

2. 四舍五入函数 round(a) 是 math 模块中定义的。(　　)

3. datetime 模块核心类是 datetime、date 和 time 类，datetime 对象可以表示日期和时间等信息，date 对象可以表示日期等信息，time 对象可以表示一天中时间信息。(　　)

三、填空题

1. 表达式 math.floor(−1.6) 输出的结果是______。

2. 表达式 math.ceil(−1.6) 输出的结果是______。

15.6 动手实践：输入与转换日期

编程题

从控制台输入年、月、日，并将其转换为合法的 date 对象。

第 16 章 正则表达式

正则表达式（Regular Expression，在代码中常简写为 regex、regexp、RE 或 re）是预先定义好的一个“规则字符串”，通过这个“规则字符串”可以匹配、查找和替换那些符合“规则”的文本。

虽然文本的查找和替换功能可通过字符串提供的方法实现，但是实现起来极为困难，而且运算效率也很低。而使用正则表达式实现这些功能会比较简单，而且效率很高，唯一的困难之处在于编写合适的正则表达式。

Python 中正则表达式应用非常广泛，如数据挖掘、数据分析、网络爬虫、输入有效性验证等。Python 也提供了利用正则表达式实现文本的匹配、查找和替换等操作的 re 模块。本章介绍的正则表达式与其他的语言正则表达式是通用的。

16.1 正则表达式中的字符

正则表达式是一种字符串，正则表达式字符串是由普通字符和元字符（Metacharacters）组成的。

1）普通字符

普通字符是按照字符字面意义表示的字符。图 16-1 是验证域名为 zhijieketang.com 的邮箱的正则表达式，其中标号为②的字符（@zhijieketang 和 com）都属于普通字符，这里它们都表示字符本身的字面意义。

2）元字符

元字符是预先定义好的一些特定字符，如图 16-1 所示，其中标号为①的字符（\w+ 和 \.）都属于元字符。

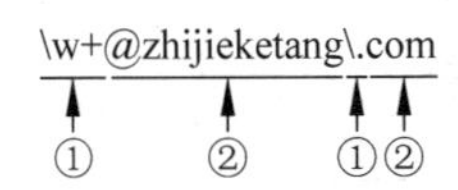

图 16-1 验证域名为 zhijieketang.com 邮箱的正则表达式

16.1.1 元字符

元字符（Metacharacters）是用来描述其他字符的特殊字符，它由基本元字符和普通字符构成。基本元字符是构成元字符的组成要素。基本元字符主要有 14 个，具体如表 16-1 所示。

图 16-1 中“ \w+”是元字符，它由两个基本元字符（“ \”和“ +”）和一个普通字符 w 构成。另外，还有“\.”元字符，它由两个基本元字符“\”和“.”构成。

学习正则表达式某种意义上讲就是在学习元字符的使用，元字符是正则表达式的重点也是难点。下面会分门别类地介绍元字符的具体使用。

表 16-1　基本元字符

字　符	说　明
\	转义符，表示转义
.	表示任意一个字符
+	表示重复一次或多次
*	表示重复零次或多次
?	表示重复零次或一次
|	选择符号，表示“或关系”，例如：A | B 表示匹配 A 或 B
{ }	定义量词
[ ]	定义字符类
( )	定义分组
^	可以表示取反，或匹配一行的开始
$	匹配一行的结束

16.1.2　字符转义

在正则表达式中有时也需要字符转义。例如：“ \w+@zhijieketang\.com ”中的“ \w ”是表示任何语言的单词字符（如英文字母、亚洲文字等）、数字和下画线等内容。其中反斜杠“ \ ”也是基本元字符，与 Python 语言中的字符转义是类似的。

不仅可以对普通字符进行转义，还可以对基本元字符进行转义。例如：基本元字符点“ . ”表示任意一个字符，而转义后的点“ \. ”则是表示“点”的字面意义使用。所以正则表达式“ \w+@zhijieketang\.com ”中的“ \.com ”表示匹配 .com 域名。

16.1.3　开始与结束字符

基本元字符 ^ 和 $，它们可以用于匹配一行字符串的开始和结束。当正则表达式以“ ^ ”开始时，则从字符串的开始位置匹配；当正则表达式以“ $ ”结束时，则从字符串的结束位置匹配。所以正则表达式“ \w+@zhijieketang\.com ”和“ ^\w+@zhijieketang\.com$ ”是不同的。

示例代码如下：

```
# coding=utf-8
# 代码文件：chapter16/ch16.1.3.py


import re                                                          ①

p1 = r'\w+@zhijieketang\.com'   # 或 '\\w+@zhijieketang\\.com'      ②
p2 = r'^\w+@zhijieketang\.com$' # 或 '^\\w+@zhijieketang\\.com$'    ③

text = "Tony's email is tony_guan588@zhijieketang.com."
m = re.search(p1, text)                                            ④
print(m)   # 匹配

m = re.search(p2, text)                                            ⑤
print(m)   # 不匹配
```

```
email = 'tony_guan588@zhijieketang.com'
m = re.search(p2, email)                              ⑥
print(m)  # 匹配
```

输出结果如下：

```
<re.Match object; span=(16, 45), match='tony_guan588@zhijieketang.com'>
None
<re.Match object; span=(0, 29), match='tony_guan588@zhijieketang.com'>
```

上述代码第①行是导入 Python 正则表达式模块 re。代码第②行和第③行定义了两个正则表达式。

提示：由于正则表达式中经常会有反斜杠“\”等特殊字符，如果采用普通字符串表示需要转义，例如：代码第②行和第③行注释中 '\\w+@zhijieketang\\.com' 和 '^\\w+@zhijieketang\\.com$'。如果正则表达式采用 r 表示的原始字符串（rawstring）（见 6.3.1 节）其中字符不需要转义，例如：代码第②行和第③行注释中 r'\w+@zhijieketang\.com' 和 r'^\w+@zhijieketang\.com$'。可见采用原始字符串表示正则表达式比较简单，所以通常正则表达式采用原始字符串表示。

代码第④行通过 search() 函数在字符串 text 中查找匹配 p1 正则表达式，如果找到第一个则返回 match 对象，如果没有找到则返回 None。注意 p1 正则表达式开始和结束没有 ^ 和 $ 符号，所以 re.search(p1, text) 会成功返回 match 对象，见输出结果。

代码第⑤行通过 search() 函数在字符串 text 中查找匹配 p2 正则表达式，由于 p2 正则表达式开始和结束有 ^ 和 $ 符号，匹配时要求 text 字符串开始和结束都要与正则表达式开始和结束匹配。

代码第⑥行中 re.search(p2, email) 的 email 字符串开始和结束都能与正则表达式开始和结束匹配，所以会成功返回 match 对象。

16.2 字符类

微课视频

正则表达式中可以使用字符类（Character class），一个字符类定义一组字符集合，其中的任一字符出现在输入字符串中即匹配成功。注意每次匹配只能匹配字符类中的一个字符。

16.2.1 定义字符类

定义一个普通的字符类需要使用“[”和“]”元字符类。例如想在输入字符串中匹配 Java 或 java，可以使用正则表达式 [Jj]ava。示例代码如下：

```
# coding=utf-8
# 代码文件：chapter16/ch16.2.1.py


import re

p = r'[Jj]ava'

m = re.search(p, 'I like Java and Python.')
print(m)  # 匹配

m = re.search(p, 'I like JAVA and Python.')   ①
print(m)  # 不匹配
```

```
m = re.search(p, 'I like java and Python.')
print(m)  # 匹配
```

输出结果如下：

```
<re.Match object; span=(7, 11), match='Java'>
None
<re.Match object; span=(7, 11), match='java'>
```

上述代码第①行中 JAVA 字符串不匹配正则表达式 [Jj]ava，其他的两个都是匹配的。

提示： 如果想 JAVA 字符串也能匹配，可以使用正则表达式 Java|java|JAVA，其中的“|”是基本元字符，在 16.1.1 节介绍过它，表示“或关系”，即 Java、java 或 JAVA 都可以匹配。

16.2.2　字符类取反

在正则表达式中指定不想出现的字符，可以在字符类前加“^”符号。示例代码如下：

```
# coding=utf-8
# 代码文件：chapter16/ch16.2.2.py


import re

p = r'[^0123456789]' ①

m = re.search(p, '1000')
print(m)  # 不匹配

m = re.search(p, 'Python 3')
print(m)  # 匹配
```

输出结果如下：

```
None
<re.Match object; span=(0, 1), match='P'>
```

上述代码第①行定义正则表达式 [^0123456789]，它表示输入字符串中出现非 0~9 数字即匹配，即出现在 [0123456789] 以外的任意一字符即匹配。

16.2.3　区间

16.2.2 节示例中的 [^0123456789] 正则表达式，事实上有些麻烦，这种连续的数字可以使用区间表示。区间是用连字符“-”表示的，例如 [0123456789] 采用区间表示为 [0-9]，[^0123456789] 采用区间表示为 [^0-9]。区间还可以表示连续的英文字母字符类，例如 [a-z] 表示所有小写字母字符类，[A-Z] 表示所有大写字母字符类。

另外，也可以表示多个不同区间，[A-Za-z0-9] 表示所有字母和数字字符类，[0-25-7] 表示 0、1、2、5、6、7 几个字符组成的字符类。

示例代码如下：

```
# coding=utf-8
# 代码文件：chapter16/ch16.2.3.py


import re

m = re.search(r'[A-Za-z0-9]', 'A10.3')
print(m)  # 匹配

m = re.search(r'[0-25-7]', 'A3489C')
print(m)  # 不匹配
```

输出结果如下：

```
<re.Match object; span=(0, 1), match='A'>
None
```

16.2.4 预定义字符类

有些字符类很常用，例如 [0-9] 等。为了书写方便，正则表达式提供了预定义的字符类，例如预定义字符类 \d 等价于 [0-9] 字符类，预定义字符类如表 16-2 所示。

表 16-2 预定义字符类

字 符	说 明
.	匹配任意一个字符
\\	匹配反斜杠 \ 字符
\n	匹配换行
\r	匹配回车
\f	匹配一个换页符
\t	匹配一个水平制表符
\v	匹配一个垂直制表符
\s	匹配一个空格符，等价于 [\t\n\r\f\v]
\S	匹配一个非空格符，等价于 [^\s]
\d	匹配一个数字字符，等价于 [0-9]
\D	匹配一个非数字字符，等价于 [^0-9]
\w	匹配任何语言的单词字符（如英文字母、亚洲文字等）、数字和下画线“_”等字符，如果正则表达式编译标志设置为 ASCII，则只匹配 [a-zA-Z0-9_]
\W	等价于 [^\w]

示例代码如下：

```
# coding=utf-8
# 代码文件：chapter16/ch16.2.4.py

import re

# p = r'[^0123456789]'
```

```
p = r'\D'                          ①

m = re.search(p, '1000')
print(m)   # 不匹配

m = re.search(p, 'Python 3')
print(m)   # 匹配

text = '你们好 Hello'
m = re.search(r'\w', text)         ②
print(m)   # 匹配
```

输出结果如下：

```
None
<re.Match object; span=(0, 1), match='P'>
<re.Match object; span=(0, 1), match='你'>
```

上述代码第①行使用正则表达式 \D 替代 [^0123456789]。代码第②行通过正则表达式 \w 在 text 字符串中查找匹配字符，找到的结果是'你'字符，\w 默认是匹配任何语言的字符，所以找到'你'字符。

16.3　量词

在此之前学习的正则表达式元字符只能匹配显示一次字符或字符串，如果想匹配显示多次字符或字符串可以使用量词。

16.3.1　使用量词

量词表示字符或字符串重复的次数，正则表达式中的量词如表 16-3 所示。

表 16-3　量词

字　符	说　明
?	出现零次或一次
*	出现零次或多次
+	出现一次或多次
{n}	出现 n 次
{n,m}	至少出现 n 次但不超过 m 次
{n,}	至少出现 n 次

使用量词示例代码如下：

```
# coding=utf-8
# 代码文件：chapter16/ch16.3.1.py

import re

m = re.search(r'\d?', '87654321')   # 出现数字一次
print(m)   # 匹配字符'8'
```

```
m = re.search(r'\d?', 'ABC')  # 出现数字零次
print(m)  # 匹配字符 ''

m = re.search(r'\d*', '87654321')  # 出现数字多次
print(m)  # 匹配字符 '87654321'

m = re.search(r'\d*', 'ABC')  # 出现数字零次
print(m)  # 匹配字符 ''

m = re.search(r'\d+', '87654321')  # 出现数字多次
print(m)  # 匹配字符 '87654321'

m = re.search(r'\d+', 'ABC')
print(m)  # 不匹配

m = re.search(r'\d{8}', '87654321')  # 出现数字 8 次
print(m)  # 匹配字符 '87654321'

m = re.search(r'\d{8}', 'ABC')
print(m)  # 不匹配

m = re.search(r'\d{7,8}', '87654321')  # 出现数字 8 次
print(m)  # 匹配字符 '87654321'

m = re.search(r'\d{9,}', '87654321')
print(m)  # 不匹配
```

输出结果如下：

```
<re.Match object; span=(0, 1), match='8'>
<re.Match object; span=(0, 0), match=''>
<re.Match object; span=(0, 8), match='87654321'>
<re.Match object; span=(0, 0), match=''>
<re.Match object; span=(0, 8), match='87654321'>
None
8765432 <re.Match object; span=(0, 8), match='87654321'>
None
<re.Match object; span=(0, 8), match='87654321'>
None
```

16.3.2 贪婪量词和懒惰量词

量词还可以细分为贪婪量词和懒惰量词，贪婪量词会尽可能多地匹配字符，懒惰量词会尽可能少地匹配字符。Python 中的正则表达式量词默认是贪婪的，要想使用懒惰量词在量词后面加“?”即可。

示例代码如下：

```
# coding=utf-8
# 代码文件：chapter16/ch16.3.2.py

import re

# 使用贪婪量词
```

```
m = re.search(r'\d{5,8}', '87654321')  # 出现数字 8 次     ①
print(m)  # 匹配字符 '87654321'

# 使用惰性量词
m = re.search(r'\d{5,8}?', '87654321')  # 出现数字 5 次    ②
print(m)  # 匹配字符 '87654'
```

输出结果如下：

```
<re.Match object; span=(0, 8), match='87654321'>
<re.Match object; span=(0, 5), match='87654'>
```

上述代码第①行使用了贪婪量词 {5,8}，输入字符串 '87654321' 是长度为 8 位的数字字符串，尽可能多地匹配字符结果是 '87654321'。代码第②行使用惰性量词 {5,8}?，输入字符串 '87654321' 是长度为 8 位的数字字符串，尽可能少地匹配字符结果是 '87654'。

16.4　分组

在此之前学习的量词只能重复显示一个字符，如果想让一个字符串作为整体使用量词，则需要对整体字符串进行分组，也称子表达式。

微课视频

16.4.1　定义分组

定义正则表达式分组，则需要将字符串放到一对小括号中。示例代码如下：

```
# coding=utf-8
# 代码文件：chapter16/ch16.4.1.py

import re

p = r'(121){2}'                                          ①
m = re.search(p, '121121abcabc')
print(m)  # 匹配
print(m.group())  # 返回匹配字符串                       ②
print(m.group(1))  # 获得第一组内容                      ③

p = r'(\d{3,4})-(\d{7,8})'                               ④
m = re.search(p, '010-87654321')
print(m)  # 匹配
print(m.group())  # 返回匹配字符串
print(m.groups())  # 获得所有组内容                      ⑤
```

输出结果如下：

```
<re.Match object; span=(0, 6), match='121121'>
121121
121
<re.Match object; span=(0, 12), match='010-87654321'>
010-87654321
('010', '87654321')
```

上述代码第①行正则表达式中 (121) 是将 121 字符串分为一组，(121){2} 表示对 121 字符串重复两次，即 121121。代码第②行调用 match 对象的 group() 方法返回匹配的字符串，group() 方法语法如下：

```
match.group([group1, ...])
```

其中参数 group1 是组编号，在正则表达式中组编号是从 1 开始的，所以代码第③行的表达式 m.group(1) 表示返回第一个组内容。

代码第④行定义的正则表达式可以用来验证固定电话号码，在“-”之前是 3、4 位的区号，“-”之后是 7、8 位的电话号码，在该正则表达式中有两个分组。代码第⑤行是 match 对象的 groups() 方法返回所有分组，返回值是一个元组。

16.4.2 命名分组

在 Python 程序中访问分组时，除了可以通过组编号进行访问，还可以通过组名进行访问，前提是要在正则表达式中为组命名。组命名通过在组开头添加“?P<组名>”实现。

示例代码如下：

```
# coding=utf-8
# 代码文件：chapter16/ch16.4.2.py

import re

p = r'(?P<area_code>\d{3,4})-(?P<phone_code>\d{7,8})'  ①
m = re.search(p, '010-87654321')
print(m)  # 匹配
print(m.group())  # 返回匹配字符串
print(m.groups())  # 获得所有组内容

# 通过组编号返回组内容
print(m.group(1))
print(m.group(2))

# 通过组名返回组内容
print(m.group('area_code'))                    ②
print(m.group('phone_code'))                   ③
```

输出结果如下：

```
<re.Match object; span=(0, 12), match='010-87654321'>
010-87654321
('010', '87654321')
010
87654321
010
87654321
```

上述代码第①行正则表达式与 16.4.1 节正则表达式是一样的，只是对其中的两个组进行了命名，即 area_code 和 phone_code。当在程序中访问这些带有名字的组时，可以通过组编号或组名字访问，代码第②行和第③行通过组名字访问组内容。

16.4.3 反向引用分组

除了可以在程序代码中访问正则表达式匹配之后的分组内容，还可以在正则表达式内部访问之前的分组，称为“反向引用分组”。

正则表达式中反向引用语法是“\ 组编号”，组编号是从 1 开始的。如果组有名字，也可以组名反向引用，语法是“(?P= 组名)”。

下面通过示例熟悉一下反向引用分组。假设由于工作需要想解析一段 XML 代码，需要找到某一个开始标签和结束标签，那么编写如下代码：

```
# coding=utf-8
# 代码文件：chapter16/ch16.4.3-1.py

import re

p = r'<([\w]+)>.*</([\w]+)>'                                    ①

m = re.search(p, '<a>abc</a>')                                  ②
print(m)   # 匹配

m = re.search(p, '<a>abc</b>')                                  ③
print(m)   # 匹配
```

输出结果如下：

```
<re.Match object; span=(0, 10), match='<a>abc</a>'>
<re.Match object; span=(0, 10), match='<a>abc</b>'>
```

上述代码第①行定义的正则表达式分成了两组，两组内容完全一样。代码第②行和第③行经过测试，结果发现它们都是匹配的。<a>abc</b> 不是有效的 XML 代码，因为开始标签和结束标签应该是一致的。可见代码第①行的正则表达式不能保证开始标签和结束标签是一致的，它不能保证两个组保持一致。为了解决此问题，可以使用反向引用，即让第二组反向引用第一组。

修改上面的示例：

```
# coding=utf-8
# 代码文件：chapter16/ch16.4.3-2.py

import re

# p = r'<([\w]+)>.*</\1>'   # 使用组编号反向引用                  ①
p = r"<(?P<tag>[\w]+)>.*</(?P=tag)>"   # 使用组名反向引用         ②

m = re.search(p, '<a>abc</a>')
print(m)   # 匹配

m = re.search(p, '<a>abc</b>')
print(m)   # 不匹配
```

输出结果如下：

```
<re.Match object; span=(0, 10), match='<a>abc</a>'>
None
```

上述代码第①行正则表达式使用组编号反向引用，其中“\1”是反向引用第一个组。代码第②行正则表达式使用组名反向引用，其中“?P<tag>”命名组名为“tag”，(?P=tag) 是通过组名反向引用。从运行结果可见这两个正则表达式都可以匹配 <a>abc</a> 字符串，而不匹配 <a>abc</b> 字符串。

16.4.4 非捕获分组

前面介绍的分组称为“捕获分组”。捕获分组的匹配结果被暂时保存到内存中，以备正则表达式或其他程序引用，这个过程称为“捕获”，捕获结果可以通过组编号或组名进行引用。能够反向引用分组就是因为分组是捕获的。

捕获分组的匹配结果被暂时保存到内存中，如果正则表达式比较复杂，要处理的文本有很多，更可能严重影响性能。所以当使用分组，但又不需要引用分组时，可使用“非捕获分组”，在组开头使用“?:”可以实现非捕获分组。

16.4.1 节示例中使用了捕获分组，采用非捕获分组也是可以满足大家需求。修改 16.4.1 节示例代码如下：

```
# coding=utf-8
# 代码文件：chapter16/ch16.4.4.py

import re

p = r'(?:121){2}'                                    ①
m = re.search(p, '121121abcabc')
print(m)  # 匹配
print(m.group())  # 返回匹配字符串
# print(m.group(1))  # 试图获得第一组内容发生错误    ②

p = r'(?:\d{3,4})-(?:\d{7,8})'                       ③
m = re.search(p, '010-87654321')
print(m)  # 匹配
print(m.group())  # 返回匹配字符串
print(m.groups())  # 获得所有组内容                  ④
```

输出结果如下：

```
<re.Match object; span=(0, 6), match='121121'>
121121
<re.Match object; span=(0, 12), match='010-87654321'>
010-87654321
()
```

上述代码第①行和第③行采用非捕获分组的正则表达式。与 16.4.1 节示例一样都可用匹配相同的字符串。需要注意使用非捕获分组不会匹配组内容，所以代码第②行试图获得第一组内容发生错误。另外，代码第④行 m.groups() 方法获得所有组内容结果也是空的。

16.5 re 模块中重要函数

微课视频

re 是 Python 内置的正则表达式模块，前面虽然已经使用过 re 模块中的一些函数，但还有很多重要函数没有详细介绍，本节将详细介绍这些函数。

16.5.1 search() 和 match() 函数

search() 和 match() 函数非常相似，它们的区别如下：

• search()：在输入字符串中查找，返回第一个匹配内容，如果找到一个则 match 对象，如果没有找到返回 None。
- match()：在输入字符串开始处查找匹配内容，如果找到一个则 match 对象，如果没有找到返回 None。

示例代码如下：

```
# coding=utf-8
# 代码文件：chapter16/ch16.5.1.py

import re

p = r'\w+@zhijieketang\.com'

text = "Tony's email is tony_guan588@zhijieketang.com."   ①
m = re.search(p, text)
print(m)   # 匹配

m = re.match(p, text)
print(m)   # 不匹配

email = 'tony_guan588@zhijieketang.com'                   ②
m = re.search(p, email)
print(m)   # 匹配

m = re.match(p, email)
print(m)   # 匹配

# match 对象几个方法
print('match 对象几个方法：')                              ③
print(m.group())
print(m.start())
print(m.end())
print(m.span())
```

输出结果如下：

```
<re.Match object; span=(16, 45), match='tony_guan588@zhijieketang.com'>
None
<re.Match object; span=(0, 29), match='tony_guan588@zhijieketang.com'>
<re.Match object; span=(0, 29), match='tony_guan588@zhijieketang.com'>
match 对象几个方法：
tony_guan588@zhijieketang.com
0
29
(0, 29)
```

上述代码第①行输入字符串开头不是 email，search() 函数可以匹配成功，而 match() 函数却匹配失败。代码第②行输入字符串开头就是 email，所以 search() 和 match() 函数都可匹配成功。search() 和 match() 函数如果匹配成功都返回 match 对象。match 对象有一些常用方法，见代码第③行。其中 group() 方法返回匹配的子字符串；start() 方法返回子字符串的开始索引；end() 方法返回子字符串的结束索引；span() 方法返回子字符串的跨度，它是一个二元素的元组。

16.5.2 findall() 和 finditer() 函数

findall() 和 finditer() 函数非常相似，它们的区别如下：

- findall()：在输入字符串中查找所有匹配内容，如果匹配成功，则返回 match 列表对象，如果匹配失败则返回 None。
- finditer()：在输入字符串中查找所有匹配内容，如果匹配成功，则返回容纳 match 的可迭代对象，通过迭代对象每次可以返回一个 match 对象，如果匹配失败则返回 None。

示例代码如下：

```
# coding=utf-8
# 代码文件：chapter16/ch16.5.2.py

import re

p = r'[Jj]ava'
text = 'I like Java and java.'

match_list = re.findall(p, text)        ①
print(match_list)

match_iter = re.finditer(p, text)       ②
for m in match_iter:                    ③
    print(m.group())
```

输出结果如下：

```
['Java', 'java']
Java
java
```

上述代码第①行的 findall() 函数返回 match 列表对象。代码第②行的 finditer() 函数返回可迭代对象。代码第③行通过 for 循环遍历可迭代对象。

16.5.3 字符串分割

字符串分割使用 split() 函数，该函数按照匹配的子字符串进行字符串分割，返回字符串列表对象，split() 函数语法如下：

```
re.split(pattern, string, maxsplit=0, flags=0)
```

其中参数 pattern 是正则表达式；参数 string 是要分割的字符串；参数 maxsplit 是最大分割次数，maxsplit 默认值为零，表示分割次数没有限制；参数 flags 是编译标志，有关编译标志会在 16.6 节介绍。

示例代码如下：

```
# coding=utf-8
# 代码文件：chapter16/ch16.5.3.py

import re

p = r'\d+'
```

```
text = 'AB12CD34EF'

clist = re.split(p, text)                    ①
print(clist)

clist = re.split(p, text, maxsplit=1)        ②
print(clist)

clist = re.split(p, text, maxsplit=2)        ③
print(clist)
```

输出结果如下：

```
['AB', 'CD', 'EF']
['AB', 'CD34EF']
['AB', 'CD', 'EF']
```

上述代码调用 split() 函数通过数字对 'AB12CD34EF' 字符串进行分割，\d+ 正则表达式匹配一到多个数字。代码第①行 split() 函数中参数 maxsplit 和 flags 是默认的，分割的次数没有限制，分割结果是 ['AB', 'CD', 'EF'] 列表。

代码第②行 split() 函数指定 maxsplit 为 1，分割结果是 ['AB', 'CD34EF'] 列表，列表元素的个数是 maxsplit+1。

代码第③行 split() 函数指定 maxsplit 为 2，2 是最大可能的分割次数，因此 maxsplit >= 2 与 maxsplit = 0 是一样的。

16.5.4　字符串替换

字符串替换使用 sub() 函数，该函数用于替换匹配的子字符串，返回值是替换之后的字符串，sub() 函数语法如下：

```
re.sub(pattern, repl, string, count=0, flags=0)
```

其中参数 pattern 是正则表达式；参数 repl 是替换字符串；参数 string 是要提供的字符串；参数 count 是要替换的最大数量，默认值为零，表示替换数量没有限制；参数 flags 是编译标志，有关编译标志会在 16.6 节介绍。

示例代码如下：

```
# coding=utf-8
# 代码文件：chapter16/ch16.5.4.py

import re

p = r'\d+'
text = 'AB12CD34EF'

repace_text = re.sub(p, ' ', text)             ①
print(repace_text)

repace_text = re.sub(p, ' ', text, count=1)    ②
print(repace_text)
```

```
repace_text = re.sub(p, ' ', text, count=2) ③
print(repace_text)
```

输出结果如下：

```
AB CD EF
AB CD34EF
AB CD EF
```

上述代码调用 sub() 函数替换 'AB12CD34EF' 字符串中的数字。代码第①行 sub() 函数中参数 count 和 flags 都是默认的，替换的最大数量没有限制，替换结果是 ABCDEF。

代码第②行 sub() 函数指定 count 为 1，替换结果是 ABCD34EF。

代码第③行 sub() 函数指定 count 为 2，2 是最大可能的替换次数，因此 count>=2 与 count=0 是一样的。

16.6 编译正则表达式

微课视频

到此为止，所介绍的 Python 正则表达式内容足可以开发实际项目了。但是为了提高效率，还可以对 Python 正则表达式进行编译。编译的正则表达式可以重复使用，这样能减少正则表达式的解析和验证，提高效率。

在 re 模块中的 compile() 函数可以编译正则表达式，compile() 函数语法如下：

```
re.compile(pattern[, flags=0])
```

其中参数 pattern 是正则表达式，参数 flags 是编译标志。compile() 函数返回一个编译的正则表达式对象 regex。

16.6.1 已编译正则表达式对象

compile() 函数返回一个编译的正则表达式对象，该对象也提供了文本的匹配、查找和替换等操作的方法，这些方法与 16.5 节介绍的 re 模块函数功能类似。表 16-4 是已编译正则表达式对象方法与 re 模块函数对照。

表 16-4 已编译正则表达式对象方法与 re 模块函数对照

常用函数	已编译正则表达式对象方法	re 模块函数
search()	regex.search(string[, pos[, endpos]])	re.search(pattern, string, flags=0)
match()	regex.match(string[, pos[, endpos]])	re.match(pattern, string, flags=0)
findall()	regex.findall(string[, pos[, endpos]])	re.findall(pattern, string, flags=0)
finditer()	regex.finditer(string[, pos[, endpos]])	re.finditer(pattern, string, flags=0)
sub()	regex.sub(repl, string, count=0)	re.sub(pattern, repl, string, count=0, flags=0)
split()	regex.split(string, maxsplit=0)	re.split(pattern, string, maxsplit=0, flags=0)

正则表达式方法需要一个已编译的正则表达式对象才能调用，这些方法与 re 模块函数功能类似，这里不再一一赘述。注意方法 search()、match()、findall() 和 finditer() 中的参数 pos 为开始查找的索引，参

数 endpos 为结束查找的索引。

示例代码如下：

```
# coding=utf-8
# 代码文件：chapter16/ch16.6.1.py

import re

p = r'\w+@zhijieketang\.com'
regex = re.compile(p)          ①

text = "Tony's email is tony_guan588@zhijieketang.com."
m = regex.search(text)
print(m)   # 匹配

m = regex.match(text)
print(m)   # 不匹配

p = r'[Jj]ava'
regex = re.compile(p)          ②
text = 'I like Java and java.'

match_list = regex.findall(text)
print(match_list)  # 匹配

match_iter = regex.finditer(text)
for m in match_iter:
    print(m.group())

p = r'\d+'
regex = re.compile(p)          ③
text = 'AB12CD34EF'

clist = regex.split(text)
print(clist)

repace_text = regex.sub(' ', text)
print(repace_text)
```

输出结果如下：

```
<re.Match object; span=(16, 45), match='tony_guan588@zhijieketang.com'>
None
['Java', 'java']
Java
java
['AB', 'CD', 'EF']
AB CD EF
```

上述代码第①行、第②行和第③行都是编译正则表达式，然后通过已编译的正则表达式对象 regex 调用方法实现文本匹配、查找和替换等操作。这些方法与 re 模块函数类似，这里不再赘述。

16.6.2 编译标志

compile() 函数编译正则表达式对象时，还可以设置编译标志。编译标志可以改变正则表达式引擎行为。本节详细介绍几个常用的编译标志。

1）ASCII 和 Unicode

在表 16.2 中介绍过预定义字符类 \w 和 \W，其中 \w 匹配单词字符，在 Python 2 中是 ASCII 编码，在 Python 3 中则是 Unicode 编码，所以包含任何语言的单词字符。可以通过编译标志 re.ASCII（或 re.A）设置采用 ASCII 编码，通过编译标志 re.UNICODE（或 re.U）设置采用 Unicode 编码。

示例代码如下：

```
# coding=utf-8
# 代码文件：chapter16/ch16.6.2-1.py

import re

text = '你们好 Hello'

p = r'\w+'
regex = re.compile(p, re.U)          ①

m = regex.search(text)               ②
print(m)   # 匹配

m = regex.match(text)                ③
print(m)   # 匹配

regex = re.compile(p, re.A)          ④

m = regex.search(text)               ⑤
print(m)   # 匹配

m = regex.match(text)                ⑥
print(m)   # 不匹配
```

输出结果如下：

```
<re.Match object; span=(0, 8), match='你们好 Hello'>
<re.Match object; span=(0, 8), match='你们好 Hello'>
<re.Match object; span=(3, 8), match='Hello'>
None
```

上述代码第①行设置编译标志为 Unicode 编码，代码第②行用 search() 方法匹配“你们好 Hello”字符串，代码第③行的 match() 方法也可匹配“你们好 Hello”字符串。代码第④行设置编译标志为 ASCII 编码，代码第⑤行用 search() 方法匹配“Hello”字符串，而代码第⑥行的 match() 方法不可匹配。

2）忽略大小写

默认情况下正则表达式引擎对大小写是敏感的，但有时在匹配过程中需要忽略大小写，可以通过编译标志 re.IGNORECASE（或 re.I）实现。

示例代码如下：

```
# coding=utf-8
# 代码文件：chapter16/ch16.6.2-2.py

import re

p = r'(java).*(python)'                  ①
regex = re.compile(p, re.I)              ②

m = regex.search('I like Java and Python.')
print(m)  # 匹配

m = regex.search('I like JAVA and Python.')
print(m)  # 匹配

m = regex.search('I like java and Python.')
print(m)  # 匹配
```

输出结果如下：

```
<re.Match object; span=(7, 22), match='Java and Python'>
<re.Match object; span=(7, 22), match='JAVA and Python'>
<re.Match object; span=(7, 22), match='java and Python'>
```

上述代码第①行定义了正则表达式。代码第②行是编译正则表达式，设置编译参数 re.I 忽略大小写。由于忽略了大小写，代码中三个 search() 方法都能找到匹配的字符串。

3）点元字符匹配换行符

默认情况下正则表达式引擎中点“.”元字符可以匹配除换行符外的任何字符，但是有时需要点“.”元字符也能匹配换行符，这可以通过编译标志 re.DOTALL（或 re.S）实现。

示例代码如下：

```
# coding=utf-8
# 代码文件：chapter16/ch16.6.2-3.py

import re

p = r'.+'
regex = re.compile(p)                    ①

m = regex.search('Hello\nWorld.')        ②
print(m)  # 匹配

regex = re.compile(p, re.DOTALL)         ③

m = regex.search('Hello\nWorld.')        ④
print(m)  # 匹配
```

输出结果如下：

```
<re.Match object; span=(0, 5), match='Hello'>
<re.Match object; span=(0, 12), match='Hello\nWorld.'>
```

上述代码第①行编译正则表达式时没有设置编译标志。代码第②行匹配结果是 'Hello' 字符串，因为正则表达式引擎遇到换行符“\n”时，认为它是不匹配的，就停止查找。而代码第③行编译了正则表达式，并设置编译标志 re.DOTALL。代码第④行匹配结果是 'Hello\nWorld.' 字符串，因为正则表达式引擎遇到换行符“\n”时认为它是匹配的，会继续查找。

4）多行模式

编译标志 re.MULTILINE（或 re.M）可以设置为多行模式，多行模式对于元字符 ^ 和 $ 行为会产生影响。默认情况下 ^ 和 $ 匹配字符串的开始和结束，而在多行模式下 ^ 和 $ 匹配任意一行的开始和结束。

示例代码如下：

```
# coding=utf-8
# 代码文件：chapter16/ch16.6.2-4.py

import re

p = r'^World'                          ①
regex = re.compile(p)                  ②

m = regex.search('Hello\nWorld.')      ③
print(m)  # 不匹配

regex = re.compile(p, re.M)            ④

m = regex.search('Hello\nWorld.')      ⑤
print(m)  # 匹配
```

输出结果如下：

```
None
<re.Match object; span=(6, 11), match='World'>
```

上述代码第①行定义了正则表达式 ^World，即匹配 World 开头的字符串。代码第②行进行编译时并没有设置多行模式，所以代码第③行 'Hello\nWorld.' 字符串是不匹配的，虽然 'Hello\nWorld.' 字符串事实上是两行，但默认情况 ^World 只匹配字符串的开始。

代码第④行重新编译了正则表达式，此时设置了编译标志 re.M，开启多行模式。在多行模式下 ^ 和 $ 匹配字符串任意一行的开始和结束，所以代码第⑤行会匹配 World 字符串。

5）详细模式

编译标志 re.VERBOSE（或 re.X）可以设置详细模式，详细模式下可以在正则表达式中添加注释，可以有空格和换行，这样编写的正则表达式非常便于阅读。

示例代码如下：

```
# coding=utf-8
# 代码文件：chapter16/ch16.6.2-5.py

import re

p = """(java)       # 匹配 java 字符串
        .*          # 匹配任意字符零或多个
        (python)    # 匹配 python 字符串
    """                                ①
```

```
regex = re.compile(p, re.I | re.VERBOSE) ②

m = regex.search('I like Java and Python.')
print(m)  # 匹配

m = regex.search('I like JAVA and Python.')
print(m)  # 匹配

m = regex.search('I like java and Python.')
print(m)  # 匹配
```

上述代码第①行定义的正则表达式原本是 (java).*(python)，现在写成多行表示，其中还有注释和空格等内容。如果没有设置详细模式，这样的正则表达式会抛出异常。由于正则表达式中包含了换行等符号，所以需要使用双重单引号或三重双引号括起来，而不是使用原始字符串。

代码第②行编译正则表达式时，设置了两个编译标志 re.I 和 re.VERBOSE，当需要设置多编译标志时，编译标志之间需要位或运算符“|”。

16.7 本章小结

通过对本章的学习，读者可以熟悉 Python 中的正则表达式，正则表达式中理解各种元字符是学习的难点和重点。本章后续介绍 Python 正则表达式 re 模块，读者需要重点掌握 search()、match()、findall()、finditer()、sub() 和 split() 函数。在最后还介绍了编译正则表达式，读者需要了解编译对象的方法和编译标志。

16.8 同步练习

一、选择题

1. 单词字符编码的设置编译标志有哪些？（　　）

A. re.ASCII　　B. re.A

C. re.UNICODE　　D. re.U

2. 忽略大小写的设置编译标志有哪些？（　　）

A. re.U　　B. re.I

C. re.IGNORECASE　　D. re.S

E. re.M　　F. re.X

二、简述题

1. 简述正则表达式的元字符。
2. 简述正则表达式的预定义字符类。
3. 简述正则表达式的量词表示方式。
4. 简述正则表达式的分组。

16.9 动手实践：找出 HTML 中的图片

编程题

编写正则表达式，在 HTML 字符串中查找“http://”开通且 .png 或 .jpg 结尾的字符串。

第 17 章

文件操作与管理

程序经常需要访问文件和目录，读取文件信息或写入信息到文件，在 Python 语言中对文件的读写是通过文件对象（file object）实现的。Python 的文件对象也称为类似文件对象（file-like object）或流（stream），文件对象可以是实际的磁盘文件，也可以是其他存储或通信设备，如内存缓冲区、网络、键盘和控制台等。那么为什么称为类似文件对象呢？是因为 Python 提供一种类似于文件操作的 API（如 read() 方法、write() 方法）实现对底层资源的访问。

本章先介绍通过文件对象操作文件，然后再介绍文件与目录的管理。

17.1 文件操作

微课视频

文件操作主要包括对文件内容的读写操作，这些操作是通过文件对象实现的，通过文件对象可以读写文本文件和二进制文件。

17.1.1 打开文件

文件对象可以通过 open() 函数获得。open() 函数是 Python 内置函数，它屏蔽了创建文件对象的细节，使得创建文件对象变得简单。open() 函数语法如下：

```
open(file, mode='r', buffering=-1, encoding=None, errors=None, newline=None, closefd=True, opener=None)
```

open() 函数共有 8 个参数，其中参数 file 和 mode 是最为常用的，其他的参数一般情况下很少使用，下面分别说明这些参数的含义。

1）file 参数

file 参数是要打开的文件，可以是字符串或整数。如果 file 是字符串表示文件名，文件名可以是相对当前目录的路径，也可以是绝对路径；如果 file 是整数表示文件描述符，文件描述符指向一个已经打开的文件。

2）mode 参数

mode 参数用来设置文件打开模式。文件打开模式用字符串表示，最基本的文件打开模式如表 17-1 所示。

表 17-1　文件打开模式

字 符 串	说　明
r	只读模式打开（默认）
w	写入模式打开文件，会覆盖已经存在的文件

续表

字　符　串	说　　明
x	独占创建模式，如果文件不存在则创建并以写入模式打开，如果文件已存在则抛出异常 FileExistsError
a	追加模式，如果文件存在，写入内容追加到文件末尾
b	二进制模式
t	文本模式（默认）
+	更新模式

表 17-1 中 b 和 t 是文件类型模式，如果是二进制文件需要设置 rb、wb、xb、ab，如果是文本文件需要设置 rt、wt、xt、at，由于 t 是默认模式，所以可以省略为 r、w、x、a。

+ 必须与 r、w、x 或 a 组合使用来设置文件为读写模式，对于文本文件可以使用 r+、w+、x+ 或 a+，对于二进制文件可以使用 rb+、wb+、xb+ 或 ab+。

注意： r+、w+ 和 a+ 的区别：r+ 打开文件时如果文件不存在则抛出异常；w+ 打开文件时如果文件不存在则创建文件，文件存在则清除文件内容；a+ 类似于 w+，打开文件时如果文件不存在则创建文件，文件存在则在文件末尾追加。

3）buffering 参数

buffering 是设置缓冲区策略，默认值为 –1，当 buffering=–1 时系统会自动设置缓冲区，通常是 4096 字节或 8192 字节；当 buffering=0 时关闭缓冲区，关闭缓冲区时数据直接写入文件中，这种模式主要应用于二进制文件的写入操作；当 buffering>0 时，buffering 用来设置缓冲区字节大小。

提示： 使用缓冲区是为了提高效率减少 IO 操作，文件数据首先放到缓冲区中，当文件关闭或刷新缓冲区时，数据才真正写入文件中。

4）encoding 和 errors 参数

encoding 用来指定打开文件时的文件编码，主要用于文本文件的打开。errors 参数用来指定编码发生错误时如何处理。

5）newline 参数

newline 用来设置换行模式。

6）closefd 和 opener 参数

这两个参数在 file 参数为文件描述符时使用。closefd 为 True 时，文件对象调用 close() 方法关闭文件，同时也会关闭文件描述符；closefd 为 False 时，文件对象调用 close() 方法关闭文件，但文件描述符不会关闭。opener 参数用于打开文件时执行的一些加工操作，opener 参数执行一个函数，该函数返回一个文件描述符。

提示： 文件描述符是一个整数值，它对应到当前程序已经打开的一个文件。例如标准输入文件描述符是 0，标准输出文件描述符是 1，标准错误文件描述符是 2，打开其他文件的文件描述依次是 3、4、5 等数字。

示例代码如下：

```
# coding=utf-8
# 代码文件：chapter17/ch17.1.1.py
```

```
f = open('test.txt', 'w+')                                    ①
f.write('World')

f = open('test.txt', 'r+')                                    ②
f.write('Hello')

f = open('test.txt', 'a')                                     ③
f.write(' ')

fname = r'C:\Users\tony\OneDrive\代码\chapter17\test.txt'     ④
f = open(fname, 'a+')                                         ⑤
f.write('World')
```

运行上述代码会创建一个 test.txt 文件，文件内容是 Hello World。代码第①行通过 w+ 模式打开文件 test.txt，由于文件 test.txt 不存在所以会创建 test.txt 文件。代码第②行通过 r+ 模式打开文件 test.txt，由于在此前已经创建了 test.txt 文件，r+ 模式会覆盖文件内容。代码第③行通过 a 模式打开文件 test.txt，会在文件末尾追加内容。代码第⑤行通过 a+ 模式打开文件 test.txt，也会在文件末尾追加内容。代码第④行是绝对路径文件名，由于字符串中有反斜杠，要么采用转义字符“\\”表示，要么采用原始字符串表示，本例中采用原始字符串表示，另外文件路径中反斜杠“\”也可以改为斜杠“/”，在 UNIX 和 Linux 系统中都是采用斜杠分隔文件路径的。

17.1.2 关闭文件

当使用 open() 函数打开文件后，若不再使用文件应该调用文件对象的 close() 方法关闭文件。文件的操作往往会抛出异常，为了保证文件操作无论正常结束还是异常结束都能够关闭文件，调用 close() 方法应该放在异常处理的 finally 代码块中。但笔者更推荐使用 with as 代码块进行自动资源管理，具体内容参考 14.6.3 节。

示例代码如下：

```
# coding=utf-8
# 代码文件：chapter17/ch17.1.2.py

# 使用 finally 关闭文件
f_name = 'test.txt'
try:                                                          ①
    f = open(f_name)                                          ②
except OSError as e:
    print('打开文件失败')
else:
    print('打开文件成功')
    try:                                                      ③
        content = f.read()
        print(content)
    except OSError as e:
        print('处理 OSError 异常')
    finally:
        f.close()                                             ④
```

```
# 使用with as自动资源管理
with open(f_name, 'r') as f:                         ⑤
    content = f.read()                               ⑥
    print(content)
```

上述示例通过两种方式关闭文件。代码第①行～第④行是在 finally 中关闭文件，该示例类似于 14.6.2 节介绍的示例。这里示例有点特殊，使用了两个 try 语句，finally 没有与代码第①行的 try 匹配，而是嵌套到 else 代码块中与代码第③行的 try 匹配。这是因为代码第②行的 open(f_name) 如果打开文件失败则 f 为 None，此时调用 close() 方法会引发异常。

代码第⑤行使用了 with as 打开文件，open() 返回文件对象赋值给 f 变量。在 with 代码块中 f.read() 是读取文件内容，见代码第⑥行。最后在 with 代码结束，关闭文件。

17.1.3　文本文件读写

文本文件读写的单位是字符，而且字符是有编码的。文本文件读写主要方法如下：

- read(size=–1)：从文件中读取字符串，size 限制最多读取的字符数，size=–1 时没有限制，读取全部内容。
- readline(size=–1)：读取到换行符或文件尾并返回单行字符串，如果已经到文件尾，则返回一个空字符串，size 是限制读取的字符数，size=–1 时没有限制。
- readlines()：读取文件数据到一个字符串列表中，每个行数据是列表的一个元素。
- write(s)：将字符串 s 写入文件，并返回写入的字符数。
- writelines(lines)：向文件中写入一个列表，不添加行分隔符，因此通常为每一行末尾提供行分隔符。
- flush()：刷新写缓冲区，数据会写入文件中。

通过文件复制示例熟悉文本文件的读写操作，代码如下：

```
# coding=utf-8
# 代码文件：chapter17/ch17.1.3.py

f_name = 'test.txt'

with open(f_name, 'r', encoding='utf-8') as f:                ①
    lines = f.readlines()                                     ②
    print(lines)
    copy_f_name = 'copy.txt'
    with open(copy_f_name, 'w', encoding='utf-8') as copy_f:  ③
        copy_f.writelines(lines)                              ④
        print('文件复制成功')
```

上述代码实现了将 test.txt 文件内容复制到 copy.txt 文件中。代码第①行是打开 test.txt 文件，由于 test.txt 文件采用 UTF-8 编码，因此打开时需要指定 UTF-8 编码。代码第②行通过 readlines() 方法读取所有数据到一个列中，这里选择哪一个读取方法要与代码第④行的写入方法对应，本例中是 writelines() 方法。代码第③行打开要复制的文件，采用的打开模式是 w，如果文件不存在则创建，如果文件存在则覆盖，另外注意编码集也要与 test.txt 文件保持一致。

17.1.4　二进制文件读写

二进制文件读写的单位是字节，不需要考虑编码的问题。二进制文件读写主要方法如下：

- read(size=–1)：从文件中读取字节，size 限制最多读取的字节数，如果 size=–1 则读取全部字节。
- readline(size=–1)：从文件中读取并返回一行，size 限制读取的行数，size=–1 时没有限制。
- readlines()：读取文件数据到一个字节列表中，每个行数据是列表的一个元素。
- write(b)：写入 b 字节，并返回写入的字节数。
- writelines(lines)：向文件中写入一个字节列表，不添加行分隔符，因此通常为每一行末尾提供行分隔符。
- flush()：刷新写缓冲区，数据会写入到文件中。

通过文件复制示例熟悉二进制文件的读写操作，代码如下：

```
# coding=utf-8
# 代码文件：chapter17/ch17.1.4.py

f_name = 'coco2dxcplus.jpg'

with open(f_name, 'rb') as f:                    ①
    b = f.read()                                 ②
    copy_f_name = 'copy.jpg'
    with open(copy_f_name, 'wb') as copy_f:      ③
        copy_f.write(b)                          ④
        print('文件复制成功')
```

上述代码实现了将 coco2dxcplus.jpg 文件内容复制到当前目录的 copy.jpg 文件中。代码第①行打开 coco2dxcplus.jpg 文件，打开模式是 rb。代码第②行通过 read() 方法读取所有数据，返回字节对象 b。代码第③行打开要复制的文件，打开模式是 wb，如果文件不存在则创建，如果文件存在则覆盖。代码第④行采用 write() 方法将字节对象 b 写入文件中。

17.2 os 模块

微课视频

Python 对文件的操作是通过文件对象实现的，文件对象属于 Python 的 io 模块。如果通过 Python 程序管理文件或目录，如删除文件、修改文件名、创建目录、删除目录和遍历目录等，可以通过 Python 的 os 模块实现。

os 模块提供了使用操作系统功能的一些函数，如文件与目录的管理。本节介绍一些 os 模块中与文件和目录管理相关的函数，这些函数如下：

- os.rename(src,dst)：修改文件名，src 是源文件，dst 是目标文件，它们都可以是相对当前路径或绝对路径表示的文件。
- os.remove(path)：删除 path 所指的文件，如果 path 是目录，则会引发 OSError。
- os.mkdir(path)：创建 path 所指的目录，如果目录已存在，则会引发 FileExistsError。
- os.rmdir(path)：删除 path 所指的目录，如果目录非空，则会引发 OSError。
- os.walk(top)：遍历 top 所指的目录树，自顶向下遍历目录树，返回值是一个有三个元素的元组（目录路径，目录名列表，文件名列表）。
- os.listdir(dir)：列出指定目录中的文件和子目录。

常用的属性有以下两种：

- os.curdir 属性：获得当前目录。
- os.pardir 属性：获得当前父目录。

示例代码如下：

```
# coding=utf-8
# 代码文件：chapter17/ch17.2.py

import os

f_name = 'test.txt'
copy_f_name = 'copy.txt'

with open(f_name, 'r') as f:
    b = f.read()
    with open(copy_f_name, 'w') as copy_f:
        copy_f.write(b)

try:
    os.rename(copy_f_name, 'copy2.txt')    ①
except OSError:
    os.remove('copy2.txt')                 ②

print(os.listdir(os.curdir))               ③
print(os.listdir(os.pardir))               ④

try:
    os.mkdir('subdir')                     ⑤
except OSError:
    os.rmdir('subdir')                     ⑥

for item in os.walk('.'):                  ⑦
    print(item)
```

上述代码第①行是修改文件名。代码第②行是在修改文件名失败情况下删除 copy2.txt 文件。代码第③行 os.curdir 属性是获得当前目录，os.listdir() 函数是列出指定目录中的文件和子目录。代码第④行 os.pardir 属性是获得当前父目录。代码第⑤行 os.mkdir('subdir') 是在当前目录下创建子目录 subdir。代码第⑥行是在创建目录失败时删除 subdir 子目录。代码第⑦行 os.walk('.') 返回当前目录树下所有目录和文件，然后通过 for 循环进行遍历。

17.3 os.path 模块

对于文件和目录的操作往往需要路径，Python 提供的 os.path 模块提供对路径、目录和文件等进行管理的函数。本节介绍一些 os.path 模块的常用函数，这些函数如下：

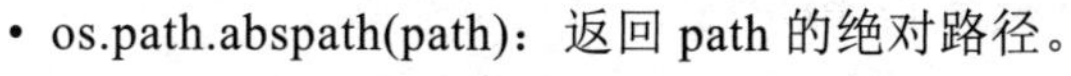

- os.path.abspath(path)：返回 path 的绝对路径。
- os.path.basename(path)：返回 path 路径的基础名部分，如果 path 指向的是一个文件，则返回文件名；如果 path 指向的是一个目录，则返回最后目录名。

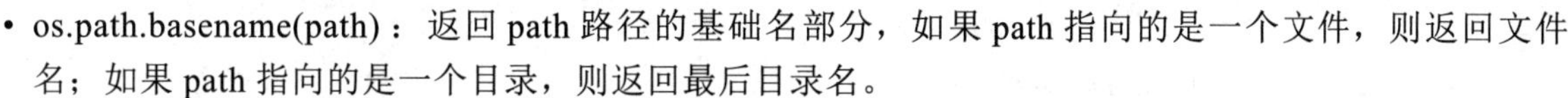

- os.path.dirname(path)：返回 path 路径中目录部分。
- os.path.exists(path)：判断 path 文件是否存在。
- os.path.isfile(path)：如果 path 是文件，则返回 True。

- os.path.isdir(path)：如果 path 是目录，则返回 True。
- os.path.getatime(path)：返回最后一次的访问时间，返回值是一个 UNIX 时间戳（1970 年 1 月 1 日 00:00:00 以来至现在的总秒数），如果文件不存在或无法访问，则引发 OSError。
- os.path.getmtime(path)：返回最后修改时间，返回值是一个 UNIX 时间戳，如果文件不存在或无法访问，则引发 OSError。
- os.path.getctime(path)：返回创建时间，返回值是一个 UNIX 时间戳，如果文件不存在或无法访问，则引发 OSError。
- os.path.getsize(path)：返回文件大小，以字节为单位，如果文件不存在或无法访问，则引发 OSError。

示例代码如下：

```
# coding=utf-8
# 代码文件：chapter17/ch17.3.py

import os.path
from datetime import datetime

f_name = 'test.txt'
af_name = r'C:\Users\tony\OneDrive\代码\chapter17\test.txt'

# 返回路径中基础名部分
basename = os.path.basename(af_name)
print(basename)  # test.txt

# 返回路径中目录部分
dirname = os.path.dirname(af_name)
print(dirname)

# 返回文件的绝对路径
print(os.path.abspath(f_name))

# 返回文件大小
print(os.path.getsize(f_name))  # 25
# 返回最近访问时间
atime = datetime.fromtimestamp(os.path.getatime(f_name))
print(atime)
# 返回创建时间
ctime = datetime.fromtimestamp(os.path.getctime(f_name))
print(ctime)
# 返回修改时间
mtime = datetime.fromtimestamp(os.path.getmtime(f_name))
print(mtime)

print(os.path.isfile(dirname))  # False
print(os.path.isdir(dirname))  # True
print(os.path.isfile(f_name))  # True
print(os.path.isdir(f_name))  # False
print(os.path.exists(f_name))  # True
```

输出结果如下：

```
test.txt
C:\Users\tony\OneDrive\ 代码 \chapter17
C:\Users\tony\OneDrive\ 代码 \chapter17\test.txt
11
2020-04-03 10:59:14.454790
2020-03-28 12:38:59.106892
2020-04-03 10:53:17.245460
False
True
True
False
True
```

17.4　本章小结

本章主要介绍了 Python 文件操作和管理技术，在文件操作部分介绍了文件的打开和关闭，以及如何读写文本文件和二进制文件。最后还详细介绍了 os 和 os.path 模块。

17.5　同步练习

简述题

1. 简述打开文件的函数 open(file, mode='r', buffering=–1, encoding=None, errors=None, newline=None, closefd=True, opener=None)。

2. 介绍几个 os 模块中的方法。

3. 介绍几个使用 os.path 模块的方法。

17.6　动手实践：读写日期

编程题

首先，编写程序获得当前日期，并将日期按照特定格式写入到一个文本文件中。然后再编写程序，从文本文件中读取刚刚写入日期字符串，并将字符串解析为日期时间对象。

第三篇
Python 常用库与框架

本篇包括5章内容，介绍了Python实际开发中高级实用库与框架。内容包括：数据交换格式、数据库编程、网络编程、wxPython图形用户界面编程和多线程编程。通过本篇的学习，读者可以全面了解Python编程中一些实用库与框架，熟悉这些库与框架的使用。

第 18 章

数据交换格式

数据交换就像两个人在聊天一样，采用彼此都能“听”得懂的语言，你来我往，其中的语言就相当于通信中的数据交换格式。有时，为了防止聊天被人偷听，可以采用暗语。同理，计算机程序之间也可以通过数据加密技术防止“偷听”。

数据交换格式还有文本数据交换格式和二进制数据交换格式。文本数据交换格式主要有 CSV 格式、XML 格式和 JSON 格式，本章重点介绍 XML 格式和 JSON 格式。

下面通过一个示例了解数据交换格式。例如，在没有电话时代，为了告诉别人一些事情，一般会写留言条。留言条有一定的格式，如图 18-1 所示，共有 4 部分——称谓、内容、落款和时间。

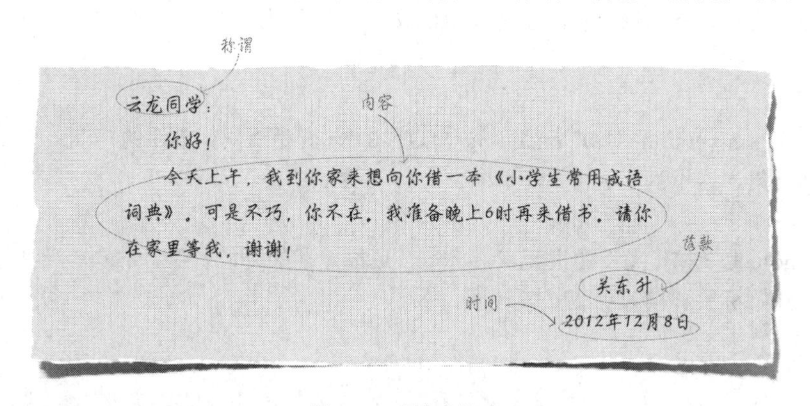

图 18-1　留言条格式

XML 和 JSON 格式可以自带描述信息，被称为“自描述的”结构化文档。将上面的留言条写成 XML 格式，具体如下：

```
<?xml version="1.0" encoding="UTF-8"?>
<note>
    <to>云龙同学</to>
    <content>你好！\n今天上午，我到你家来想向你借一本《小学生常用成语词典》。
        可是不巧，你不在。我准备晚上 6 时再来借书。请你在家里等我，谢谢！</content>
    <from>关东升</from>
    <date>2012 年 12 月 08 日</date>
</note>
```

位于尖括号中的内容（<to>...</to> 等）就是描述数据的标识，在 XML 中称为“标签”。将上面的留言条写成 JSON 格式，具体如下：

{to:"云龙同学",content:"你好！\n今天上午，我到你家来想向你借一本《小学生常用成语词典》。可是不巧，你不在。我准备晚上 6 时再来借书。请你在家里等我，谢谢！",from:"关东升",date:"2012 年 12 月 08 日"}

数据放置在大括号“{}”中，每个数据项之前都有一个描述名（如 to 等），描述名和数据项之间用冒号“:”分开。

通过对比可发现，JSON 所用的字节数一般要比 XML 少，这也是很多人喜欢采用 JSON 格式的主要原因，因此 JSON 也称为“轻量级”的数据交换格式。接下来将详细介绍这两种数据交换格式。

18.1 XML 数据交换格式

XML 是一种自描述的数据交换格式。虽然 XML 数据交换格式不如 JSON“轻便”，但也非常重要，多年来一直被用于各种计算机语言中，是老牌的、经典的、灵活的数据交换方式。

18.1.1 XML 文档结构

在读写 XML 文档之前，我们需要了解 XML 文档结构。前面提到的留言条 XML 文档由开始标签 <note> 和结束标签 </note> 组成，它们就像括号一样把数据项括起来。这样不难看出，标签 <to></to> 之间是“称谓”，标签 <content></content> 之间是“内容”，标签 <from></from> 之间是“落款”，标签 <date></date> 之间是“日期”。

XML 文档结构要遵守一定的格式规范。XML 虽然在形式上与 HTML 很相似，但是有着严格的语法规则。只有严格按照规范编写的 XML 文档才是有效的文档，也称为“格式良好”的 XML 文档。XML 文档的基本架构如下：

1）声明

在图 18-2 中，<?xmlversion="1.0" encoding="UTF-8"?> 就是 XML 文件的声明，它定义了 XML 文件的版本和使用的字符集，这里为 1.0 版，使用中文 UTF-8 字符。

2）根元素

在图 18-2 中，note 是 XML 文件的根元素，<note> 是根元素的开始标签，</note> 是根元素的结束标签。根元素只有一个，开始标签和结束标签必须一致。

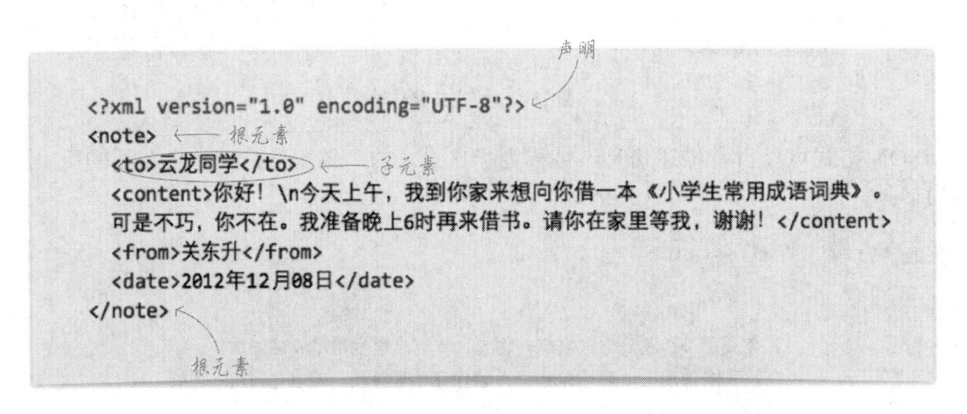

图 18-2 XML 文档结构

3）子元素

在图 18-2 中，to、content、from 和 date 是根元素 note 的子元素。所有元素都要有结束标签，开始标签和结束标签必须一致。如果开始标签和结束标签之间没有内容，可以写成 <from/>，称为“空标签”。

4）属性

如图 18-3 所示是具有属性的 XML 文档，而留言条的 XML 文档中没有属性，属性定义在开始标签中。在开始标签 <Noteid="1"> 中，id="1" 是 Note 元素的一个属性，id 是属性名，1 是属性值，其中属性值必须放置在双引号或单引号之间。一个元素不能有多个相同名字的属性。

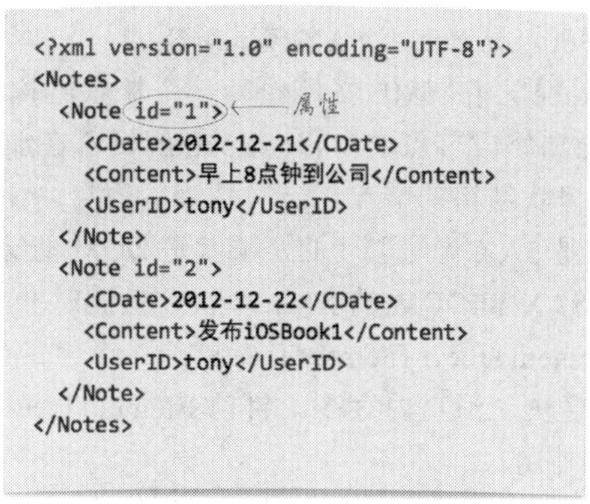

```
<?xml version="1.0" encoding="UTF-8"?>
<Notes>
  <Note id="1">  ←—属性
    <CDate>2012-12-21</CDate>
    <Content>早上8点钟到公司</Content>
    <UserID>tony</UserID>
  </Note>
  <Note id="2">
    <CDate>2012-12-22</CDate>
    <Content>发布iOSBook1</Content>
    <UserID>tony</UserID>
  </Note>
</Notes>
```

图 18-3　有属性的 XML 文档

5）命名空间

命名空间用于为 XML 文档提供名字唯一的元素和属性。例如，在一个学籍信息的 XML 文档中需要引用到教师和学生，他们都有一个子元素 id，这时直接引用 id 元素会造成名称冲突，但是将两个 id 元素放到不同的命名空间中就会解决这个问题。图 18-4 中以 xmlns: 开头的内容都属于命名空间。

6）限定名

它是由命名空间引出的概念，定义了元素和属性的合法标识符。限定名通常在 XML 文档中用作特定元素或属性引用。图 18-4 中的标签 <soap:Body> 就是合法的限定名，前缀 soap 是由命名空间定义的。

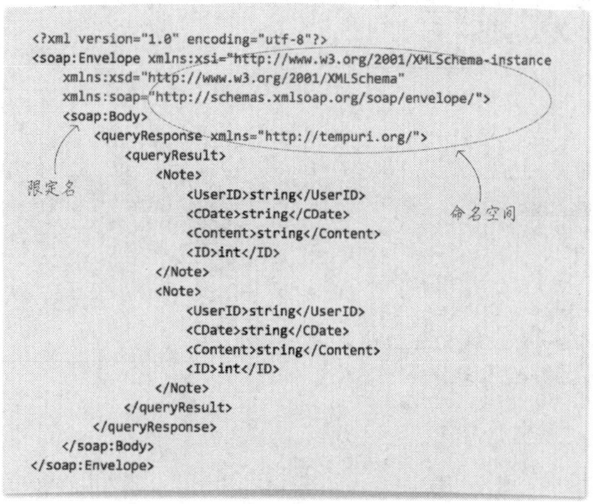

```
<?xml version="1.0" encoding="utf-8"?>
<soap:Envelope xmlns:xsi="http://www.w3.org/2001/XMLSchema-instance
    xmlns:xsd="http://www.w3.org/2001/XMLSchema"
    xmlns:soap="http://schemas.xmlsoap.org/soap/envelope/">
    <soap:Body>
        <queryResponse xmlns="http://tempuri.org/">
            <queryResult>
                <Note>
                    <UserID>string</UserID>
                    <CDate>string</CDate>
                    <Content>string</Content>
                    <ID>int</ID>
                </Note>
                <Note>
                    <UserID>string</UserID>
                    <CDate>string</CDate>
                    <Content>string</Content>
                    <ID>int</ID>
                </Note>
            </queryResult>
        </queryResponse>
    </soap:Body>
</soap:Envelope>
```

限定名　命名空间

图 18-4　命名空间和限定名的 XML 文档

18.1.2　解析 XML 文档

XML 文档操作有“读”与“写”两种，读入 XML 文档并分析的过程称为“解析”。事实上，在使用

XML 进行开发的过程中，“解析”XML 文档占很大的比重。

解析 XML 文档在目前有 SAX 和 DOM 如下两种流行的模式。

- SAX（Simple API for XML）是一种基于事件驱动的解析模式。解析 XML 文档时，程序从上到下读取 XML 文档，遇到开始标签、结束标签和属性等，就会触发相应的事件。但是这种解析 XML 文档的方式有一个弊端，那就是只能读取 XML 文档，不能写入 XML 文档，它的优点是解析速度快。所以如果只是对读取进行解析，推荐使用 SAX 模式解析。
- DOM（Document Object Model）将 XML 文档作为一个树状结构进行分析，获取节点的内容以及相关属性，或是新增、删除和修改节点的内容。XML 解析器在加载 XML 文件以后，DOM 模式将 XML 文件的元素视为一个树状结构的节点，一次性读入内存。如果文档比较大，解析速度就会变慢。但是 DOM 模式有一点是 SAX 无法取代的，那就是 DOM 能够修改 XML 文档。

Python 标准库中提供了支持 SAX 和 DOM 的 XML 模块，但同时 Python 也提供了另外一个兼顾 SAX 和 DOM 优点的 XML 模块——ElementTree，ElementTree 就像一个轻量级的 DOM，可以读写 XML 文档，具有方便友好的 API，且执行速度快，消耗内存少。目前 ElementTree 是解析和生成 XML 的最好选择，本章重点介绍 ElementTree 模块的使用。

下面通过一个示例介绍 ElementTree 模块的基本使用。现在有一个记录备忘信息的 Notes.xml 文件，通过 ElementTree 读取所有 Note 元素信息，代码如下：

```
<?xml version="1.0" encoding="UTF-8"?>
<Notes>
   <Note id="1">
          <CDate>2020-3-21</CDate>
          <Content>发布 Python0</Content>
          <UserID>tony</UserID>
   </Note>
<Note id="2">
          <CDate>2020-3-22</CDate>
          <Content>发布 Python1</Content>
          <UserID>tony</UserID>
   </Note>
<Note id="3">
          <CDate>2020-3-23</CDate>
          <Content>发布 Python2</Content>
          <UserID>tony</UserID>
   </Note>
<Note id="4">
          <CDate>2020-3-24</CDate>
          <Content>发布 Python3</Content>
          <UserID>tony</UserID>
   </Note>
<Note id="5">
          <CDate>2020-3-25</CDate>
          <Content>发布 Python4</Content>
          <UserID>tony</UserID>
   </Note>
</Notes>
```

示例代码如下：

```
# coding=utf-8
# 代码文件：chapter18/ch18.1.2.py

import xml.etree.ElementTree as ET                                        ①

tree = ET.parse('data/Notes.xml')  # 创建 XML 文档树                       ②
print(type(tree))  # xml.etree.ElementTree.ElementTree

root = tree.getroot()  # root 是根元素                                     ③
print(type(root))  # xml.etree.ElementTree.Element
print(root.tag)  # Notes                                                  ④

for index, child in enumerate(root):                                      ⑤
    print('第{0}个{1}元素，属性：{2}'.format(index, child.tag, child.attrib))   ⑥
    for i, child_child in enumerate(child):                               ⑦
        print('    标签：{0}，内容：{1}'.format(child_child.tag, child_child.text))  ⑧
```

输出结果如下：

```
<class 'xml.etree.ElementTree.ElementTree'>
<class 'xml.etree.ElementTree.Element'>
Notes
第 0 个 Note 元素，属性：{'id': '1'}
    标签：CDate，内容：2020-3-21
    标签：Content，内容：发布 Python0
    标签：UserID，内容：tony
第 1 个 Note 元素，属性：{'id': '2'}
    标签：CDate，内容：2020-3-22
    标签：Content，内容：发布 Python1
    标签：UserID，内容：tony
第 2 个 Note 元素，属性：{'id': '3'}
    标签：CDate，内容：2020-3-23
    标签：Content，内容：发布 Python2
    标签：UserID，内容：tony
第 3 个 Note 元素，属性：{'id': '4'}
    标签：CDate，内容：2020-3-24
    标签：Content，内容：发布 Python3
    标签：UserID，内容：tony
第 4 个 Note 元素，属性：{'id': '5'}
    标签：CDate，内容：2020-3-25
    标签：Content，内容：发布 Python4
    标签：UserID，内容：tony
```

上述代码第①行是导入 xml.etree.ElementTree 模块。代码第②行通过 parse() 函数创建 XML 文档树 tree，parse() 函数的参数可以是一个表示 XML 文档的字符串，也可以是 XML 文档对象。函数返回值类型是 xml.etree.ElementTree.ElementTree 类型，它表示整个的 XML 文档树。代码第③行 tree.getroot() 方法是从 tree 获得它的根元素，它的类型是 xml.etree.ElementTree.Element，它是所有元素的类型。代码第④行 tag 属性可以获得当前元素的标签名。代码第⑤行是遍历根元素，enumerate() 函数可以获得循环变量 index，注意此时的 child 是 Note 元素。代码第⑥行中 child.attrib 是获得当前元素的属性，返回属性和值的字典。由于代码第⑤行的 for 循环只是遍历了 Note 元素，如果还想遍历它的子元素还需要使用 for 循环遍历。代码第⑦行遍历 Note 子元素。代码第⑧行中 child_child.tag 是获得子元素的标签名，child_child.text 是获得子元素的文本内容。

18.1.3 使用 XPath

在 18.1.2 节的示例是从根元素开始遍历整个的 XML 文档，实际开发时，往往需要查找某些特殊的元素或某些特殊属性。这需要使用 xml.etree.ElementTree.Element 的相关 find 方法，还要结合 XPath 匹配查找。

xml.etree.ElementTree.Element 的相关 find 方法有如下三种。

1）find(match,namespaces=None)

查找匹配的第一个子元素。match 可以是标签名或 XPath，返回元素对象或 None。namespaces 是指定命名空间，如果 namespaces 非空，那么查找会在指定的命名空间的标签中进行。

2）findall(match,namespaces=None)

查找所有匹配的子元素，参数同 find() 方法。返回值是符合条件的元素列表。

3）findtext(match,default=None,namespaces=None)

查找匹配的第一个子元素的文本，如果未找到元素，则返回默认。default 参数是默认值，其他参数同 find() 方法。

那么什么是 XPath 呢？XPath 是专门用来在 XML 文档中查找信息的语言。如果说 XML 是数据库，那么 XPath 就是 SQL[①]。XPath 将 XML 中的所有元素、属性和文本都看作节点（Node)，根元素就是根节点，它没有父节点，属性称为属性节点，文本称为文本节点。除了根节点外，其他节点都有一个父节点，零或多个子节点和兄弟节点。

XPath 提供了由特殊符号组成的表达式，XPath 表达式如表 18-1 所示。

表 18-1 XPath 表达式

表　达　式	说　　明	例　　子
nodename	选择 nodename 子节点	
.	选择当前节点	./Note 当前节点下的所有 Note 子节点
/	路径指示符，相当于目录分隔符	./Note/CDate 表示所有 Note 子节点下的 CDate 节点
..	选择父节点	./Note/CDate/.. 表示 CDate 节点的父节点，其实就是 Note 节点
//	所有后代节点（包括子节点、孙节点等）	.//CDate 表示当前节点中查找所有的 CDate 后代节点
[@attrib]	选择指定属性的所有节点	./Note[@id] 表示有 id 属性的所有 Note 节点
[@attrib= 'value']	选择指定属性等于 value 的所有节点	./Note[@id= '1'] 表示有 id 属性等于 '1' 的所有 Note 节点
[position]	指定位置，位置从 1 开始，最后一个可以使用 last() 获取	./Note[1] 表示第一个 Note 节点，./Note[last()] 表示最后一个 Note 节点，./Note[last()–1] 表示倒数第 2 个 Note 节点

XPath 表达式示例代码如下：

```
# coding=utf-8
# 代码文件：chapter18/ch18.1.3.py

import xml.etree.ElementTree as ET

tree = ET.parse('data/Notes.xml')
```

① 结构化查询语言 (Structured Query Language，SQL) 提供了一套用来输入、更改和查看关系数据库内容的命令。

```
root = tree.getroot()

node = root.find("./Note")   # 当前节点下的第一个 Note 子节点
print(node.tag, node.attrib)
node = root.find("./Note/CDate")   # Note 子节点下的第一个 CDate 节点
print(node.text)
node = root.find("./Note/CDate/..")   # Note 节点
print(node.tag, node.attrib)
node = root.find(".//CDate")   # 当前节点查找所有后代节点中第一个 CDate 节点
print(node.text)

node = root.find("./Note[@id]")   # 具有 id 属性 Note 节点
print(node.tag, node.attrib)

node = root.find("./Note[@id='2']")   # id 属性等于 '2' 的 Note 节点
print(node.tag, node.attrib)

node = root.find("./Note[2]")   # 第二个 Note 节点
print(node.tag, node.attrib)

node = root.find("./Note[last()]")   # 最后一个 Note 节点
print(node.tag, node.attrib)

node = root.find("./Note[last()-2]")   # 倒数第三个 Note 节点
print(node.tag, node.attrib)
```

输出结果如下：

```
Note {'id': '1'}
2020-3-21
Note {'id': '1'}
2020-3-21
Note {'id': '1'}
Note {'id': '2'}
Note {'id': '2'}
Note {'id': '5'}
Note {'id': '3'}
```

上述代码使用 find() 方法只返回符合匹配条件的第一个节点元素。

18.2　JSON 数据交换格式

JSON（JavaScript Object Notation）是一种轻量级的数据交换格式。所谓轻量级，是与 XML 文档结构相比而言的。描述项目的字符少，所以描述相同数据所需的字符个数要少，那么传输速度就会提高，而流量也会减少。

微课视频

18.2.1　JSON 文档结构

由于 Web 和移动平台开发对流量的要求是尽可能少，对速度的要求是尽可能快，而轻量级的数据交换格式 JSON 就成为理想的数据交换格式。

构成 JSON 文档的两种结构为对象（object）和数组（array）。对象是“名称：值”对集合，它类似于 Python 中 Map 类型，而数组是一连串元素的集合。

JSON 对象（object）是一个无序的“名称 / 值”对集合，一个对象以“{”开始，以“}”结束。每个“名称”后跟一个“:”，“名称：值”对之间使用“,”分隔，“名称”是字符串类型（string），“值”可以是任何合法的 JSON 类型。JSON 对象的语法表如图 18-5 所示。

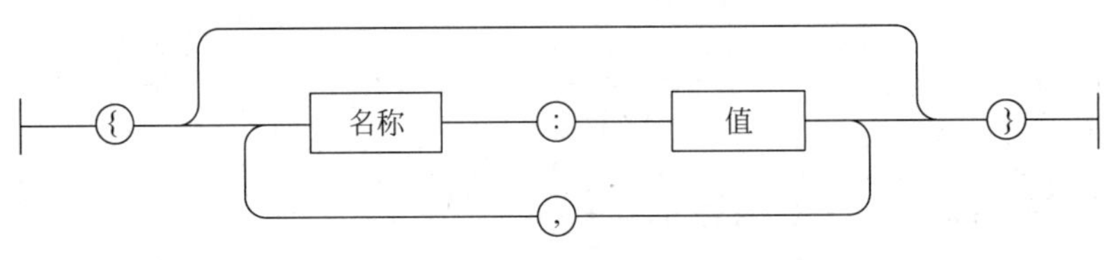

图 18-5 JSON 对象的语法表

下面是一个 JSON 对象的例子：

```
{
    "name":"a.htm",
    "size":345,
    "saved":true
}
```

JSON 数组（array）是值的有序集合，以“[”开始，以“]”结束，值之间使用“,”分隔。JSON 数组的语法表如图 18-6 所示。

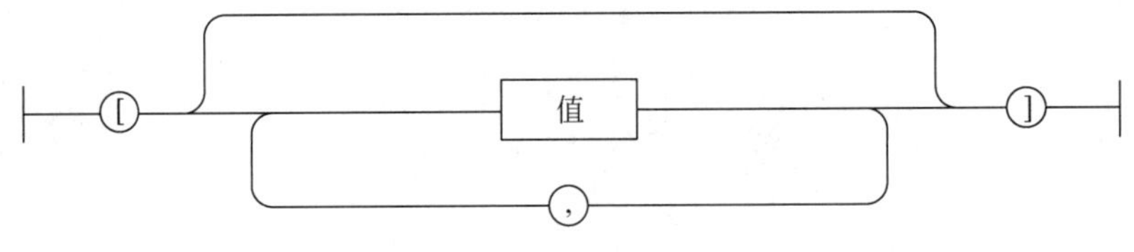

图 18-6 JSON 数组的语法表

下面是一个 JSON 数组的例子：

```
["text","html","css"]
```

JSON 中的值可以是双引号括起来的字符串、数字、true、false、null、对象或数组，而且这些结构可以嵌套。数组中值的 JSON 语法结构如图 18-7 所示。

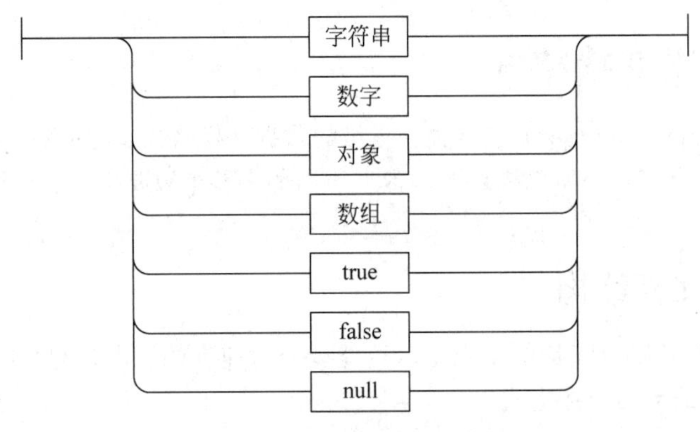

图 18-7 JSON 值的语法结构

18.2.2　JSON 数据编码

在 Python 程序中要想将 Python 数据网络传输和存储，可以将 Python 数据转换为 JSON 数据再进行传输和存储，这个过程称为“编码”(encode)。

在编码过程中 Python 数据转换为 JSON 数据的映射关系如表 18-2 所示。

表 18-2　Python 数据与 JSON 数据映射关系

Python	JSON
字典	对象
列表、元组	数组
字符串	字符串
整数、浮点等数字类型	数字
True	true
False	false
None	null

注意：JSON 数据在网络传输或保存到磁盘中时，推荐使用 JSON 对象，偶尔也使用 JSON 数组。所以一般情况下只有 Python 的字典、列表和元组才需要编码，Python 字典编码 JSON 对象；Python 列表和元组编码 JSON 数组。

Python 提供的内置模块 json 可以帮助实现 JSON 的编码和解码，JSON 编码使用 dumps() 和 dump() 函数，dumps() 函数将编码的结果以字符串形式返回，dump() 函数将编码的结果保存到文件对象（类似文件对象或流）中。

下面具体介绍 JSON 数据编码过程，示例代码如下：

```
# coding=utf-8
# 代码文件：chapter18/ch18.2.2.py

import json

# 准备数据
py_dict = {'name': 'tony', 'age': 30, 'sex': True}  # 创建字典对象
py_list = [1, 3]  # 创建列表对象
py_tuple = ('A', 'B', 'C')  # 创建元组对象

py_dict['a'] = py_list  # 添加列表到字典中
py_dict['b'] = py_tuple  # 添加元组到字典中

print(py_dict)
print(type(py_dict))  # <class 'dict'>

# 编码过程
json_obj = json.dumps(py_dict)                    ①
print(json_obj)
print(type(json_obj))  # <class 'str'>

# 编码过程
json_obj = json.dumps(py_dict, indent=4)          ②
# 漂亮的格式化字符串后输出
print(json_obj)
```

```
# 写入 JSON 数据到 data1.json 文件
with open('data/data1.json', 'w') as f:
    json.dump(py_dict, f)                    ③

# 写入 JSON 数据到 data2.json 文件
with open('data/data2.json', 'w') as f:
    json.dump(py_dict, f, indent=4)          ④
```

输出结果如下：

```
{'name': 'tony', 'age': 30, 'sex': True, 'a': [1, 3], 'b': ('A', 'B', 'C')}
<class 'dict'>
{"name": "tony", "age": 30, "sex": true, "a": [1, 3], "b": ["A", "B", "C"]}
<class 'str'>
{
    "name": "tony",
    "age": 30,
    "sex": true,
    "a": [
        1,
        3
    ],
    "b": [
        "A",
        "B",
        "C"
    ]
}
```

上述代码第①行是对 Python 字典对象 py_dict 进行编码，编码的结果是返回字符串，这个字符串中没有空格和换行等字符，可减少字节数适合网络传输和保存。代码第②行也是对 Python 字典对象 py_dict 进行编码，在 dumps() 函数中使用了参数 indent。indent 可以格式化字符串，indent=4 表示缩进 4 个空格，这种漂亮的格式化的字符串，主要用于显示和日志输出，但不适合网络传输和保存。代码第③行和第④行是 dump() 函数将编码后的字符串保存到文件中，dump() 与 dumps() 函数具有类似的参数，这里不再赘述。

18.2.3 JSON 数据解码

编码的相反过程是“解码”（decode），即将 JSON 数据转换为 Python 数据。从网络中接收或从磁盘中读取 JSON 数据时，需要解码为 Python 数据。

在编码过程中，JSON 数据转换为 Python 数据的映射关系如表 18-3 所示。

表 18-3 JSON 数据与 Python 数据映射关系

JSON	Python
对象	字典
数组	列表
字符串	字符串
整数数字	整数
实数数字	浮点
true	True

续表

JSON	Python
false	False
null	None

json 模块提供的解码函数是 loads() 和 load()，loads() 函数将 JSON 字符串数据进行解码，返回 Python 数据，load() 函数读取文件或流，对其中的 JSON 数据进行解码，返回结果为 Python 数据。

下面具体介绍 JSON 数据解码过程，示例代码如下：

```
# coding=utf-8
# 代码文件：chapter18/ch18.2.3.py

import json

# 准备数据
json_obj = r'{"name": "tony", "age": 30, "sex": true, "a": [1, 3], "b": ["A", "B", "C"]}' ①

py_dict = json.loads(json_obj)   ②
print(type(py_dict))  # <class 'dict'>
print(py_dict['name'])
print(py_dict['age'])
print(py_dict['sex'])

py_lista = py_dict['a']  # 取出列表对象
print(py_lista)
py_listb = py_dict['b']  # 取出列表对象
print(py_listb)
# 读取 JSON 数据到 data2.json 文件
with open('data/data2.json', 'r') as f:
  data = json.load(f)            ③
  print(data)
  print(type(data))  # <class 'dict'>
```

上述代码实现了从字符串和文件中解码 JSON 数据。代码第①行是一个表示 JSON 对象的字符串。代码第②行是对 JSON 对象字符串进行解码，返回 Python 字典对象。代码第③行是从 data2.json 文件中读取 JSON 数据解析解码，返回 Python 字典对象。data2.json 文件内容如下：

```
{
  "name": "tony",
  "age": 30,
  "sex": true,
  "a": [
        1,
        3
  ],
  "b": [
      "A",
      "B",
      "C"
  ]
}
```

从data2.json文件内容可见，其中有很多换行符和空格符等，这些字符在解析时都被忽略掉了。

注意：如果按照规范的JSON文档要求，每个JSON数据项的“名称”必须使用双引号括起来，而且数值中的字符串也必须使用双引号括起来。在下面的JSON数据中，有的“名称”省略了双引号，有的“名称”使用了单引号，字符串表示也不规范，该JSON数据使用json模块解析时会出现异常，或许有第三方库可以解析，但这并不是规范的做法。

```
{
    ResultCode: 0,
    Record: [
        {
            'ID': '1',
            'CDate': '2018-8-23',
            'Content': '发布PythonBook0',
            'UserID': 'tony'
        },
        {
            'ID': '2',
            'CDate': '2018-8-24',
            'Content': '发布PythonBook1',
            'UserID': 'tony'
        }
    ]
}
```

18.3 本章小结

本章主要介绍了Python的数据交换格式，如XML格式和JSON格式。其中XML格式和JSON格式是学习的重点，读者需要熟练解析XML数据的方法；掌握JSON的解码和编码过程。

18.4 同步练习

判断题

1. JSON对象是用大括号括起来的。（　　）

2. DOM将XML文档作为一个树状结构进行分析，获取节点的内容以及相关属性，或是新增、删除和修改节点的内容。（　　）

3. SAX是一种基于事件驱动的解析模式。解析XML文档时，程序从上到下读取XML文档，遇到开始标签、结束标签和属性等，就会触发相应的事件。（　　）

4. JSON数组是用中括号括起来的。（　　）

18.5 动手实践：解析结构化文档

编程题

1. 编写程序，读取XML文件，并解析该XML文件。

2. 编写程序，读取JSON文件，并解码该JSON文件。

第 19 章

数据库编程

数据必须以某种方式存储起来才有价值，数据库实际上是一组相关数据的集合。例如，某个医疗机构中所有信息的集合可以被称为一个“医疗机构数据库”，这个数据库中的所有数据都与医疗机构相关。

数据库编程的相关技术有很多，涉及具体的数据库安装、配置和管理，还要掌握 SQL 语句，最后才能编写程序访问数据库。本章重点介绍 MySQL 数据库的安装和配置，以及 Python 数据库编程和 NoSQL 数据存储技术。

19.1 数据持久化技术概述

微课视频

把数据保存到数据库中只是一种数据持久化方式。凡是将数据保存到存储介质中，需要时能再找出来，并能够对数据进行修改，都属于数据持久化。

Python 中数据持久化技术有很多，主要介绍如下：

1）文本文件

通常可以通过 Python 文件操作和管理技术将数据保存到文本文件中，然后进行读写操作，这些文件一般是结构化的文档，如 XML 和 JSON 等文件。结构化文档是指在文件内部采取某种方式将数据组织起来的文件。

2）数据库

将数据保存在数据库中是不错的选择，数据库的后面是一个数据库管理系统，它支持事务处理、并发访问、高级查询和 SQL。Python 中将数据保存到数据库中的技术有很多，但主要分为两类：遵循 Python DB-API 规范技术 ① 和 ORM② 技术。Python DB-API 规范通过在 Python 中编写 SQL 语句访问数据库，这是本章介绍的重点；ORM 技术是面向对象的，对数据的访问是通过对象实现的，程序员不需要使用 SQL 语句，Python ORM 技术超出了本书的范围。

19.2 MySQL 数据库管理系统

微课视频

Python DB-API 规范一定会依托某个数据库管理系统（Database Management System，DBMS），还会使用到 SQL 语句，所以本节先介绍数据库管理系统。

数据库管理系统负责对数据的管理、维护和使用。现在主流数据库管理系统有 Oracle、SQL Server、

① Python 官方规范 PEP 249（https://www.python.org/dev/peps/pep-0249/），目前是 Python Database API Specification v2.0，简称 Python DB-API2。

② 对象关系映射（Object-Relational Mapping， ORM），它能将对象保存到数据库表中，对象与数据库表结构之间是有某种对应关系的。

DB2、Sysbase、MySQL 和 SQLite 等，本节介绍 MySQL 数据库管理系统的使用和管理。

提示： Python 内置模块提供了对 SQLite 数据库访问的支持，但 SQLite 主要是嵌入式系统设计的，虽然 SQLite 很优秀，也可以应用于桌面和 Web 系统开发，但数据承载能力有些差，并发访问处理性能也比较差，因此本书没有重点介绍 SQLite 数据库。

MySQL（https://www.mysql.com）是流行的开放源码 SQL 数据库管理系统，它由 MySQL AB 公司开发，先被 Sun 公司收购，后来又被 Oracle 公司收购，现在 MySQL 数据库是 Oracle 旗下的数据库产品，Oracle 负责提供技术支持和维护。

19.2.1 数据库安装和配置

目前 Oracle 提供了多个 MySQL 版本，其中社区版 MySQL Community Edition 是免费的，社区版本比较适合中小企业数据库，本书也对这个版本进行介绍。

社区版下载地址是 https://dev.mysql.com/downloads/mysql/。如图 19-1 所示，可以选择不同的平台版本，MySQL 可在 Windows、Linux 和 UNIX 等操作系统上安装和运行。本书选择的是 Windows 版本中的 mysql-8.0.19-winx64.zip 安装文件。

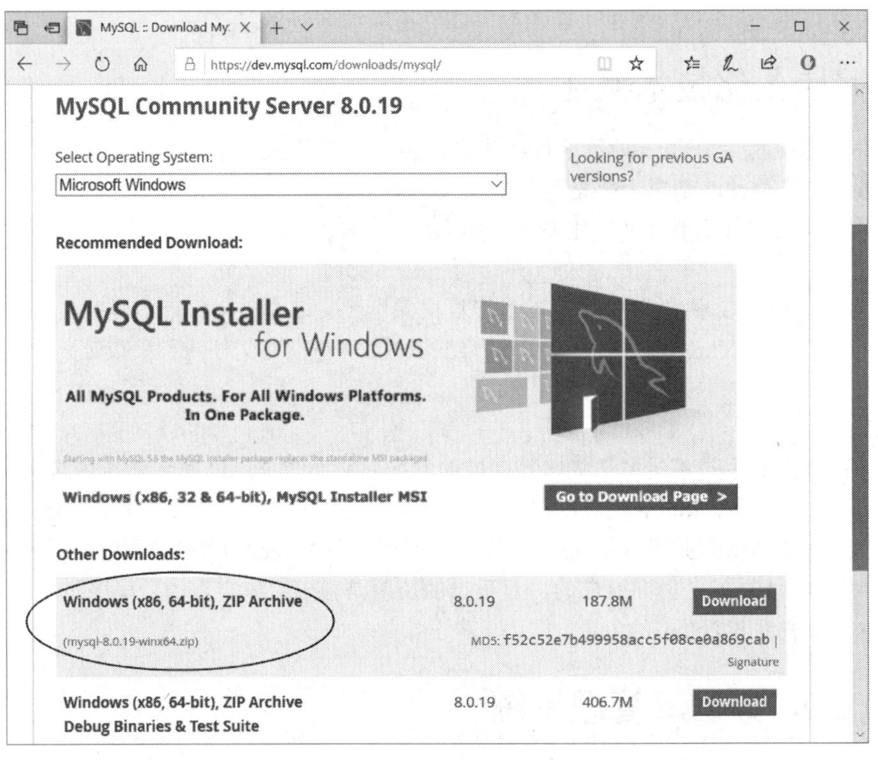

图 19-1　MySQL 数据库社区版下载

mysql-8.0.19-winx64.zip 是一种压缩文件，它的安装不需要安装文件，只需解压后并进行一些配置就可以了。

首先解压 mysql-8.0.19-winx64.zip 到一个合适的文件夹中。然后将 <MySQL 解压文件夹 >\bin\ 添加到 Path 环境变量中。

配置数据库需要用管理员权限，在命令提示符中运行一些指令进行配置。管理员权限在命令提示符，可以使用 Windows PowerShell（管理员）进入。

提示：Windows PowerShell（管理员）进入过程：右击屏幕左下角的 Windows 图标，弹出如图 19-2 所示 Windows 菜单，选择 Windows PowerShell（管理员）选项，打开如图 19-3 所示 Windows PowerShell（管理员）对话框。

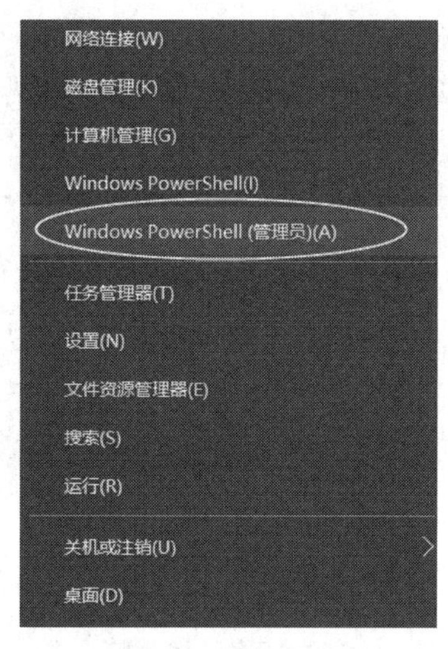

图 19-2　Windows 菜单

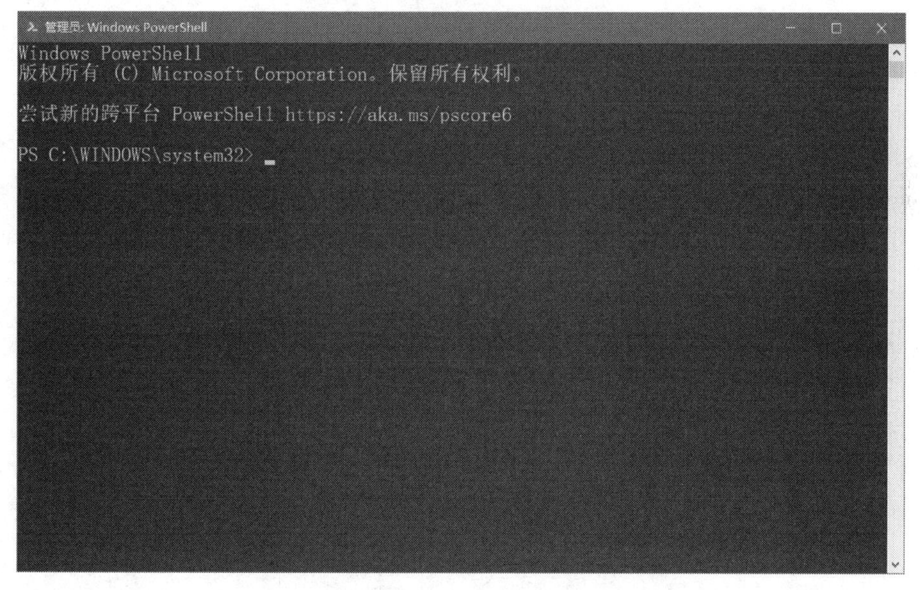

图 19-3　Windows PowerShell（管理员）对话框

指令进行配置如下。

1）初始化数据库

初始化数据库指令如下：

```
<MySQL 解压文件夹 >\bin\mysqld --initialize -console
```

初始化过程如图 19-4 所示。初始化成功后 root 用户会生成一个临时密码，请一定记住这个密码。笔者生成的密码是 RT.VQRjjk15&。

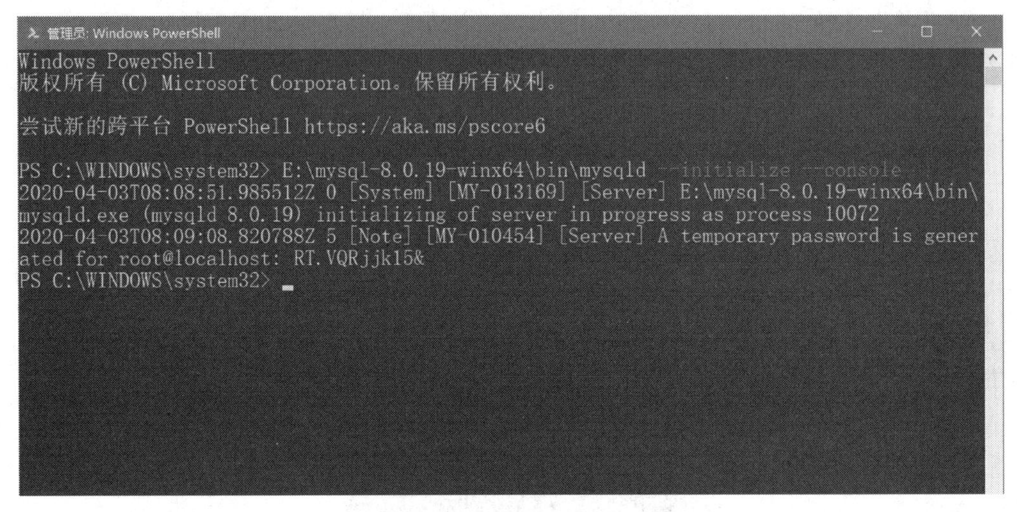

图 19-4　初始化数据库指令

2）安装 MySQL 服务

安装 MySQL 服务就是把 MySQL 数据库启动配置成为 Windows 系统中的一个服务。这样当 Windows 启动后，MySQL 数据库自动启动。安装 MySQL 服务指令如下：

```
<MySQL 解压文件夹 >\bin\mysqld --install
```

3）启用服务

启用服务指令如下：

```
net start mysql
```

MySQL 数据库服务启动成功说明数据库安装和配置成功。查看 MySQL 数据库服务可以打开 Windows 服务，如图 19-5 所示。

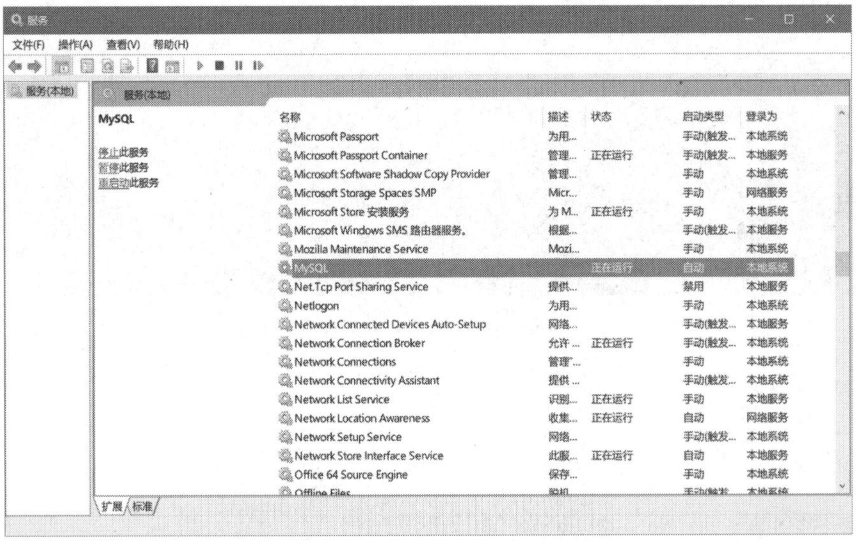

图 19-5　MySQL 数据库服务启动

4）修改 root 临时密码

首先需要通过命令提示符窗口登录 MySQL 数据库服务器，运行如下指令，按下 Enter 键，在提示输入密码后，再按下 Enter 键，如图 19-6 所示。

```
<MySQL 解压文件夹 >\bin\mysql -u root -p
```

命令提示符 - E:\mysql-8.0.19-winx64\bin\mysql -u root -p
Microsoft Windows [版本 10.0.18363.720]
(c) 2019 Microsoft Corporation。保留所有权利。
C:\Users\tony>E:\mysql-8.0.19-winx64\bin\mysql -u root -p
Enter password: ************

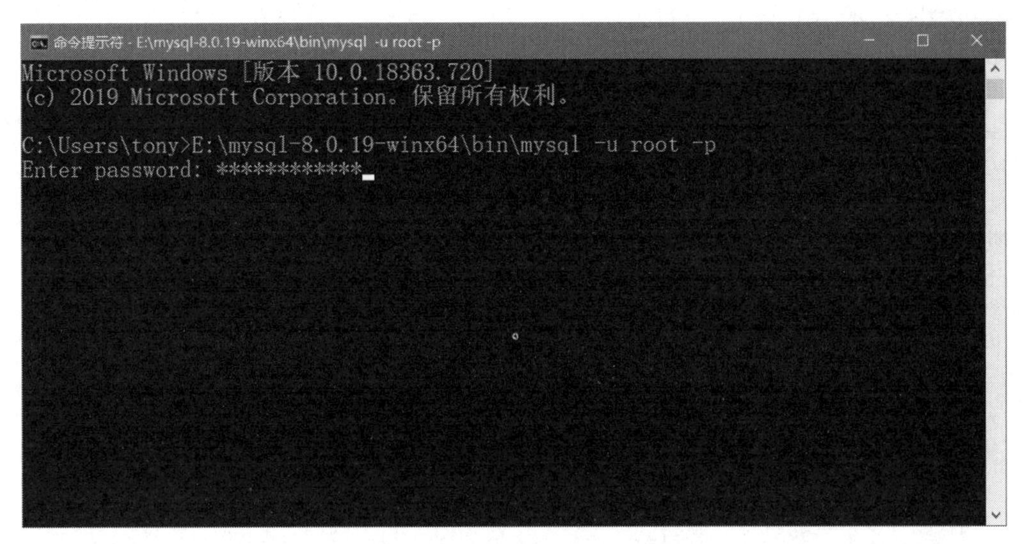

图 19-6 登录 MySQL 数据库服务器

登录成功后，在 mysql 提示符中输入如下指令。其中 12345 是修改后的新密码，如图 19-7 所示。

```
ALTER USER 'root'@'localhost' IDENTIFIED WITH mysql_native_password BY '12345';
```

命令提示符 - E:\mysql-8.0.19-winx64\bin\mysql -u root -p
affiliates. Other names may be trademarks of their respective
owners.
Type 'help;' or '\h' for help. Type '\c' to clear the current input statement.
mysql> ALTER USER 'root'@'localhost' IDENTIFIED WITH mysql_native_password BY '12345';
Query OK, 0 rows affected (0.79 sec)
mysql>

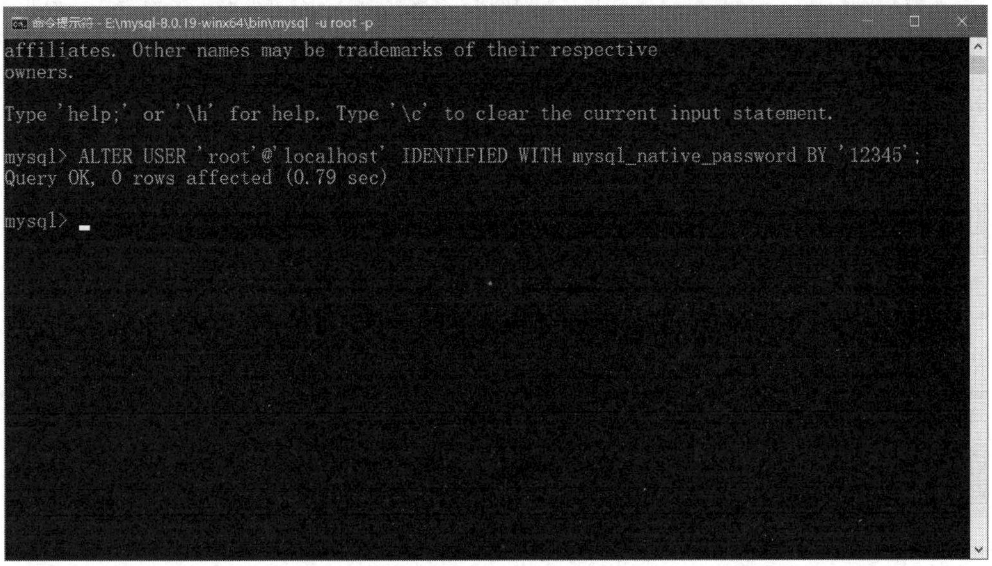

图 19-7 修改密码

19.2.2 登录服务器

无论使用命令提示符窗口（macOS 和 Linux 中终端窗口）还是使用客户端工具管理 MySQL 数据库，都需要登录 MySQL 服务器。本章重点介绍命令提示符窗口登录。

事实上在 19.2.1 节中修改密码时，已经使用了命令提示符窗口登录服务器。完整的指令如下：

```
mysql -h 主机 IP 地址（主机名） -u 用户 -p
```

其中 -h、-u 和 -p 是参数，说明如下：

- -h：是要登录的服务器主机名或 IP 地址，可以是远程的一个服务器主机。注意 -h 后面可以没有空格。如果是本机登录可以省略。
- -u：是登录服务器的用户，这个用户一定是数据库中存在的，并且具有登录服务器的权限。注意 -u 后面可以没有空格。
- -p：是用户对应的密码，可以直接在 -p 后面输入密码，也可以在按下 Enter 键后再输入密码。

如果想登录本机数据库，用户是 root，密码是 12345，那么至少有如下 6 种指令可以登录数据库。

```
mysql -u root -p
mysql -u root -p12345
mysql -uroot -p12345
mysql -h localhost -u root -p
mysql -h localhost -u root -p12345
mysql -hlocalhost -uroot -p12345
```

如图 19-8 所示是 mysql -hlocalhost -uroot -p12345 指令登录服务器。

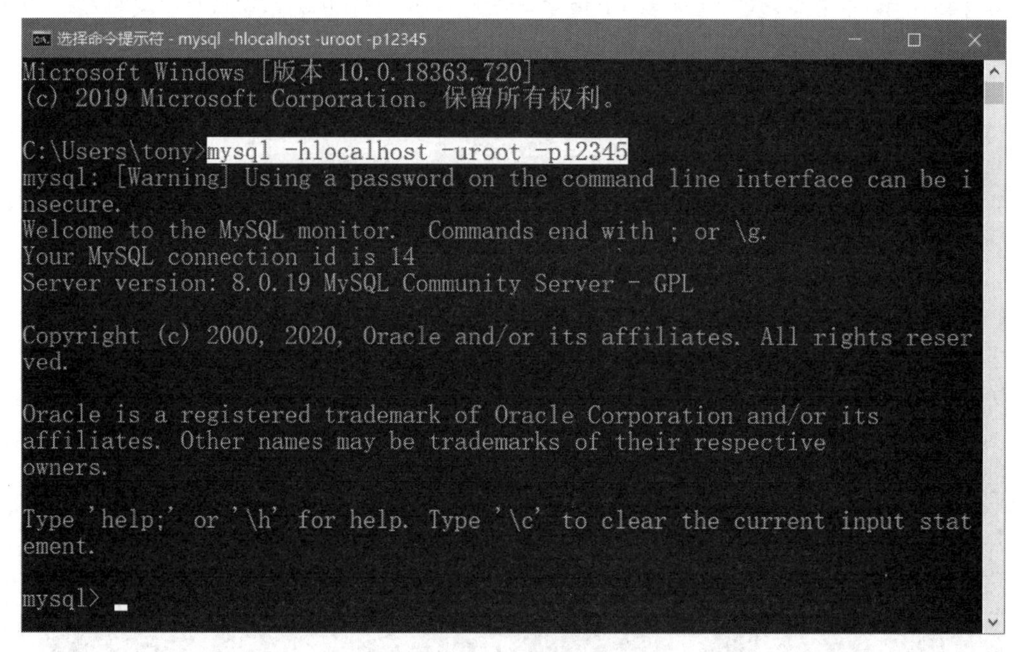

图 19-8 登录服务器

19.2.3　常见的管理命令

通过命令行客户端管理 MySQL 数据库，需要了解一些常用的命令。

1. help

第一个应该熟悉的就是 help 命令，help 命令能够列出 MySQL 其他命令的帮助。在命令行客户端中输入 help，不需要分号结尾，直接按下 Enter 键，如图 19-9 所示。这里都是 MySQL 的管理命令，这些命令大部分不需要分号结尾。

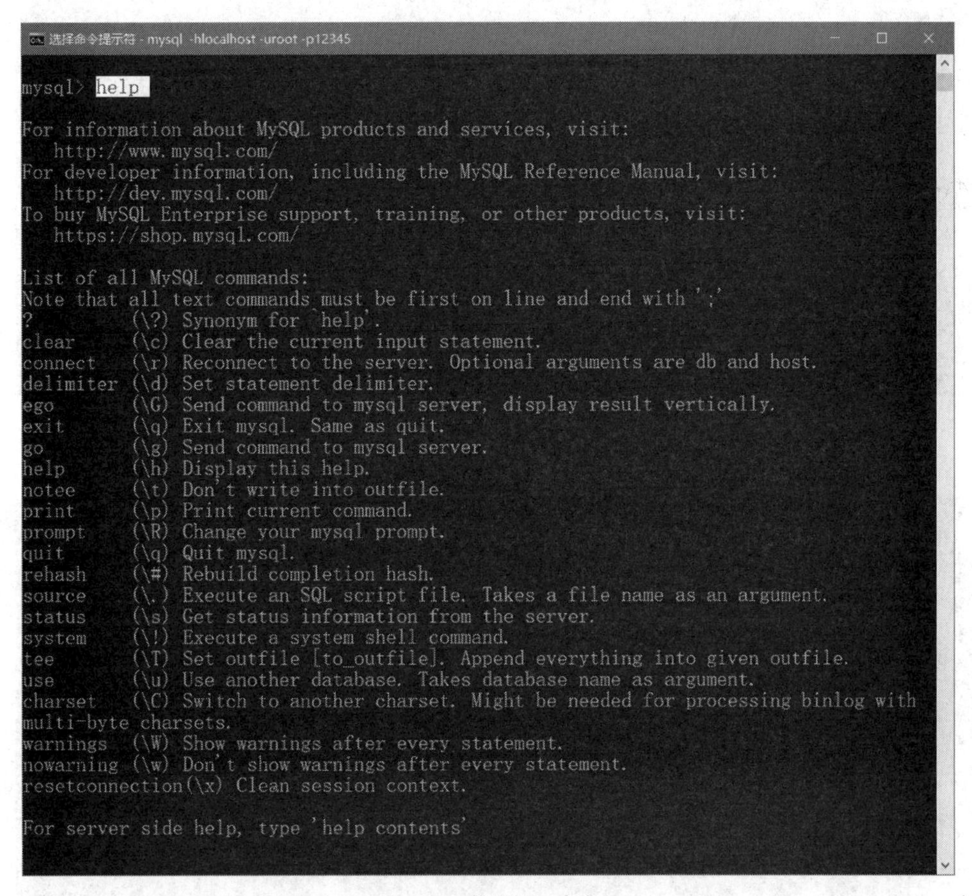

图 19-9　使用 help 命令

2. 退出命令

从命令行客户端中退出，可以在命令行客户端中使用 quit 或 exit 命令，如图 19-10 所示。这两个命令也不需要分号结尾。通过命令行客户端管理 MySQL 数据库，需要了解一些常用的命令。

3. 数据库管理

在使用数据库的过程中，有时需要知道数据库服务器中有哪些数据库。查看数据库的命令是 show databases;，如图 19-11 所示，注意该命令后面是以分号结尾的。

创建数据库可以使用 create database testdb; 命令，如图 19-12 所示，testdb 是自定义数据库名，注意该命令后面是以分号结尾的。

想要删除数据库可以使用 drop database testdb; 命令，如图 19-13 所示，testdb 是自定义数据库名，注意该命令后面是以分号结尾的。

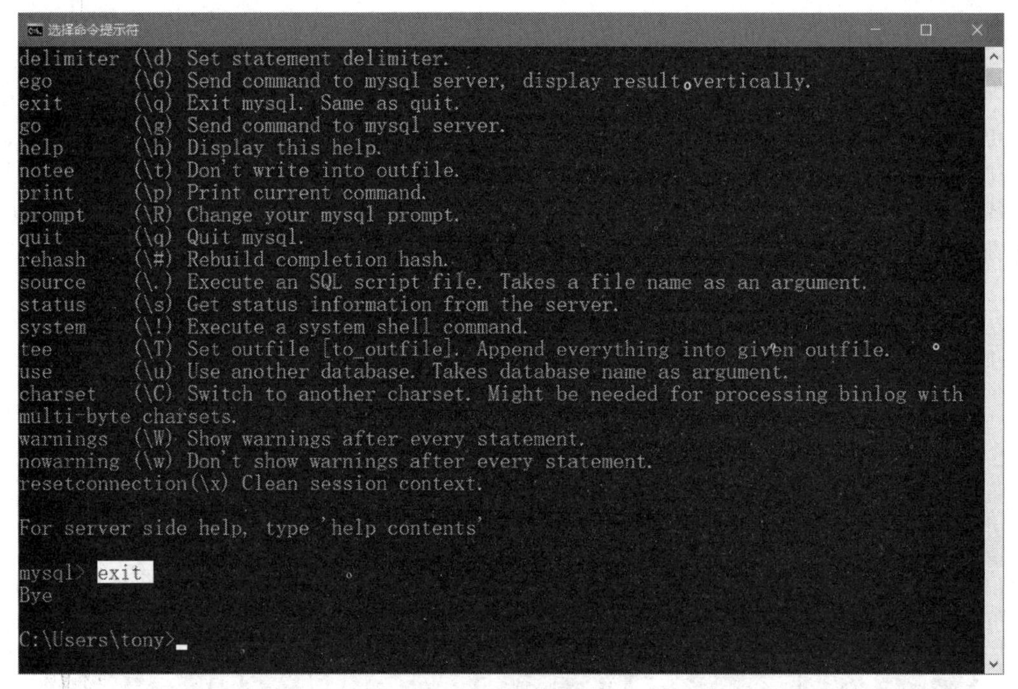

图 19-10 使用退出命令

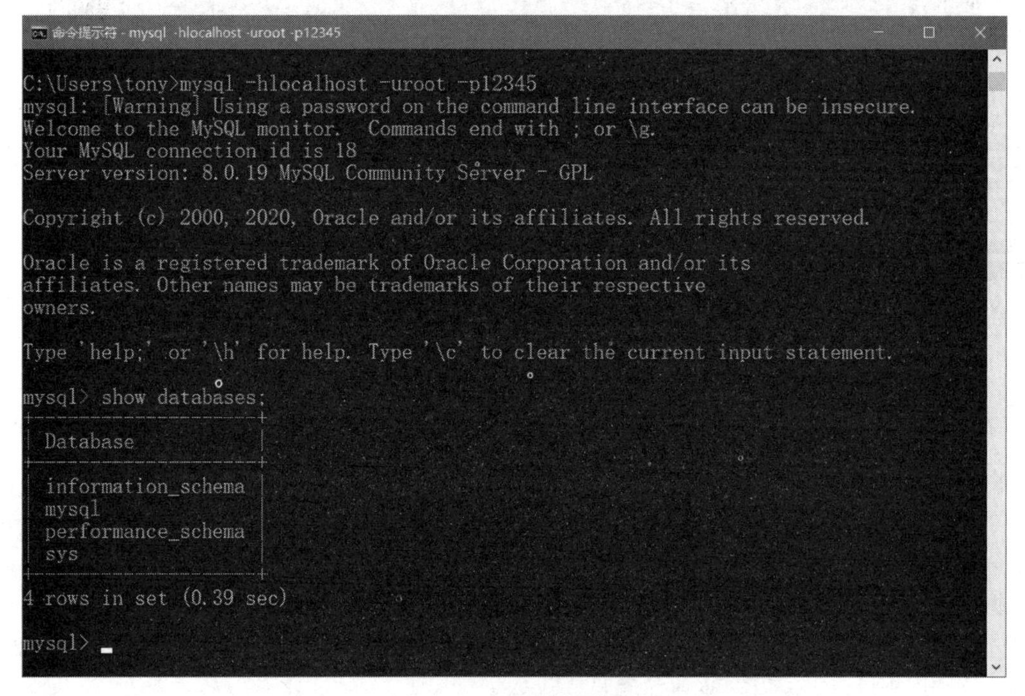

图 19-11 查看数据库信息

```
选择命令提示符 - mysql -hlocalhost -uroot -p12345
mysql>
mysql>  show databases;
+--------------------+
| Database           |
+--------------------+
| information_schema |
| mysql              |
| performance_schema |
| sys                |
+--------------------+
4 rows in set (0.00 sec)

mysql> create database testdb;
Query OK, 1 row affected (0.79 sec)

mysql> show databases;
+--------------------+
| Database           |
+--------------------+
| information_schema |
| mysql              |
| performance_schema |
| sys                |
| testdb             |
+--------------------+
5 rows in set (0.00 sec)

mysql>
```

图 19-12　创建数据库

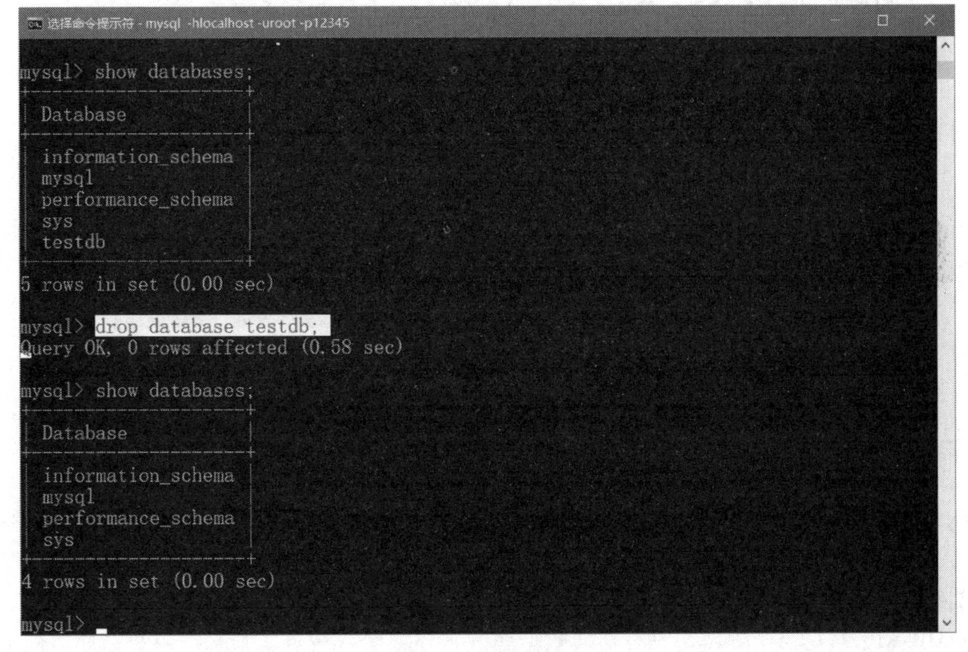

图 19-13　删除数据库

4. 数据表管理

在使用数据库的过程中，有时需要知道某个数据库下有多少个数据表，并需要查看表结构等信息。

查看有多少个数据表的命令是 show tables;，如图 19-14 所示，注意该命令后面是以分号结尾的。一个服务器中有很多数据库，应该先使用 use 选择数据库，如果没有选择数据库，会发生错误。注意 use sys 命令结尾没有分号，如图 19-14 所示。

```
命令提示符 - mysql -uroot -p

mysql> show tables;
ERROR 1046 (3D000): No database selected
mysql> use sys
Database changed
mysql> show tables;
+-----------------------------------------------+
| Tables_in_sys                                 |
+-----------------------------------------------+
| host_summary                                  |
| host_summary_by_file_io                       |
| host_summary_by_file_io_type                  |
| host_summary_by_stages                        |
| host_summary_by_statement_latency             |
```

图 19-14 查看数据库中表信息

知道了有哪些表后，还需要知道表结构，可以使用 desc 命令，如获得 city 表结构可以使用 desc host_summary; 命令，如图 19-15 所示，注意该命令后面是以分号结尾的。

```
命令提示符 - mysql -uroot -p

mysql> desc host_summary;
+------------------------+---------------+------+-----+---------+-------+
| Field                  | Type          | Null | Key | Default | Extra |
+------------------------+---------------+------+-----+---------+-------+
| host                   | varchar(255)  | YES  |     | NULL    |       |
| statements             | decimal(64,0) | YES  |     | NULL    |       |
| statement_latency      | varchar(11)   | YES  |     | NULL    |       |
| statement_avg_latency  | varchar(11)   | YES  |     | NULL    |       |
| table_scans            | decimal(65,0) | YES  |     | NULL    |       |
| file_ios               | decimal(64,0) | YES  |     | NULL    |       |
| file_io_latency        | varchar(11)   | YES  |     | NULL    |       |
| current_connections    | decimal(41,0) | YES  |     | NULL    |       |
| total_connections      | decimal(41,0) | YES  |     | NULL    |       |
| unique_users           | bigint        | NO   |     | 0       |       |
| current_memory         | varchar(11)   | YES  |     | NULL    |       |
| total_memory_allocated | varchar(11)   | YES  |     | NULL    |       |
+------------------------+---------------+------+-----+---------+-------+
12 rows in set (0.00 sec)

mysql>
```

图 19-15 查看表结构

19.3 Python DB-API

微课视频

在有 Python DB-API 规范之前，各个数据库编程接口非常混乱，实现方式差别很大，更换数据库工作量非常大。Python DB-API 规范要求各个数据库厂商和第三方开发商，遵循统一的编程接口，这使得 Python 开发数据库变得统一而简单，更新数据库工作量很小。

Python DB-API 只是一个规范，没有访问数据库的具体实现，规范是用来约束数据库厂商的，要求数据库厂商为开发人员提供访问数据库的标准接口。

Python DB-API 规范涉及三种不同的角色：Python 官方、开发人员和数据库厂商，如图 19-16 所示。

- Python 官方制定了 Python DB-API 规范，这个规范包括全局变量、连接、游标、数据类型和异常等内容。目前最新的是 Python DB-API2 规范。
- 数据库厂商为了支持 Python 语言访问自己的数据库，根据这些 Python DB-API 规范提供了具体的实现类，如连接和游标对象具体实现方式。当然针对某种数据库也可能有其他第三方具体实现。

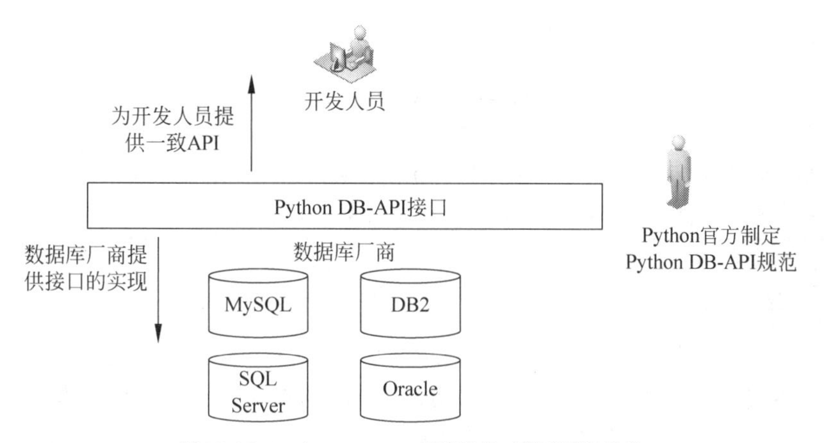

图 19-16 Python DB-API 规范涉及三种不同的角色

- 对于开发人员而言，Python DB-API 规范提供了一致的 API 接口，开发人员不用关心实现接口的细节。

19.3.1 建立数据库连接

数据库访问的第一步是进行数据库连接。建立数据库连接可以通过 connect(parameters...) 函数实现，该函数根据 parameters 参数连接数据库，连接成功返回 Connection 对象。

连接数据库的关键是连接参数 parameters，使用 pymysql 库连接数据库示例代码如下：

```
import pymysql

connection = pymysql.connect(host='localhost',
                             user='root',
                             password='12345',
                             database='mydb',
                             charset='utf8')
```

pymysql.connect() 函数中常用的连接参数如下：

- host：数据库主机名或 IP 地址。
- port：连接数据库端口号。
- user：访问数据库账号。
- password 或 passwd：访问数据库密码。
- database 或 db：数据库中的库名。
- charset：数据库编码格式，注意 utf8 是配置数据库字符串集是 UTF-8 编码。

此外，还有很多参数，如有需要，读者可以参考 http://pymysql.readthedocs.io/en/latest/modules/connections.html。

注意：连接参数虽然主要包括数据库主机名或 IP 地址、用户名、密码等内容，但是不同数据库厂商（或第三方开发商）提供的开发模块会有所不同，具体使用时需要查询开发文档。

Connection 对象有一些重要的方法，这些方法如下：

- close()：关闭数据库连接，关闭之后再使用数据库连接将引发异常。
- commit()：提交数据库事务。
- rollback()：回滚数据库事务。

- cursor()：获得 Cursor 游标对象。

提示：数据库事务通常包含了多个对数据库的读 / 写操作，这些操作是有序的。若事务被提交给了数据库管理系统，则数据库管理系统需要确保该事务中的所有操作都成功完成，结果被永久保存在数据库中。如果事务中有的操作没有成功完成，则事务中的所有操作都需要被回滚，回到事务执行前的状态。同时，该事务对数据库或者其他事务的执行无影响，所有的事务都看似在独立地运行。

19.3.2 创建游标

一个 Cursor 游标对象表示一个数据库游标，游标暂时保存了 SQL 操作所影响到的数据。在数据库事务管理中游标非常重要，游标是通过数据库连接创建的，相同数据库连接创建的游标所引起的数据变化，会马上反映到同一连接中的其他游标对象。但是不同数据库连接中的游标，是否能及时反映出来，则与数据库事务管理有关。

游标 Cursor 对象有很多方法和属性，其中基本 SQL 操作方法如下：

1）execute(operation[,parameters])

执行一条 SQL 语句，operation 是 SQL 语句，parameters 是为 SQL 提供的参数，可以是序列或字典类型。返回值是整数，表示执行 SQL 语句影响的行数。

2）executemany(operation[,seq_of_params])

执行批量 SQL 语句，operation 是 SQL 语句，seq_of_params 是为 SQL 提供的参数，seq_of_params 是序列。返回值是整数，表示执行 SQL 语句影响的行数。

3）callproc(procname[,parameters])

执行存储过程，procname 是存储过程名，parameters 是为存储过程提供的参数。

执行 SQL 查询语句也是通过 execute() 和 executemany() 方法实现的，但是这两个方法返回的都是整数，对于查询没有意义。因此使用 execute() 和 executemany() 方法执行查询后，还要通过提取方法提取结果集，相关提取方法如下：

- fetchone()：从结果集中返回一条记录的序列，如果没有数据则返回 None。
- fetchmany([size=cursor.arraysize])：从结果集返回小于或等于 size 的记录数序列，如果没有数据返回空序列，size 默认情况下是整个游标的行数。
- fetchall()：从结果集返回所有数据。

19.4 实例：User 表 CRUD 操作

微课视频

对数据库表中数据可以进行 4 类操作：数据插入（Create）、数据删除（Delete）、数据更新（Update）和数据查询（Read），也就是俗称的“增、删、改、查”。

本节通过一个案例介绍如何通过 PythonDB-API 实现 Python 对数据的 CRUD 操作。

19.4.1 安装 PyMySQL 库

PyMySQL 遵从 Python DB-API2 规范，其中包含了纯 Python 实现的 MySQL 客户端库。PyMySQL 兼容 MySQLdb，MySQLdb 是 Python 2 中使用的数据库开发模块。Python 3 中推荐使用 PyMySQL 库。本节首先介绍如何安装 PyMySQL 库。

通过 pip 工具安装 PyMySQL 库，pip 是 Python 官方提供的包管理工具。Python 默认安装就会安装 pip 工具。

打开命令提示（Linux、UNIX 和 macOS 终端），输入指令如下：

```
pip install PyMySQL
```

在 Windows 平台下执行 pip 安装指令过程如图 19-17 所示，最后会有安装成功提示，其他平台安装过程也是类似的，这里不再赘述。

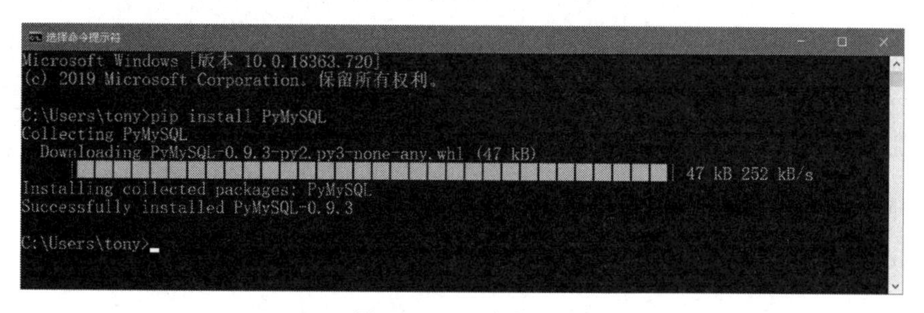

图 19-17　pip 安装过程

提示： pip 服务器在国外，有的库下载安装很慢，甚至有的库无法安装。此时可以使用国内的镜像服务器，需要在 pip 指令后加 -i 参数后面跟镜像服务器网址。修改指令如下：pip install PyMySQL -i https://pypi.tuna.tsinghua.edu.cn/simple，这里的镜像服务器是由清华大学提供的，当然读者也可以选择其他的镜像服务器。

19.4.2　数据库编程一般过程

在讲解案例之前，有必要先介绍一下通过 Python DB-API 进行数据库编程的一般过程。如图 19-18 所示是数据库编程的一般过程，其中查询（Read）过程和修改（C 插入、U 更新、D 删除）过程都是最多需要 6 个步骤。查询过程中需要提取数据结果集，这是修改过程中没有的步骤。而修改过程中如果成功执行 SQL 操作则提交数据库事务，如果失败则回滚事务。最后不要忘记释放资源，即关闭游标和数据库。

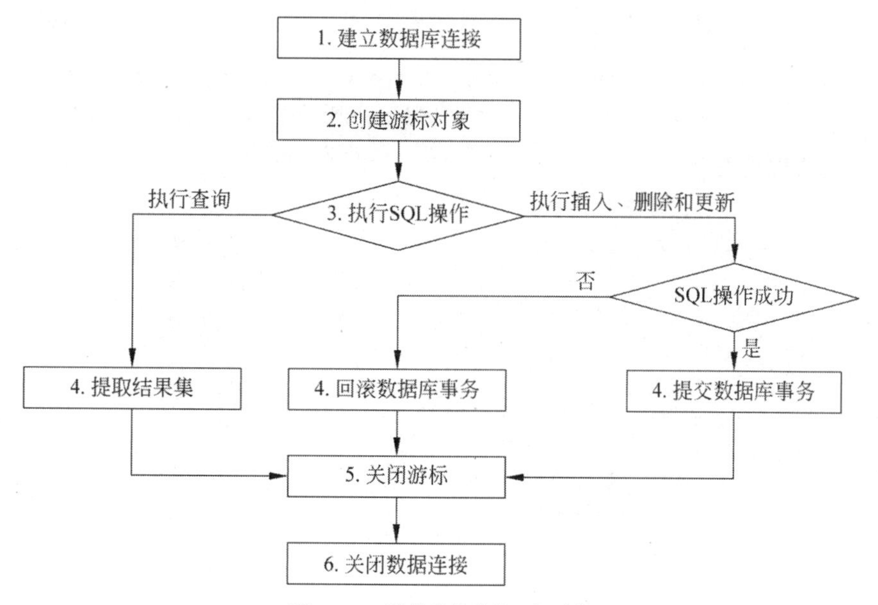

图 19-18　数据库编程的一般过程

19.4.3 数据查询操作

为了介绍数据查询操作案例，这里准备了一个 User 表，它有两个字段 name 和 userid，如表 19-1 所示。

表 19-1 User 表结构

字段名	类型	是否可以为 Null	主键
name	varchar(20)	是	否
userid	int	否	是

编写数据库脚本 mydb-mysql-schema.sql 文件内容如下：

```
/* chapter19/mydb-mysql-schema.sql */

/* 创建数据库 */
CREATE DATABASE  IF NOT EXISTS  MyDB;

use MyDB;

/* 用户表 */
CREATE TABLE IF NOT EXISTS user (
name varchar(20),      /* 用户 id  */
userid int,                  /* 用户密码 */
PRIMARY KEY (userid));

/* 插入初始数据 */
INSERT INTO user VALUES('Tom',1);
INSERT INTO user VALUES('Ben',2);
INSERT INTO user VALUES('张三',3);
```

下面介绍如何实现 SQL 语句的查询功能。

```
select name,userid from user where userid > ? order by userid //有条件查询
select max(userid) from user      //使用 max 等函数，无条件查询
```

1）有条件查询实现代码

```
# coding=utf-8
# 代码文件：chapter19/ch19.4.3-1.py

import pymysql

# 1. 建立数据库连接
connection = pymysql.connect(host='localhost',
                             user='root',
                             password='12345',
                             database='MyDB',
                             charset='utf8') ①


try:
    # 2. 创建游标对象
```

```
    with connection.cursor() as cursor:                                ②

        # 3. 执行 SQL 操作
        # sql = 'select name, userid from user where userid >%s'       ③
        # cursor.execute(sql, [0]) ④ # cursor.execute(sql, 0)
        sql = 'select name, userid from user where userid >%(id)s'     ⑤
        cursor.execute(sql, {'id': 0})                                 ⑥

        # 4. 提取结果集
        result_set = cursor.fetchall()                                 ⑦

        for row in result_set:                                         ⑧
            print('id: {0} - name: {1}'.format(row[1], row[0]))        ⑨

    # with 代码块结束
    # 5. 关闭游标

finally:
    # 6. 关闭数据连接
    connection.close()                                                 ⑩
```

上述代码第①行是创建数据库连接，指定编码格式为 UTF-8，MySQL 数据库默认安装以及默认创建的数据库都是 UTF-8 编码。代码第⑩行是关闭数据库连接。

代码第②行 connection.cursor() 是创建游标对象，并且使用了 with 代码块自动管理游标对象，因此虽然在整个程序代码中没有关闭游标的 close() 语句，但是 with 代码块结束时就会关闭游标对象。

提示：为什么数据库连接不使用类似于游标的 with 代码块管理资源呢？数据库连接如果出现异常，程序再往后执行数据库操作已经没有意义了，因此数据库连接不需要放到 try-except 语句中，也不需要 with 代码块管理。

代码第⑤行是要执行的 SQL 语句，其中 %(id)s 是命名占位符。代码第⑥行执行 SQL 语句，并绑定参数，绑定参数是字典类型，id 是占位符中的名字，是字典中的键。另一种写法是，占位符是 %s，见代码第③行，绑定参数是序列类型，见代码第④行。另外，参数只有一个时，可以直接绑定，所以第④行代码可以替换为 cursor.execute(sql,0)。

代码第⑦行是 cursor.fetchall() 方法提取所有结果集。代码第⑧行遍历结果集。代码第⑨行是取出字段内容，row[0] 取第一个字段内容，row[1] 取第二个字段内容。

提示：提交字段时，字段的顺序是 select 语句中列出的字段顺序，不是数据表中字段的顺序，除非使用 select* 语句。

2）无条件查询实现代码

```
# coding=utf-8
# 代码文件：chapter19/ch19.4.3-2.py

import pymysql

# 1. 建立数据库连接
connection = pymysql.connect(host='localhost',
```

```
                             user='root',
                             password='12345',
                             database='MyDB',
                             charset='utf8')

try:
    # 2. 创建游标对象
    with connection.cursor() as cursor:

        # 3. 执行 SQL 操作
        sql = 'select max(userid) from user'
        cursor.execute(sql)

        # 4. 提取结果集
        row = cursor.fetchone()                           ①

        if row is not None:                               ②
            print('最大用户 id: {0}'.format(row[0]))       ③

    # with 代码块结束
    # 5. 关闭游标

finally:
    # 6. 关闭数据连接
    connection.close()
```

上述代码第①行使用 cursor.fetchone() 方法提取一条数据。代码第②行判断非空时，提取字段内容，代码第③行是取出第一个字段内容。

19.4.4 数据修改操作

数据修改操作包括数据插入、数据更新和数据删除。

1. 数据插入

数据插入代码如下：

```
# coding=utf-8
# 代码文件：chapter19/ch19.4.4-1.py

import pymysql


# 查询最大用户 Id
def read_max_userid():
    <省略查询最大用户 Id 代码>


# 1. 建立数据库连接
connection = pymysql.connect(host='localhost',
                             user='root',
                             password='12345',
                             database='MyDB',
```

```
                                 charset='utf8')

# 查询最大值
maxid = read_max_userid()

try:
    # 2. 创建游标对象
    with connection.cursor() as cursor:

        # 3. 执行 SQL 操作
        sql = 'insert into user (userid, name) values (%s,%s)'      ①
        nextid = maxid + 1
        name = 'Tony' + str(nextid)
        cursor.execute(sql, (nextid, name))                         ②

        print('影响的数据行数：{0}'.format(affectedcount))

        # 4. 提交数据库事务
        connection.commit()                                         ③

    # with 代码块结束
    # 5. 关闭游标

except pymysql.DatabaseError:                                       ④
    # 4. 回滚数据库事务
    connection.rollback()                                           ⑤
finally:
    # 6. 关闭数据连接
    connection.close()                                              ⑥
```

代码第①行插入 SQL 语句，其中有两个占位符。代码第②行是绑定两个参数，参数放在一个元组中，也可以放在列表中。如果 SQL 执行成功，则通过代码第③行提交数据库事务，否则通过代码第⑤行回滚数据库事务。代码第④行是捕获数据库异常，DatabaseError 是数据库相关异常。

Python DB-API2 规范中的异常类继承层次如下：

```
StandardError
 +-- Warnin
 +-- Error
      +-- InterfaceError
      +-- DatabaseError
          +-- DataError
          +-- OperationalError
          +-- IntegrityError
          +-- InternalError
          +-- ProgrammingError
          +-- NotSupportedError
```

StandardError 是 Python DB-API 基类，一般的数据库开发使用 DatabaseError 异常及其子类。

2. 数据更新

数据更新代码如下：

```
# coding=utf-8
# 代码文件：chapter19/ch19.4.4-2.py

import pymysql

# 1. 建立数据库连接
connection = pymysql.connect(host='localhost',
                             user='root',
                             password='12345',
                             database='MyDB',
                             charset='utf8')

try:
    # 2. 创建游标对象
    with connection.cursor() as cursor:

        # 3. 执行 SQL 操作
        sql = 'update user set name = %s where userid > %s'
        affectedcount = cursor.execute(sql, ('Tom', 3))

        print('影响的数据行数：{0}'.format(affectedcount))
        # 4. 提交数据库事务
        connection.commit()

    # with 代码块结束
    # 5. 关闭游标

except pymysql.DatabaseError as e:
    # 4. 回滚数据库事务
    connection.rollback()
    print(e)
finally:
    # 6. 关闭数据连接
    connection.close()
```

3. 数据删除

数据删除代码如下：

```
# coding=utf-8
# 代码文件：chapter19/ch19.4.4-3.py

import pymysql


# 查询最大用户 Id
def read_max_userid():
    <省略查询最大用户 Id 代码>

# 1. 建立数据库连接
connection = pymysql.connect(host='localhost',
                             user='root',
```

```
                                    password='12345',
                                    database='MyDB',
                                    charset='utf8')

# 查询最大值
maxid = read_max_userid()

try:
    # 2. 创建游标对象
    with connection.cursor() as cursor:

        # 3. 执行SQL操作
        sql = 'delete from user where userid = %s'
        affectedcount = cursor.execute(sql, (maxid))

        print('影响的数据行数：{0}'.format(affectedcount))
        # 4. 提交数据库事务
        connection.commit()

    # with代码块结束
    # 5. 关闭游标

except pymysql.DatabaseError:
    # 4. 回滚数据库事务
    connection.rollback()
finally:
    # 6. 关闭数据连接
    connection.close()
```

数据更新、数据删除与数据插入在程序结构上非常类似，差别主要在于SQL语句和绑定参数的不同。具体代码不再解释。

19.5 NoSQL数据存储

目前大部分数据库都是关系型的，通过SQL语句操作数据库。但也有一些数据库是非关系型的，不通过SQL语句操作数据库，这些数据库称为NoSQL数据库。dbm（data base manager）数据库是最简单的NoSQL数据库，它不需要安装，直接通过键值对数据存储。

微课视频

Python内置dbm模块提供了存储dbm数据的API，下面将分别介绍这些API。

19.5.1 dbm数据库的打开和关闭

与关系型数据库类似，dbm数据库使用前需要打开，使用完成需要关闭。打开数据库使用open()函数，它的语法如下：

```
dbm.open(file, flag='r')
```

参数file是数据库文件名，包括路径；参数flag是文件打开方式，flag取值说明如下：

- 'r'：以只读方式打开现有数据库，这是默认值。
- 'w'：以读写方式打开现有数据库。

- 'c'：以读写方式打开数据库，如果数据库不存在则创建。
- 'n'：始终创建一个新的空数据库，打开方式为读写。

关闭数据库使用 close() 函数，close() 函数没有参数，使用起来比较简单。但笔者更推荐使用 with as 语句块管理数据资源释放。示例代码如下：

```
with dbm.open(DB_NAME, 'c') as db:
    pass
```

使用 with as 语句块后不再需要自己关闭数据库。

19.5.2　dbm 数据存储

dbm 数据存储方式类似于字典数据结构，通过键写入或读取数据。但需要注意 dbm 数据库保存的数据是字符串类型或者是字节序列（bytes）类型。

dbm 数据存储相关语句如下。

1）写入数据

```
d[key] = data
```

d 是打开的数据库对象，key 是键，data 是要保存的数据。如果 key 不存在则创建 key-data 数据项，如果 key 已经存在则使用 data 覆盖旧数据。

2）读取数据

```
data = d[key] 或 data = d.get(key, defaultvalue)
```

使用 data=d[key] 语句读取数据时，如果没有 key 对应的数据则会抛出 KeyError 异常。为了防止这种情况的发生可以使用 data=d.get(key, defaultvalue) 语句，如果没有 key 对应的数据，返回默认值 defaultvalue。

3）删除数据

```
del d[key]
```

按照 key 删除数据，如果没有 key 对应的数据则会抛出 KeyError 异常。

4）查找数据

```
flag = key in d
```

按照 key 在数据库中查找数据。示例代码如下：

```
# coding=utf-8
# 代码文件：chapter19/ch19.5.2.py

import dbm

with dbm.open('mydb', 'c') as db:
    db['name'] = 'tony'  # 更新数据
    print(db['name'].decode())  # 取出数据 ①

    age = int(db.get('age', b'18').decode())  # 取出数据 ②
    print(age)
```

```
if 'age' in db:  # 判断是否存在 age 数据
    db['age'] = '20'  # 或者 b'20'

del db['name']  # 删除 name 数据
```

上述代码第①行按照 name 键取出数据，db['name'] 表达式取出的数据是字节序列，如果需要的是字符串则需要使用 decode() 方法将字节序列转换为字符串。代码第②行读取 age 键数据，表达式 db.get('age;, b '18') 中默认值为 b' 18'，b' 18' 是字节序列。

19.6　本章小结

本章首先介绍了 MySQL 数据库的安装、配置和日常的管理命令。然后重点讲解了 Python DB-API 规范，读者需要熟悉如何建立数据库连接、创建游标和从游标中提取数据。最后介绍了 dbm NoSQL 数据库，读者需要了解 dbm 的使用方法。

19.7　同步练习

判断题

1. Python DB-API 规范是由 Python 官方制定，这个规范包括：全局变量、连接、游标、数据类型和异常等内容。(　　)

2. Python DB-API 规范只是用来规范数据库厂商的。(　　)

19.8　动手实践：从结构化文档迁移数据到数据库

编程题

1. 设计一个 XML 文件，再设计一个数据库表，表结构与 XML 结构一致。编写程序读取 XML 文件内容将数据插入数据库的表中。

2. 设计一个 JSON 件，再设计一个数据库表，表结构与 JSON 结构一致。编写程序读取 JSON 文件内容将数据插入数据库的表中。

3. 编写程序实现 MySQL 数据库 CRUD 操作。

4. 编写程序实现 NoSQL 数据存取操作。

第 20 章

网 络 编 程

现代的应用程序都离不开网络，网络编程是非常重要的技术。Python 提供了两个不同层次的网络编程 API：基于 Socket 的低层次网络编程和基于 URL 的高层次网络编程。Socket 采用 TCP、UDP 等协议，这些协议属于低层次的通信协议；URL 采用 HTTP 和 HTTPS，这些属于高层次的通信协议。

20.1 网络基础

微课视频

网络编程需要程序员掌握一些基础的网络知识，本节先介绍一些网络基础知识。

20.1.1 网络结构

网络结构是网络的构建方式，目前流行的有客户端服务器结构网络和对等结构网络。

1. 客户端服务器结构网络

客户端服务器（Client Server，C/S）结构网络是一种主从结构网络。如图 20-1 所示，服务器一般处于等待状态，如果有客户端请求，服务器响应请求，建立连接提供服务。服务器是被动的，有点像在餐厅吃饭时的服务员，而客户端是主动的，像在餐厅吃饭的顾客。

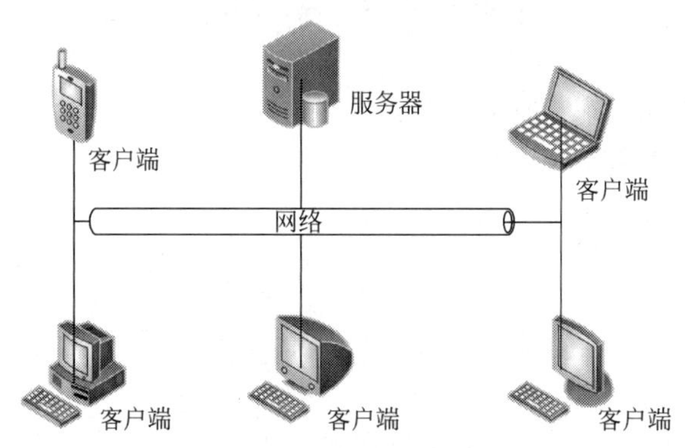

图 20-1 客户端服务器结构网络

事实上，生活中很多网络服务都采用这种结构，如 Web 服务、文件传输服务和邮件服务等。虽然它们存在的目的不一样，但基本结构是一样的。这种网络结构与设备类型无关，服务器不一定是计算机，也可能是手机等移动设备。

2. 对等结构网络

对等结构网络也称为点对点网络（Peer to Peer，P2P），每个节点之间是对等的。如图 20-2 所示，每个节点既是服务器又是客户端，这种结构有点像吃自助餐。

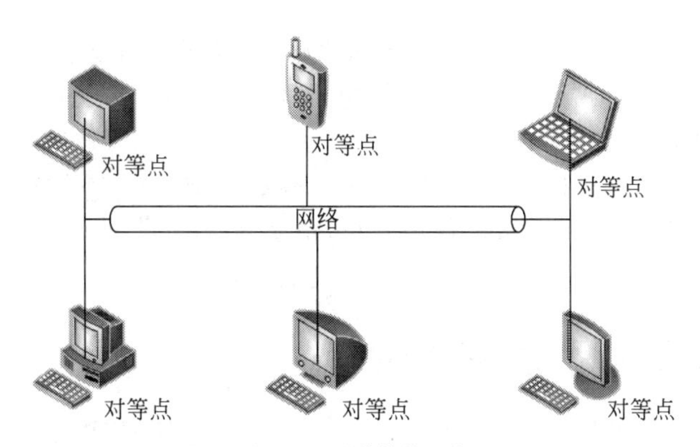

图 20-2 对等结构网络

对等结构网络分布范围比较小，通常在一间办公室或一个家庭内，因此它非常适合移动设备间的网络通信，网络链路层由蓝牙和 WiFi 实现。

20.1.2 TCP/IP

网络通信会用到协议，其中 TCP/IP 是非常重要的。TCP/IP 是由 IP 和 TCP 两个协议构成的。IP（Internet Protocol）是一种低级的路由协议，它将数据拆分在许多小的数据包中，并通过网络将它们发送到某一特定地址，但无法保证所有包都抵达目的地，也不能保证包的顺序。由于 IP 传输数据的不安全性，网络通信时还需要 TCP。传输控制协议（Transmission Control Protocol，TCP）是一种高层次的协议，面向连接的可靠数据传输协议，如果有些数据包没有收到会重发，并对数据包内容的准确性进行检查并保证数据包顺序，所以该协议保证数据包能够安全地按照发送时顺序送达目的地。

20.1.3 IP 地址

为实现网络中不同计算机之间的通信，每台计算机都必须有一个与众不同的标识，这就是 IP 地址，TCP/IP 使用 IP 地址来标识源地址和目的地址。最初所有的 IP 地址都是 32 位的数字，由 4 个 8 位的二进制数组成，每 8 位之间用圆点隔开，如 192.168.1.1，这种类型的地址通过 IPv4 指定。而现在有一种新的地址模式称为 IPv6，IPv6 使用 128 位数字表示一个地址，分为 8 个 16 位块。尽管 IPv6 比 IPv4 有很多优势，但是由于习惯的问题，很多设备还是采用 IPv4。不过 Python 语言同时支持 IPv4 和 IPv6。

在 IPv4 地址模式中 IP 地址分为 A、B、C、D 和 E 共 5 类。

- A 类地址用于大型网络，地址范围：1.0.0.1~126.155.255.254。
- B 类地址用于中型网络，地址范围：128.0.0.1~191.255.255.254。
- C 类地址用于小规模网络，地址范围：192.0.0.1~223.255.255.254。
- D 类地址用于多目的地信息的传输和备用。
- E 类地址保留仅作实验和开发用。

另外，有时还会用到一个特殊的 IP 地址 127.0.0.1，称为回送地址，指本机。127.0.0.1 主要用于网络软件测试以及本地机进程间通信，使用回送地址发送数据，不进行任何网络传输，只在本机进程间通信。

20.1.4 端口

一个 IP 地址标识一台计算机，每台计算机又有很多网络通信程序在运行，提供网络服务或进行通信，这就需要不同的端口进行通信。如果把 IP 地址比作电话号码，那么端口就是分机号码，进行网络通信时不仅要指定 IP 地址，还要指定端口号。

TCP/IP 系统中的端口号是一个 16 位的数字，它的范围是 0~65535。小于 1024 的端口号保留给预定义的服务，如 HTTP 是 80，FTP 是 21，Telnet 是 23，Email 是 25 等，除非要和那些服务进行通信，否则不应该使用小于 1024 的端口。

20.2 TCP Socket 低层次网络编程

微课视频

TCP/IP 协议的传输层有两种传输协议：TCP（传输控制协议）和 UDP（用户数据报协议）。TCP 是面向连接的可靠数据传输协议。TCP 就好比电话，电话接通后双方才能通话，在挂断电话之前，电话一直占线。TCP 连接一旦建立起来，一直占用，直到关闭连接。另外，TCP 为了保证数据的正确性，会重发一切没有收到的数据，还会对数据内容进行验证，并保证数据传输的正确顺序。因此 TCP 协议对系统资源的要求较多。

基于 TCP Socket 编程很有代表性，下面首先介绍 TCP Socket 编程。

20.2.1 TCP Socket 通信概述

Socket 是网络上的两个程序，通过一个双向的通信连接，实现数据的交换。这个双向链路的一端称为一个 Socket。Socket 通常用来实现客户端和服务端的连接。Socket 是 TCP/IP 协议的一个十分流行的编程接口，一个 Socket 由一个 IP 地址和一个端口号唯一确定，一旦建立连接，Socket 还会包含本机和远程主机的 IP 地址和远端口号，如图 20-3 所示，Socket 是成对出现的。

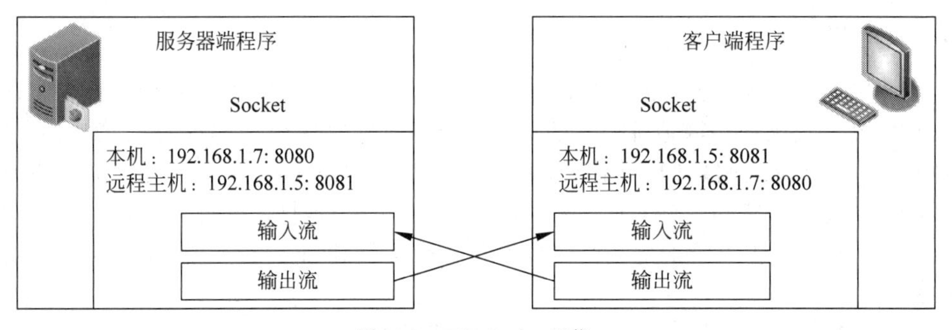

图 20-3 TCP Socket 通信

20.2.2 TCP Socket 通信过程

使用 TCP Socket 进行 C/S 结构编程，通信过程如图 20-4 所示。

从图 20-4 可见，服务器首先绑定本机的 IP 和端口，如果端口已经被其他程序占用则抛出异常。如果绑定成功则监听该端口。服务器端调用 socket.accept() 方法阻塞程序，等待客户端连接请求。当客户端向服务器发出连接请求，服务器接收客户端请求建立连接。一旦连接建立起来，服务器与客户端就可以通过 Socket 进行双向通信了，最后关闭 Socket 释放资源。

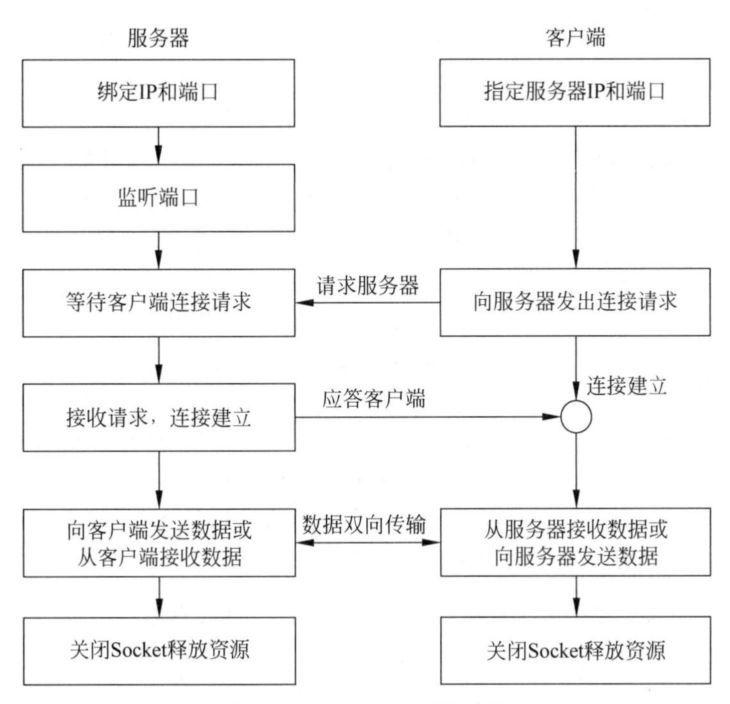

图 20-4　TCP Socket 通信过程

20.2.3　TCP Socket 编程 API

Python 提供了两个 socket 模块：socket 和 socketserver。socket 模块提供了标准的 BSD Socket[①] API；socketserver 重点是网络服务器开发，它提供了 4 个基本服务器类，可以简化服务器开发。本书重点介绍 socket 模块实现的 Socket 编程。

1. 创建 TCP Socket

socket 模块提供了一个 socket() 函数可以创建多种形式的 socket 对象，本节重点介绍创建 TCP Socket 对象，创建代码如下：

```
s = socket.socket(socket.AF_INET, socket.SOCK_STREAM)
```

参数 socket.AF_INET 设置 IP 地址类型是 IPv4，如果采用 IPv6 地址类型参数是 socket.AF_INET6。参数 socket.SOCK_STREAM 设置 Socket 通信类型是 TCP。

2. TCP Socket 服务器编程方法

socket 对象有很多方法，其中与 TCP Socket 服务器编程有关的方法如下：

- socket.bind(address)：绑定地址和端口，address 是包含主机名（或 IP 地址）和端口的二元组对象。
- socket.listen(backlog)：监听端口，backlog 最大连接数，backlog 默认值是 1。
- socket.accept()：等待客户端连接，连接成功返回二元组对象（conn, address），其中 conn 是新的 socket 对象，可以用来接收和发送数据，address 是客户端的地址。

3. 客户端编程 socket 方法

socket 对象中与 TCP Socket 客户端编程有关的方法如下：

① BSD Socket，也称伯克利套接字（Berkeley Socket），它是由加州大学伯克利分校（University of California, Berkeley）的学生开发的。BSD Socket 是 UNIX 平台下广泛使用的 Socket 编程。

socket.connect(address)：连接服务器 socket，address 是包含主机名（或 IP 地址）和端口的二元组对象。

4. 服务器和客户端编程 socket 共用方法

socket 对象中有一些方法是服务器和客户端编程共用方法，这些方法如下：

- socket.recv(buffsize)：接收 TCP Socket 数据，该方法返回字节序列对象。参数 buffsize 指定一次接收的最大字节数，因此如果要接收的数据量大于 buffsize，则需要多次调用该方法进行接收。
- socket.send(bytes)：发送 TCP Socket 数据，将 bytes 数据发送到远程 Socket，返回成功发送的字节数。如果要发送的数据量很大，需要多次调用该方法发送数据。
- socket.sendall(bytes)：发送 TCP Socket 数据，将 bytes 数据发送到远程 Socket，如果发送成功返回 None，如果失败则抛出异常。与 socket.send(bytes) 不同的是，该方法连续发送数据，直到发送完所有数据或发生异常。
- socket.settimeout(timeout)：设置 Socket 超时时间，timeout 是一个浮点数，单位是 s，值为 None 则表示永远不会超时。一般超时时间应在刚创建 Socket 时设置。
- socket.close()：关闭 Socket，该方法虽然可以释放资源，但不一定立即关闭连接，如果要及时关闭连接，需要在调用该方法之前调用 shutdown() 方法。

注意：Python 中的 socket 对象是可以被垃圾回收的，当 socket 对象被垃圾回收，则 socket 对象会自动关闭，但建议显式地调用 close() 方法关闭 socket 对象。

20.2.4 实例：简单聊天工具

基于 TCP Socket 编程比较复杂，先从一个简单的聊天工具实例介绍 TCP Socket 编程的基本流程。该实例实现了从客户端发送字符串给服务器，然后服务器再返回字符串给客户端。

实例服务器端代码如下：

```
# coding=utf-8
# 代码文件：chapter20/20.2.4/tcp-server.py

import socket

s = socket.socket(socket.AF_INET, socket.SOCK_STREAM)   ①
s.bind(('', 8888))                                      ②
s.listen()                                              ③
print('服务器启动...')

# 等待客户端连接
conn, address = s.accept()                              ④
# 客户端连接成功
print(address)

# 从客户端接收数据
data = conn.recv(1024)                                  ⑤
print('从客户端接收消息：{0}'.format(data.decode()))
# 给客户端发送数据
conn.send('你好'.encode())                              ⑥

# 释放资源
conn.close()                                            ⑦
```

```
s.close()                                           ⑧
```

上述代码第①行是创建一个 socket 对象。代码第②行是绑定本机 IP 地址和端口，其中 IP 地址为空字符串，系统会自动为其分配可用的本机 IP 地址，8888 是绑定的端口。代码第③行是监听本机 8888 端口。

代码第④行使用 accept() 方法阻塞程序，等待客户端连接，返回二元组，其中 conn 是一个新的 socket 对象，address 是当前连接的客户端地址。代码第⑤行使用 recv() 方法接收数据，参数 1024 是设置一次接收的最大字节数，返回值是字节序列对象，字节序列转换为字符串，可以通过 data.decode() 方法实现，decode() 方法中可以指定字符集，默认字符集是 UTF-8。代码第⑥行使用 send() 方法发送数据，参数是字节序列对象，如果发送字符串则需要转换为字节序列，使用字符串的 encode() 方法进行转换，encode() 方法也可以指定字符集，默认字符集是 UTF-8。' 你好 '.encode() 是将字符串 ' 你好 ' 转换为字节序列对象。

代码第⑦行是关闭 conn 对象，代码第⑧行是关闭 s 对象，它们都是 socket 对象。实例客户端代码如下：

```
# coding=utf-8
# 代码文件：chapter20/20.2.4/tcp-client.py

import socket

s = socket.socket(socket.AF_INET, socket.SOCK_STREAM)  ①
# 连接服务器
s.connect(('127.0.0.1', 8888))                          ②

# 给服务器端发送数据
s.send(b'Hello')                                        ③
# 从服务器端接收数据
data = s.recv(1024)
print(' 从服务器端接收消息：{0}'.format(data.decode()))

# 释放资源
s.close()
```

上述代码第①行是创建 socket 对象。代码第②行连接远程服务器 socket，其参数 ('127.0.0.1', 8888) 是二元组，'127.0.0.1' 是远程服务器 IP 地址或主机名，8888 是远程服务器端口。代码第③行是发送 Hello 字符串，在字符串前面加字母 b 可以将字符串转换为字节序列，b 'Hello' 是将 Hello 转换为字节序列对象，但是这种方法只适合 ASCII 字符串，非 ASCII 字符串会引发异常。

测试运行时首先运行服务器，然后再运行客户端。

服务器端输出结果如下：

```
服务器启动...('127.0.0.1',56802)
从客户端接收消息：Hello
```

客户端输出结果如下：

```
从服务器端接收消息：你好
```

20.2.5　实例：文件上传工具

20.2.4 节实例功能非常简单，从中可以了解 TCP Socket 编程的基本流程。本节再介绍一个实例，该实例实现了文件上传功能，客户端读取本地文件，然后通过 Socket 通信发送给服务器，服务器接收数据保存到本地。

实例服务器端代码如下：

```
# coding=utf-8
# 代码文件：chapter20/20.2.5/upload-server.py

import socket

HOST = ''
PORT = 8888

f_name = 'coco2dxcplus_copy.jpg'

with socket.socket(socket.AF_INET, socket.SOCK_STREAM) as s:    ①
    s.bind((HOST, PORT))
    s.listen(10)
    print('服务器启动...')

    while True:                                                  ②
        with s.accept()[0] as conn:                              ③
            # 创建字节序列对象列表，作为接收数据的缓冲区
            buffer = []                                          ④
            while True:  # 反复接收数据                           ⑤
                data = conn.recv(1024)                           ⑥
                if data:                                         ⑦
                    # 接收的数据添加到缓冲区
                    buffer.append(data)
                else:
                    # 没有接收到数据则退出
                    break
            # 将接收的字节序列对象列表合并为一个字节序列对象
            b = bytes().join(buffer)                             ⑧
            with open(f_name, 'wb') as f:                        ⑨
                f.write(b)

            print('服务器接收完成。')
```

上述代码第①行创建了 socket 对象，注意这里使用 with as 代码块自动管理 socket 对象。代码第②行是一个 while“死循环”，可以反复接收客户端请求，然后进行处理。代码第③行调用 accept() 方法等待客户端连接，这里也使用 with as 代码块自动管理 socket 对象，但是需要注意，with as 不能管理多个变量，accept() 方法返回元组是多个变量，而 s.accept()[0] 表达式只是取出 conn 变量，它是一个 socket 对象。

代码第④行是创建一个空列表 buffer，由于一次从客户端接收的数据只是一部分，需要将接收的字节数据收集到 buffer 中。代码第⑤行是一个 while 循环，用来反复接收客户端的数据，当客户端不再有数据上传时退出循环。代码第⑦行判断客户端是否有数据上传，如果有则追加到 buffer 中，否则退出 while 循环。代码第⑥行是接收客户端数据，指定一次接收的数据最大是 1024 字节。

代码第⑧行是将 buffer 中的字节连接合并为一字节序列对象，bytes() 是创建一个空的字节序列对象，字节序列对象 join(buffer) 方法可以将 buffer 连接起来。

代码第⑨行是以写入模式打开二进制本地文件，将从客户端上传的数据 b 写入文件中，从而实现文件上传服务器端处理。

实例客户端代码如下：

```
# coding=utf-8
# 代码文件：chapter20/20.2.5/upload-client.py

import socket

HOST = '127.0.0.1'
PORT = 8888
f_name = 'coco2dxcplus.jpg'

with socket.socket(socket.AF_INET, socket.SOCK_STREAM) as s:    ①

    s.connect((HOST, PORT))                                     ②

    with open(f_name, 'rb') as f:                               ③
        b = f.read()                                            ④
        s.sendall(b)                                            ⑤
        print('客户端上传数据完成。')
```

上述代码第①行是创建客户端 socket 对象。代码第②行连接远程服务器 socket。代码第③行是以只读模式打开二进制本地文件。代码第④行是读取文件到字节对象 b 中，注意 f.read() 方法会读取全部的文件内容，也就是说 b 是文件的全部字节。发送数据可以使用 socket 对象的 send() 方法分多次发送，也可以使用 socket 对象的 sendall() 方法一次性发送，本例中使用了 sendall() 方法，见代码第⑤行。

20.3　UDP Socket 低层次网络编程

UDP（用户数据报协议）就像日常生活中的邮件投递，是不能保证可靠地寄到目的地。UDP 是无连接的，对系统资源的要求较少，UDP 可能丢包，不保证数据顺序。但是对于网络游戏和在线视频等要求传输快、实时性高、质量可稍差一点的数据传输，UDP 还是非常不错的。

微课视频

UDP Socket 网络编程比 TCP Socket 编程简单得多，UDP 是无连接协议，不需要像 TCP 一样监听端口，建立连接，然后才能进行通信。

20.3.1　UDP Socket 编程 API

socket 模块中 UDP Socket 编程 API 与 TCP Socket 编程 API 是类似的，都是使用 socket 对象，只是有些参数是不同的。

1. 创建 UDP Socket

创建 UDP Socket 对象也是使用 socket() 函数，创建代码如下：

```
s = socket.socket(socket.AF_INET, socket.SOCK_DGRAM)
```

与创建 TCP Socket 对象不同，使用的 socket 类型是 socket.SOCK_DGRAM。

2. UDP Socket 服务器编程方法

socket 对象中与 UDP Socket 服务器编程有关的方法是 bind() 方法，注意不需要 listen() 和 accept()，这是因为 UDP 通信不需要像 TCP 一样监听端口，建立连接。

3. 服务器和客户端编程 socket 共用方法

socket 对象中有一些方法是服务器和客户端编程的共用方法，这些方法如下：

- socket.recvfrom(buffsize)：接收 UDP Socket 数据，该方法返回二元组对象 (data,address)，data 是接收的字节序列对象；address 发送数据的远程 Socket 地址，参数 buffsize 指定一次接收的最大字节数，因此如果要接收的数据量大于 buffsize，则需要多次调用该方法进行接收。
- socket.sendto(bytes,address)：发送 UDP Socket 数据，将 bytes 数据发送到地址为 address 的远程 Socket，返回成功发送的字节数。如果要发送的数据量很大，需要多次调用该方法发送数据。
- socket.settimeout(timeout)：同 TCP Socket。
- socket.close()：关闭 Socket，同 TCP Socket。

20.3.2 实例：简单聊天工具

与 TCP Socket 相比 UDP Socket 编程比较简单。为了比较，将 20.2.4 节实例采用 UDP Socket 重构。

实例服务器端代码如下：

```
# coding=utf-8
# 代码文件：chapter20/20.3.2/udp-server.py

import socket

s = socket.socket(socket.AF_INET, socket.SOCK_DGRAM)  ①
s.bind(('', 8888))                                    ②
print('服务器启动 ...')

# 从客户端接收数据
data, client_address = s.recvfrom(1024)               ③
print('从客户端接收消息：{0}'.format(data.decode()))
# 给客户端发送数据
s.sendto('你好'.encode(), client_address)              ④

# 释放资源
s.close()
```

上述代码第①行是创建一个 UDP Socket 对象。代码第②行是绑定本机 IP 地址和端口，其中 IP 地址为空字符串，系统会自动为其分配可用的本机 IP 地址，8888 是绑定的端口。

代码第③行使用 recvfrom() 方法接收数据，参数 1024 是设置的一次接收的最大字节数，返回值是字节序列对象。代码第④行使用 sendto() 方法发送数据。

实例客户端代码如下：

```
# coding=utf-8
# 代码文件：chapter20/20.3.2/udp-client.py

import socket

s = socket.socket(socket.AF_INET, socket.SOCK_DGRAM)  ①

# 服务器地址
server_address = ('127.0.0.1', 8888)                  ②
```

```
# 给服务器端发送数据
s.sendto(b'Hello', server_address)
# 从服务器端接收数据
data, _ = s.recvfrom(1024)
print('从服务器端接收消息：{0}'.format(data.decode()))

# 释放资源
s.close()
```

上述代码第①行是创建 UDP Socket 对象，代码第②行是创建服务器地址元组对象。

20.3.3　实例：文本文件上传工具

为了对比 TCP Socket，本节介绍一个采用 UDP Socket 实现的文本文件上传工具。实例服务器端代码如下：

```
# coding=utf-8
# 代码文件：chapter20/20.3.3/upload-server.py

import socket

HOST = '127.0.0.1'
PORT = 8888

f_name = 'test_copy.txt'

with socket.socket(socket.AF_INET, socket.SOCK_DGRAM) as s:
    s.bind((HOST, PORT))
    print('服务器启动...')

    # 创建字节序列对象列表，作为接收数据的缓冲区
    buffer = []
    while True:  # 反复接收数据
        data, _ = s.recvfrom(1024)
        if data:
            flag = data.decode()  ①
            if flag == 'bye':     ②
                break
            buffer.append(data)
        else:
            # 没有接收到数据，进入下次循环继续接收
            continue
    # 将接收的字节序列对象列表合并为一个字节序列对象
    b = bytes().join(buffer)
    with open(f_name, 'w') as f:
        f.write(b.decode())

    print('服务器接收完成。')
```

与 TCP Socket 不同，UDP Socket 无法知道哪些数据包已经是最后一个了，因此需要发送方发出一个特殊的数据包，包中包含一些特殊标志。代码第①行解码数据包，代码第②行判断这个标志是否为'bye'

字符串，如果是，则结束接收数据。

实例客户端代码如下：

```
# coding=utf-8
# 代码文件：chapter20/20.3.3/upload-client.py

import socket

HOST = '127.0.0.1'
PORT = 8888
f_name = 'test.txt'

# 服务器地址
server_address = (HOST, PORT)

with socket.socket(socket.AF_INET, socket.SOCK_DGRAM) as s:
    with open(f_name, 'r') as f:
        while True:  # 反复从文件中读取数据
            data = f.read(1024)                              ①
            if data:
                # 发送数据
                s.sendto(data.encode(), server_address)      ②
            else:
                # 发送结束标志
                s.sendto(b'bye', server_address)             ③
                # 文件中没有可读取的数据则退出
                break

        print('客户端上传数据完成。')
```

上述代码第①行是不断地从文件读取数据，如果文件中有可读取的数据则通过代码第②行发送数据到服务器，如果没有数据则发送结束标志，见代码第③行。

20.4 访问互联网资源

微课视频

Python 的 urllib 库提供了高层次网络编程 API，通过 urllib 库可以访问互联网资源。使用 urllib 库进行网络编程，不需要对协议本身有太多的了解，相对而言是比较简单的。

20.4.1 URL 概念

互联网资源是通过 URL 指定的，URL 是 Uniform Resource Locator 的简称，翻译过来是“统一资源定位器”，但人们都习惯 URL 简称。

URL 组成格式如下：

```
协议名：// 资源名
```

“协议名”获取资源所使用的传输协议，如 http、ftp、gopher 和 file 等，“资源名”则是资源的完整地址，包括主机名、端口号、文件名或文件内部的一个引用。例如：

```
http://www.sina.com/
```

```
http://home.sohu.com/home/welcome.html
http://www.zhijieketang.com:8800/Gamelan/network.html#BOTTOM
```

20.4.2　HTTP/HTTPS

互联网访问大多都基于 HTTP/HTTPS，下面将介绍 HTTP/HTTPS。

1. HTTP

HTTP 是 Hypertext Transfer Protocol 的缩写，即超文本传输协议。HTTP 属于应用层的面向对象的协议，其简洁、快速的方式适用于分布式超文本信息的传输。它于 1990 年提出，经过多年的使用与发展，得到不断完善和扩展。HTTP 协议支持 C/S 网络结构，是无连接协议，即每次请求时建立连接，服务器处理完客户端的请求后，应答给客户端然后断开连接，不会一直占用网络资源。

HTTP/1.1 协议共定义了 8 种请求方法：OPTIONS、HEAD、GET、POST、PUT、DELETE、TRACE 和 CONNECT。在 HTTP 访问中，一般使用 GET 和 POST 方法。

- GET 方法：向指定的资源发出请求，发送的信息“显式”地跟在 URL 后面。GET 方法只用在读取数据，例如静态图片等。GET 方法有点像使用明信片给别人写信，“信内容”写在外面，接触到的人都可以看到，因此是不安全的。
- POST 方法：向指定资源提交数据，请求服务器进行处理，例如提交表单或者上传文件等。数据被包含在请求体中。POST 方法像是把“信内容”装入信封中，接触到的人都看不到，因此是安全的。

2. HTTPS

HTTPS 是 Hypertext Transfer Protocol Secure 的缩写，即超文本传输安全协议，是超文本传输协议和 SSL 的组合，用以提供加密通信及对网络服务器身份的鉴定。

简单地说，HTTPS 是 HTTP 的升级版，HTTPS 与 HTTP 的区别是，HTTPS 使用 https:// 代替 http://，HTTPS 使用端口 443，而 HTTP 使用端口 80 来与 TCP/IP 进行通信。SSL 使用 40 位关键字作为 RC4 流加密算法，这对于商业信息的加密是合适的。HTTPS 和 SSL 支持使用 X.509 数字认证，如果需要，用户可以确认发送者是谁。

20.4.3　搭建自己的 Web 服务器

由于很多现成的互联网资源不稳定，为了学习本节内容，本节介绍搭建自己的 Web 服务器，具体步骤如下：

（1）安装 JDK（Java 开发工具包）：本节要安装的 Web 服务器是 Apache Tomcat，它是支持 Java Web 技术的 Web 服务器。Apache Tomcat 的运行需要 Java 运行环境，而 JDK 提供了 Java 运行环境，因此首先需要安装 JDK。

读者可以从本章配套代码中找到 JDK 安装包 jdk-8u211-windows-i586.exe。具体安装步骤不再赘述。

（2）配置 Java 运行环境：Apache Tomcat 在运行时需要用到 JAVA_HOME 环境变量，因此需要先设置 JAVA_HOME 环境变量。

首先，打开 Windows 系统环境变量设置对话框，打开该对话框有很多方式，如果是 Windows 10 系统，则在桌面上右击“此电脑”图标，弹出如图 20-5 所示 Windows 系统对话框。单击“高级系统设置”打开如图 20-6 所示的“系统设置”对话框。

在图 20-6 对话框中单击“环境变量”按钮，打开如图 20-7 所示“环境变量”对话框。

图 20-5 Windows 系统对话框

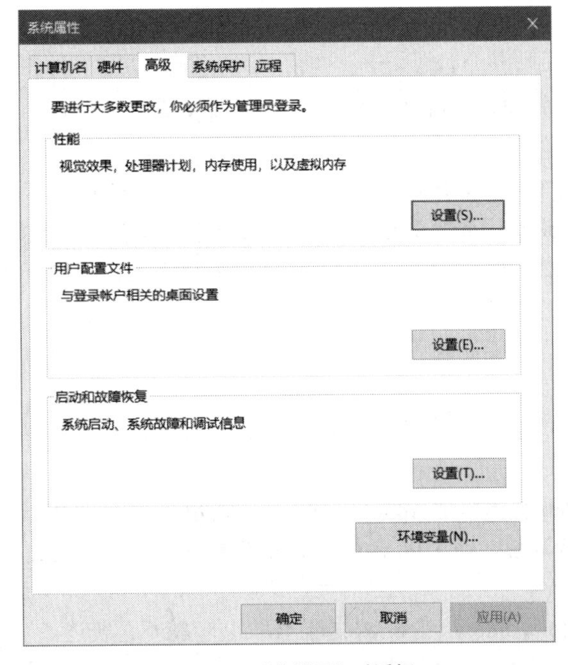

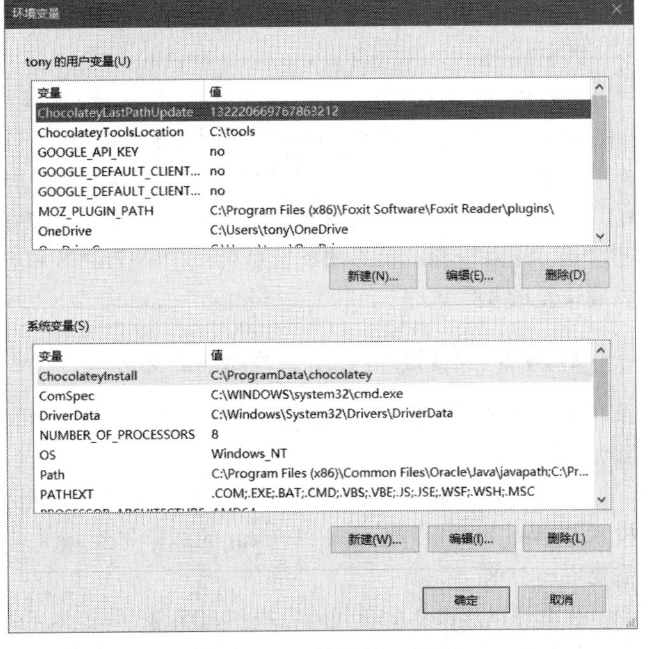

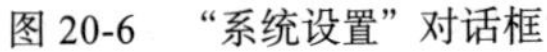

图 20-6 “系统设置”对话框

图 20-7 “环境变量”对话框

在图 20-7 对话框中配置用户变量，单击“新建”按钮打开“编辑用户变量”对话框，如图 20-8 所示，在“变量名”中输入 JAVA_HOME；在“变量值”中输入 JDK 安装路径；输入完成后单击“确定”按钮。

（3）安装 Apache Tomcat 服务器。我们可以从本章配套代码中找到 Apache Tomcat 安装包 apache-tomcat-9.0.13.zip。只需将 apache-tomcat-9.0.13.zip 文件解压即可安装。

（4）启动 Apache Tomcat 服务器。在 Apache Tomcat 解压目录的 bin 目录中找到 startup.bat 文件，如图 20-9 所示，双击 startup.bat 即可以启动 Apache Tomcat。

编辑用户变量

变量名(N):　JAVA_HOME

变量值(V):　C:\Program Files (x86)\Java\jdk1.8.0_211

浏览目录(D)...　浏览文件(F)...　确定　取消

图 20-8　“编辑用户变量”对话框

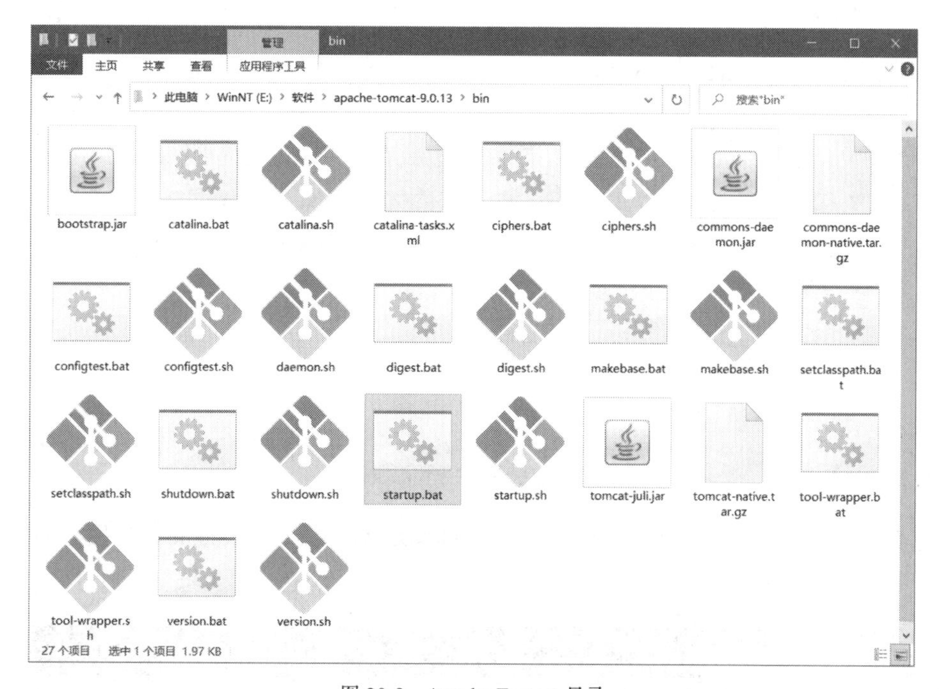

图 20-9　Apache Tomcat 目录

启动 Apache Tomcat 成功后会看到如图 20-10 所示信息，其中默认端口是 8080。

```
选择Tomcat
r for servlet write/read
28-Jan-2020 21:47:45.202 信息 [main] org.apache.catalina.startup.Catalina.load Initialization processed in 1284 ms
28-Jan-2020 21:47:45.238 信息 [main] org.apache.catalina.core.StandardService.startInternal Starting service [Catalina]
28-Jan-2020 21:47:45.238 信息 [main] org.apache.catalina.core.StandardEngine.startInternal Starting Servlet Engine: Apache Tomcat/9.0.13
28-Jan-2020 21:47:45.250 信息 [main] org.apache.catalina.startup.HostConfig.deployDirectory Deploying web application directory [E:\软件\apache-tomcat-9.0.13\webapps\docs]
28-Jan-2020 21:47:45.574 信息 [main] org.apache.catalina.startup.HostConfig.deployDirectory Deployment of web application directory [E:\软件\apache-tomcat-9.0.13\webapps\docs] has finished in [323] ms
28-Jan-2020 21:47:45.574 信息 [main] org.apache.catalina.startup.HostConfig.deployDirectory Deploying web application directory [E:\软件\apache-tomcat-9.0.13\webapps\manager]
28-Jan-2020 21:47:45.615 信息 [main] org.apache.catalina.startup.HostConfig.deployDirectory Deployment of web application directory [E:\软件\apache-tomcat-9.0.13\webapps\manager] has finished in [41] ms
28-Jan-2020 21:47:45.616 信息 [main] org.apache.catalina.startup.HostConfig.deployDirectory Deploying web application directory [E:\软件\apache-tomcat-9.0.13\webapps\ROOT]
28-Jan-2020 21:47:45.636 信息 [main] org.apache.catalina.startup.HostConfig.deployDirectory Deployment of web application directory [E:\软件\apache-tomcat-9.0.13\webapps\ROOT] has finished in [20] ms
28-Jan-2020 21:47:45.637 信息 [main] org.apache.catalina.startup.HostConfig.deployDirectory Deploying web application directory [E:\软件\apache-tomcat-9.0.13\webapps\host-manager]
28-Jan-2020 21:47:45.661 信息 [main] org.apache.catalina.startup.HostConfig.deployDirectory Deployment of web application directory [E:\软件\apache-tomcat-9.0.13\webapps\host-manager] has finished in [24] ms
28-Jan-2020 21:47:45.662 信息 [main] org.apache.catalina.startup.HostConfig.deployDirectory Deploying web application directory [E:\软件\apache-tomcat-9.0.13\webapps\NoteWebService]
28-Jan-2020 21:47:45.738 信息 [main] org.apache.catalina.startup.HostConfig.deployDirectory Deployment of web application directory [E:\软件\apache-tomcat-9.0.13\webapps\NoteWebService] has finished in [76] ms
28-Jan-2020 21:47:45.741 信息 [main] org.apache.coyote.AbstractProtocol.start Starting ProtocolHandler ["http-nio-8080"]
28-Jan-2020 21:47:45.752 信息 [main] org.apache.coyote.AbstractProtocol.start Starting ProtocolHandler ["ajp-nio-8009"]
28-Jan-2020 21:47:45.755 信息 [main] org.apache.catalina.startup.Catalina.start Server startup in 551 ms
```

图 20-10　启动 Apache Tomcat 服务器

（5）测试 Apache Tomcat 服务器。打开浏览器，在地址栏中输入 http://localhost:8080/NoteWebService/，如图 20-11 所示，该页面介绍了当前的 Web 服务器已经安装的 Web 应用（NoteWebService）的具体使用方法。

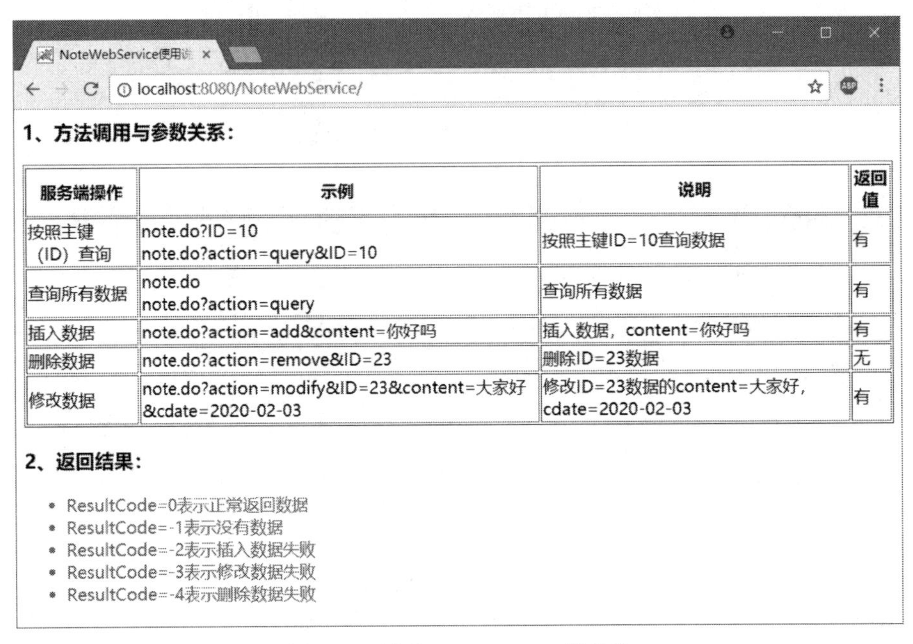

1、方法调用与参数关系：

服务端操作	示例	说明	返回值
按照主键（ID）查询	note.do?ID=10 note.do?action=query&ID=10	按照主键ID=10查询数据	有
查询所有数据	note.do note.do?action=query	查询所有数据	有
插入数据	note.do?action=add&content=你好吗	插入数据，content=你好吗	有
删除数据	note.do?action=remove&ID=23	删除ID=23数据	无
修改数据	note.do?action=modify&ID=23&content=大家好&cdate=2020-02-03	修改ID=23数据的content=大家好，cdate=2020-02-03	有

2、返回结果：

- ResultCode=0表示正常返回数据
- ResultCode=-1表示没有数据
- ResultCode=-2表示插入数据失败
- ResultCode=-3表示修改数据失败
- ResultCode=-4表示删除数据失败

图 20-11　测试 Apache Tomcat 服务器

打开浏览器，在地址栏中输入 http://localhost:8080/NoteWebService/note.do，如图 20-12 所示，在打开的页面中可以查询所有数据。

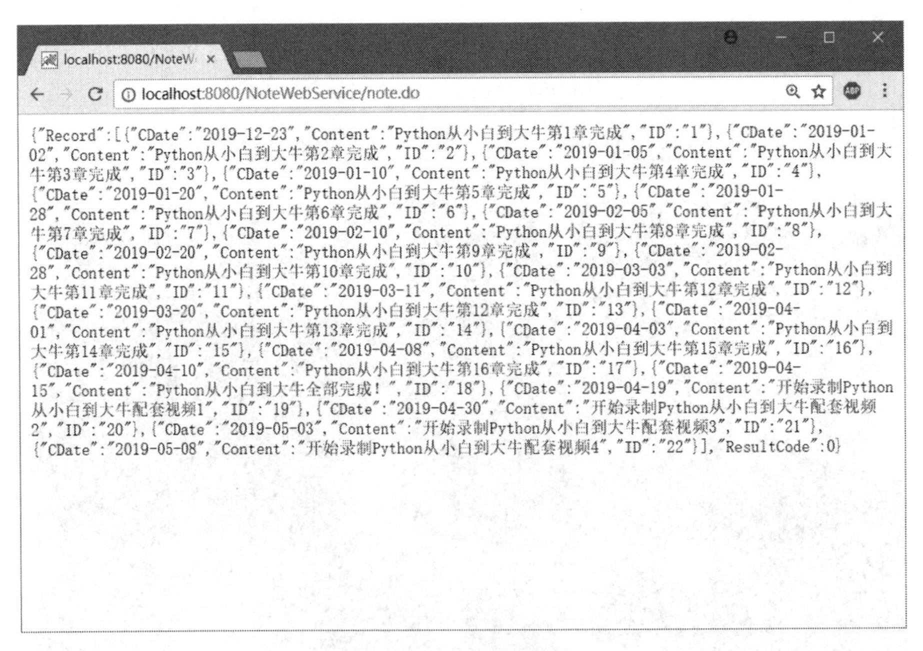

图 20-12　查询所有数据

20.4.4　使用 urllib 库

Python 的 urllib 库其中包含了如下 4 个模块。

- urllib.request 模块：用于打开和读写 URL 资源。
- urllib.error 模块：包含了由 urllib.request 引发的异常。
- urllib.parse 模块：用于解析 URL。
- urllib.robotparser 模块：分析 robots.txt 文件[①]。

在访问互联网资源时主要使用的模块是 urllib.request、urllib.parse 和 urllib.error，其中最核心的是 urllib.request 模块，本章重点介绍 urllib.request 模块的使用。

在 urllib.request 模块中访问互联网资源主要使用 urllib.request.urlopen() 函数和 urllib.request.Request 对象，urllib.request.urlopen() 函数可以用于简单的网络资源访问，而 urllib.request.Request 对象可以访问复杂网络资源。

使用 urllib.request.urlopen() 函数最简单形式的代码如下：

```
# coding=utf-8
# 代码文件：chapter20/ch20.4.4.py

import urllib.request

with urllib.request.urlopen('http://www.sina.com.cn/') as response:      ①
   data = response.read()                                                 ②
   html = data.decode()                                                   ③
   print(html)
```

上述代码第①行使用 urlopen() 函数打开 http://www.sina.com.cn 网站，urlopen() 函数返回一个应答对象，应答对象是一种类似文件对象（file-like object），该对象可以像使用文件一样使用，可以使用 with as 代码块自动管理资源释放。代码第②行是 read() 方法读取数据，但是该数据是字节序列数据。代码第③行是将字节序列数据转换为字符串。

20.4.5　发送 GET 请求

对于复杂的需求，需要使用 urllib.request.Request 对象才能满足。Request 对象需要与 urlopen() 函数结合使用。

下面示例代码展示了通过 Request 对象发送 HTTP/HTTPS 的 GET 请求过程。

```
# coding=utf-8
# 代码文件：chapter20/ch20.4.5.py

import urllib.request

url = 'http://localhost:8080/NoteWebService/note.do?action=query&ID=10'  ①

req = urllib.request.Request(url)                                        ②
with urllib.request.urlopen(req) as response:                            ③
    data = response.read()                                               ④
```

① 各大搜索引擎都会有一个工具——搜索引擎机器人，也称为“蜘蛛”，它会自动抓取网站信息。而 robots.txt 文件是放在网站根目录下，告诉搜索引擎机器人哪些页面可以抓取，哪些不可以抓取。

```
    json_data = data.decode()   ⑤
print(json_data)
```

上述代码第①行是一个 Web 服务网址字符串。其中请求参数 action 为 query 表示要进行查询请求；请求参数 ID 为 10 是查询服务器端的 ID=10 的数据。

提示：发送 GET 请求时发送给服务器的参数是放在 URL“？”之后的，参数采用键值对形式，例如，type=JSON 是一个参数，type 是参数名，JSON 是参数值，服务器端会根据参数名获得参数值。多个参数之间用“&”分隔，例如 action=query&ID=10 就是两个参数。所有的 URL 字符串必须采用 URL 编码才能发送。

代码第②行是 urllib.request.Request(url) 创建 Request 对象，在该构造方法中还有一个 data 参数，如果 data 参数没有指定则是 GET 请求，否则是 POST 请求。代码第③行通过 urllib.request.urlopen(req) 语句发送网络请求。

注意：比较代码第③行的 urlopen() 函数与 20.4.4 节代码第①行的 urlopen() 函数，它们的参数是不同的，20.4.4 节传递的是 URL 字符串，而本例中传递的是 Request 对象。事实上 urlopen() 函数可以接收两种形式的参数，即字符串和 Request 对象参数。

输出结果如下：

```
{"CDate":"2019-02-28","Content":"Python 从小白到大牛第 10 章完成 ","ID":"10","ResultCode":0}
```

20.4.6 发送 POST 请求

本节介绍发送 HTTP/HTTPS 的 POST 类型请求，下面示例代码展示了通过 Request 对象发送 HTTP/HTTPS 的 POST 请求过程。

```
# coding=utf-8
# 代码文件：chapter20/ch20.4.6.py

import urllib.request
import urllib.parse

url = 'http://localhost:8080/NoteWebService/note.do'                  ①

# 准备 HTTP 参数
params_dict = {'ID': 10, 'action': 'query'}                           ②
params_str = urllib.parse.urlencode(params_dict)                      ③
print(params_str)
params_bytes = params_str.encode()   # 字符串转换为字节序列对象           ④

req = urllib.request.Request(url, data=params_bytes)   # 发送 POST 请求   ⑤
with urllib.request.urlopen(req) as response:
    data = response.read()
    json_data = data.decode()
    print(json_data)
```

输出结果如下：

```
ID=10&action=query
{"CDate":"2019-02-28","Content":"Python 从小白到大牛第 10 章完成 ","ID":"10","ResultCode":0}
```

上述代码第①行是一个 Web 服务网址字符串。代码第②行是准备 HTTP 请求参数，这些参数被保存在字典对象中，键是参数名，值是参数值。代码第③行使用 urllib.parse.urlencode() 函数将参数字典对象转换为参数字符串，另外，urlencode() 函数还可以将普通字符串转换为 URL 编码字符串，例如“ @ ”字符 URL 编码为“ %40 ”。

代码第④行是将参数字符串转换为参数字节序列对象，这是因为发送 POST 请求时的参数要以字节序列形式发送。代码第⑤行是创建 Request 对象，其中提供了 data 参数，这种请求是 POST 请求。

20.4.7　实例：图片下载器

为了进一步熟悉 urllib 类，本节介绍一个下载程序“图片下载器”，代码如下：

```
# coding=utf-8
# 代码文件：chapter20/ch20.4.7.py

import urllib.request

url = 'http://localhost:8080/NoteWebService/logo.png'

with urllib.request.urlopen(url) as response:  ①
    data = response.read()
    f_name = 'logo.png'
    with open(f_name, 'wb') as f:              ②
        f.write(data)                          ③
        print(' 下载文件成功 ')
```

上述代码第①行通过 urlopen(url) 函数打开网络资源，该资源是一张图片。代码第②行以写入方式打开二进制文件 logo.png，然后通过代码第③行 f.write(data) 语句将从网络返回的数据写入文件中。运行 Downloader 程序，如果成功会在当前目录获得一张图片。

20.5　本章小结

本章主要介绍了 Python 网络编程，首先介绍了一些网络方面的基本知识，然后重点介绍了 TCP Socket 编程和 UDP Socket 编程，其中 TCP Socket 编程很有代表性，希望读者重点掌握这部分知识。最后介绍了使用 Python 提供的 urllib 库访问互联网资源。

20.6　同步练习

一、判断题

1. 127.0.0.1 称为回送地址，指本机。主要用于网络软件测试以及本机进程间通信，使用回送地址发送数据，不进行任何网络传输，只在本机进程间通信。（　　）

2. UDP Socket 网络编程比 TCP Socket 编程简单得多，UDP 是无连接协议，不需要像 TCP 一样监听端口，建立连接，然后才能进行通信。（　　）

二、简述题

1. 简述 TCP Socket 通信过程。
2. 简述 HTTP 协议中 POST 和 GET 方法的不同。

20.7 动手实践：解析来自 Web 的结构化数据

编程题

1. 找一个能返回 XML 数据的 Web 服务接口，并解析 XML 数据。
2. 找一个能返回 JSON 数据的 Web 服务接口，并解码 JSON 数据。
3. 使用 TCP Socket 和 UDP Socket 分别实现文件上传工具。

第 21 章 wxPython 图形用户界面编程

图形用户界面（Graphical User Interface，GUI）编程对于某种计算机语言来说非常重要。可开发 Python 图形用户界面的工具包有多种，本章介绍 wxPython 图形用户界面工具包。

21.1 Python 图形用户界面开发工具包

虽然支持 Python 图形用户界面开发的工具包有很多，但到目前为止还没有一个被公认的标准的工具包，这些工具包各有自己的优缺点。较为突出的工具包有 Tkinter、PyQt 和 wxPython。

微课视频

1）Tkinter

Tkinter 是 Python 官方提供的图形用户界面开发工具包，是对 Tk GUI 工具包封装而来的。Tkinter 是跨平台的，可以在大多数的 UNIX、Linux、Windows 和 macOS 平台中运行，Tkinter 8.0 之后可以实现本地窗口风格。使用 Tkinter 工具包不需要额外安装软件包，但 Tkinter 工具包所包含的控件较少，开发复杂图形用户界面时显得“力不从心”，而且 Tkinter 工具包的帮助文档不健全。

2）PyQt

PyQt 是非 Python 官方提供的图形用户界面开发工具包，是对 Qt[①] 工具包封装而来的，PyQt 也是跨平台的。使用 PyQt 工具包需要额外安装软件包。

3）wxPython

wxPython 是非 Python 官方提供的图形用户界面开发工具包，它的官网是 https://wxpython.org/。wxPython 是对 wxWidgets 工具包封装而来的，wxPython 也是跨平台的，拥有本地窗口风格。使用 wxPython 工具包需要额外安装软件包。但 wxPython 工具包提供了丰富的控件，可以开发复杂图形用户界面，而且 wxPython 工具包的帮助文档非常完善、案例丰富。因此推荐使用 wxPython 工具包开发 Python 图形用户界面应用，这也是本书介绍 wxPython 的一个主要原因。

21.2 wxPython 安装

安装 wxPython 可以使用 pip 工具。打开命令提示符窗口，输入指令如下：

微课视频

```
pip install wxPython
```

如果无法下载 wxPython 可以尝试使用其他的 pip 镜像服务器，例如使用清华大学镜像服务器指令如下：

```
pip install wxPython -i https://pypi.tuna.tsinghua.edu.cn/simple
```

① Qt 是一个跨平台的 C++ 应用程序开发框架，广泛用于开发 GUI 程序，也可用于开发非 GUI 程序。

21.3 wxPython 基础

微课视频

wxPython 作为图形用户界面开发工具包，主要提供了如下 GUI 内容：

（1）窗口。

（2）控件。

（3）事件处理。

（4）布局管理。

21.3.1 wxPython 类层次结构

在 wxPython 中所有类都直接或间接继承了 wx.Object，wx.Object 是根类。窗口和控件是构成 wxPython 的主要内容，下面分别介绍 wxPython 中的窗口类（wx.Window）和控件类（wx.Control）层次结构。

图 21-1 所示是 wxPython 窗口类层次结构，窗口类主要有 wx.Control、wx.NonOwnedWindow、wx.Panel 和 wx.MenuBar。wx.Control 是控件类的根类；wx.NonOwnedWindow 有一个直接子类 wx.TopLevelWindow，它是顶级窗口，所谓“顶级窗口”就是作为其他窗口的容器，它有两个重要的子类 wx.Dialog 和 wx.Frame，其中 wx.Frame 是构建图形用户界面的主要窗口类；wx.Panel 称为面板，是一种容器窗口，它没有标题、图标和窗口按钮。

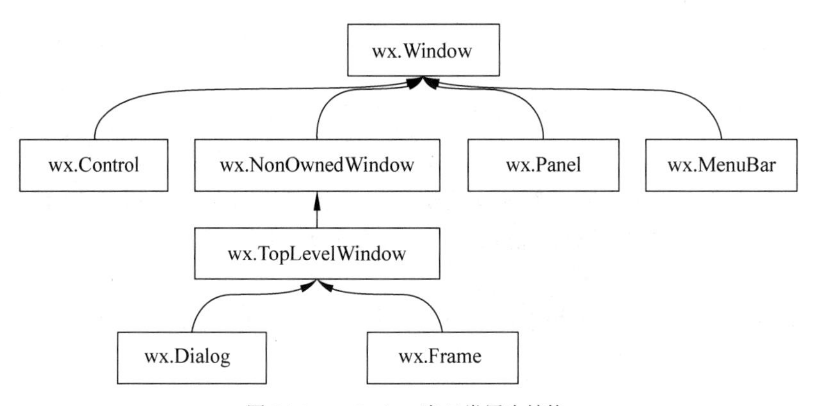

图 21-1　wxPython 窗口类层次结构

wx.Control 作为控件类的根类，可见在 wxPython 中控件也属于窗口，因此也称为“窗口部件”（Window Widgets），注意本书中统一翻译为控件。图 21-2 所示是 wxPython 控件类层次结构。这里不再一一解释，在后面的章节中会重点介绍控件。

提示： 关于 wxPython 中窗口和控件类，读者可以查询在线帮助文档 https://docs.wxpython.org/。

21.3.2 第一个 wxPython 程序

图形用户界面主要是由窗口以及窗口中的控件构成的，编写 wxPython 程序主要就是创建窗口和添加控件过程。wxPython 中的窗口主要使用 wx.Frame，很少直接使用 wx.Window。另外，为了管理窗口还需要 wx.App 对象，wx.App 对象代表当前应用程序。

构建一个最简单的 wxPython 程序至少需要一个 wx.App 对象和一个 wx.Frame 对象。示例代码如下：

```
# coding=utf-8
# 代码文件：chapter21/ch21.3.2-1.py
```

```
import wx

# 创建应用程序对象
app = wx.App()
# 创建窗口对象
frm = wx.Frame(None, title="第一个GUI程序!", size=(400, 300), pos=(100, 100))  ①

frm.Show()  # 显示窗口                                                          ②

app.MainLoop()  # 进入主事件循环                                                ③
```

上述代码第①行是创建 Frame 窗口对象，其中第一个参数是设置窗口所在的父容器，由于 Frame 窗口是顶级窗口，没有父容器；title 设置窗口标题；size 设置窗口大小；pos 设置窗口位置。代码第②行设置窗口显示，默认情况下窗口是隐藏的。

代码第③行 app.MainLoop() 方法使应用程序进入主事件循环[①]，大部分的图形用户界面程序中响应用户事件处理都是通过主事件循环实现的。

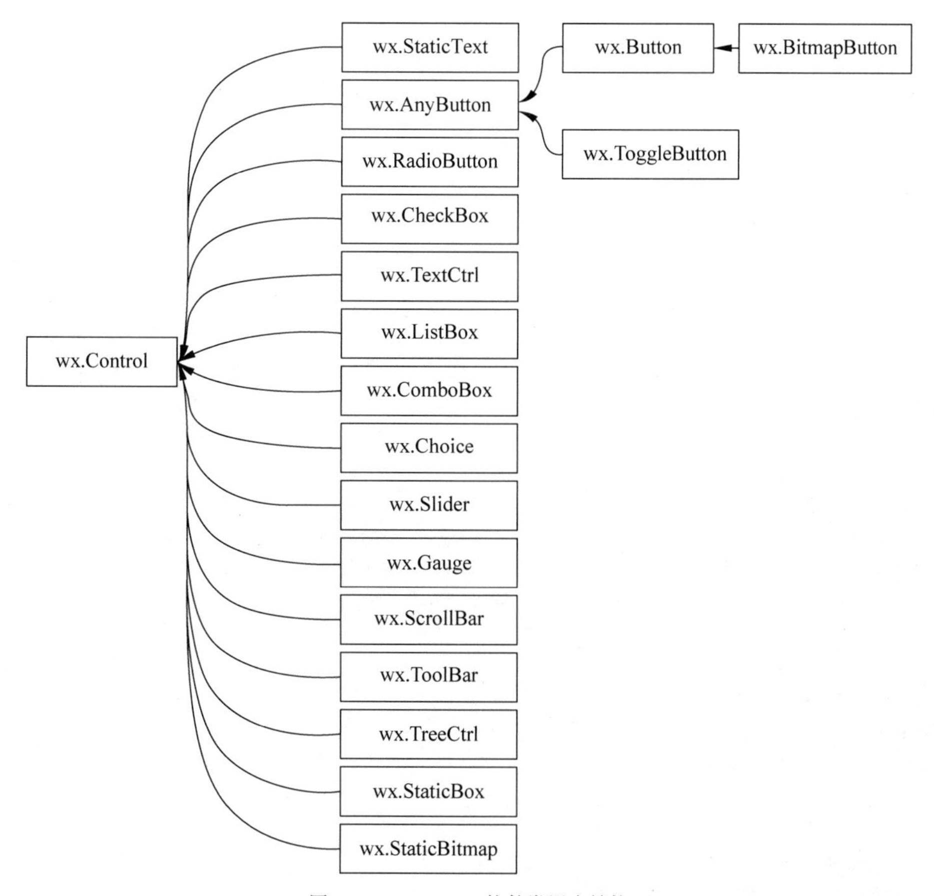

图 21-2　wxPython 控件类层次结构

该示例运行效果如图 21-3 所示，窗口标题是“第一个 GUI 程序！”，窗口中没有任何控件，背景为深灰色。

① 事件循环是一种事件或消息分发处理机制。

图 21-3　示例运行效果

ch21.3.2-1.py 示例过于简单，无法获得应用程序生命周期事件处理，而且窗口没有可扩展性。修改上述代码如下：

```
# coding=utf-8
# 代码文件：chapter21/ch21.3.2-2.py

import wx


# 自定义窗口类 MyFrame
class MyFrame(wx.Frame):                ①
    def __init__(self):
        super().__init__(parent=None, title="第一个 GUI 程序！", size=(400, 300), pos=(100,
100))
        # TODO


class App(wx.App):

    def OnInit(self):                   ②
        # 创建窗口对象
        frame = MyFrame()
        frame.Show()
        return True

    def OnExit(self):                   ③
        print('应用程序退出')
        return 0


if __name__ == '__main__':             ④
    app = App()
    app.MainLoop()  # 进入主事件循环
```

上述代码第①行是创建自定义窗口类 MyFrame。代码第②行是覆盖父类 wx.App 的 OnInit() 方法，该方法在应用程序启动时调用，可以在此方法中进行应用程序的初始化，该方法返回值是布尔类型，返回 True 继续运行应用，返回 False 则立刻退出应用。代码第③行是覆盖父类 wx.App 的 OnExit() 方法，该方法在应用程序退出时调用，可以在此方法中释放一些资源，如数据库连接等。

提示： 代码第④行为什么要判断主模块？这是因为当有多个模块时，其中会有一个模块是主模块，它是程序运行的入口，这类似于 C 和 Java 语言中的 main() 主函数。如果只有一个模块时，可以不用判断是否主模块，也可以不用主函数，在此之前的示例都是没有主函数的。

ch21.3.2-2.py 示例代码的 Frame 窗口中并没有其他的控件，下面提供一个静态文本，显示 Hello World 字符串，运行效果如图 21-4 所示。

图 21-4　示例运行效果

示例代码如下：

```
# coding=utf-8
# 代码文件：chapter21/ch21.3.2-3.py

import wx


# 自定义窗口类 MyFrame
class MyFrame(wx.Frame):
    def __init__(self):
        super().__init__(parent=None, title="第一个
GUI 程序！", size=(400, 300))
        self.Centre()  # 设置窗口居中        ①
        panel = wx.Panel(parent=self)    ②
        statictext = wx.StaticText(parent=panel, label='Hello World!', pos=(10, 10)) ③


class App(wx.App):

    def OnInit(self):
        # 创建窗口对象
        frame = MyFrame()
        frame.Show()
        return True


if __name__ == '__main__':
    app = App()
    app.MainLoop()   # 进入主事件循环
```

上述代码第①行设置声明 Frame 窗口居中。代码第②行创建 Panel 面板对象，参数 parent 传递的是 self，即设置面板所在的父容器为 Frame 窗口对象。代码第③行创建静态文本对象，StaticText 是类，静态文本放到 panel 面板中，所以 parent 参数传递的是 panel，参数 label 是静态文本上显示的文字，参数 pos 用来设置静态文本的位置。

提示： 控件是否可以直接放到 Frame 窗口中？答案是可以的，Frame 窗口本身有默认的布局管理，但直接使用默认布局会有很多问题。本例中把面板放到 Frame 窗口中，然后再把控件（菜单栏除外）添加到面板上，这种面板称为“内容面板”。如图 21-5 所示，内容面板是 Frame 窗口中包含的一个内容面板和菜单栏。

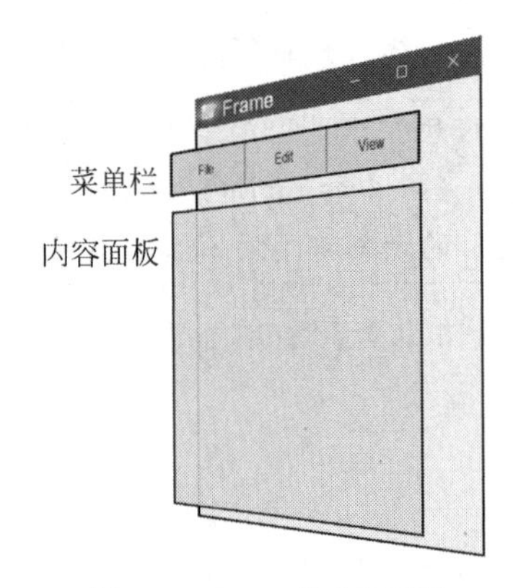

图 21-5 Frame 的内容面板

21.3.3 wxPython 界面构建层次结构

几乎所有的图形用户界面技术，在构建界面时都采用层级结构（树形结构）。如图 21-6 所示，根是顶级窗口（只能包含其他窗口的容器），子控件有内容面板和菜单栏（本例中没有菜单），然后其他的控件添加到内容面板中，通过控件或窗口的 parent 进行属性设置。

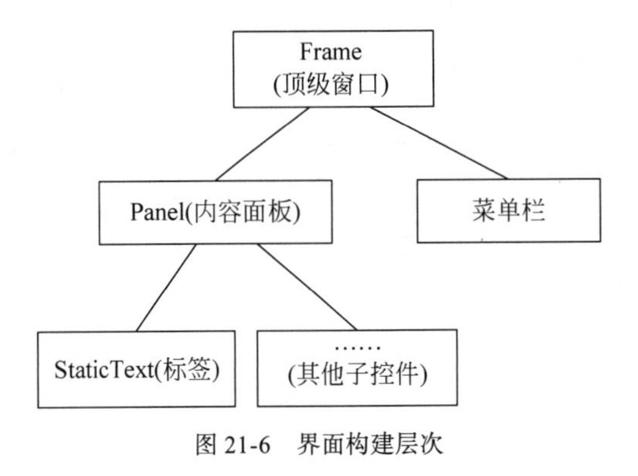

图 21-6 界面构建层次

注意： 图 21-6 所示的关系不是继承关系，而是一种包含层次关系。即 Frame 中包含面板，面板中包含静态文本。窗口的 parent 属性设置也不是继承关系，是包含关系。

21.3.4 界面设计工具

在开发图形界面应用时，开发人员希望有一种界面设计工具帮助设计界面。笔者推荐两款工具：wxFormBuilder 和 wxGlade。

1. wxFormBuilder

读者可以在 https://github.com/wxFormBuilder/wxFormBuilder/releases 下载编译之后的各个平台的 wxFormBuilder 工具。wxFormBuilder 需要安装，安装成功启动后的界面如图 21-7 所示。wxFormBuilder 工具设计界面完成后，可以生成多种计算机语言代码。

2. wxGlade

读者可以在 http://wxglade.sourceforge.net/ 下载 wxGlade 工具。wxGlade 工具是 Python 语言编写的，不需要安装，当然需要 Python 运行环境。只需解压下载的压缩包，双击其中 wxglade.pyw 文件即可运行

wxGlade 工具。启动后的界面如图 21-8 所示。wxGlade 工具同样在设计界面完成后，可以生成多种计算机语言代码。

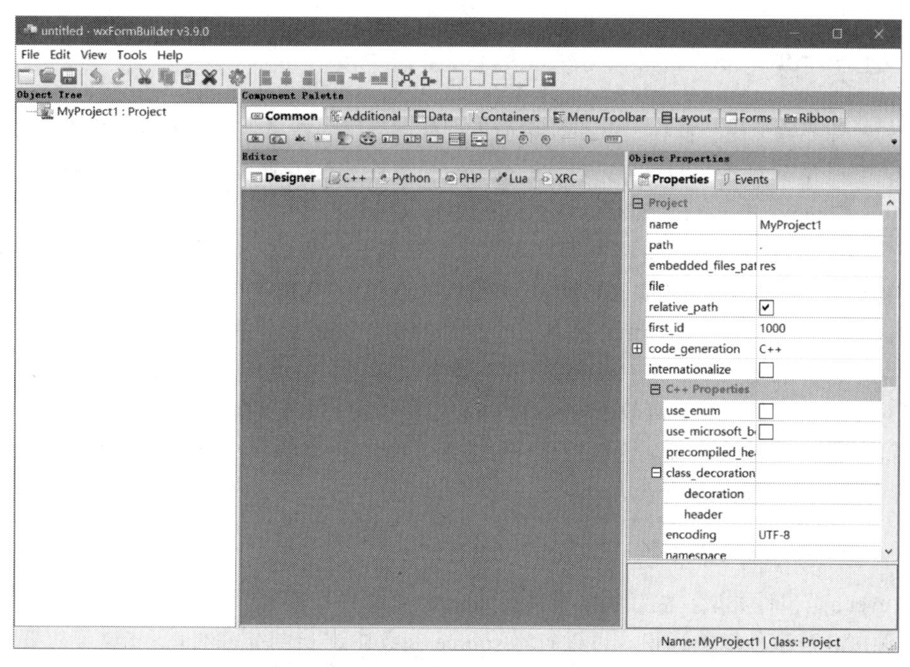

图 21-7　wxFormBuilder 工具

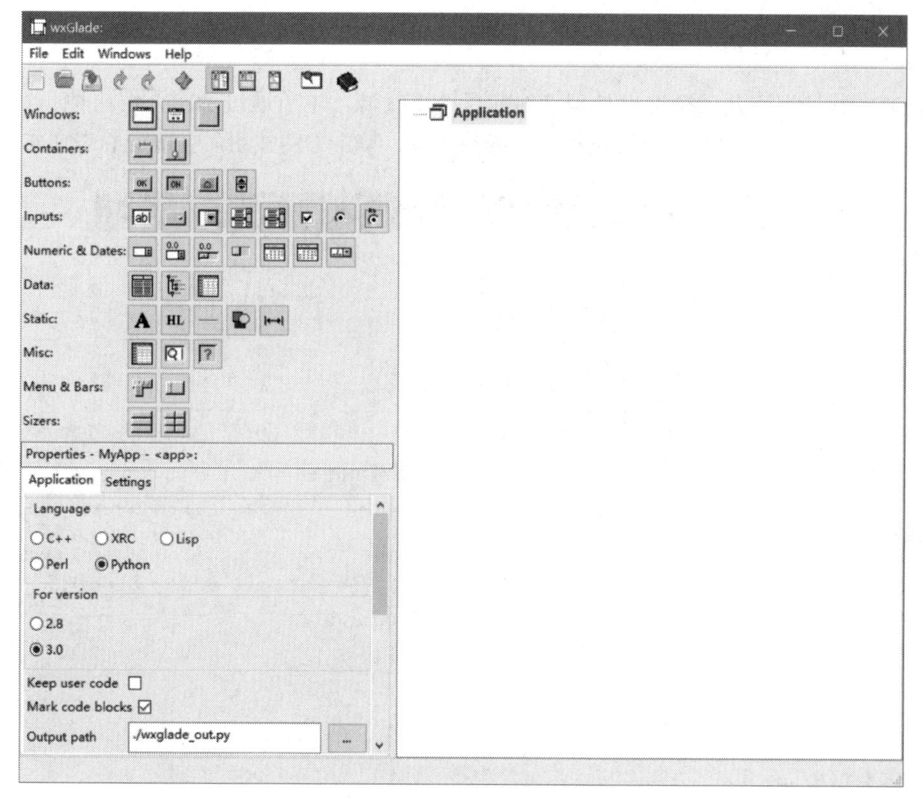

图 21-8　wxGlade 工具

注意： 笔者并不推荐初学者，在学习 wxPython 阶段使用这些界面设计工具。初学者应该先抛弃这些工具，脚踏实地学习 wxPython 的事件处理、布局和控件，然后再考虑使用它们。

21.4 事件处理

微课视频

图形界面的控件要响应用户操作，就必须添加事件处理机制。在事件处理的过程中涉及以下 4 个要素。

（1）事件：它是用户对界面的操作，在 wxPython 中事件被封装成为事件类 wx.Event 及其子类，例如按钮事件类是 wx.CommandEvent，鼠标事件类是 wx.MoveEvent。

（2）事件类型：事件类型给出了事件的更多信息，它是一个整数，例如鼠标事件 wx.MoveEvent 还可以有鼠标的右键按下（wx.EVT_LEFT_DOWN）和释放（wx.EVT_LEFT_UP）等。

（3）事件源：它是事件发生的场所，就是各个控件，例如按钮事件的事件源是按钮。

（4）事件处理者：它是在 wx.EvtHandler 子类（事件处理类）中定义的一个方法。

在事件处理中最重要的是事件处理者，wxPython 中所有窗口和控件都是 wx.EvtHandler 的子类。在编程时需要绑定事件源和事件处理者，这样当事件发生时系统就会调用事件处理者。绑定是通过事件处理类的 Bind() 方法实现的，Bind() 方法语法如下：

```
Bind(self, event, handler, source=None, id=wx.ID_ANY, id2=wx.ID_ANY)
```

其中参数 event 是事件类型，注意不是事件；handler 是事件处理者，它对应事件处理类中的特定方法；source 是事件源；id 是事件源的标识，可以省略 source 参数通过 id 绑定事件源；id2 设置要绑定事件源的 id 范围，当有多个事件源绑定到同一个事件处理者时可以使用此参数。

另外，如果不再需要事件处理时，最好调用事件处理类的 Unbind() 方法解除绑定。

21.4.1 一对一事件处理

实际开发时多数情况下是一个事件处理者对应一个事件源。本节通过示例介绍这种一对一事件处理。如图 21-9 所示的示例，窗口中有一个按钮和一个静态文本，单击 OK 按钮后会改变静态文本显示的内容。

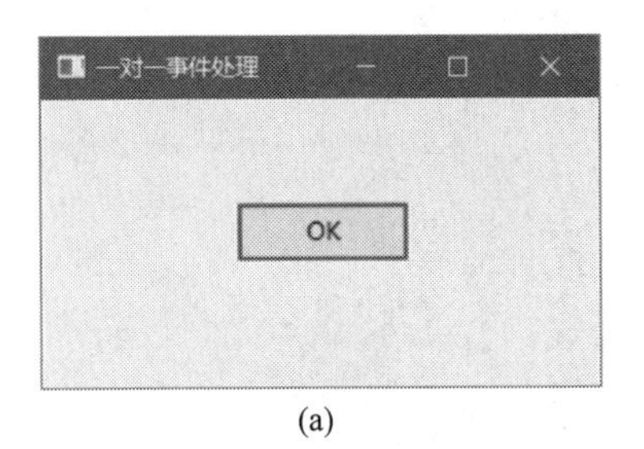

(a)

(b)

图 21-9 一对一事件处理示例

示例代码如下：

```
# coding=utf-8
# 代码文件：chapter21/ch21.4.1.py

import wx


# 自定义窗口类 MyFrame
```

```
class MyFrame(wx.Frame):
    def __init__(self):
        super().__init__(parent=None, title='一对一事件处理', size=(300, 180))
        self.Centre()  # 设置窗口居中
        panel = wx.Panel(parent=self)
        self.statictext = wx.StaticText(parent=panel, pos=(110, 20)) ①
        b = wx.Button(parent=panel, label='OK', pos=(100, 50))       ②
        self.Bind(wx.EVT_BUTTON, self.on_click, b)                   ③

    def on_click(self, event):                                       ④
        print(type(event))  # <class 'wx._core.CommandEvent'>
        self.statictext.SetLabelText('Hello, world.')                ⑤


class App(wx.App):

    def OnInit(self):
        # 创建窗口对象
        frame = MyFrame()
        frame.Show()
        return True


if __name__ == '__main__':
    app = App()
    app.MainLoop()  # 进入主事件循环
```

上述代码第①行创建静态文本对象 statictext，它被定义为成员变量，目的是要在事件处理方法中访问，见代码第⑤行。代码第②行是创建按钮对象。代码第③行是绑定事件，self 是当前窗口对象，它是事件处理类，wx.EVT_BUTTON 是事件类型，on_click 是事件处理者，b 是事件源。代码第④行是事件处理者，在该方法中处理按钮单击事件。

21.4.2　一对多事件处理

实际开发时也会遇到一个事件处理者对应多个事件源的情况。本节通过示例介绍这种一对多事件处理。如图 21-10 所示的示例，窗口中有两个按钮和一个静态文本，单击 Button1 或 Button2 按钮后会改变静态文本显示的内容。

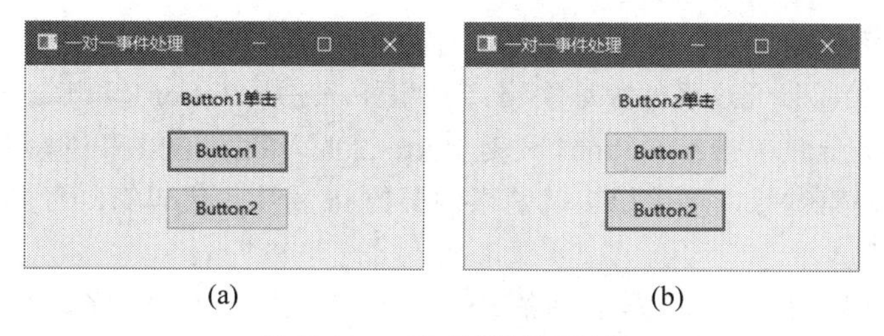

(a)　　(b)

图 21-10　一对多事件处理示例

示例代码如下：

```
# coding=utf-8
```

```
# 代码文件：chapter21/ch21.4.2.py

import wx


# 自定义窗口类 MyFrame
class MyFrame(wx.Frame):
    def __init__(self):
        super().__init__(parent=None, title=' 一对一事件处理 ', size=(300, 180))
        self.Centre()  # 设置窗口居中
        panel = wx.Panel(parent=self)
        self.statictext = wx.StaticText(parent=panel, pos=(110, 15))
        b1 = wx.Button(parent=panel, id=10, label='Button1', pos=(100, 45))  ①
        b2 = wx.Button(parent=panel, id=11, label='Button2', pos=(100, 85))  ②
        self.Bind(wx.EVT_BUTTON, self.on_click, b1)                          ③
        self.Bind(wx.EVT_BUTTON, self.on_click, id=11)                       ④

    def on_click(self, event):
        event_id = event.GetId()                                             ⑤
        print(event_id)
        if event_id == 10:                                                   ⑥
            self.statictext.SetLabelText('Button1 单击 ')
        else:
            self.statictext.SetLabelText('Button2 单击 ')


class App(wx.App):

    def OnInit(self):
        # 创建窗口对象
        frame = MyFrame()
        frame.Show()
        return True


if __name__ == '__main__':
    app = App()
    app.MainLoop()  # 进入主事件循环
```

上述代码第①行和第②行分别创建了两个按钮对象，并且都设置了 id 参数。代码第③行通过事件源对象 b1 绑定事件。代码第④行通过事件源对象 id 绑定事件。这样 Button1 和 Button2 都绑定到了 on_click 事件处理者，那么如何区分是单击了 Button1 还是 Button2 呢？可以通过事件标识判断，event.GetId() 可以获得事件标识，见代码第⑤行，事件标识就是事件源的 id 属性。代码第⑥行判断事件标识，进而可知是哪一个按钮单击的事件。

如果使用 id2 参数代码，第③行和第④行两条事件绑定语句可以合并为一条。替代语句如下：

```
self.Bind(wx.EVT_BUTTON, self.on_click, id=10, id2=20)
```

其中参数 id 设置 id 开始范围，id2 设置 id 结束范围，凡是事件源对象 id 在 10~20 内的都被绑定到 on_click() 事件处理者上。

21.5　布局管理

图形用户界面的窗口中可能会有很多子窗口或控件，它们如何布局（排列顺序、大小、位置等），当父窗口移动或调整大小后它们如何变化等，这些问题都属于布局问题。本节介绍 wxPython 布局管理。

21.5.1　不要使用绝对布局

图形用户界面中的布局管理是一个比较麻烦的问题，在 wxPython 中可以通过两种方式实现布局管理，即绝对布局和 Sizer 管理布局。绝对布局就是使用具体数值设置子窗口或控件的位置和大小，它不会随着父窗口移动或调整大小后而变化，例如下面的代码片段：

```
super().__init__(parent=None, title='一对一事件处理', size=(300, 180))
panel = wx.Panel(parent=self)
self.statictext = wx.StaticText(parent=panel, pos=(110, 15))
b1 = wx.Button(parent=panel, id=10, label='Button1', pos=(100, 45))
b2 = wx.Button(parent=panel, id=11, label='Button2', pos=(100, 85))
```

其中的 size=(300,180) 和 pos=(110,15) 等都属于绝对布局。使用绝对布局会有如下问题：

（1）子窗口（或控件）位置和大小不会随着父窗口的变化而变化。

（2）在不同平台上显示效果可能差别很大。

（3）在不同分辨率下显示效果可能差别很大。

（4）字体的变化也会对显示效果有影响。

（5）动态添加或删除子窗口（或控件）后界面布局需要重新设计。

注意：基于以上原因，布局管理尽量不要采用绝对布局方式，而应使用 Sizer 布局管理器管理布局。

21.5.2　Sizer 布局管理器

wxPython 提供了 8 个布局管理器类，如图 21-11 所示，包括 wx.Sizer、wx.BoxSizer、wx.StaticBoxSizer、wx.WrapSizer、wx.StdDialogButtonSizer、wx.GridSizer、wx.FlexGridSizer 和 wx.GridBagSizer。其中 wx.Sizer 是布局管理器的根类，一般不会直接使用 wx.Sizer，而是使用它的子类，最常用的有 wx.BoxSizer、wx.StaticBoxSizer、wx.GridSizer 和 wx.FlexGridSizer。下面重点介绍这 4 种布局器。

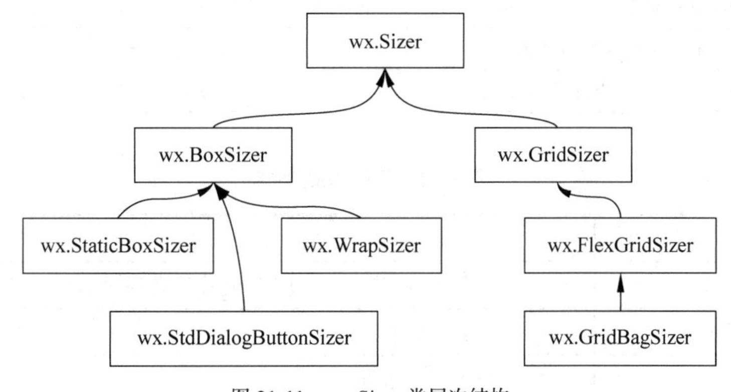

图 21-11　wx.Sizer 类层次结构

21.5.3 Box 布局器

Box 布局器类是 wx.BoxSizer，Box 布局器是所有布局中最常用的，它可以让其中的子窗口（或控件）沿垂直或水平方向布局，创建 wx.BoxSizer 对象时可以指定布局方向。

```
hbox = wx.BoxSizer(wx.HORIZONTAL)  # 设置为水平方向布局
hbox = wx.BoxSizer()         # 也是设置为水平方向布局，wx.HORIZONTAL 是默认值可以省略
vhbox = wx.BoxSizer(wx.VERTICAL)    # 设置为垂直方向布局
```

当需要添加子窗口（或控件）到父窗口时，需要调用 wx.BoxSizer 对象 Add() 方法，Add() 方法是从父类 wx.Sizer 继承而来的，Add() 方法的语法说明如下：

```
Add(window, proportion=0, flag=0, border=0, userData=None) # 添加到父窗口
Add(sizer, proportion=0, flag=0, border=0, userData=None)  # 添加到另外一个 Sizer 中，用于嵌套
Add(width, height, proportion=0, flag=0, border=0, userData=None) # 添加一个空白空间
```

其中 proportion 参数仅被 wx.BoxSizer 使用，用来设置当前子窗口（或控件）在父窗口所占空间比例；flag 是参数标志，用来控制对齐、边框和调整尺寸；border 参数用来设置边框的宽度；userData 参数可被用来传递额外的数据。

下面重点介绍 flag 标志。flag 标志可以分为对齐、边框和调整尺寸等不同方面，对齐 flag 标志如表 21-1 所示，边框 flag 标志如表 21-2 所示，调整尺寸 flag 标志如表 21-3 所示。

表 21-1　对齐 flag 标志

标　　志	说　　明
wx.ALIGN_TOP	顶对齐
wx.ALIGN_BOTTOM	底对齐
wx.ALIGN_LEFT	左对齐
wx.ALIGN_RIGHT	右对齐
wx.ALIGN_CENTER	居中对齐
wx.ALIGN_CENTER_VERTICAL	垂直居中对齐
wx.ALIGN_CENTER_HORIZONTAL	水平居中对齐
wx.ALIGN_CENTRE	同 wx.ALIGN_CENTER
wx.ALIGN_CENTRE_VERTICAL	同 wx.ALIGN_CENTER_VERTICAL
wx.ALIGN_CENTRE_HORIZONTAL	同 wx.ALIGN_CENTER_HORIZONTAL

表 21-2　边框 flag 标志

标　　志	说　　明
wx.TOP	设置有顶部边框，边框的宽度需要通过 Add() 方法的 border 参数设置
wx.BOTTOM	设置有底部边框
wx.LEFT	设置有左边框
wx.RIGHT	设置有右边框
wx.ALL	设置 4 面全有边框

表 21-3　调整尺寸 flag 标志

标　　志	说　　明
wx.EXPAND	调整子窗口（或控件）完全填满有效空间
wx.SHAPED	调整子窗口（或控件）填充有效空间，但保存高宽比
wx.FIXED_MINSIZE	调整子窗口（或控件）为最小尺寸
wx.RESERVE_SPACE_EVEN_IF_HIDDEN	设置此标志后，子窗口（或控件）如果被隐藏，所占空间保留

下面通过一个示例熟悉 Box 布局，该示例窗口如图 21-12 所示，其中包括两个按钮和一个静态文本。示例代码如下：

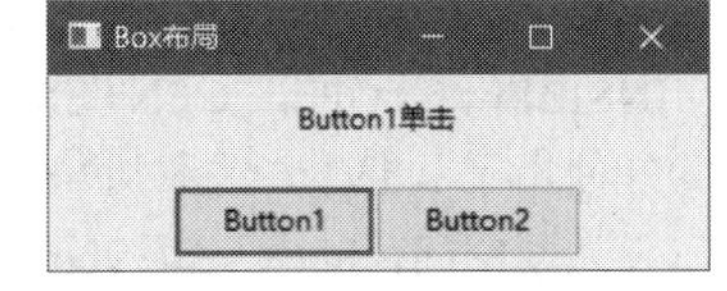

图 21-12　Box 布局示例

```
# coding=utf-8
# 代码文件：chapter21/ch21.5.3.py

import wx


# 自定义窗口类 MyFrame
class MyFrame(wx.Frame):
    def __init__(self):
        super().__init__(parent=None, title='Box 布局 ', size=(300, 120))
        self.Centre()  # 设置窗口居中
        panel = wx.Panel(parent=self)
        # 创建垂直方向的 Box 布局管理器对象
        vbox = wx.BoxSizer(wx.VERTICAL)                          ①
        self.statictext = wx.StaticText(parent=panel, label='Button1 单击 ')
        # 添加静态文本到垂直 Box 布局管理器
        vbox.Add(self.statictext, proportion=2, flag=wx.FIXED_MINSIZE | wx.TOP | wx.CENTER,
border=10) ②

        b1 = wx.Button(parent=panel, id=10, label='Button1')
        b2 = wx.Button(parent=panel, id=11, label='Button2')
        self.Bind(wx.EVT_BUTTON, self.on_click, id=10, id2=20)
        # 创建水平方向的 Box 布局管理器对象
        hbox = wx.BoxSizer(wx.HORIZONTAL)                        ③
        # 添加 b1 到水平 Box 布局管理
        hbox.Add(b1, 0, wx.EXPAND | wx.BOTTOM, 5)                ④
        # 添加 b2 到水平 Box 布局管理
        hbox.Add(b2, 0, wx.EXPAND | wx.BOTTOM, 5)                ⑤

        # 将水平 Box 布局管理器到垂直 Box 布局管理器
        vbox.Add(hbox, proportion=1, flag=wx.CENTER)             ⑥

        panel.SetSizer(vbox)

    def on_click(self, event):
        event_id = event.GetId()
        print(event_id)
```

```
        if event_id == 10:
            self.statictext.SetLabelText('Button1 单击')
        else:
            self.statictext.SetLabelText('Button2 单击')

...
```

上述代码中使用了 wx.BoxSizer 嵌套。整个窗口都放在了一个垂直方向布局的 wx.BoxSizer 对象 vbox 中。vbox 上面是一个静态文本，下面是水平方向布局的 wx.BoxSizer 对象 hbox。hbox 中有左右两个按钮（Button1 和 Button2）。

代码第①行是创建垂直方向 Box 布局管理器对象。代码第②行是添加静态文本对象 statictext 到 Box 布局管理器，其中参数 flag 标志设置 wx.FIXED_MINSIZE|wx.TOP|wx.CENTER，wx.FIXED_MINSIZE|wx.TOP|wx.CENTER 是位或运算，即几个标志效果的叠加。参数 proportion 为 2。注意代码第⑥行使用了 Add() 方法添加 hbox 到 vbox，其中参数 proportion 为 1，这说明静态文本 statictext 占用 vbox 三分之二空间，hbox 占用 vbox 三分之一空间。

代码第③行创建水平方向的 Box 布局管理器对象，代码第④行添加 b1 到水平 Box 布局管理，代码第⑤行添加 b2 到水平 Box 布局管理。

21.5.4 StaticBox 布局

StaticBox 布局类是 wx.StaticBoxSizer，继承于 wx.BoxSizer。StaticBox 布局等同于 Box，只是在 Box 周围多了一个附加的带静态文本的边框。wx.StaticBoxSizer 构造方法如下：

- wx.StaticBoxSizer(box,orient=HORIZONTAL)：box 参数是 wx.StaticBox（静态框）对象，orient 参数是布局方向。
- wx.StaticBoxSizer(orient,parent,label="")：orient 参数是布局方向，parent 参数是设置所在父窗口，label 参数设置边框的静态文本。

下面通过一个示例熟悉 StaticBox 布局，该示例窗口如图 21-13 所示，其中包括两个按钮和一个静态文本，两个按钮放到一个 StaticBox 布局中。

图 21-13 StaticBox 布局示例

示例代码如下：

```
# coding=utf-8
# 代码文件：chapter21/ch21.5.4.py

import wx

# 自定义窗口类 MyFrame
class MyFrame(wx.Frame):
    def __init__(self):
        super().__init__(parent=None, title='StaticBox 布局', size=(300, 120))
        self.Centre()  # 设置窗口居中
        panel = wx.Panel(parent=self)
        # 创建垂直方向的 Box 布局管理器对象
        vbox = wx.BoxSizer(wx.VERTICAL)
        self.statictext = wx.StaticText(parent=panel, label='Button1 单击')
        # 添加静态文本到 Box 布局管理器
        vbox.Add(self.statictext, proportion=2, flag=wx.FIXED_MINSIZE | wx.TOP | wx.CENTER,
```

```
border=10)

        b1 = wx.Button(parent=panel, id=10, label='Button1')
        b2 = wx.Button(parent=panel, id=11, label='Button2')
        self.Bind(wx.EVT_BUTTON, self.on_click, id=10, id2=20)

        # 创建静态框对象
        sb = wx.StaticBox(panel, label=" 按钮框 ")          ①
        # 创建水平方向的 StaticBox 布局管理器
        hsbox = wx.StaticBoxSizer(sb, wx.HORIZONTAL)     ②
        # 添加 b1 到水平 StaticBox 布局管理
        hsbox.Add(b1, 0, wx.EXPAND | wx.BOTTOM, 5)
        # 添加 b2 到水平 StaticBox 布局管理
        hsbox.Add(b2, 0, wx.EXPAND | wx.BOTTOM, 5)

        # 添加 hbox 到 vbox
        vbox.Add(hsbox, proportion=1, flag=wx.CENTER)

        panel.SetSizer(vbox)

    def on_click(self, event):
        event_id = event.GetId()
        print(event_id)
        if event_id == 10:
            self.statictext.SetLabelText('Button1 单击 ')
        else:
            self.statictext.SetLabelText('Button2 单击 ')

...
```

上述代码第①行是创建静态框对象，代码第②行是创建水平方向的 wx.StaticBoxSizer 对象。wx.StaticBoxSizer 与 wx.BoxSizer 其他使用方法类似，这里不再赘述。

21.5.5 Grid 布局

Grid 布局类是 wx.GridSizer，Grid 布局以网格形式对子窗口（或控件）进行摆放，容器被分成大小相等的矩形，一个矩形中放置一个子窗口（或控件）。

wx.GridSizer 构造方法有如下几种：

1）wx.GridSizer(rows, cols, vgap, hgap)

创建指定行数和列数的 wx.GridSizer 对象，并指定水平和垂直间隙，参数 hgap 是水平间隙，参数 vgap 是垂直间隙。添加的子窗口（或控件）个数超过 rows 与 cols 之积，则引发异常。

2）wx.GridSizer(rows, cols, gap)

同 GridSizer(rows, cols, vgap, hgap)，gap 参数指定垂直间隙和水平间隙，gap 参数是 wx.Size 类型，例如 wx.Size(2,3) 是设置水平间隙为 2 像素，垂直间隙为 3 像素。

3）wx.GridSizer(cols, vgap, hgap)

创建指定列数的 wx.GridSizer 对象，并指定水平和垂直间隙。由于没有限定行数，所以添加的子窗口（或控件）个数没有限制。

4）wx.GridSizer(cols, gap=wx.Size(0,0))

同 GridSizer(cols, vgap, hgap)，gap 参数是垂直间隙和水平间隙，属于 wx.Size 类型。下面通过一个示例熟悉 Grid 布局，该示例窗口如图 21-14 所示，其中窗口中包含 3 行 3 列共 9 个按钮。

示例代码如下：

```
# coding=utf-8
# 代码文件：chapter21/ch21.5.5.py

import wx


# 自定义窗口类 MyFrame
class MyFrame(wx.Frame):
    def __init__(self):
        super().__init__(parent=None, title='Grid 布局 ', size=(300, 300))
        self.Centre()  # 设置窗口居中
        panel = wx.Panel(self)
        btn1 = wx.Button(panel, label='1')
        btn2 = wx.Button(panel, label='2')
        btn3 = wx.Button(panel, label='3')
        btn4 = wx.Button(panel, label='4')
        btn5 = wx.Button(panel, label='5')
        btn6 = wx.Button(panel, label='6')
        btn7 = wx.Button(panel, label='7')
        btn8 = wx.Button(panel, label='8')
        btn9 = wx.Button(panel, label='9')

        grid = wx.GridSizer(cols=3, rows=3, vgap=0, hgap=0)     ①

        grid.Add(btn1, 0, wx.EXPAND)                            ②
        grid.Add(btn2, 0, wx.EXPAND)
        grid.Add(btn3, 0, wx.EXPAND)
        grid.Add(btn4, 0, wx.EXPAND)
        grid.Add(btn5, 0, wx.EXPAND)
        grid.Add(btn6, 0, wx.EXPAND)
        grid.Add(btn7, 0, wx.EXPAND)
        grid.Add(btn8, 0, wx.EXPAND)
        grid.Add(btn9, 0, wx.EXPAND)                            ③

        panel.SetSizer(grid)
...
```

图 21-14　Grid 布局示例

上述代码第①行是创建一个 3 行 3 列 wx.GridSizer 对象，其水平间隙为 0 像素，垂直间隙为 0 像素。代码第②行～第③行添加了 9 个按钮到 wx.GridSizer 对象中，Add() 方法一次只能添加一个子窗口（或控件），如果想一次添加多个可以使用 AddMany() 方法，AddMany() 方法参数是一个子窗口（或控件）的列表，因此代码第②行～第③行可以使用以下代码替换。

```
grid.AddMany([
    (btn1, 0, wx.EXPAND),
```

```
    (btn2, 0, wx.EXPAND),
    (btn3, 0, wx.EXPAND),
    (btn4, 0, wx.EXPAND),
    (btn5, 0, wx.EXPAND),
    (btn6, 0, wx.EXPAND),
    (btn7, 0, wx.EXPAND),
    (btn8, 0, wx.EXPAND),
    (btn9, 0, wx.EXPAND)
])
```

Grid 布局将窗口分成几个区域，也会出现某个区域缺少子窗口（或控件）情况，如图 21-15 所示只有 7 个子窗口（或控件）。

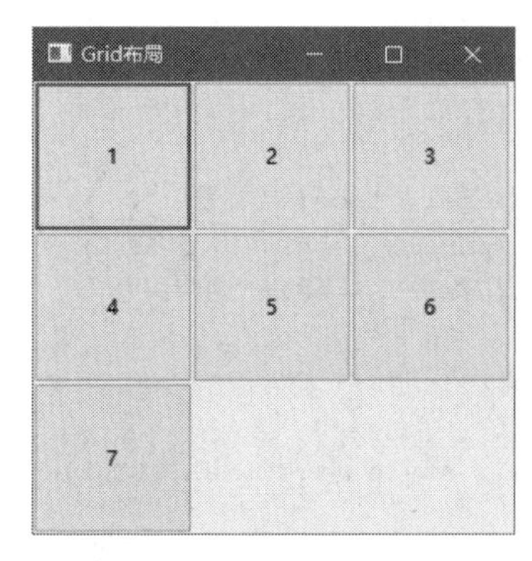

图 21-15　缺少子窗口（或控件）

21.5.6　FlexGrid 布局

Grid 布局时网格大小是固定的，如果想网格大小不同可以使用 FlexGrid 布局。FlexGrid 是更加灵活的 Grid 布局。FlexGrid 布局类是 wx.FlexGridSizer，它的父类是 wx.GridSizer。

wx.FlexGridSizer 的构造方法与 wx.GridSizer 相同，这里不再赘述。wx.FlexGridSizer 有两个特殊方法：

- AddGrowableRow(idx, proportion=0)：指定行是可扩展的，参数 idx 是行索引，从零开始；参数 proportion 设置该行所占空间比例。
- AddGrowableCol(idx, proportion=0)：指定列是可扩展的，参数 idx 是列索引，从零开始；参数 proportion 设置该列所占空间比例。

上述方法中的 proportion 参数默认是 0，表示各个行列占用空间是均等的。下面通过一个示例熟悉 FlexGrid 布局，该示例窗口如图 21-16 所示，其中窗口中包含 3 行 2 列共 6 个网格，第一列放置的都是静态文本，第二列放置的都是文本输入控件。

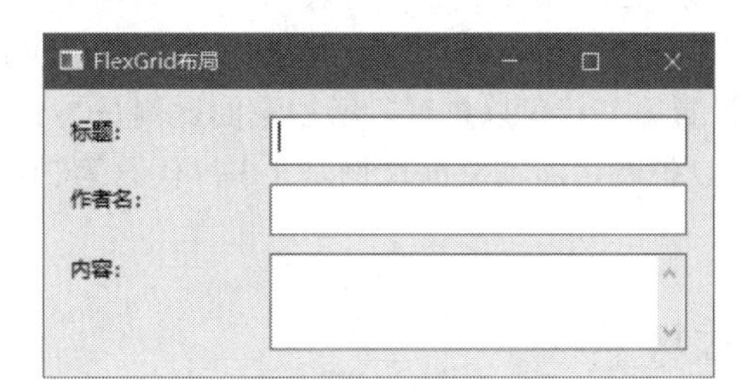

图 21-16　FlexGrid 布局示例

示例代码如下：

```
# coding=utf-8
# 代码文件：chapter21/ch21.5.6.py

import wx


# 自定义窗口类 MyFrame
class MyFrame(wx.Frame):
    def __init__(self):
        super().__init__(parent=None, title='FlexGrid 布局 ', size=(400, 200))
        self.Centre()  # 设置窗口居中
        panel = wx.Panel(parent=self)

        fgs = wx.FlexGridSizer(3, 2, 10, 10)                              ①

        title = wx.StaticText(panel, label=" 标题：")
        author = wx.StaticText(panel, label=" 作者名：")
        review = wx.StaticText(panel, label=" 内容：")

        tc1 = wx.TextCtrl(panel)
        tc2 = wx.TextCtrl(panel)
        tc3 = wx.TextCtrl(panel, style=wx.TE_MULTILINE)

        fgs.AddMany([title, (tc1, 1, wx.EXPAND),
                     author, (tc2, 1, wx.EXPAND),
                     review, (tc3, 1, wx.EXPAND)])                        ②

        fgs.AddGrowableRow(0, 1)                                          ③
        fgs.AddGrowableRow(1, 1)                                          ④
        fgs.AddGrowableRow(2, 3)                                          ⑤
        fgs.AddGrowableCol(0, 1)                                          ⑥
        fgs.AddGrowableCol(1, 2)                                          ⑦

        hbox = wx.BoxSizer(wx.HORIZONTAL)
        hbox.Add(fgs, proportion=1, flag=wx.ALL | wx.EXPAND, border=15)   ⑧

        panel.SetSizer(hbox)
...
```

上述代码第①行是创建一个 3 行 2 列的 wx.FlexGridSizer 对象，其水平间隙为 10 像素，垂直间隙为 10 像素。代码第②行是添加控件到 wx.FlexGridSizer 对象中。

代码第③行是设置第一行可以扩展，所占空间比例是 1/5；代码第④行是设置第二行可以扩展，所占空间比例是 1/5；代码第⑤行是设置第三行可以扩展，所占空间比例是 3/5。

代码第⑥行是设置第一列可以扩展，所占空间比例是 1/3；代码第⑦行是设置第二列可以扩展，所占空间比例是 2/3。

21.6 wxPython 基本控件

微课视频

wxPython 的所有控件都继承自 wx.Control 类，具体内容参考图 21-2。主要有文本输入控件、按钮、静态文本、下拉列表、列表、单选按钮、滑块、滚动条、复选框和树等控件。

21.6.1　静态文本和按钮

静态文本和按钮在前面示例中已经用到了，本节再深入地介绍。

wxPython 中静态文本类是 wx.StaticText，可以显示文本。wxPython 中的按钮主要有 wx.Button、wx.BitmapButton 和 wx.ToggleButton 三个，wx.Button 是普通按钮，wx.BitmapButton 是带有图标的按钮，wx.ToggleButton 是能进行两种状态切换的按钮。

下面通过示例介绍静态文本和按钮。如图 21-17 所示的界面，其中有一个静态文本和三个按钮，OK 是普通按钮，ToggleButton 是 wx.ToggleButton 按钮，图 21-17（a）所示是 ToggleButton 抬起状态，图 21-17（b）所示是 ToggleButton 按下时状态。最后一个是图标按钮。

(a)

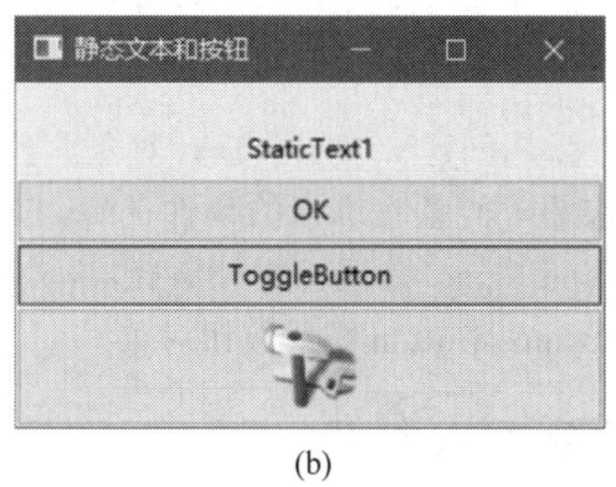

(b)

图 21-17　静态文本和按钮示例

示例代码如下：

```
# coding=utf-8
# 代码文件：chapter21/ch21.6.1.py

import wx


# 自定义窗口类 MyFrame
class MyFrame(wx.Frame):
    def __init__(self):
        super().__init__(parent=None, title=' 静态文本和按钮 ', size=(300, 200))
        self.Centre()  # 设置窗口居中
        panel = wx.Panel(parent=self)
        # 创建垂直方向的 Box 布局管理器
        vbox = wx.BoxSizer(wx.VERTICAL)

        self.statictext = wx.StaticText(parent=panel, label='StaticText1',
                style=wx.ALIGN_CENTRE_HORIZONTAL)          ①
        b1 = wx.Button(parent=panel, label='OK')           ②
        self.Bind(wx.EVT_BUTTON, self.on_click, b1)

        b2 = wx.ToggleButton(panel, label='ToggleButton')  ③
        self.Bind(wx.EVT_TOGGLEBUTTON, self.on_click, b2)

        bmp = wx.Bitmap('icon/1.png', wx.BITMAP_TYPE_PNG)  ④
        b3 = wx.BitmapButton(panel, bitmap=bmp)    ⑤
        self.Bind(wx.EVT_BUTTON, self.on_click, b3)
```

```
        # 添加静态文本和按钮到 Box 布局管理器
        vbox.Add(100, 10, proportion=1, flag=wx.CENTER | wx.FIXED_MINSIZE)
        vbox.Add(self.statictext, proportion=1, flag=wx.CENTER | wx.FIXED_MINSIZE)
        vbox.Add(b1, proportion=1, flag=wx.CENTER | wx.EXPAND)
        vbox.Add(b2, proportion=1, flag=wx.CENTER | wx.EXPAND)
        vbox.Add(b3, proportion=1, flag=wx.CENTER | wx.EXPAND)

        panel.SetSizer(vbox)

    def on_click(self, event):
        self.statictext.SetLabelText('Hello, world.')
...
```

上述代码第①行是创建 wx.StaticText 对象。代码第②行是创建 wx.Button 按钮。代码第③行是创建 wx.ToggleButton 按钮，注意它绑定的事件是 wx.EVT_TOGGLEBUTTON。代码第④行是创建 wx.Bitmap 图片对象，其中 'icon/1.png' 是图标文件路径，wx.BITMAP_TYPE_PNG 是设置图标图片格式类型。代码第⑤行是创建 wx.BitmapButton 图片按钮对象。

21.6.2 文本输入控件

文本输入控件类是 wx.TextCtrl，默认情况下文本输入控件中只能输入单行数据，如果想输入多行可以设置 style=wx.TE_MULTILINE。如果想把文本输入控件作为密码框使用，可以设置 style=wx.TE_PASSWORD。

下面通过示例介绍文本输入控件。如图 21-18 所示的界面是 21.5.6 节示例重构，其中用户 ID 对应的 wx.TextCtrl 是普通文本输入控件，密码对应的 wx.TextCtrl 是密码输入控件，多行文本的 wx.TextCtrl 是多行文本输入控件。

示例代码如下：

图 21-18 文本输入控件示例

```
# coding=utf-8
# 代码文件：chapter21/ch21.6.2.py

import wx


# 自定义窗口类 MyFrame
class MyFrame(wx.Frame):
    def __init__(self):
        super().__init__(parent=None, title=' 静态文本和按钮 ', size=(400, 200))
        self.Centre()  # 设置窗口居中
        panel = wx.Panel(self)

        hbox = wx.BoxSizer(wx.HORIZONTAL)

        fgs = wx.FlexGridSizer(3, 2, 10, 10)

        userid = wx.StaticText(panel, label=" 用户 ID：")
        pwd = wx.StaticText(panel, label=" 密码：")
        content = wx.StaticText(panel, label=" 多行文本：")
```

```
        tc1 = wx.TextCtrl(panel)                                    ①
        tc2 = wx.TextCtrl(panel, style=wx.TE_PASSWORD)              ②
        tc3 = wx.TextCtrl(panel, style=wx.TE_MULTILINE)             ③

        # 设置 tc1 初始值
        tc1.SetValue('tony')                                        ④
        # 获取 tc1 值
        print(' 读取用户 ID：{0}'.format(tc1.GetValue()))            ⑤

        fgs.AddMany([userid, (tc1, 1, wx.EXPAND),
                     pwd, (tc2, 1, wx.EXPAND),
                     content, (tc3, 1, wx.EXPAND)])
        fgs.AddGrowableRow(0, 1)
        fgs.AddGrowableRow(1, 1)
        fgs.AddGrowableRow(2, 3)
        fgs.AddGrowableCol(0, 1)
        fgs.AddGrowableCol(1, 2)
        hbox.Add(fgs, proportion=1, flag=wx.ALL | wx.EXPAND, border=15)
        panel.SetSizer(hbox)
...
```

上述代码第①行创建了一个普通的文本输入控件对象。代码第②行创建了一个密码输入控件对象。代码第③行能输入多行文本控件对象。代码第④行 tc1.SetValue('tony') 用来设置文本输入控件的文本内容，SetValue() 方法可以为文本输入控件设置文本内容，GetValue() 方法是从文本输入控件中读取文本内容，见代码第⑤行。

21.6.3　复选框

wxPython 中多选控件是复选框（wx.CheckBox），复选框有时也单独使用，能提供两种状态的开和关。下面通过示例介绍复选框，如图 21-19 所示的界面中有一组复选框。

示例代码如下：

```
# coding=utf-8
# 代码文件：chapter21/ch21.6.3.py

import wx


# 自定义窗口类 MyFrame
class MyFrame(wx.Frame):
    def __init__(self):
        super().__init__(parent=None, title=' 复选框 ', size=(240, 160))
        self.Centre()  # 设置窗口居中
        panel = wx.Panel(self)

        statictext = wx.StaticText(panel, label=' 选择你喜欢的编程语言：')
        cb1 = wx.CheckBox(panel, 1, 'Python')                       ①
        cb2 = wx.CheckBox(panel, 2, 'Java')
        cb2.SetValue(True)                                          ②
        cb3 = wx.CheckBox(panel, 3, 'C++')                          ③
```

图 21-19　复选框示例

```
        self.Bind(wx.EVT_CHECKBOX, self.on_checkbox_click, id=1, id2=3)        ④

        vbox = wx.BoxSizer(wx.VERTICAL)
        vbox.Add(statictext, flag=wx.ALL, border=6)
        vbox.Add(cb1, flag=wx.ALL, border=6)
        vbox.Add(cb2, flag=wx.ALL, border=6)
        vbox.Add(cb3, flag=wx.ALL, border=6)

        panel.SetSizer(vbox)

    def on_checkbox_click(self, event):
        cb = event.GetEventObject()                                            ⑤
        print('选择 {0}，状态{1}'.format(cb.GetLabel(), event.IsChecked()))     ⑥
...
```

上述代码第①行～第③行创建了三个复选框对象，代码第④行是绑定id从1到3所有控件到事件处理者self.on_checkbox_click上。代码第②行是设置cb2的初始状态为选中。

在事件处理方法中，代码第⑤行event.GetEventObject()从事件对象中取出事件源对象，代码第⑥行cb.GetLabel()可以获得控件标签，event.IsChecked()可以获得状态控件的选中状态。

21.6.4 单选按钮

wxPython中单选功能的控件是单选按钮（wx.RadioButton），同一组的多个单选按钮应该具有互斥特性，这也是为什么单选按钮也称为收音机按钮（RadioButton），就是当一个按钮按下时，其他按钮一定释放。

下面通过示例介绍单选按钮，如图21-20所示的界面中有两组单选按钮。

示例代码如下：

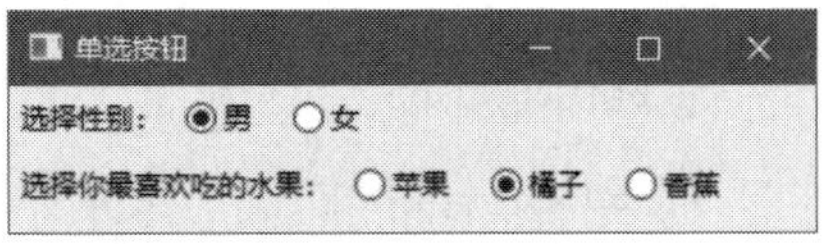

图21-20 单选按钮示例

```
# coding=utf-8
# 代码文件：chapter21/ch21.6.4.py

import wx

# 自定义窗口类MyFrame
class MyFrame(wx.Frame):
    def __init__(self):
        super().__init__(parent=None, title='单选按钮', size=(360, 100))
        self.Centre()  # 设置窗口居中
        panel = wx.Panel(self)

        statictext = wx.StaticText(panel, label='选择性别：')
        radio1 = wx.RadioButton(panel, 4, '男', style=wx.RB_GROUP)          ①
        radio2 = wx.RadioButton(panel, 5, '女')                              ②
        self.Bind(wx.EVT_RADIOBUTTON, self.on_radio1_click, id=4, id2=5)    ③

        hbox1 = wx.BoxSizer(wx.HORIZONTAL)
        hbox1.Add(statictext, flag=wx.ALL, border=5)
        hbox1.Add(radio1, flag=wx.ALL, border=5)
        hbox1.Add(radio2, flag=wx.ALL, border=5)
```

```
        statictext = wx.StaticText(panel, label='选择你最喜欢吃的水果：')
        radio3 = wx.RadioButton(panel, 6, '苹果', style=wx.RB_GROUP)        ④
        radio4 = wx.RadioButton(panel, 7, '橘子')
        radio5 = wx.RadioButton(panel, 8, '香蕉')                           ⑤
        self.Bind(wx.EVT_RADIOBUTTON, self.on_radio2_click, id=6, id2=8)   ⑥

        hbox2 = wx.BoxSizer(wx.HORIZONTAL)
        hbox2.Add(statictext, flag=wx.ALL, border=5)
        hbox2.Add(radio3, flag=wx.ALL, border=5)
        hbox2.Add(radio4, flag=wx.ALL, border=5)
        hbox2.Add(radio5, flag=wx.ALL, border=5)

        vbox = wx.BoxSizer(wx.VERTICAL)
        vbox.Add(hbox1)
        vbox.Add(hbox2)

        panel.SetSizer(vbox)

    def on_radio1_click(self, event):
        rb = event.GetEventObject()                                         ⑦
        print('第一组 {0} 被选中'.format(rb.GetLabel()))                    ⑧

    def on_radio2_click(self, event):
        rb = event.GetEventObject()
        print('第二组 {0} 被选中'.format(rb.GetLabel()))
...
```

上述代码第①行和第②行创建了两个单选按钮，由于这两个单选按钮是互斥的，所以需要把它们添加到一个组中。代码第②行在创建单选按钮对象 radio1 时，设置 style=wx.RB_GROUP，这说明 radio1 是一个组的开始，直到遇到另外设置 style=wx.RB_GROUP 的单选按钮对象 radio3 为止都是同一个组。所以 radio1 和 radio2 是同一组，而 radio3、radio4 和 radio5 是同一组，见代码第④行和第⑤行。

代码第③行绑定 id 为 4 和 5 的控件到事件处理方法 on_radio1_click 上。代码第⑥行绑定 id 从 6~8 的所有控件到事件处理方法 on_radio2_click 上。

在事件处理方法中，代码第⑦行从事件对象中取出事件源对象，代码第⑧行 rb.GetLabel() 可以获得控件标签。

21.6.5　下拉列表

下拉列表控件是由一个文本框和一个列表选项构成的，如图 21-21 所示，选项列表是收起来的，默认每次只能选择其中的一项。wxPython 提供了两种下拉列表控件类 wx.ComboBox 和 wx.Choice，wx.ComboBox 默认它的文本框是可以修改的，wx.Choice 是只读不可以修改的，除此之外它们没有区别。

下面通过示例介绍下拉列表控件，如图 21-21 所示的界面中有两个下拉列表控件，上面的是 wx.ComboBox，下面的是 wx.Choice。

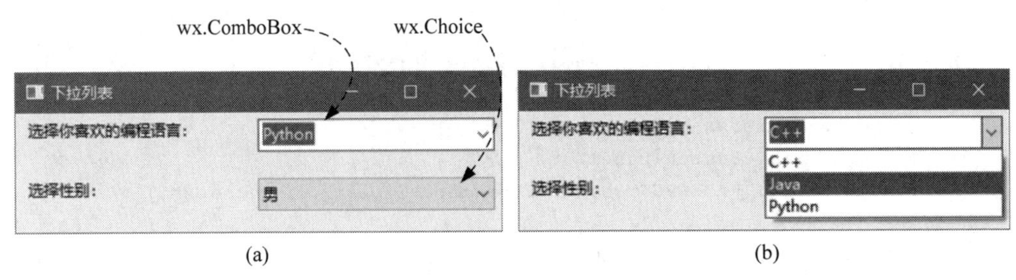

图 21-21　下拉列表示例

示例代码如下：

```
# coding=utf-8
# 代码文件：chapter21/ch21.6.5.py

import wx

# 自定义窗口类 MyFrame
class MyFrame(wx.Frame):
    def __init__(self):
        super().__init__(parent=None, title='下拉列表', size=(360, 120))
        self.Centre()  # 设置窗口居中
        panel = wx.Panel(self)

        statictext = wx.StaticText(panel, label='选择你喜欢的编程语言：')

        list1 = ['Python', 'C++', 'Java']
        ch1 = wx.ComboBox(panel, value='C', choices=list1, style=wx.CB_SORT)  ①
        self.Bind(wx.EVT_COMBOBOX, self.on_combobox, ch1)                       ②

        hbox1 = wx.BoxSizer(wx.HORIZONTAL)
        hbox1.Add(statictext, 1)
        hbox1.Add(ch1, 1)

        statictext = wx.StaticText(panel, label='选择性别：')
        list2 = ['男', '女']
        ch2 = wx.Choice(panel, choices=list2)                                    ③
        self.Bind(wx.EVT_CHOICE, self.on_choice, ch2)                            ④

        hbox2 = wx.BoxSizer(wx.HORIZONTAL)
        hbox2.Add(statictext, 1)
        hbox2.Add(ch2, 1)

        vbox = wx.BoxSizer(wx.VERTICAL)
        vbox.Add(hbox1, flag=wx.ALL | wx.EXPAND, border=5)
        vbox.Add(hbox2, flag=wx.ALL | wx.EXPAND, border=5)

        panel.SetSizer(vbox)

    def on_combobox(self, event):
        print('选择 {0}'.format(event.GetString()))
```

```
    def on_choice(self, event):
        print('选择 {0}'.format(event.GetString()))
```

…

上述代码第①行是创建 wx.ComboBox 下拉列表对象，其中参数 value 用来设置默认值，即下拉列表的文本框中初始显示的内容；choices 参数用来设置列表选择项，它是列表类型；style 参数用来设置 wx.ComboBox 风格样式，主要有以下 4 种风格：

- wx.CB_SIMPLE：列表部分一直显示不收起来。
- wx.CB_DROPDOWN：默认风格，单击向下按钮列表部分展开，如图 21-21(b) 所示，选择完成收起来，如图 21-21(a) 所示。
- wx.CB_READONLY：文本框不可修改。
- wx.CB_SORT：对列表选择项进行排序，本例中设置该风格，所以显示的顺序如图 21-21(b) 所示。

代码第②行是绑定 wx.ComboBox 下拉选择事件 wx.EVT_COMBOBOX 到 self.on_combobox 方法，当选择选项时触发该事件，调用 self.on_combobox 方法进行事件处理。

代码第③行是创建 wx.Choice 下拉列表对象，其中 choices 参数设置列表选择项。代码第④行是绑定 wx.Choice 下拉选择事件 wx.EVT_CHOICE 到 self.on_choice 方法，当选择选项时触发该事件，调用 self.on_choice 方法进行事件处理。

21.6.6 列表

列表控件类似于下拉列表控件，只是没有文本框，只有一个列表选项，如图 21-22 所示，列表控件可以单选或多选。列表控件类是 wx.ListBox。

下面通过示例介绍列表控件。如图 21-22 所示的界面中有两个列表控件，上面的列表控件是单选，而下面的列表控件是可以多选的。

示例代码如下：

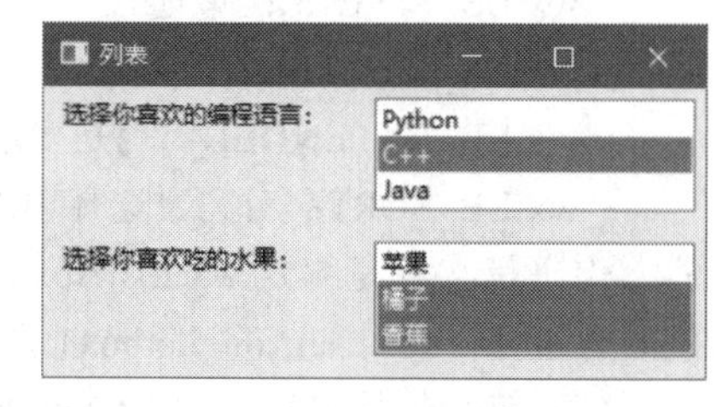

图 21-22 列表示例

```
# coding=utf-8
# 代码文件：chapter21/ch21.6.6.py

import wx

# 自定义窗口类 MyFrame
class MyFrame(wx.Frame):
    def __init__(self):
        super().__init__(parent=None, title='列表', size=(350, 180))
        self.Centre()  # 设置窗口居中
        panel = wx.Panel(self)

        statictext = wx.StaticText(panel, label='选择你喜欢的编程语言：')

        list1 = ['Python', 'C++', 'Java']
        lb1 = wx.ListBox(panel, -1, choices=list1, style=wx.LB_SINGLE)     ①
        self.Bind(wx.EVT_LISTBOX, self.on_listbox1, lb1)                  ②

        hbox1 = wx.BoxSizer(wx.HORIZONTAL)
```

```
        hbox1.Add(statictext, 1)
        hbox1.Add(lb1, 1)

        statictext = wx.StaticText(panel, label='选择你喜欢吃的水果：')
        list2 = ['苹果', '橘子', '香蕉']
        lb2 = wx.ListBox(panel, -1, choices=list2, style=wx.LB_EXTENDED)  ③
        self.Bind(wx.EVT_LISTBOX, self.on_listbox2, lb2)                  ④

        hbox2 = wx.BoxSizer(wx.HORIZONTAL)
        hbox2.Add(statictext, 1)
        hbox2.Add(lb2, 1)

        vbox = wx.BoxSizer(wx.VERTICAL)
        vbox.Add(hbox1, 1, flag=wx.ALL | wx.EXPAND, border=5)
        vbox.Add(hbox2, 1, flag=wx.ALL | wx.EXPAND, border=5)
        panel.SetSizer(vbox)

    def on_listbox1(self, event):
        listbox = event.GetEventObject()                                  ⑤
        print('选择 {0}'.format(listbox.GetSelection()))                  ⑥

    def on_listbox2(self, event):
        listbox = event.GetEventObject()
        print('选择 {0}'.format(listbox.GetSelections()))                 ⑦
...
```

上述代码第①行是创建 wx.ListBox 列表对象，其中参数 style 用来设置列表风格样式，常用的有以下 4 种风格：

- wx.LB_SINGLE：单选。
- wx.LB_MULTIPLE：多选。
- wx.LB_EXTENDED：也是多选，但是需要按住 Ctrl 键或 Shift 键时选择项目。
- wx.LB_SORT：对列表选择项进行排序。

代码第②行是绑定 wx.ListBox 选择事件 wx.EVT_LISTBOX 到 self.on_listbox1 方法，当选择选项时触发该事件，调用 self.on_listbox1 方法进行事件处理。

代码第③行是创建 wx.ListBox 列表对象，其中 style 参数设置为 wx.LB_EXTENDED，表明该列表对象可以多选。代码第④行是绑定 wx.ListBox 选择事件 wx.EVT_LISTBOX 到 self.on_listbox2 方法。

在事件处理方法中要获得事件源可以通过 event.GetEventObject() 方法实现，见代码第⑤行。代码第⑥行的 listbox.GetSelection() 方法返回选中项目的索引，对于多选可以通过 listbox.GetSelections() 方法返回多个选中项目索引的列表，见代码第⑦行。

21.6.7 静态图片控件

静态图片控件类是 wx.StaticBitmap，静态图片控件用来显示一张图片，图片可以是 wx.Python 所支持的任何图片格式。

下面通过示例介绍静态图片控件。如图 21-23 所示，界面刚显示时加载默认图片，如图 21-23（a）所示；当用户单击 Button1 时显示如图 21-23（c）所示；当用户单击 Button2 时显示如图 21-23（b）所示。

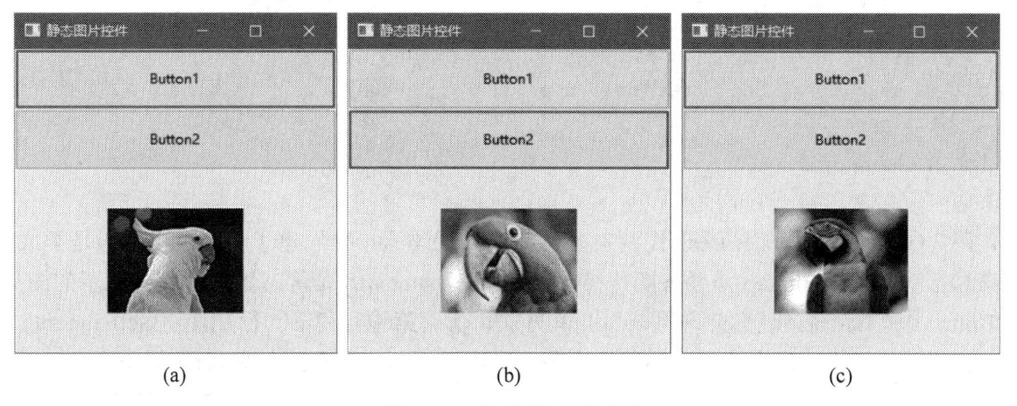

(a)　(b)　(c)

图 21-23　静态图片控件示例

示例代码如下：

```
# coding=utf-8
# 代码文件：chapter21/ch21.6.7.py

import wx


# 自定义窗口类 MyFrame
class MyFrame(wx.Frame):
    def __init__(self):
        super().__init__(parent=None, title=' 静态图片控件 ', size=(300, 300))
        self.bmps = [wx.Bitmap('images/bird5.gif', wx.BITMAP_TYPE_GIF),
                     wx.Bitmap('images/bird4.gif', wx.BITMAP_TYPE_GIF),
                     wx.Bitmap('images/bird3.gif', wx.BITMAP_TYPE_GIF)]   ①

        self.Centre()  # 设置窗口居中
        self.panel = wx.Panel(parent=self)                                 ②
        # 创建垂直方向的 Box 布局管理器
        vbox = wx.BoxSizer(wx.VERTICAL)

        b1 = wx.Button(parent=self.panel, id=1, label='Button1')
        b2 = wx.Button(self.panel, id=2, label='Button2')
        self.Bind(wx.EVT_BUTTON, self.on_click, id=1, id2=2)

        self.image = wx.StaticBitmap(self.panel, -1, self.bmps[0])         ③

        # 添加标控件到 Box 布局管理器
        vbox.Add(b1, proportion=1, flag=wx.CENTER | wx.EXPAND)
        vbox.Add(b2, proportion=1, flag=wx.CENTER | wx.EXPAND)
        vbox.Add(self.image, proportion=3, flag=wx.CENTER)

        self.panel.SetSizer(vbox)

    def on_click(self, event):
        event_id = event.GetId()
        if event_id == 1:
```

```
            self.image.SetBitmap(self.bmps[1])          ④
        else:
            self.image.SetBitmap(self.bmps[2])          ⑤
        self.panel.Layout()                             ⑥
```

…

上述代码第①行创建了 wx.Bitmap 图片对象的列表。代码第②行创建了一个面板，它是类成员实例变量。代码第③行 wx.StaticBitmap 是静态图片控件对象，self.bmps[0] 是静态图片控件要显示的图片对象。

单击 Button1 和 Button2 时都会调用 on_click 方法，代码第④行和第⑤行是使用 SetBitmap() 方法重新设置图片，实现图片切换。静态图片控件在切换图片时需要重新设置布局，见代码第⑥行。

提示： 图片替换后，需要重新绘制窗口，否则布局会发生混乱。代码第⑥行 self.panel.Layout() 是重新设置 panel 面板布局，因为静态图片控件是添加在 panel 面板上的。

21.7 实例：图书信息网格

微课视频

当有大量数据需要展示时，可以使用网格。wxPython 的网格类似于 Excel 电子表格，如图 21-24 所示，由行和列构成，行和列都有标题，也可以自定义行和列的标题，而且不仅可以读取单元格数据，还可以修改单元格数据。wxPython 网格类是 wx.grid.Grid。

网格控件-图书信息

	书籍编号	书籍名称	作者	出版社	出版日期	库存数量
1	0036	高等数学	李放	人民邮电出版社	20000812	1
2	0004	FLASH精选	刘扬	中国纺织出版社	19990312	2
3	0026	软件工程	牛田	经济科学出版社	20000328	4
4	0015	人工智能	周未	机械工业出版社	19991223	3
5	0037	南方周末	邓光明	南方出版社	20000923	3
6	0008	新概念3	余智	外语出版社	19990723	2
7	0019	通讯与网络	欧阳杰	机械工业出版社	20000517	1
8	0014	期货分析	孙宝	飞鸟出版社	19991122	3
9	0023	经济概论	思佳	北京大学出版社	20000819	3
10	0017	计算机理论基础	戴家	机械工业出版社	20000218	4
11	0002	汇编语言	李利光	北京大学出版社	19980318	2
12	0033	模拟电路	邓英才	电子工业出版社	20000527	2
13	0011	南方旅游	王爱国	南方出版社	19990930	2
14	0039	黑幕	李仪	华光出版社	20000508	14
15	0001	软件工程	戴国强	机械工业出版社	19980528	2
16	0034	集邮爱好者	李云	人民邮电出版社	20000630	1
17	0031	软件工程	戴志名	电子工业出版社	20000324	3
18	0030	数据库及应用	孙家萧	清华大学出版社	20000619	1
19	0024	经济与科学	毛波	经济科学出版社	20000923	2

图 21-24　图书信息网格

具体代码如下：

```
# coding=utf-8
# 代码文件：chapter21/ch21.7.py
```

```
import wx
import wx.grid

data = [['0036', '高等数学', '李放', '人民邮电出版社', '20000812', '1'],
        ['0004', 'FLASH 精选', '刘扬', '中国纺织出版社', '19990312', '2'],
        ['0026', '软件工程', '牛田', '经济科学出版社', '20000328', '4'],
        ['0015', '人工智能', '周未', '机械工业出版社', '19991223', '3'],
        …]

column_names = ['书籍编号', '书籍名称', '作者', '出版社', '出版日期', '库存数量']


# 自定义窗口类 MyFrame
class MyFrame(wx.Frame):
    def __init__(self):
        super().__init__(parent=None, title='网格控件', size=(550, 500))
        self.Centre()  # 设置窗口居中
        self.grid = self.CreateGrid(self)                                      ①
        self.Bind(wx.grid.EVT_GRID_LABEL_LEFT_CLICK, self.OnLabelLeftClick)  ②

    def OnLabelLeftClick(self, event):
        print("RowIdx: {0}".format(event.GetRow()))
        print("ColIdx: {0}".format(event.GetCol()))
        print(data[event.GetRow()])                                            ③
        event.Skip()

    def CreateGrid(self, parent):                                              ④
        grid = wx.grid.Grid(parent)                                            ⑤
        grid.CreateGrid(len(data), len(data[0]))                               ⑥

        for row in range(len(data)):                                           ⑦
            for col in range(len(data[row])):
                grid.SetColLabelValue(col, column_names[col])                  ⑧
                grid.SetCellValue(row, col, data[row][col])                    ⑨

        # 设置行和列自动调整
        grid.AutoSize()

        return grid

…
```

上述代码第①行调用了 self.CreateGrid(self) 方法创建网格对象；代码第④行定义了 CreateGrid() 方法；代码第⑤行创建了网格对象；代码第⑥行 CreateGrid() 方法是设置网格行数和列数，此时的网格是没有内容的；代码第⑦行～第⑨行通过双层嵌套循环设置每一个单元格的内容，其中 SetCellValue() 方法可以设置单元格内容；另外，代码第⑧行 SetColLabelValue() 方法是设置列标题。

代码第②行是绑定网格的鼠标左键单击行或列标题事件。在事件处理方法 self.OnLabelLeftClick 中，代码第③行 data[event.GetRow()] 是获取行数据，事件源的 GetRow() 方法获得选中行索引，事件源的 GetCol() 方法获得选中列索引。另外，在事件处理方法最后一行是 event.Skip() 语句，该语句可以确保继续处理其他事件。

21.8 本章小结

本章介绍了 Python 图形用户界面编程技术——wxPython，其中包括 wxPython 安装、事件处理、布局管理、基本控件和高级控件网格。

21.9 同步练习

一、选择题

1. 下列哪些技术是 Python 图形用户界面开发的工具包？（　　）

A. Tkinter

B. PyQt

C. wxPython

D. Swing

2. 在事件处理的过程中涉及的要素有哪些？（　　）

A. 事件

B. 事件类型

C. 事件源

D. 事件处理者

3. 下列选项中哪些是 wxPython 布局管理器类？（　　）

A. wx.BoxSizer

B. wx.StaticBoxSizer

C. wx.GridSizer

D. wx.FlexGridSizer

二、判断题

1. 事件处理者是在 wx.EvtHandler 子类中定义的一个方法，用来响应事件。（　　）

2. 使用绝对布局在不同分辨率下显示效果是一样的。（　　）

三、简述题

简述 wxPython 技术的优缺点。

21.10 动手实践：展示 Web 数据

编程题

从第 20 章动手实践中获得数据，并通过 wxPython 的网格控件展示出来。

第 22 章

Python 多线程编程

无论个人计算机（PC）还是智能手机现在都支持多任务，都能够编写并发访问程序。多线程编程可以编写并发访问程序。

22.1 基础知识

线程究竟是什么？在 Windows 操作系统出现之前，PC 上的操作系统都是单任务系统，只有在大型计算机上才具有多任务和分时设计。随着 Windows、Linux 等操作系统的出现，原本只在大型计算机才具有的优点，出现在了 PC 系统中。

微课视频

22.1.1 进程

一般可以在同一时间内执行多个程序的操作系统都有进程的概念。一个进程就是一个执行中的程序，而每一个进程都有自己独立的一块内存空间和一组系统资源。在进程的概念中，每个进程的内部数据和状态都是完全独立的。在 Windows 操作系统下可以通过 Ctrl+Alt+Del 组合键查看进程，在 UNIX 和 Linux 操作系统下是通过 ps 命令查看进程的。打开 Windows 当前运行的进程，如图 22-1 所示。

图 22-1 Windows 操作系统进程

在 Windows 操作系统中一个进程就是一个 exe 或者 dll 程序，它们相互独立，互相也可以通信，在 Android 操作系统中进程间的通信应用也是很多的。

22.1.2 线程

线程与进程相似，是一段完成某个特定功能的代码，是程序中单个顺序控制的流程，但与进程不同的是，同类的多个线程共享一块内存空间和一组系统资源。所以系统在各个线程之间切换时，开销要比进程小得多，正因如此，线程被称为轻量级进程。一个进程中可以包含多个线程。

Python 程序至少会有一个线程，这就是主线程。程序启动后由 Python 解释器负责创建主线程，程序结束时由 Python 解释器负责停止主线程。

22.2 使用 threading 模块

微课视频

Python 中有两个模块可以进行多线程编程，即 _thread 和 threading。_thread 模块提供了多线程编程的低级 API，使用起来比较烦琐；threading 模块提供了多线程编程的高级 API，threading 基于 _thread 封装，使用起来比较简单。因此，本章重点介绍使用 threading 模块实现多线程编程。

threading 模块 API 是面向对象的，其中最重要的是线程类 Thread，此外还有很多线程相关函数，这些函数常用的有以下几种：

- threading.active_count()：返回当前处于活动状态的线程个数。
- threading.current_thread()：返回当前的线程对象。
- threading.main_thread()：返回主线程对象，主线程是 Python 解释器启动的线程。

示例代码如下：

```
# coding=utf-8
# 代码文件：chapter22/ch22.2.py

import threading

# 当前线程对象
t = threading.current_thread()    ①
# 当前线程名
print(t.name)

# 返回当前处于活动状态的线程个数
print(threading.active_count())

# 返回主线程对象
t = threading.main_thread()       ②
# 主线程名
print(t.name)
```

运行结果如下：

```
MainThread
1
MainThread
```

上述代码运行过程中只有一个线程，就是主线程，因此当前线程就是主线程。代码第①行的

threading.current_thread() 函数和代码第②行的 threading.main_thread() 函数获得的都是同一个线程对象。

22.3　创建线程

创建一个可执行的线程需要线程对象和线程体这两个要素。

- 线程对象：线程对象是 threading 模块 Thread 线程类或其子类所创建的对象。
- 线程体：线程体是线程执行函数，线程启动后会执行该函数，线程处理代码是在线程体中编写的。

提供线程体主要有以下两种方式。

- 自定义函数作为线程体。
- 继承 Thread 类重写 run() 方法，run() 方法作为线程体。

下面分别详细介绍这两种方式。

22.3.1　自定义函数作为线程体

创建线程 Thread 对象时，可以通过 Thread 构造方法将一个自定义函数传递给它，Thread 类构造方法如下：

```
threading.Thread(target=None, name=None, args=())
```

target 参数是线程体，自定义函数可以作为线程体；name 参数可以设置线程名，如果省略，Python 解释器会为其分配一个名字；args 是为自定义函数提供参数，它是一个元组类型。

提示：Thread 构造方法还有很多参数，如 group、kwargs 和 daemon 等。由于这些参数很少使用，本书不再介绍这些参数的使用，对此感兴趣的读者可以参考 Python 官方文档了解这些参数。

下面看一个具体示例，代码如下：

```
# coding=utf-8
# 代码文件：chapter22/ch22.3.1.py

import threading
import time


# 线程体函数
def thread_body():          ①
    # 当前线程对象
    t = threading.current_thread()
    for n in range(5):
        # 当前线程名
        print('第{0}次执行线程{1}'.format(n, t.name))
        # 线程休眠
        time.sleep(1)       ②
    print('线程{0}执行完成！'.format(t.name))


# 主函数
def main():                 ③
    # 创建线程对象 t1
    t1 = threading.Thread(target=thread_body) ④
```

```
    # 启动线程 t1
    t1.start()

    # 创建线程对象 t2
    t2 = threading.Thread(target=thread_body, name='MyThread') ⑤
    # 启动线程 t2
    t2.start()

if __name__ == '__main__' :
    main()
```

上述代码第①行定义了一个线程体函数 thread_body()，在该函数中可以编写自己的线程处理代码。本例线程体中进行了 5 次循环，每次循环都会打印执行次数和线程的名字，然后让当前线程休眠一段时间。代码第②行的 time.sleep(secs) 函数可以使得当前线程休眠 secs 秒。

代码第③行定义了 main() 主函数，在 main() 主函数中创建了线程 t1 和 t2。在创建 t1 线程时提供了 target 参数，target 实参是 thread_body 函数名，见代码第④行；在创建 t2 线程时提供了 target 参数，target 实参是 thread_body 函数名；还提供了 name 参数设置线程名为 MyThread，见代码第⑤行。

注意： target 参数指定的函数是没有小括号的 target=thread_bodyThread。不能写成 target=thread_bodyThread()。

线程创建完成还需要调用 start() 方法才能执行，start() 方法一旦调用线程就进入可以执行状态。可以执行状态下的线程等待 CPU 调度执行，CPU 调度后线程进行执行状态，运行线程体函数 thread_body()。

运行结果如下：

```
第 0 次执行线程 Thread-1
第 0 次执行线程 MyThread
第 1 次执行线程 MyThread
第 1 次执行线程 Thread-1
第 2 次执行线程 MyThread
第 2 次执行线程 Thread-1
第 3 次执行线程 Thread-1
第 3 次执行线程 MyThread
第 4 次执行线程 MyThread
第 4 次执行线程 Thread-1
线程 MyThread 执行完成!
线程 Thread-1 执行完成!
```

提示： 仔细分析运行结果，会发现两个线程是交错运行的，总体感觉就像是两个线程在同时运行。但是实际上一台 PC 通常就只有一颗 CPU，在某个时刻只能是一个线程在运行，而 Python 语言在设计时就充分考虑到线程的并发调度执行。对于程序员来说，在编程时要注意给每个线程执行的时间和机会，主要是通过让线程休眠的办法（调用 time 模块的 sleep() 函数）来让当前线程暂停执行，然后由其他线程来争夺执行的机会。如果上面的程序中没有调用 sleep() 函数进行休眠，则就是第一个线程先执行完毕，然后第二个线程再执行。所以用活 sleep() 函数是多线程编程的关键。

没有调用 sleep() 函数进行休眠，运行结果如下：

```
第 0 次执行线程 Thread-1
```

```
第 1 次执行线程 Thread-1
第 2 次执行线程 Thread-1
第 3 次执行线程 Thread-1
第 4 次执行线程 Thread-1
线程 Thread-1 执行完成!
第 0 次执行线程 MyThread
第 1 次执行线程 MyThread
第 2 次执行线程 MyThread
第 3 次执行线程 MyThread
第 4 次执行线程 MyThread
```

22.3.2　继承 Thread 线程类实现线程体

另外一种实现线程体的方式是，创建一个 Thread 子类，并重写 run() 方法，Python 解释器会调用 run() 方法执行线程体。

采用继承 Thread 类重新实现 22.3.1 节示例，自定义线程类 MyThread 代码如下：

```
# coding=utf-8
# 代码文件：chapter22/ch22.3.2.py

import threading
import time


class MyThread(threading.Thread):       ①
    def __init__(self, name=None):      ②
        super().__init__(name=name)     ③

    # 线程体函数
    def run(self):                      ④
        # 当前线程对象
        t = threading.current_thread()
        for n in range(5):
            # 当前线程名
            print('第 {0} 次执行线程 {1}'.format(n, t.name))
            # 线程休眠
            time.sleep(1)
        print('线程 {0} 执行完成! '.format(t.name))


# 主函数
def main():
    # 创建线程对象 t1
    t1 = MyThread()                     ⑤
    # 启动线程 t1
    t1.start()

    # 创建线程对象 t2
    t2 = MyThread(name='MyThread')      ⑥
    # 启动线程 t2
```

```
    t2.start()


if __name__ == '__main__':
    main()
```

上述代码第①行定义了线程类 MyThread，它继承了 Thread 类。代码第②行是定义线程类的构造方法，name 参数是线程名。代码第③行是调用父类的构造方法，并提供 name 参数。代码第④行是重写父类 Thread 的 run() 方法，run() 方法是线程体，需要线程执行的代码编写在这里。代码第⑤行是创建线程对象 t1，没有提供线程名。代码第⑥行是创建线程对象 t2，并为其提供线程名 MyThread。

22.4 线程管理

微课视频

线程管理包括线程创建、线程启动、线程休眠、等待线程结束和线程停止，其中线程创建、线程启动和线程休眠在 22.3 节已经用到了，这些不再赘述。本节重点介绍等待线程结束和线程停止。

22.4.1 等待线程结束

等待线程结束使用 join() 方法，当前线程调用 t1 线程的 join() 方法时则阻塞当前线程，等待 t1 线程结束，如果 t1 线程结束或等待超时，则当前线程回到活动状态继续执行。join() 方法语法如下：

```
join(timeout=None)
```

参数 timeout 是设置超时时间，单位是 s。如果没有设置 timeout 则可以一直等待。

使用 join() 方法的示例代码如下：

```
# coding=utf-8
# 代码文件：chapter22/ch22.4.1.py

import threading
import time

# 共享变量
value = 0                ①

# 线程体函数
def thread_body():
    global value         ②
    # 当前线程对象
    print('ThreadA 开始 ...')
    for n in range(2):
        print('ThreadA 执行中 ...')
        value += 1       ③
        # 线程休眠
        time.sleep(1)
    print('ThreadA 结束 ...')


# 主函数
def main():
```

```
    print('主线程 开始...')
    # 创建线程对象 t1
    t1 = threading.Thread(target=thread_body, name='ThreadA')
    # 启动线程 t1
    t1.start()
    # 主线程被阻塞，等待 t1 线程结束
    print('主线程 被阻塞...')
    t1.join()                                          ④
    print('value = {0}'.format(value))                 ⑤
    print('主线程 继续执行...')


if __name__ == '__main__':
    main()
```

运行结果如下：

```
主线程 开始...
ThreadA 开始...
主线程 被阻塞...
ThreadA 执行中...
ThreadA 执行中...
ThreadA 结束...
value = 2
主线程 继续执行...
```

上述代码第①行是定义一个共享变量 value。代码第②行是在线程体中声明 value 变量作用域为全局变量，所以代码第③行修改了 value 数值。

代码第④行是在当前线程（主线程）中调用 t1 的 join() 方法，因此会导致主线程阻塞，等待 t1 线程结束，从运行结果可以看出主线程被阻塞了。代码第⑤行是打印共享变量 value，从运行结果可见 value=2。

提示：使用 join() 方法的场景是，一个线程依赖于另外一个线程的运行结果，所以调用另一个线程的 join() 方法等它运行完成。

22.4.2　线程停止

当线程体结束（即 run() 方法或执行函数结束），线程就会停止了。但是有些业务比较复杂，例如想开发一个下载程序，每隔一段执行一次下载任务，下载任务一般会在子线程执行，休眠一段时间再执行。这个下载子线程中会有一个死循环，为了能够停止子线程，应设置一个线程停止变量。

示例代码如下：

```
# coding=utf-8
# 代码文件：chapter22/ch22.4.2.py

import threading
import time

# 线程停止变量
is_running = True                                      ①
```

```
# 线程体函数
def thread_body():
    while is_running:                     ②
        # 线程开始工作
        # TODO
        print('下载中...')
        # 线程休眠
        time.sleep(5)
    print('执行完成!')


# 主函数
def main():
    # 创建线程对象 t1
    t1 = threading.Thread(target=thread_body)
    # 启动线程 t1
    t1.start()
    # 从键盘输入停止指令 exit
    command = input('请输入停止指令: ')    ③
    if command == 'exit':                  ④
        global is_running
        is_running = False


if __name__ == '__main__':
    main()
```

上述代码第①行是创建一个线程停止变量 is_running，代码第②行是在子线程线程体中进行循环，当 is_running=False 时停止循环，结束子线程。

代码第③行是通过 input() 函数从键盘输入指令，代码第④行是判断用户输入的是否是 exit 字符串，如果是则修改循环结束变量 is_running 为 False。

测试时需要注意，要在控制台输入 exit，然后按 Enter 键，如图 22-2 所示。

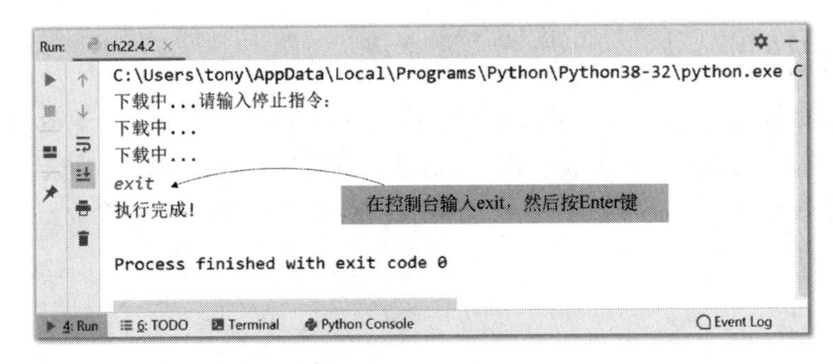

图 22-2　在控制台输入字符串

22.5　线程安全

微课视频

在多线程环境下，访问相同的资源，有可能会引发线程不安全问题。本节讨论引发这些问题的根源和解决方法。

22.5.1　临界资源问题

多个线程同时运行，有时线程之间需要共享数据，一个线程需要其他线程的数据，否则就不能保证程序运行结果的正确性。

例如一个航空公司的机票销售，每天机票数量是有限的，很多售票网点同时销售这些机票。下面是一个模拟的销售机票系统，示例代码如下：

```
# coding=utf-8
# 代码文件：chapter22/ch22.5.1.py

import threading
import time


class TicketDB:
    def __init__(self):
        # 机票的数量
        self.ticket_count = 5             ①

    # 获得当前机票数量
    def get_ticket_count(self):           ②
        return self.ticket_count

    # 销售机票
    def sell_ticket(self):                ③
        # TODO 等于用户付款
        # 线程休眠，阻塞当前线程，模拟等待用户付款
        sleep_time = random.randrange(1, 8) # 生成休眠时间
        time.sleep(sleep_time)  # 休眠    ④
        # 当前线程对象
        t = threading.current_thread()
        # 当前线程名
        print('{0} 网点，已经售出第 {1} 号票。'.format(t.name, self.ticket_count))
        self.ticket_count -= 1             ⑤
```

上述代码创建了 TicketDB 类，TicketDB 类模拟机票销售过程，代码第①行定义了机票数量成员变量 ticket_count，这是模拟当天可供销售的机票数，为了测试方便初始值设置为 5。代码第②行定义了获取当前机票数的 get_ticket_count() 方法。代码第③行是销售机票方法，售票网点查询有票可以销售，那么会调用 sell_ticket() 方法销售机票，这个过程中需要等待用户付款，付款成功后，会将机票数减 1，见代码第⑤行。为模拟等待用户付款，在代码第④行使用了 sleep() 方法让当前线程阻塞。

调用代码如下：

```
# coding=utf-8
# 代码文件：chapter22/ch22.5.1.py

import random
import threading
import time
```

```
...
# 创建 TicketDB 对象
db = TicketDB()


# 处理工作的线程体
def thread_body():                                         ①
    global db  # 声明为全局变量
    while True:
        curr_ticket_count = db.get_ticket_count()          ②
        # 查询是否有票
        if curr_ticket_count > 0:                          ③
            db.sell_ticket()                               ④
        else:
            # 无票退出
            break


# 主函数
def main():
    # 创建线程对象 t1
    t1 = threading.Thread(target=thread_body)              ⑤
    # 启动线程 t1
    t1.start()
    # 创建线程对象 t2
    t2 = threading.Thread(target=thread_body)              ⑥
    # 启动线程 t2
    t2.start()


if __name__ == '__main__':
    main()
```

上述代码创建了两个线程，模拟两个售票网点，每个线程所做的事情类似。代码第⑤行和第⑥行创建了两个线程。代码第①行线程体函数，在线程体中，首先获得当前机票数量（见代码第②行），然后判断机票数量是否大于零（见代码第③行），如果有票则出票（见代码第④行），否则退出循环，结束线程。

一次运行结果如下：

```
Thread-2 网点，已经售出第 5 号票。
Thread-1 网点，已经售出第 5 号票。
Thread-1 网点，已经售出第 3 号票。
Thread-1 网点，已经售出第 2 号票。
Thread-2 网点，已经售出第 2 号票。
Thread-2 网点，已经售出第 0 号票。
```

虽然可能每次运行的结果都不一样，但是从结果看还是能发现一些问题：总共5张票，但是卖了6张票，问题的根本原因是多个线程间共享的数据导致了数据的不一致性，这就是“临界资源问题”。

提示： 多个线程间共享的数据称为共享资源或临界资源，由于CPU负责线程的调度，程序员无法精确控制多线程的交替顺序。这种情况下，多线程对临界资源的访问有时会导致数据的不一致性。

22.5.2　多线程同步

为了防止多线程对临界资源的访问有时会导致数据的不一致性，Python 提供了“互斥”机制，可以为这些资源对象加上一把“互斥锁”，在任一时刻只能由一个线程访问，即使该线程出现阻塞，该对象的被锁定状态也不会解除，其他线程仍不能访问该对象，这就是多线程同步。线程同步是保证线程安全的重要手段，但是线程同步客观上会导致性能下降。

Python 中线程同步可以使用 threading 模块的 Lock 类。Lock 对象有两种状态，即“锁定”和“未锁定”，默认是“未锁定”状态。Lock 对象有 acquire() 和 release() 两个方法实现锁定和解锁，acquire() 方法可以实现锁定，使得 Lock 对象进入“锁定”；release() 方法可以实现解锁，使得 Lock 对象进入“未锁定”。

重构 22.5.1 节售票系统示例，代码如下：

```
# coding=utf-8
# 代码文件：chapter22/ch22.5.2.py

import random
import threading
import time

class TicketDB:
    def __init__(self):
        # 机票的数量
        self.ticket_count = 5

    # 获得当前机票数量
    def get_ticket_count(self):
        return self.ticket_count

    # 销售机票
    def sell_ticket(self):
        # TODO 等于用户付款
        # 线程休眠，阻塞当前线程，模拟等待用户付款
        sleep_time = random.randrange(1, 8)  # 生成休眠时间
        time.sleep(sleep_time)  # 休眠
        # 当前线程对象
        t = threading.current_thread()
        # 当前线程名
        print('{0}网点，已经售出第{1}号票。'.format(t.name, self.ticket_count))
        self.ticket_count -= 1


# 创建TicketDB对象
db = TicketDB()
# 创建Lock对象
lock = threading.Lock() ①


# 处理工作的线程体
def thread_body():
    global db, lock  # 声明为全局变量
    while True:
```

```
        lock.acquire()               ②
        curr_ticket_count = db.get_ticket_count()
        # 查询是否有票
        if curr_ticket_count > 0:
            db.sell_ticket()
        else:
            lock.release()           ③
            # 无票退出
            break
        lock.release()               ④
        time.sleep(1)


# 主函数
def main():
    # 创建线程对象 t1
    t1 = threading.Thread(target=thread_body)
    # 启动线程 t1
    t1.start()
    # 创建线程对象 t2
    t2 = threading.Thread(target=thread_body)
    # 启动线程 t2
    t2.start()


if __name__ == '__main__':
    main()
```

上述代码第①行创建了 Lock 对象。代码第②行～第④行是需要同步的代码，每个时刻只能由一个线程访问，需要使用锁定。代码第②行使用了 lock.acquire() 加锁，代码第③行和第④行使用了 lock.release() 解锁。

运行结果如下：

```
Thread-1 网点，已经售出第 5 号票。
Thread-2 网点，已经售出第 4 号票。
Thread-1 网点，已经售出第 3 号票。
Thread-2 网点，已经售出第 2 号票。
Thread-1 网点，已经售出第 1 号票。
```

从上述运行结果可见，没有再出现 22.5.1 节的问题，这说明线程同步成功是安全的。

22.6 线程间通信

微课视频

第 22.5 节的示例只是简单地加锁，但有时情况会更加复杂，如果两个线程之间有依赖关系，线程之间必须进行通信，互相协调才能完成工作。实现线程间通信，可以使用 threading 模块中的 Condition 和 Event 类。下面分别介绍 Condition 和 Event 的使用。

22.6.1 使用 Condition 实现线程间通信

Condition 被称为条件变量，Condition 类提供了对复杂线程同步问题的支持，除了提供与 Lock 类似的 acquire() 和 release() 方法外，还提供了 wait()、notify() 和 notify_all() 方法，这些方法语法如下：

- wait(timeout=None)：使当前线程释放锁，然后当前线程处于阻塞状态，等待相同条件变量中其他线程唤醒或超时，timeout 是设置超时时间。
- notify()：唤醒相同条件变量中的一个线程。
- notify_all()：唤醒相同条件变量中的所有线程。

下面通过一个示例熟悉 Condition 实现线程间通信问题。一个经典的线程间通信是“堆栈”数据结构，一个线程生成一些数据，将数据压栈；另一个线程消费这些数据，将数据出栈。这两个线程互相依赖，当堆栈为空，消费线程无法取出数据时，应该通知生成线程添加数据；当堆栈已满，生产线程无法添加数据时，应该通知消费线程取出数据。

消费和生产示例中堆栈类代码如下：

```
# coding=utf-8
# 代码文件：chapter22/ch22.6.1.py

import threading
import time
import random

# 创建条件变量对象
condition = threading.Condition()          ①


class Stack:                               ②
    def __init__(self):
        # 堆栈指针初始值为 0
        self.pointer = 0                   ③
        # 堆栈有 5 个数字的空间
        self.data = [-1, -1, -1, -1, -1]   ④

    # 压栈方法
    def push(self, c):                     ⑤
        global condition
        condition.acquire()
        # 堆栈已满，不能压栈
        while self.pointer == len(self.data):
            # 等待其他线程把数据出栈
            condition.wait()
        # 通知其他线程把数据出栈
        condition.notify()
        # 数据压栈
        self.data[self.pointer] = c
        # 指针向上移动
        self.pointer += 1
        condition.release()

    # 出栈方法
    def pop(self):                         ⑥
        global condition
        condition.acquire()
        # 堆栈无数据，不能出栈
```

```
        while self.pointer == 0:
            # 等待其他线程把数据压栈
            condition.wait()
        # 通知其他线程压栈
        condition.notify()
        # 指针向下移动
        self.pointer -= 1
        data = self.data[self.pointer]
        condition.release()
        # 数据出栈
        return data
```

上述代码第①行创建了条件变量对象。代码第②行定义了 Stack 堆栈类，该堆栈有最多 5 个元素的空间，代码第③行定义并初始化了堆栈指针，堆栈指针是记录栈顶位置的变量。代码第④行是堆栈空间，–1 表示没有数据。

代码第⑤行定义了压栈方法 push()，该方法中的代码需要同步，因此在该方法开始时通过 condition.acquire() 语句加锁，在该方法结束时通过 condition.release() 语句解锁。另外，在该方法中需要判断堆栈是否已满，如果已满不能压栈，调用 condition.wait() 让当前线程进入等待状态中。如果堆栈未满，程序会往下运行调用 condition.notify() 唤醒一个线程。

代码第⑥行声明了出栈的 pop() 方法，与 push() 方法类似，这里不再赘述。调用代码如下：

```
# coding=utf-8
# 代码文件：chapter22/ch22.6.1.py

import threading
import time


# 创建堆栈 Stack 对象
stack = Stack()


# 生产者线程体函数
def producer_thread_body():          ①
    global stack  # 声明为全局变量
    # 产生 10 个数字
    for i in range(0, 10):
        # 把数字压栈
        stack.push(i)                ②
        # 打印数字
        print('生产：{0}'.format(i))
        # 每产生一个数字，线程就睡眠
        time.sleep(1)


# 消费者线程体函数
def consumer_thread_body():          ③
    global stack  # 声明为全局变量
    # 从堆栈中读取数字
```

```
    for i in range(0, 10):
        # 从堆栈中读取数字
        x = stack.pop()                                            ④
        # 打印数字
        print('消费: {0}'.format(x))
        # 每消费一个数字，线程就睡眠
        time.sleep(1)


# 主函数
def main():
    # 创建生产者线程对象 producer
    producer = threading.Thread(target=producer_thread_body)       ⑤
    # 启动生产者线程
    producer.start()
    # 创建消费者线程对象 consumer
    consumer = threading.Thread(target=consumer_thread_body)       ⑥
    # 启动消费者线程
    consumer.start()


if __name__ == '__main__':
    main()
```

上述代码第⑤行是创建生产者线程对象，代码第①行是生产者线程体函数，在该函数中把产生的数字压栈，见代码第②行，然后休眠 1s。代码第⑥行是创建消费者线程对象，代码第③行是消费者线程体函数，在该函数中把产生的数字出栈，见代码第④行，然后休眠 1s。运行结果如下：

```
生产：0
消费：0
生产：1
消费：1
生产：2
消费：2
生产：3
消费：3
生产：4
消费：4
生产：5
消费：5
生产：6
消费：6
生产：7
消费：7
生产：8
消费：8
生产：9
消费：9
```

从上述运行结果可见，先有生产然后有消费，这说明线程间的通信是成功的。如果线程间没有成功的通信机制，可能会出现如下的运行结果。

```
生产：0
消费：0
消费：-1
生产：1
…
```

“–1”表示数据还没有生产出来，消费线程消费了还没有生产的数据，这是不合理的。

22.6.2 使用 Event 实现线程间通信

使用条件变量 Condition 实现线程间通信还是有些烦琐。threading 模块提供的 Event 可以实现线程间通信。Event 对象调用 wait(timeout=None) 方法会阻塞当前线程，使线程进入等待状态，直到另一个线程调用该 Event 对象的 set() 方法，通知所有等待状态的线程恢复运行。

重构 22.6.1 节示例中堆栈类代码如下：

```
# coding=utf-8
# 代码文件：chapter22/ch22.6.2.py

import threading
import time

event = threading.Event()          ①


class Stack:
    def __init__(self):
        # 堆栈指针初始值为0
        self.pointer = 0
        # 堆栈有5个数字的空间
        self.data = [-1, -1, -1, -1, -1]

    # 压栈方法
    def push(self, c):
        global event
        # 堆栈已满，不能压栈
        while self.pointer == len(self.data):
            # 等待其他线程把数据出栈
            event.wait()           ②
        # 通知其他线程把数据出栈
        event.set()                ③
        # 数据压栈
        self.data[self.pointer] = c
        # 指针向上移动
        self.pointer += 1

    # 出栈方法
    def pop(self):
        global event
        # 堆栈无数据，不能出栈
        while self.pointer == 0:
```

```
        # 等待其他线程把数据压栈
        event.wait()
    # 通知其他线程压栈
    event.set()
    # 指针向下移动
    self.pointer -= 1
    # 数据出栈
    data = self.data[self.pointer]
    return data
```

上述代码第①行创建了 Event 对象。压栈方法 push() 中，代码第②行 event.wait() 是阻塞当前线程等待其他线程唤醒。代码第③行 event.set() 是唤醒其他线程。出栈的 pop() 方法与 push() 方法类似，这里不再赘述。

比较 22.6.1 节可见，使用 Event 实现线程间通信要比使用 Condition 实现线程间通信简单。Event 不需要使用“锁”同步代码。

22.7　本章小结

本章介绍了 Python 线程技术，首先介绍了线程相关的一些概念，然后介绍了创建线程、线程管理、线程安全和线程间通信等内容，其中创建线程和线程管理是学习的重点，此外应掌握线程状态和线程安全，了解线程间通信。

22.8　同步练习

一、选择题

线程管理包括如下哪些操作？（　　）

A. 线程创建　　B. 线程启动　　C. 线程休眠　　D. 等待线程结束　　E. 线程停止

二、判断题

1. 一个进程就是一个执行中的程序，而每一个进程都有自己独立的一块内存空间、一组系统资源。（　　）
2. 同一类中的多个线程是共享一块内存空间和一组系统资源。（　　）
3. 线程体是线程执行函数，线程启动后会执行该函数，线程处理代码是在线程体中编写的。（　　）
4. 在主线程中调用 t1 线程的 join() 方法，则阻塞 t1 线程，等待主线程结束。（　　）
5. 要使线程停止，需要调用它的 stop() 方法。（　　）
6. “互斥锁”可以保证任一时刻只能由一个线程访问资源对象，是实现线程间通信的重要手段。（　　）

三、简述题

简述提供线程体主要方式有哪些？

22.9　动手实践：网络爬虫

编程题

重构第 20 章动手实践程序，编写多线程程序，通过一个子线程每一个小时请求一次数据，并解析这些数据，这就是“网络爬虫”程序。

第四篇 Python 项目实战

本篇包括6章内容，通过6个项目介绍了Python项目开发过程以及相关的技术。内容包括项目实战1：网络爬虫技术——爬取搜狐证券股票数据、项目实战2：数据分析技术——贵州茅台股票数据分析、项目实战3：数据可视化技术——贵州茅台股票数据可视化、项目实战4：计算机视觉技术——网站验证码识别、综合项目实战5：Python Web Flask框架——PetStore宠物商店项目、综合项目实战6：Python综合技术——QQ聊天工具开发，通过本篇的学习，读者可将书中介绍的Python知识应用于实际项目开发，并进一步消化和吸收书中所讲内容以及了解项目开发过程。

第 23 章

项目实战 1：网络爬虫技术——爬取搜狐证券股票数据

互联网是一个巨大的资源库，只要方法适当，就可以找到你所需要的数据。少量的数据可以人工去找，但是对于大量的数据，而且数据获取之后还要进行解析，那么靠人工就无法完成这些任务，因此就需要通过一个计算机程序来完成这些工作，这就是网络爬虫。本章通过爬取股票数据项目介绍网络爬虫技术。

提示： Python 社区中有一个网络爬虫框架——Scrapy（https://scrapy.org/），Scrapy 封装了网络爬虫的技术细节，使得开发人员编写网络爬虫更加方便。本书并不介绍 Scrapy 框架，而是介绍实现网络爬虫的基本技术。本章通过一个爬取股票数据项目，介绍网络爬虫技术。读者通过本章的学习，一方面可以消化吸收本书之前讲解的 Python 技术，另一方面还可以掌握网络爬虫的技术原理。

23.1 网络爬虫技术概述

网络爬虫（又被称为网页蜘蛛，网络机器人），是一种按照一定的规则，自动地爬取互联网数据的计算机程序。编写网络爬虫程序主要涉及的技术有网络通信技术、多线程并发技术、数据交换技术、HTML 等 Web 前端技术、数据解析技术和数据存储技术等。

微课视频

23.1.1 网络通信技术

网络爬虫程序首先要通过网络通信技术访问互联网资源，这些资源通过 URL 指定，基于 HTTP 和 HTTPS 协议。具体而言，在 Python 中可以通过 urllib 库访问互联网资源，关于这些技术在第 20.4 节进行了全面而详细的介绍，这里不再赘述。

23.1.2 多线程技术

一些为搜索引擎爬取数据的爬虫，需要 24 小时不停地工作，而且数据量非常大。为提高效率，这些爬虫往往通过多个线程并发执行，这就需要使用多线程并发技术。另外有些爬虫只访问专门的网站，定时爬取特定数据，例如股票数据是定时更新的，这可以通过多线程技术实现，主要是使用多线程的休眠特性，而不是它的并发特性。可以通过一个子线程根据特定时间执行爬虫程序，之后休眠，然后再执行爬虫程序，这样周而复始。在第 22 章详细介绍了多线程技术，这里不再赘述。

23.1.3 数据交换技术

从互联网获得的资源可能是规范的 XML、JSON 等数据格式，这些数据可以通过数据交换技术进行解析。在第 18 章详细地介绍了这些技术，这里不再赘述。

23.1.4 Web 前端技术

有时从互联网获得的资源并不是规范的 XML、JSON 等数据格式，而是 HTML、CSS 和 JavaScript 等数据格式，这些数据在浏览器中会显示出漂亮的网页，这就是 Web 前端技术。HTML 等技术细节超出了本书介绍的范围，希望广大读者通过其他渠道掌握相关技术。

在网络爬虫爬取 HTML 代码时，开发人员需要知道所需要的数据裹挟在哪些 HTML 标签中，要想找到这些数据，可以使用一些浏览器中的 Web 开发工具。笔者推荐使用 Chrome 或 Firefox 浏览器，因为它们都自带了 Web 开发工具箱。Chrome 浏览器可以通过菜单“更多工具”→“开发者工具”打开，如图 23-1 所示。Firefox 浏览器可以通过菜单“Web 开发者”→“切换工具箱”打开，如图 23-2 所示。或者可以通过快捷键打开它们，在 Windows 平台下两个浏览器打开 Web 工具箱都是使用快捷键 Ctrl+Shift+i。

对比图 23-1 和图 23-2 可见，Chrome 开发工具箱与 Firefox 开发工具箱非常类似，Chrome 中的 Elements 与 Firefox 中的“查看器”功能类似，可以查看 HTML 代码与页面的对应关系。

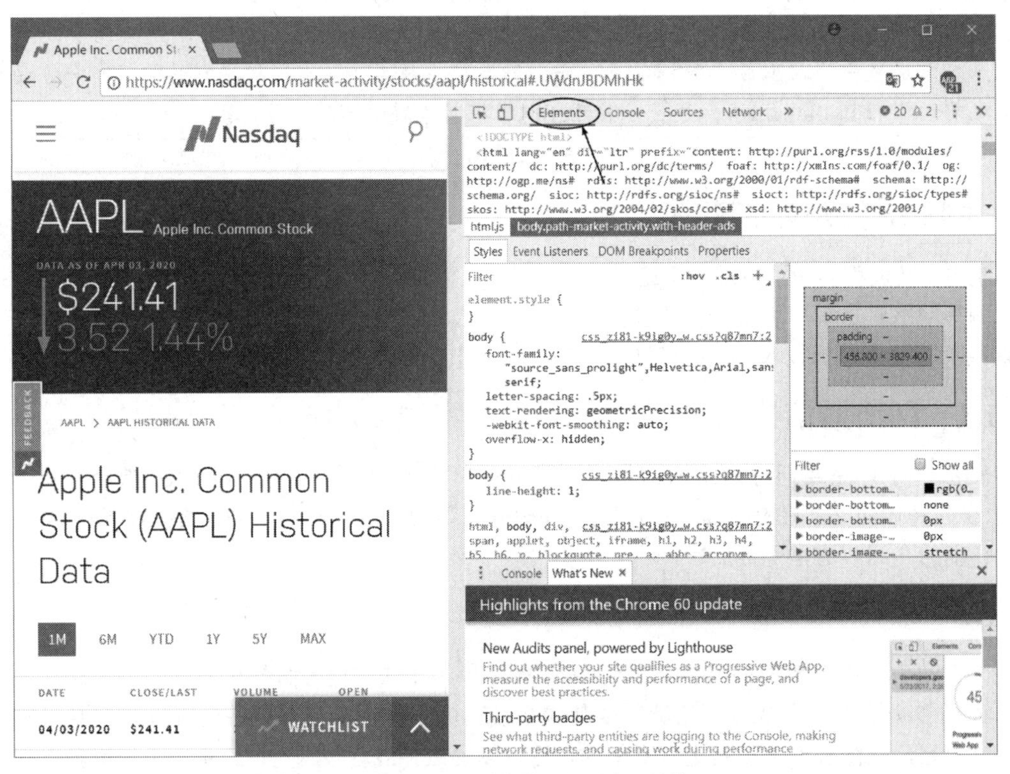

图 23-1 Chrome 浏览器 Web 开发工具箱

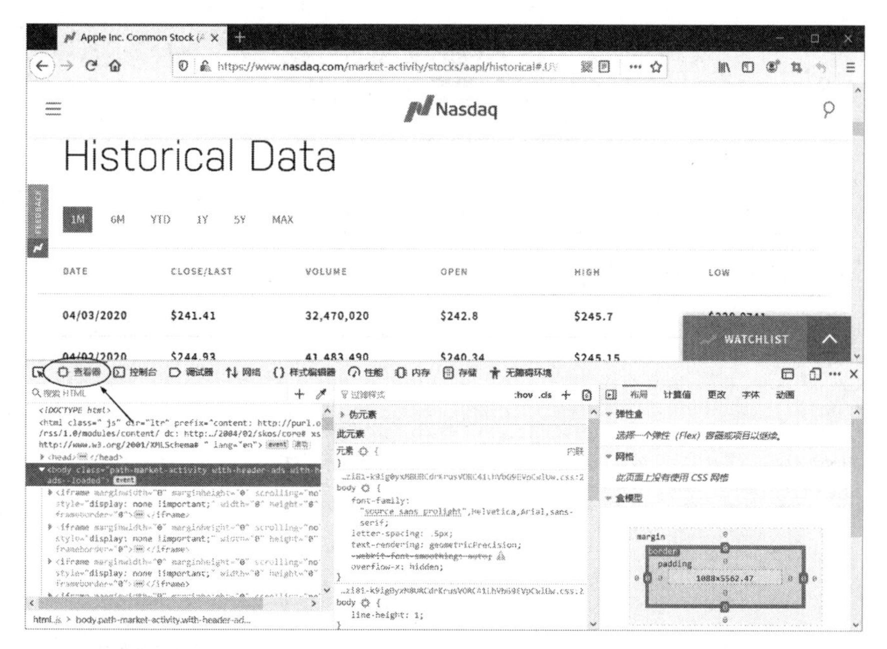

图 23-2　Firefox 浏览器 Web 开发工具箱

23.1.5　数据解析技术

从互联网获得的数据往往需要解析数据，如果是规范的数据格式，如 XML、JSON 等，可以通过第 18 章技术实现数据解析。但如果是 HTML 等数据，那么就非常麻烦。HTML 设计的初衷是给“人”使用的，而 XML 和 JSON 是给计算机程序使用的。从服务器返回的 HTML 代码，虽然 HTML 代码杂乱无章而且数据量巨大，如图 23-3 所示，但通过浏览器加载后会呈现出漂亮的网页，如图 23-4 所示。

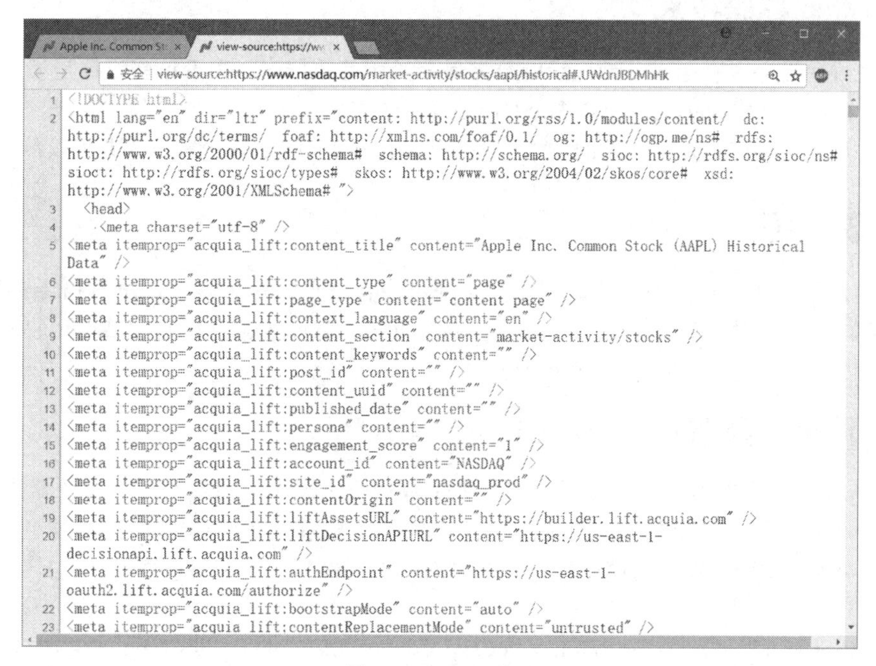

图 23-3　HTML 代码

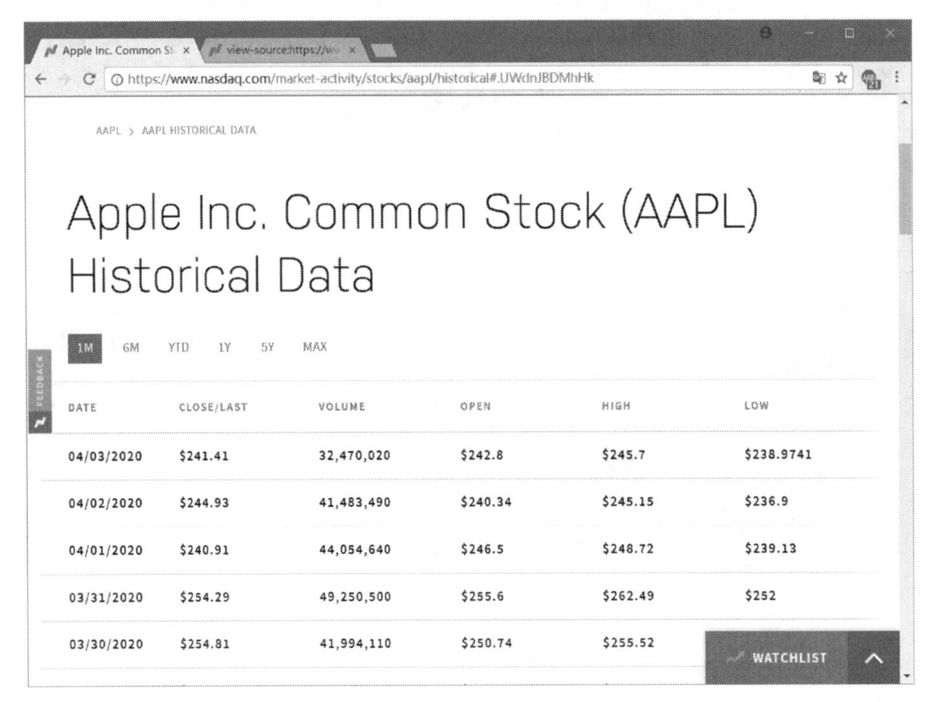

图 23-4　与图 23-3 所示 HTML 代码对应的网页

一般人不会关心 HTML 代码，但作为网络爬虫的开发人员，则需要解析这些 HTML 代码，抽丝剥茧找到所需要的数据，这个工作是比较烦琐的，而且没有统一的规范，需要具体问题具体解析。所需要的技术主要是字符串处理技术，还有正则表达式等技术。对于 HTML 代码的解析也可以借助第三方库，如 BeautifulSoup 等。

23.1.6　数据存储技术

数据解析完成后需要保存起来，最理想的数据保存场所是数据库，由于这些数据是相互关联的关系型数据库，如 Oracle、SQLServer、MySQL 和 SQLite 等，这些技术读者可以参考第 19 章。少量数据也可以保存到文件中，这些文件应该是结构化的文档，采用 XML 和 JSON，这些技术读者可以参考第 18 章。

23.2　爬取数据

微课视频

爬取数据是网络爬虫工作的第一步。互联网中提供的数据形式多种多样，虽然也会有 XML 和 JSON 等结构化的数据，但访问这些数据的 API 一般很少对外开放，只是内部使用。容易得到的数据往往都裹挟在 HTML 代码中，需要进行烦琐的解析和提取。

23.2.1　网页中静态和动态数据

裹挟在 HTML 代码中的数据并非唾手可得。大多数情况下，Web 前端与后台服务器进行通信时采用同步请求，即一次请求返回整个页面所有的 HTML 代码，这些裹挟在 HTML 中的数据就是所谓的“静态数据”。为了改善用户体验，Web 前端与后台服务器通信也可以采用异步请求技术 AJAX[①]，异步请求返回

① AJAX(Asynchronous JavaScript and XML)，AJAX 可以异步发送请求获取数据，请求过程中不用刷新页面，用户体验好，而且异步请求过程中，不是返回整个页面的 HTML 代码，只是返回少量的数据，这可以减少网络资源的占用，提高通信效率。

的数据就是所谓的“动态数据”，异步请求返回的数据一般是 JSON 或 XML 等结构化数据，Web 前端获得这些数据后，再通过 JavaScript 脚本程序动态地添加到 HTML 标签中。

提示：同步请求也可以有动态数据。就是一次请求返回所有 HTML 代码和数据，数据并不是 HTML 放到标签中的，而是被隐藏起来，例如放到 hide 等隐藏字段中，或放到 JavaScript 脚本程序的变量中。然后再通过 JavaScript 脚本程序动态地添加到 HTML 标签中。

图 23-5 所示的搜狐证券网页显示了某只股票的历史数据，其中图 23-5(a) 所示的 HTML 内容都是静态数据，而动态数据则由 JavaScript 脚本程序动态地添加到 HTML 标签中，如图 23-5(b) 所示。

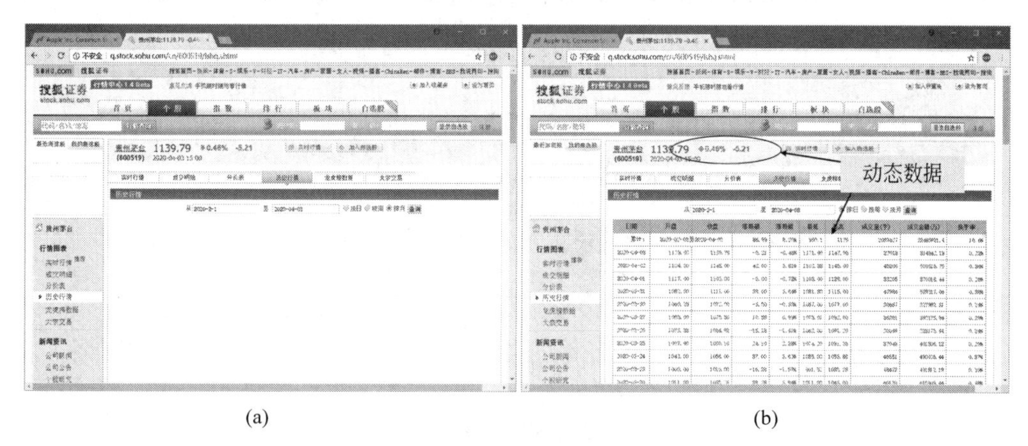

(a)　　(b)

图 23-5　网页中的数据

网站采用静态数据还是动态数据要看网站的具体请求，例如纳斯达克股票历史数据是静态的，搜狐证券提供的股票历史数据是静态的。静态数据和动态数据会影响到采用什么样的网络请求库，数据解析和提取也会有所不同。

23.2.2　使用 urllib 爬取数据

在第 20 章介绍过网络请求库 urllib，它只能进行同步请求，不能进行异步请求。但是如果能找到获得动态数据的异步请求网址和参数，也可通过 urllib 发送请求返回数据。

图 23-5 所示的页面是搜狐证券提供的股票历史数据，它是被隐藏起来的静态数据，读者可以通过 Chrome 浏览器或 Firefox 浏览器的 Web 工具箱分析而知。首先需要在浏览器中打开 http://q.stock.sohu.com/cn/600519/lshq.shtml 网址，该网址是贵州茅台股票的历史数据，然后打开 Web 工具箱，如图 23-6 所示。打开 Firefox 的 Web 工具箱后，选中网络标签，网络标签可以查看所有的网络请求，下面表格中的每一行表示一次请求，其中状态为 200 的表示成功完成请求，方法表示 HTTP 请求方法（主要是 GET 和 POST）。如果需要可以选择具体的数据类型，其中 XHR 是异步请求，本例中的 XHR 没有请求信息。

具体解析时可以先查看 HTML 数据，如图 23-7 所示，选中 HTML 标签后再选中 lshq.shtml 文件，会在右边打开一个小窗口，然后选择“响应”标签，此时可以查看从服务器返回的数据，如果是 HTML 或图片数据，则可以预览，响应载荷中的内容就是返回的 HTML 代码。若要验证是否是静态数据可以将 HTML 代码复制出来，然后查找关键字。

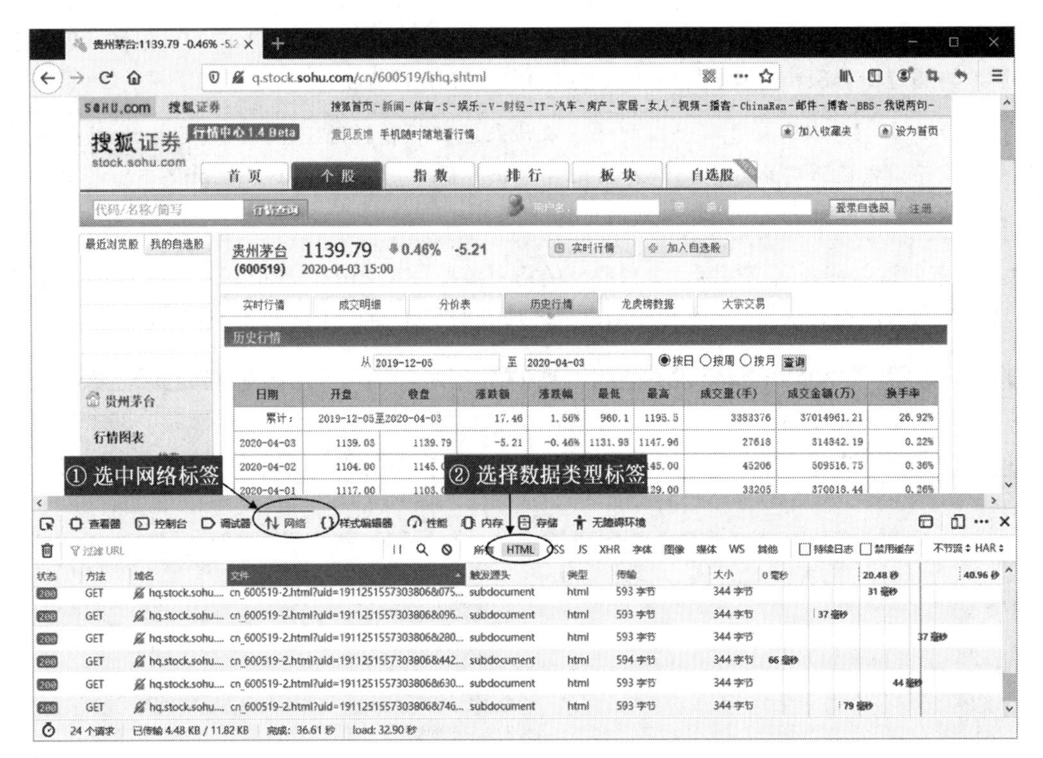

图 23-6　使用 Web 工具箱

图 23-7　解析 HTML 数据

如果在 HTML 中找不到关键字数据，则说明是动态数据，动态数据可以查看 XHR 和 JS。如图 23-8 所示 JS 数据界面，在这些成功的请求（状态为 200 的）中逐一查找，这个过程没有什么技巧可言，只能靠耐心和经验积累。图 23-8 所示界面中找到了一个请求，它的响应数据是一个字符串，经过分析查看发现这就是页面中的数据。选择表格中的请求，右击菜单中选择“复制”→“复制网址”，复制出来的网址如下：

```
http://q.stock.sohu.com/hisHq?code=cn_600519&stat=1&order=D&period=d&callback=historySearchHandler&rt=jsonp&0.6724419075145908
```

由于本次请求是 GET 请求，可以直接将网址在浏览器中打开，如图 23-9 所示。浏览器展示了一个字符串，从返回的字符串可见，这并不是一个有效的 JSON 数据，而 JSON 数据是放置在 historySearchHandler(...) 中的，historySearchHandler 应该是一个 JavaScript 变量或函数，开发人员只需要关心括号中的 JSON 字符串就可以了。

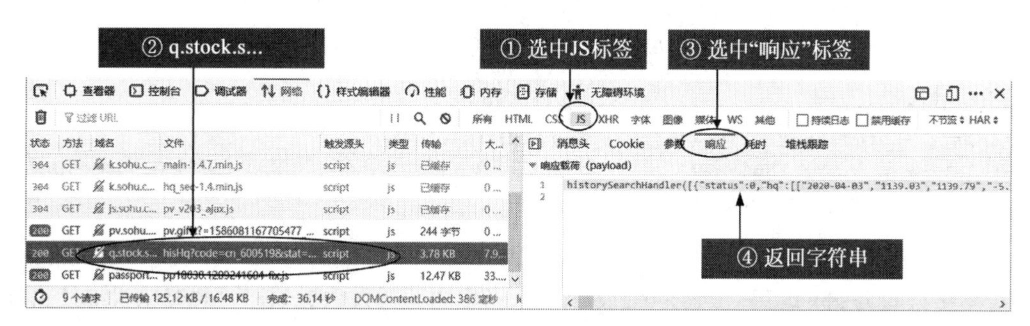

图 23-8　分析 JS 数据

q.stock.sohu.com/hisHq?code=cn_600519&sta


```
historySearchHandler([{"status":0,"hq":[["2020-04-03","1139.03","1139.79","-5.21","-
0.46%","1131.98","1147.96","27618","314842.19","0.22%"],
["2020-04-02","1104.00","1145.00","42.00","3.81%","1103.88","1145.00","45206","509516.75","0.36%"],
["2020-04-01","1117.00","1103.00","-8.00","-0.72%","1103.00","1129.00","33205","370018.44","0.26%"],
["2020-03-31","1082.00","1111.00","39.00","3.64%","1081.80","1115.00","47984","529317.06","0.38%"],
["2020-03-30","1060.25","1072.00","-3.50","-0.33%","1057.00","1077.00","30687","327982.31","0.24%"],
["2020-03-27","1085.00","1075.50","10.58","0.99%","1075.01","1092.00","36261","393175.94","0.29%"],
["2020-03-26","1073.33","1064.92","-15.18","-1.41%","1062.00","1091.20","30049","323175.44","0.24%"],
["2020-03-25","1087.98","1080.10","24.10","2.28%","1074.20","1091.36","37049","401506.12","0.29%"],
["2020-03-24","1043.00","1056.00","37.00","3.63%","1035.00","1058.88","46651","490036.44","0.37%"],
["2020-03-23","1000.00","1019.00","-16.28","-1.57%","991.52","1035.28","48472","491812.19","0.39%"],
["2020-03-20","1011.00","1035.28","39.28","3.94%","1011.00","1043.00","60139","616909.44","0.48%"],
["2020-03-19","993.99","996.00","-11.99","-1.19%","960.10","1015.00","102265","1007588.06","0.81%"],
["2020-03-18","1040.00","1007.99","-37.11","-3.55%","1007.99","1060.00","73460","758276.25","0.58%"],
["2020-03-17","1055.00","1045.10","-21.90","-2.05%","1011.12","1078.00","79359","827747.25","0.63%"],
["2020-03-16","1103.98","1067.00","-45.03","-4.05%","1062.00","1107.95","51233","554894.69","0.41%"],
["2020-03-13","1090.00","1112.03","-26.47","-2.32%","1080.00","1128.98","75885","834849.62","0.60%"],
["2020-03-12","1141.22","1138.50","-20.02","-1.73%","1125.10","1153.00","36631","417260.62","0.29%"],
["2020-03-11","1155.50","1158.52","2.52","0.22%","1141.00","1169.58","35548","412460.81","0.28%"],
["2020-03-10","1113.00","1156.00","41.99","3.77%","1113.00","1168.00","58063","663593.62","0.46%"],
["2020-03-09","1135.00","1114.01","-41.49","-3.59%","1111.31","1135.00","43404","486528.88","0.35%"],
["2020-03-06","1163.00","1155.50","-15.50","-1.32%","1151.98","1176.00","30641","355362.22","0.24%"],
["2020-03-05","1136.31","1171.00","42.08","3.73%","1130.56","1174.99","62426","721048.50","0.50%"],
["2020-03-04","1125.00","1128.92","15.92","1.43%","1116.24","1139.00","53793","608014.88","0.43%"],
["2020-03-03","1098.00","1113.00","26.99","2.49%","1098.00","1118.88","50250","558522.75","0.40%"],
["2020-03-02","1050.11","1086.01","29.01","2.74%","1050.01","1096.55","47663","515432.91","0.38%"],
["2020-02-28","1070.30","1057.00","-30.39","-2.79%","1049.97","1082.00","49947","530792.94","0.40%"],
["2020-02-27","1076.00","1087.39","13.69","1.28%","1076.00","1094.99","34498","375878.38","0.27%"],
```


图 23-9　浏览器中展示返回的字符串

示例代码如下：

```
# coding=utf-8
# 代码文件：chapter23/ch23.2.2.py

""" 获得动态数据 """
import re
import urllib.request

url = 'http://q.stock.sohu.com/hisHq?
       code=cn_600519&stat=1&order=D&period=d
       &callback=historySearchHandler&rt=jsonp&0.8115656498417958'

req = urllib.request.Request(url)

with urllib.request.urlopen(req) as response:
    data = response.read()
```

```
htmlstr = data.decode(encoding='gbk', errors='ignore')        ①

print(htmlstr)
htmlstr = htmlstr.replace('historySearchHandler(', '')        ②
htmlstr = htmlstr.replace(')', '')                            ③
print('替换后的：', htmlstr)
```

其中代码第①行 decode() 方法是对从服务器返回字节序列进行编码为字符串，其中 encoding='gbk' 参数指定字符串字符集为 gbk 编码；errors='ignore' 参数指定当编码发生错误时，忽略错误继续执行。代码第②行是去掉 historySearchHandler(代码第③行是去掉后面的) 字符串。最后获得有效的 JSON 数据，解析 JSON 数据的过程这里不再赘述。

23.2.3　使用 Selenium 爬取数据

使用 urllib 爬取数据时经常被服务器反爬技术拦截。服务器有一些办法识别请求是否来自浏览器。另外，有的数据需要登录系统后才能获得，例如邮箱数据，而且在登录时会有验证码识别，验证码能够识别出是人工登录系统，还是计算机程序登录系统。试图破解验证码不是一个好主意，现在的验证码也不是简单的图像，有的会有声音等识别方式。

如果是一个真正的浏览器，那么服务器设置重重“障碍”就不是问题了。Selenium 可以启动本机浏览器，然后通过程序代码操控它。Selenium 直接操控浏览器，可以返回任何形式的动态数据。使用 Selenium 操控浏览器的过程中也可以人为干预，例如在登录时，如果需要输入验证码，则由人工输入，登录成功之后，再由 Selenium 操控浏览器爬取数据。

1. 安装和配置 Selenium

Selenium 的官网是 https://www.seleniumhq.org/，可以通过 pip 安装 Selenium，过程如下，安装指令为：

```
pip install selenium -i https://pypi.tuna.tsinghua.edu.cn/simple
```

在 Windows 平台下执行 pip 安装指令过程如图 23-10 所示，最后会有安装成功提示，其他平台的安装过程也是类似的，这里不再赘述。

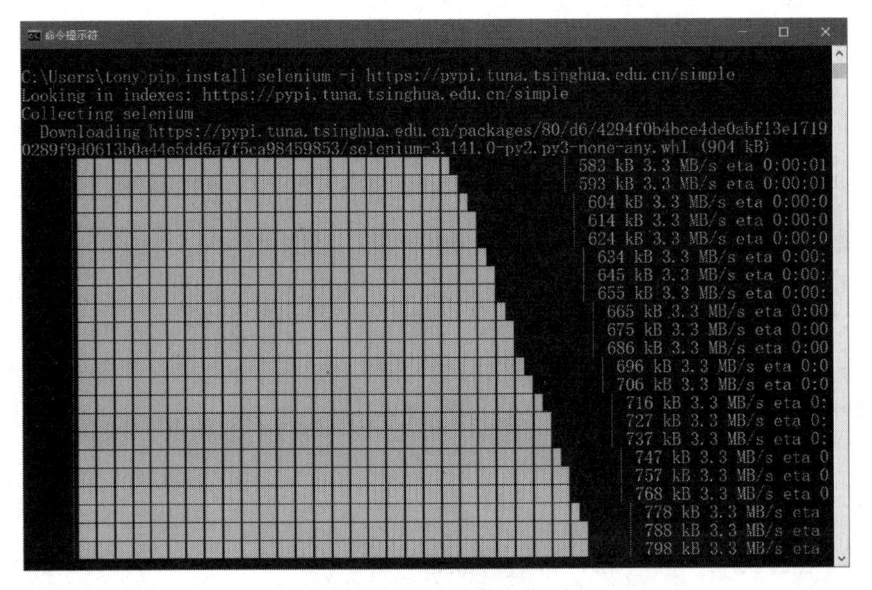

图 23-10　pip 安装过程

Selenium 需要操作本地浏览器，默认是 Firefox，因此推荐安装 Firefox 浏览器，本例安装的 Selenium 版本是 3.141.0，要求 Firefox 浏览器是 55.0 以上版本。由于版本兼容的问题还需要下载浏览器引擎 GeckoDriver，GeckoDriver 可以通过 https://github.com/mozilla/geckodriver/releases 下载，根据自己的平台选择对应的版本，不需要安装 GeckoDriver，只需将下载包解压处理就可以了。

然后需要配置环境变量，将 Firefox 浏览器的安装目录和 GeckoDriver 解压目录添加到系统的 PATH 中，如图 23-11 所示是在 Windows 10 下添加 PATH。

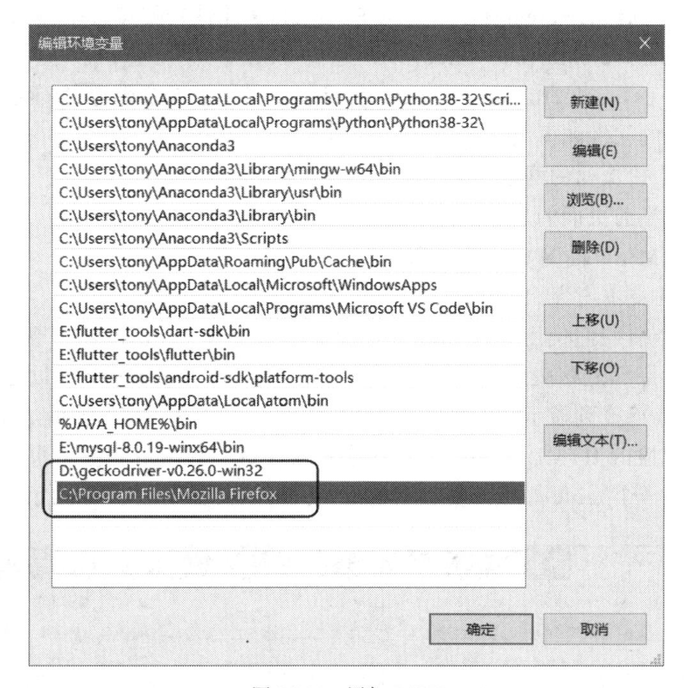

图 23-11　添加 PATH

2. Selenium 常用 API

Selenium 操作浏览器主要通过 WebDriver 对象实现，WebDriver 对象提供了操作浏览器和访问 HTML 代码中数据的方法。

操作浏览器的方法如下：

- refresh()：刷新网页。
- back()：回到上一个页面。
- forward()：进入下一个页面。
- close()：关闭窗口。
- quit()：结束浏览器执行。
- get(url)：浏览 url 所指的网页。

访问 HTML 代码中数据的方法如下：

- find_element_by_id(id)：通过元素的 id 查找符合条件的第一个元素。
- find_elements_by_id(id)：通过元素的 id 查找符合条件的所有元素。
- find_element_by_name(name)：通过元素名字查找符合条件的第一个元素。
- find_elements_by_name(name)：通过元素名字查找符合条件的所有元素。
- find_element_by_link_text(link_text)：通过链接文本查找符合条件的第一个元素。

- find_elements_by_link_text(link_text)：通过链接文本查找符合条件的所有元素。
- find_element_by_tag_name(name)：通过标签名查找符合条件的第一个元素。
- find_elements_by_tag_name(name)：通过标签名查找符合条件的所有元素。
- find_element_by_xpath(xpath)：通过 XPath 查找符合条件的第一个元素。
- find_elements_by_xpath(xpath)：通过 XPath 查找符合条件的所有元素。
- find_element_by_class_name(name)：通过 CSS 中 class 属性查找符合条件的第一个元素。
- find_elements_by_class_name(name)：通过 CSS 中 class 属性查找符合条件的所有元素。
- find_element_by_css_selector(css_selector)：通过 CSS 中选择器查找符合条件的第一个元素。
- find_elements_by_css_selector(css_selector)：通过 CSS 中选择器查找符合条件的所有元素。

另外，还有一些常用的属性如下：

- current_url：获得当前页面的网址。
- page_source：返回当前页面的 HTML 代码。
- title：获得当前 HTML 页面的 title 属性值。
- text：返回标签中的文本内容。

下面通过一个示例介绍如何使用 Selenium。在第 23.2.2 节使用 urllib 获得搜狐证券提供的股票历史数据是非常麻烦的事情，原因是这些数据是同步动态数据。而使用 Selenium 返回这些数据是非常简单的。首先需要借助于 Web 工具箱找到显示这些数据的 HTML 标签，如图 23-12 所示，在 Web 工具箱的查看器中，找到显示页面表格对应的 HTML 标签，注意在查看器中选中对应的标签，页面会将该部分灰色显示。经过查找、分析最终找到一个 table 标签，复制它的 id 或 class 属性值，以备在代码中进行查询。

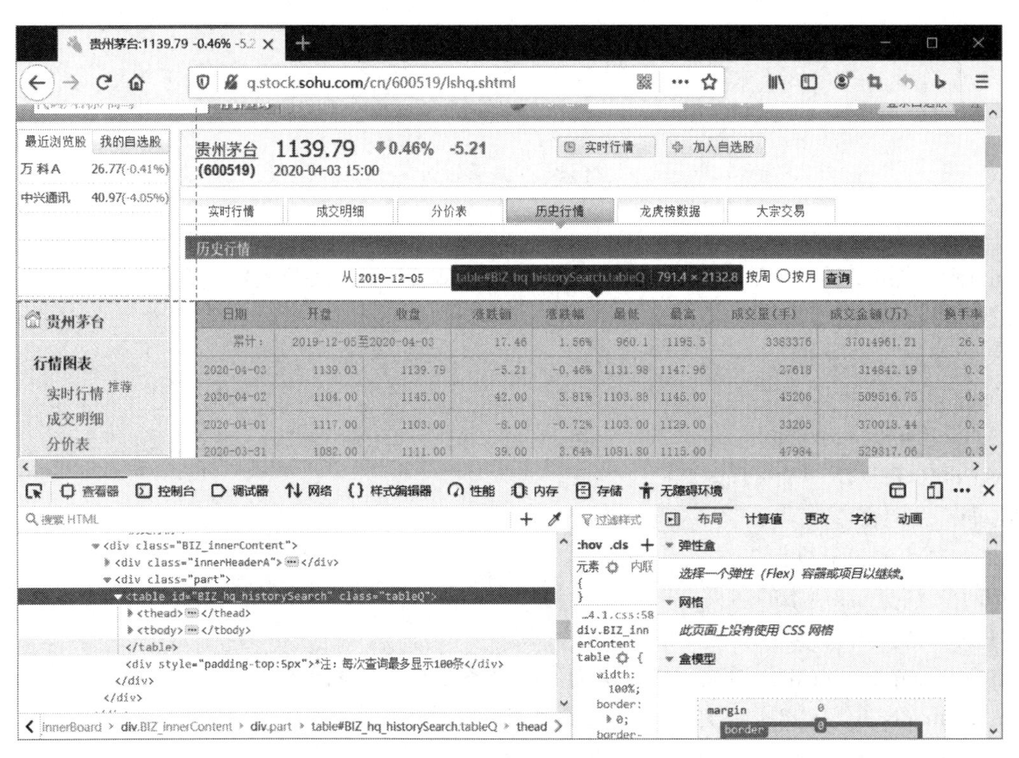

图 23-12 Web 工具箱

示例代码如下：

```
# coding=utf-8
# 代码文件：chapter23/ch23.2.3.py

from selenium import webdriver                                          ①

driver = webdriver.Firefox()                                            ②


driver.get('http://q.stock.sohu.com/cn/600519/lshq.shtml')              ③
table_element = driver.find_element_by_id('BIZ_hq_historySearch')       ④
print(table_element.text)                                               ⑤
driver.quit()                                                           ⑥
```

上述代码第①行导入了 Selenium 模块。代码第②行创建了 Firefox 浏览器使用的 Webdriver 对象，不同的浏览器初始化方法不同，Selenium 支持主流浏览器，也包括移动平台浏览器。Selenium 对于 Firefox 浏览器的支持是最好的。代码第③行通过 get() 方法打开网页，此时程序会启动 Firefox 浏览器并打开网页。代码第④行是通过 id 查找元素，BIZ_hq_historySearch 是 table 标签的 id 属性，如果采用 class 属性查找可以使用 find_element_by_class_name() 方法。代码第⑤行是取出 table 标签中所有文本，并打印输出。代码第⑥行是退出浏览器。

代码运行结果如下：

```
日期 开盘 收盘 涨跌额 涨跌幅 最低 最高 成交量（手） 成交金额（万） 换手率
累计:  2019-12-05 至 2020-04-03 17.46 1.56% 960.1 1195.5 3383376 37014961.21 26.92%
2020-04-03 1139.03 1139.79 -5.21 -0.46% 1131.98 1147.96 27618 314842.19 0.22%
2020-04-02 1104.00 1145.00 42.00 3.81% 1103.88 1145.00 45206 509516.75 0.36%
...
2019-12-06 1135.97 1170.00 40.20 3.56% 1130.10 1170.00 39506 456564.38 0.31%
2019-12-05 1125.00 1129.80 7.47 0.67% 1118.00 1132.01 21339 240250.34 0.17%
```

在运行示例过程中，会发现浏览器打开网页后，相对经过较长时间才返回数据。这是因为它要等待所有的请求结束之后，才返回数据，包括那些异步请求的数据，这也是为什么使用 Selenium 能返回动态数据的原因。

23.3　解析数据

爬取数据之后就可以解析数据了，应根据爬回的数据格式选择不同的数据解析方法，本节重点介绍解析 HTML 代码获取的数据。

微课视频

23.3.1　使用正则表达式

数据解析最笨的办法就是通过字符串的查找、截取等方法实现，但是这样工作量太大。可以使用正则表达式，正则表达式功能强大，但技术难点在于编写合适的正则表达式。

图 23-13 所示的页面是中国天气网站图片频道，网址是 http://p.weather.com.cn/，如果想爬取这个网站中的图片，那么分析 HTML 代码可知，图片是放置在 img 标签中的，img 标签的 src 属性是指定图片网址。img 标签代码如下：

```
<img src="http://pic.weather.com.cn/images/cn/photo/2018/03/13/13083356B0C99CBECE4B2E0312AF4229E40A3999.jpg">
```

要匹配查找src中的图片网址有两种思路：一种是先查找img标签，再查找src属性；另一种是直接查找以“http://”开始到.png或.jpg结尾的字符串。本例中采用第二种方式查找匹配的字符串。

图23-13　中国天气网站图片频道

示例代码如下：

```
# coding=utf-8
# 代码文件：chapter23/ch23.3.1.py

import urllib.request

import os
import re

url = 'http://p.weather.com.cn/'


def findallimageurl(htmlstr):
    """ 从HTML代码中查找匹配的字符串 """

    # 定义正则表达式
    pattern = r'http://\S+(?:\.png|\.jpg)'          ①
    return re.findall(pattern, htmlstr)             ②


def getfilename(urlstr):
   """ 根据图片连接地址截取图片名 """

    pos = urlstr.rfind('/')
    return urlstr[pos + 1:]
```

```
    # 解析获得的 url 列表
    url_list = []
    req = urllib.request.Request(url)
    with urllib.request.urlopen(req) as response:
        data = response.read()
        htmlstr = data.decode()

        url_list = findallimageurl(htmlstr)

    for imagesrc in url_list:                    ③
        # 根据图片地址下载
        req = urllib.request.Request(imagesrc)
        with urllib.request.urlopen(req) as response:
            data = response.read()
            # 过滤掉小于 100KB 的图片
            if len(data) < 1024 * 100:           ④
                continue

            # 创建 download 文件夹
            if not os.path.exists('download'):
                os.mkdir('download')

            # 获得图片文件名
            filename = getfilename(imagesrc)
            filename = 'download/' + filename
            # 保存图片到本地
            with open(filename, 'wb') as f:      ⑤
                f.write(data)

        print(' 下载图片 ', filename)
```

上述代码第①行定义了正则表达式，该正则表达式能够查找以“http://”开始到 .png 或 .jpg 结尾的字符串，正则表达式中 (?:\.png|\.jpg) 是匹配 .png 或 .jpg 结尾的字符串。代码第②行是通过 re.findall(pattern, htmlstr) 查询所有符合条件的字符串。

代码第③行循环遍历图片地址列表 url_list，然后逐一下载图片，由于想下载大图，所以在代码第④行过滤掉小于 100KB 的图片。代码第⑤行以二进制写入方式打开文件，最后写入数据。

23.3.2　使用 BeautifulSoup 库

使用正则表达式解析数据的难点在于编写正则表达式。如果不擅长编写正则表达式可以使用 BeautifulSoup 库帮助解析数据。BeautifulSoup 可以帮助程序设计师解析网页结构，BeautifulSoup 官网是 https://www.crummy.com/software/BeautifulSoup/。

1. 安装 BeautifulSoup

BeautifulSoup 可以通过 pip 安装指令进行安装，pip 指令如下：

```
pip install beautifulsoup4 -i https://pypi.tuna.tsinghua.edu.cn/simple
```

在 Windows 平台下执行 pip 安装指令的过程如图 23-14 所示，最后会有安装成功提示，其他平台安装过程也是类似的，这里不再赘述。

图 23-14 pip 安装过程

2. BeautifulSoup 常用 API

BeautifulSoup 中主要使用的对象是 BeautifulSoup 实例，BeautifulSoup 常用方法如下：

- find_all(tagname)：根据标签名返回所有符合条件的元素列表。
- find(tagname)：根据标签名返回符合条件的第一个元素。
- select(selector)：通过 CSS 中选择器查找符合条件的所有元素。
- get(key, default=None)：获取标签属性值，key 是标签属性名。

BeautifulSoup 常用属性如下：

- title：获得当前 HTML 页面的 title 属性值。
- text：返回标签中的文本内容。

第 23.3.1 节的示例可以使用 BeautifulSoup 重构，示例代码如下：

```
# coding=utf-8
# 代码文件：chapter23/ch23.3.2.py

import os
import urllib.request

from bs4 import BeautifulSoup                                          ①

url = 'http://p.weather.com.cn/'


def findallimageurl(htmlstr):
    """ 从 HTML 代码中查找匹配的字符串 """

    sp = BeautifulSoup(htmlstr, 'html.parser')                         ②
    # 返回所有的 img 标签对象
    imgtaglist = sp.find_all('img')                                    ③

    # 从 img 标签对象列表中返回对应的 src 列表
    srclist = list(map(lambda u: u.get('src'), imgtaglist))           ④
    # 过滤掉非 .png 和 .jpg 结尾文件的 src 字符串
    filtered_srclist = filter(lambda u: u.lower().endswith('.png')
```

```
                                        or u.lower().endswith('.jpg'), srclist) ⑤

    return filtered_srclist


def getfilename(urlstr):
    """ 根据图片链接地址截取图片名 """

    pos = urlstr.rfind('/')
    return urlstr[pos + 1:]


# 解析获得的 url 列表
url_list = []
req = urllib.request.Request(url)
with urllib.request.urlopen(req) as response:
    data = response.read()
    htmlstr = data.decode()

    url_list = findallimageurl(htmlstr)

for imagesrc in url_list:
    # 根据图片地址下载
    req = urllib.request.Request(imagesrc)
    with urllib.request.urlopen(req) as response:
        data = response.read()
        # 过滤掉用小于 100KB 的图片
        if len(data) < 1024 * 100:
            continue

        # 创建 download 文件夹
        if not os.path.exists('download'):
            os.mkdir('download')

        # 获得图片文件名
        filename = getfilename(imagesrc)
        filename = 'download/' + filename
        # 保存图片到本地
        with open(filename, 'wb') as f:
            f.write(data)

    print(' 下载图片 ', filename)
```

上述代码第①行是导入 BeautifulSoup 库，注意其中 bs4 是模块名。代码第②行创建了 BeautifulSoup，构造方法第一个参数 htmlstr 是要解析的 HTML 代码，第二个参数是解析器，可以使用的解析器如下：

- html.parser：Python 编写的解析器，速度比较快，支持 Python 2.7.3 和 Python 3.2.2 以上版本。
- lxml：C 编写的解析器，速度很快，依赖于 C 库。如果是 CPython 环境可以使用该解析器。
- lxml-xml：C 编写的 XML 解析器，速度很快，依赖于 C 库。
- html5lib：HTML5 解析器。

综合各方面考虑，html.parser 是不错的选择，它通过牺牲速度换取了兼容性。

代码第③行是通过 find_all() 方法查询所有的 img 标签元素。代码第④行使用了 map() 函数从 img 标签对象列表中返回对应的 src 对象列表，其中使用了 lambda 表达式，表达式中的 u 是输入对象（标签对象），u.get('src') 是取出标签的 src 属性。代码第⑤行的 filter() 函数用来过滤，保留那些 .png 和 .jpg 结尾的 src 字符串，该函数也使用了 lambda 表达式。

23.4 项目实战：爬取搜狐网股票数据

微课视频

本节将介绍一个完整的网络爬虫项目，该项目是从搜狐网爬取贵州茅台股票数据，然后进行解析，解析之后的结果保存到数据库中，以备以后使用。

23.4.1 爬取并解析数据

搜狐网数据是动态数据，需要使用 Selenium 库爬取数据，从搜狐网爬取贵州茅台股票数据在 23.2.3 节已经介绍过了，这里不再赘述。

数据爬取下来之后需要进行解析，解析的数据列表变量中保存起来。相关代码如下：

```
# coding=utf-8
# 代码文件：chapter23/23.4 实战项目 /ch23.4.1.py

""" 项目实战：搜狐网爬取股票数据 """
import datetime

from selenium import webdriver

url = 'http://q.stock.sohu.com/cn/600519/lshq.shtml'


def fetch_data():
    """ 爬取并解析数据 """

    driver = webdriver.Firefox()
    driver.get(url)

    table_element = driver.find_element_by_id('BIZ_hq_historySearch')
    tr_list = table_element.find_elements_by_xpath('./tbody/tr')    ①

    data = []                                                       ②

    for idx, tr in enumerate(tr_list):                              ③
        if idx == 0:                                                ④
            # 跳过 table 第一行
            continue

        td_list = tr.find_elements_by_tag_name('td')                ⑤
        fields = {}                                                 ⑥
        fields['Date'] = td_list[0].text  # 日期
        fields['Open'] = float(td_list[1].text)  # 开盘
        fields['Close'] = float(td_list[2].text)  # 收盘
```

```
            fields['Low'] = float(td_list[5].text)   # 最低
            fields['High'] = float(td_list[6].text)   # 最高
            fields['Volume'] = float(td_list[7].text)   # 成交量
            data.append(fields)      ⑦


    # 退出浏览器
    driver.quit()
    return data


if __name__ == '__main__':
    # 爬取数据
    data = fetch_data()
    print(data)
```

上述代码将爬取数据和解析数据封装在 fetch_data() 函数中，该函数返回列表数据。代码第①行是在 table_element 对象（id 为 BIZ_hq_historySearch 的 table 标签）中通过 XPath 表达式“ ./tbody/tr ”查找符合条件的所有元素，XPath 表达式“ ./tbody/tr ”是查找 table 中 tbody 中所有 tr 标签，每个 tr 是 table 中的一行。查找结果返回 tr_list 对象，如图 23-15 所示 tr_list。

代码第②行定义一个列表对象 data，用于保存从 table 中解析出来的数据。代码第③行遍历 tr_list 列表对象。通过 enumerate() 函数可以拆分 idx 和 tr 变量，idx 是循环变量。因为 table 的第一行是其他数据的汇总，不应该提取这一行数据，代码第④行当 idx == 0 时是跳第一行数据。代码第⑤行 tr 对象中通过 td 标签名查询所有元素，如图 23-15 所示 td_list。代码第⑥行创建字典对象 fields ，每一个 fields 对象可以保存 table 中一条 tr 数据。代码第⑦行将每一个 fields 对象放到 data 列表中。

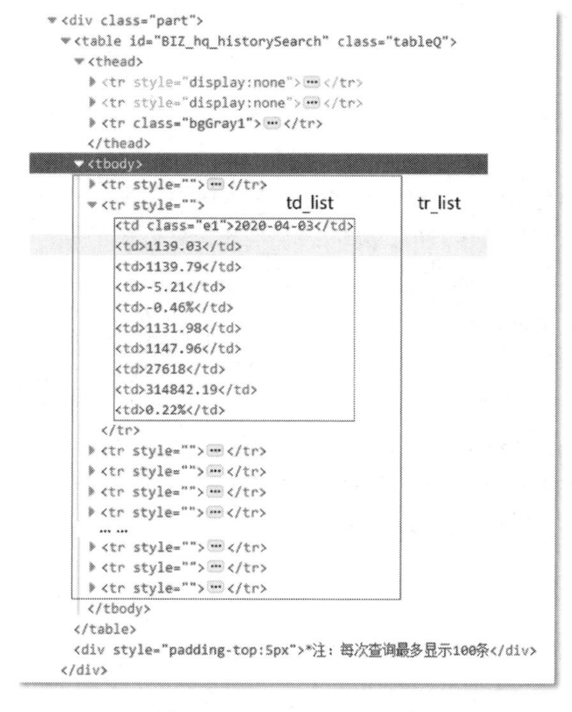

图 23-15　table、tr 和 td 元素

23.4.2 检测数据是否更新

由于网络爬虫需要定期从网页上爬取数据，但是如果网页中的数据没有更新，本次爬取的数据与上次一样，就没有必要进行解析和存储了。验证两次数据是否完全相同可以使用MD5[①]数字加密技术，MD5可以对任意长度的数据进行计算，得到固定长度的MD5码。MD5的典型应用是对一段数据产生信息摘要，以防止被篡改。通过MD5函数对两次请求返回的HTML数据进行计算，生成的MD5相同则说明数据没有更新，否则数据已经更新。

Python中计算MD5码可以使用hashlib模块中的md5()函数。实现检测数据更新的代码如下：

```
# coding=utf-8
# 代码文件：chapter23/23.4 实战项目 /ch23.4.2.py

""" 项目实战：搜狐网爬取股票数据 """
import hashlib
import os

from selenium import webdriver

url = 'http://q.stock.sohu.com/cn/600519/lshq.shtml'


def check_update(html):
    """ 验证数据是否更新，更新返回 True，未更新返回 False"""

    # 创建 md5 对象
    md5obj = hashlib.md5()                                  ①
    md5obj.update(html.encode(encoding='utf-8'))            ②
    md5code = md5obj.hexdigest()                            ③
    print(md5code)

    old_md5code = ''
    f_name = 'md5.txt'                                      ④

    if os.path.exists(f_name):  # 如果文件存在读取文件内容  ⑤
        with open(f_name, 'r', encoding='utf-8') as f:  ⑥
            old_md5code = f.read()

    if md5code == old_md5code:                              ⑦
        print(' 数据没有更新 ')
        return False
    else:
        # 把新的 md5 码写入到文件中
        with open(f_name, 'w', encoding='utf-8') as f:
            f.write(md5code)                                ⑧
        print(' 数据更新 ')
        return True


def fetch_data():
```

① MD5（Message Digest Algorithm，消息摘要算法第五版）为计算机安全领域广泛使用的一种加密算法。

```
    """ 爬取并解析数据 """

    driver = webdriver.Firefox()
    driver.get(url)

    table_element = driver.find_element_by_id('BIZ_hq_historySearch')  ⑨
    # 数据更新
    if not check_update(table_element.text):  # 数据没有更新则退出      ⑩
        # 退出浏览器
        driver.quit()
        return None

    ……

    # 退出浏览器
    driver.quit()
    return data


if __name__ == '__main__':
    # 爬取数据
    data = fetch_data()
```

上述代码第①行～第③行是生成 MD5 码的主要语句。首先通过代码第①行 md5() 函数创建 md5 对象。代码第②行使用 update() 方法对传入的数据进行 MD5 运算，注意 update() 方法的参数是字节序列对象，而 html.encode(encoding='utf-8') 是将字符串转换为字节序列。代码第③行是请求 MD5 摘要，hexdigest() 方法返回一个十六进制数字所构成的 MD5 码。

代码第④行定义变量 f_name，用来保存上次 MD5 码的文件名。代码第⑤行判断文件是否存在，如果存在则会读取 MD5 码，见代码第⑥行。

代码第⑦行是比较两次的 MD5 码，如果一致说明没有更新，返回 False；否则返回 True，并将新的 MD5 码写入到文件中，见代码第⑧行。

代码第⑨行是通过查找 id 为 BIZ_hq_historySearch 的 table 元素对象 table_element。

代码第⑩行调用 check_update() 函数验证股票数据是否更新，其中 table_element.text 提取 table 元素中的所有文本。注意如果没有更新数据时则需要通过 driver.quit() 语句退出浏览器释放资源。

23.4.3　保存数据到数据库

数据解析完成后需要保存到数据库中。该项目的数据库设计模型如图 23-16 所示，项目中包含两个数据表：股票信息表（Stocks）和股票历史价格表（HistoricalQuote）。

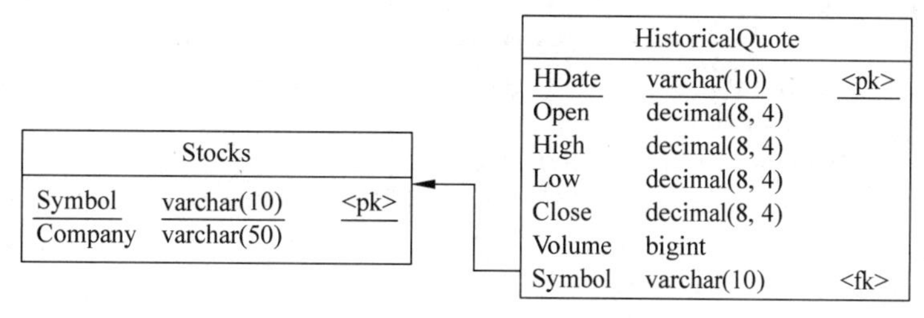

图 23-16　数据库设计模型

对数据库设计模型中各个表说明如下：

1）股票信息表

股票信息表（Stocks）是纳斯达克股票，股票代号（Symbol）是主键，股票信息表结构如表 23-1 所示。该项目目前的功能不包括维护股票信息表，所以股票信息表中的数据在创建数据表时是预先插入的。

表 23-1　股票信息表

字段名	数据类型	长度	精度	主键	外键	备注
Symbol	varchar(10)	10	-	是	否	股票代号
Company	varchar(50)	50	-	否	否	公司

2）股票历史价格表

股票历史价格表（HistoricalQuote）是某只股票的历史价格表，交易日期（HDate）是主键，股票历史价格表结构如表 23-2 所示。

表 23-2　股票历史价格表

字段名	数据类型	长度	精度	主键	外键	备注
HDate	varchar(10)		-	是	否	交易日期
Open	decimal(8,4)	8	4	否	否	开盘价
High	decimal(8,4)	8	4	否	否	最高价
Low	decimal(8,4)	8	4	否	否	最低价
Close	decimal(8,4)	8	4	否	否	收盘价
Volume	bigint		-	否	否	成交量
Symbol	varchar(10)	10	-	否	是	股票代号

数据库设计完成后需要编写数据库 DDL 脚本。当然，也可以通过一些工具生成 DDL 脚本，然后把这个脚本放在数据库中执行就可以了。下面是编写的 DDL 脚本文件 crebas.sql。

```
/* 创建数据库 */
create database if not exists QuoteDB;

use QuoteDB;

drop table if exists HistoricalQuote;

drop table if exists Stocks;

/*==============================================================*/
/* Table: HistoricalQuote                                       */
/*==============================================================*/
create table HistoricalQuote
(
   HDate                varchar(10) not null,
   Open                 decimal(8,4),
   High                 decimal(8,4),
   Low                  decimal(8,4),
   Close                decimal(8,4),
   Volume               bigint,
```

```
   Symbol               varchar(10),
   primary key (HDate)
);


/*==============================================================*/
/* Table: Stocks                                                */
/*==============================================================*/
create table Stocks
(
   Symbol               varchar(10) not null,
   Company              varchar(50) not null,
   primary key (Symbol)
);

alter table HistoricalQuote add constraint FK_Reference_1 foreign key (Symbol)
      references Stocks (Symbol) on delete restrict on update restrict;


insert into Stocks (Symbol, Company) values ('600519', '贵州茅台');   ①
```

在创建完成数据库后，还在股票信息表中预先插入了一条数据，见代码第①行。编写 DDL 脚本之后需要在 MySQL 数据中执行，创建数据库。

数据库创建完成后，编写访问数据库的 Python 代码如下：

```
# coding=utf-8
# 代码文件：chapter23/23.4 实战项目 /db_access.py

import pymysql


def insert_hisq_data(row):
    """ 在股票历史价格表中传入数据 """

    # 1. 建立数据库连接
    connection = pymysql.connect(host='localhost',
                                 user='root',
                                 password='12345',
                                 database='QuoteDB',
                                 charset='utf8')
    try:
        # 2. 创建游标对象
        with connection.cursor() as cursor:

            # 3. 执行 SQL 操作
            sql='insert into historicalquote ' \
                '(HDate,Open,High,Low,Close,Volume,Symbol)' \
                'values (%(Date)s,%(Open)s,%(High)s,%(Low)s,%(Close)s,
                %(Volume)s,%(Symbol)s)'       ①

            cursor.execute(sql, row)          ②
```

```
            # 4. 提交数据库事务
            connection.commit()

        # with 代码块结束 5. 关闭游标
    except pymysql.DatabaseError as error:
        # 4. 回滚数据库事务
        connection.rollback()
        print('插入数据失败{0}'.format(error))
    finally:
        # 6. 关闭数据连接
        connection.close()
```

访问数据库代码是在db_access模块中编写的。代码第①行是插入数据SQL语句，其中(%(Date)s等是命名占位符，绑定时需要字典类型。代码第②行是绑定参数并执行SQL语句，其中row是要绑定的参数，row是字典类型。

调用db_access模块代码如下：

```
# coding=utf-8
# 代码文件：chapter23/23.4 实战项目/ch23.4.3.py
...

if __name__ == '__main__':
    # 爬取数据
    data = fetch_data()
    print(data)

    # 保存数据到数据库
    if data is not None:
        for row in data:                              ①
            row['Symbol'] = '600519'                  ②
            db_access.insert_hisq_data(row)           ③
```

上述代码第①行是循环遍历data变量，data保存了所有爬虫爬取的数据。代码第②行添加Symbol到row中，爬取的数据没有Symbol。代码第③行是调用db_access模块的insert_hisq_data()函数插入数据到数据库。

23.4.4 爬虫工作计划任务

网络中的数据一般都是定期更新的，网络爬虫不需要一直工作，可以根据数据更新频率或更新数据时间点，制订网络爬虫工作计划任务。例如股票信息在交易日内是定时更新的，股票交易日是周一至周五，当然还有特殊的日期不进行交易，股票交易时间是上午时段9:30~11:30，下午时段13:00~15:00。本项目有些特殊爬取的数据不是实时数据，而是历史数据，这种历史数据应该在交易日结束之后爬取。

本项目需要两个子线程，一个是工作子线程，另一个是控制子线程。具体代码如下：

```
# coding=utf-8
# 代码文件：chapter23/23.4 实战项目/ch23.4.4-end.py

"""项目实战：搜狐网爬取股票数据"""
import datetime
import hashlib
```

```
import os
import threading
import time

import db_access
from selenium import webdriver

url = 'http://q.stock.sohu.com/cn/600519/lshq.shtml'

# 线程运行标志
is_running = True
# 爬虫工作间隔 设置 1 个小时 60 * 60
interval = 60 * 60


def check_update(html):
    """ 验证数据是否更新，更新返回 True，未更新返回 False"""

    < 省略验证数据是否更新代码 >


def fetch_data():
    """ 爬取并解析数据 """

    < 省略爬取并解析数据代码 >


def is_trad_time():                                                      ①
    """ 判断交易时间 """

    now = datetime.datetime.now()
    df = '%H%M%S'
    strnow = now.strftime(df)
    starttime1 = datetime.time(9, 30).strftime(df)
    endtime1 = datetime.time(11, 30).strftime(df)
    starttime2 = datetime.time(13, 0).strftime(df)
    endtime2 = datetime.time(15, 0).strftime(df)

    if now.weekday() == 5 \
            or now.weekday() == 6 \
            or not ((strnow >= starttime1 and strnow <= endtime1) \
                    or (strnow >= starttime2 and strnow <= endtime2)):  ②
        # 非工作时间
        return False
    # 工作时间
    return True


def work_thread_body():
    """ 工作线程体函数 """

    while is_running:
```

```
        print('爬虫休眠...')
        time.sleep(interval)      ③
        if is_trad_time():        ④
            # 交易时间内不工作
            print('交易时间，爬虫不工作...')
            continue

        print('非交易时间，爬虫开始工作...')

        # 爬取数据
        data = fetch_data()

        # 保存数据到数据库
        if data is not None:
            for row in data:
                row['Symbol'] = '600519'
                db_access.insert_hisq_data(row)


def main():
    """主函数"""

    # 创建工作线程对象work_thread
    work_thread = threading.Thread(target=work_thread_body, name='WorkThread')
    # 启动线程work_thread
    work_thread.start()


if __name__ == '__main__':
    main()
```

工作线程根据指定计划任务完成解析数据和数据保存。工作线程启动后会调用线程体work_thread_body()函数，在线程体函数中代码第③行让工作线程休眠。代码第④行调用is_trad_time()函数判断是否是交易时间，如果是交易时间继续休眠；如果是非交易时间，爬虫开始工作。

另外，代码第①行是判断交易的时间函数，该函数可以判断当前时间是否是股票交易时间。代码第②行中now.weekday() == 5是判断当前日期是星期六，now.weekday() == 6是判断当前日期是星期日，(strnow >= starttime1 and strnow <= endtime1)是判断当前时间是在上午时段9:30~11:30，(strnow >= starttime2 and strnow <= endtime2)是判断当前时间是在下午时段13:00~15:00。

项目编写完成后就可以进行测试了。图23-17是项目的控制台，如果不在交易时间内，爬虫开始工作，然后休眠；如果在交易时间内，爬虫休眠。

图23-17 项目控制台

第 24 章 项目实战 2：数据分析技术——贵州茅台股票数据分析

在当今的社会数据无处不在，在大量的数据中隐藏着重要的信息。经过统计分析，可以帮助你做出决策。第 23 章介绍的项目是从搜狐证券网爬取股票数据，并将数据保存到数据库中，本章将对股票数据进行分析，这个过程中会为读者介绍一些 Python 常用的数据分析技术。

24.1 数据分析过程

无论采用什么样的数据分析过程都是类似的，如图 24-1 所示。

微课视频

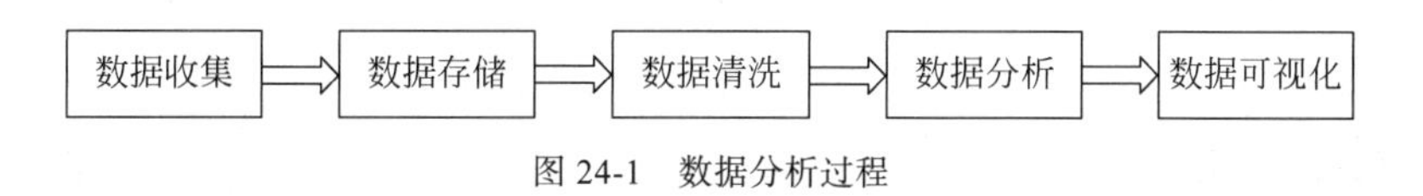

图 24-1 数据分析过程

24.1.1 数据收集

数据的分析前提要有数据，而且应该有大量的数据。因此需要收集数据，而数据的来源千差万别，有公司内部原有数据；有第三方机构提供的数据；有从网络上获取的数据（下载或网页爬取）。

注意：考虑数据真实性和质量，从网络上获取的数据，应该从政府、大学和权威机构的网站获取。

从网络上获取的数据可通过爬虫自动爬取数据，有关爬虫技术已经在第 23 章介绍过了，这里不再赘述。

24.1.2 数据存储

数据收集完了之后，需要把数据存储起来。但是如果数据比较“脏”[①]，也要先进行数据清洗，再进行数据存储。注意：数据存储和数据清洗并没有固定的前后顺序，要看具体业务情况而定。

收集的数据在结构上包括：结构化数据、半结构化数据和非结构化数据。

（1）结构化数据：每条数据都有固定的字段、固定的格式，方便程序进行后续存取与分析。如：关系型数据库（SQLite、MySQL 等），在第 19 章数据库编程介绍过了，这里不再赘述。

（2）半结构化数据：数据介于结构化数据与非结构化数据之间。数据具有字段，也可以依据字段来进行查找，使用方便，但每条数据的字段可能不一致。如：XML 和 JSON，在第 18 章数据交换格式介绍过了，这里不再赘述。

① “脏数据”是不完整的数据、错误的数据和重复的数据。

(3) 非结构化数据：没有固定的格式，必须整理以后才能存取。如：没有格式的文字、网页数据。这需要使用正则表达式或BeautifulSoup库等技术，对数据进行解析为格式化数据，然后再存储数据。

24.1.3 数据清洗

按照一定的规则把“脏数据”洗干净，这就是“数据清洗”。这些“脏数据”包括：

(1) 不完整的数据：有一些缺失值，根据情况可以忽略或者根据规律补齐这些数据。

(2) 错误的数据：不符合常识性规则和业务特定规则的数据，以及用统计分析的方法识别可能的错误值或异常值。

(3) 重复的数据：记录重复（行重复）和字段重复（列重复）。例如：房屋信息表中的面积、单价、总价。学生信息表中的生日、年龄。

另外，还需要统一数据格式，日期、字符串和数字等。

24.1.4 数据分析

数据分析可以分为：描述性统计分析和推论性统计分析。

(1) 描述性统计：归纳数据，了解数据的轮廓。对数据样本进行描述，例如：平均数、标准偏差、中位数、百分比。具体技术有很多，工具也很多，甚至于Excel都可以进行统计分析。就Python而言有NumPy和pandas等，本章重点介绍NumPy和pandas技术。

(2) 推论性统计：根据数据样本推论整体数据的概况，并对结果进行预测。构建数据模型具体技术有机器学习等。

24.1.5 数据可视化

数据可视化就是将数据分析结果以图形或图表的方式展示给用户。人是视觉性的动物一图抵万言啊！有关数据可视化技术将在第25章介绍。

24.2 数据分析工具环境搭建和使用

微课视频

数据分析工具有很多，原则上能够开发Python语言工具，都可以用于Python数据分析。但是数据分析过程，用户输入一条指令，然后反馈结果。所以交互式方式工具更适合，如：Python Shell、Python IDEL、IPython Shell和Jupyter Notebook等。本书推荐IPython Shell和Jupyter Notebook。

24.2.1 安装 Jupyter

Jupyter是一个开源项目，该项目的目的是为所有编程语言提供交互式环境。在Jupyter环境中包括IPython Shell和Jupyter Notebook工具，因此，读者只需要安装Jupyter就可以了。

安装Jupyter可以使用pip工具，指令如下：

```
pip install Jupyter -i https://pypi.tuna.tsinghua.edu.cn/simple
```

其他平台安装过程也是类似的，这里不再赘述。

提示： 如果安装了Anaconda[①]环境，这个安装过程可以省略。

---

① Anaconda是一个开源的Python发行版本，其包含了conda、Python等5000多个科学包。

24.2.2　使用 IPython Shell

IPython Shell 是运行在命令提示符中 Python 交互运行工具。

（1）启动 IPython Shell

可以在命令提示符或终端中使用如下指令：

```
ipython
```

启动后如图 24-2 所示 In 是输入指令，Out 是输出结果，中括号中的数值是行号。

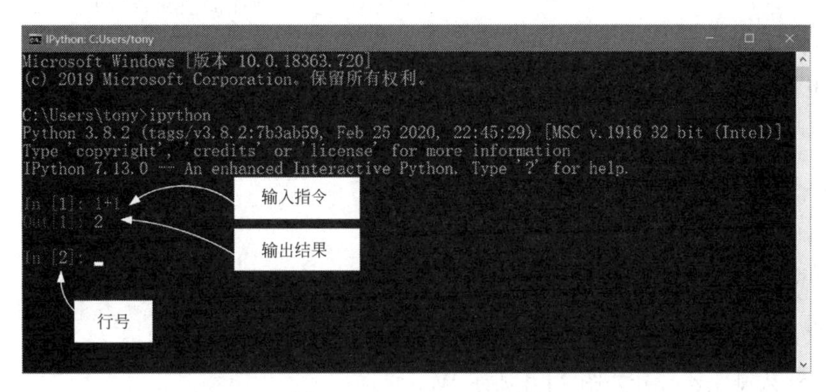

图 24-2　IPython Shell 工具

（2）获得帮助

IPython Shell 有很多强大的帮助功能，它可以通过 ? 或 ?? 获得帮助提示；在输入 Python 指令是可以通过用 Tab 键语法补全，例如读者想输入 print 函数，只许输入 pr 然后按 Tab 键，如图 24-3 所示语法提示，你需要使用上、下、左、右键选择即可。

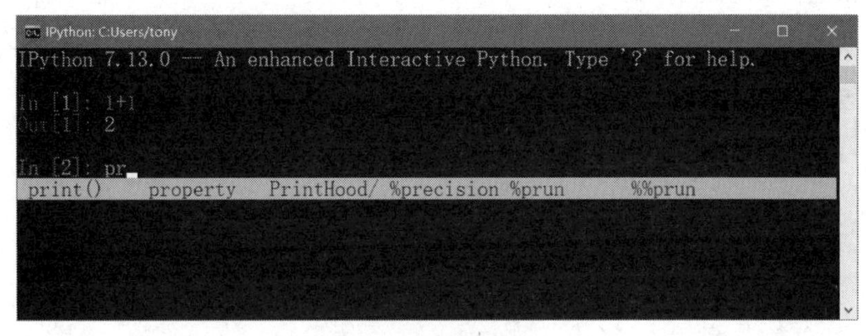

图 24-3　Tab 键语法补全

IPython Shell 还提供了很多快捷键，表 24-1 所示为 IPython Shell 中常用的快捷键。

表 24-1　IPython Shell 中常用的快捷键

快　捷　键	说　　明
Ctrl + p（或向上箭头）	获取前一个历史命令
Ctrl + n（或向下箭头）	获取后一个历史命令
Ctrl + r	对历史命令的反向搜索
Ctrl + L	清除终端屏幕的内容
Ctrl + d	退出 IPython 会话

IPython Shell 还提供了很多魔法命令，表 24-2 所示为 IPython Shell 中常用的魔法命令。

表 24-2 IPython Shell 中常用的魔法命令

魔法命令	说　明
%run	执行外部代码
%timeit	计算代码运行时间
%magic	获得所有可用魔法命令的列表
?	某个魔法命令帮助

24.2.3 使用 Jupyter Notebook

Jupyter Notebook 是 IPython Shell 基于浏览器的图形界面。Jupyter Notebook 不仅可以执行 Python/IPython 语句，还允许用户编写科技文章。

（1）启动 Jupyter Notebook

可以在命令提示符或终端中使用如下指令：

```
jupyter notebook
```

启动后会通过默认浏览器打开如图 24-4 所示 Web 页面。

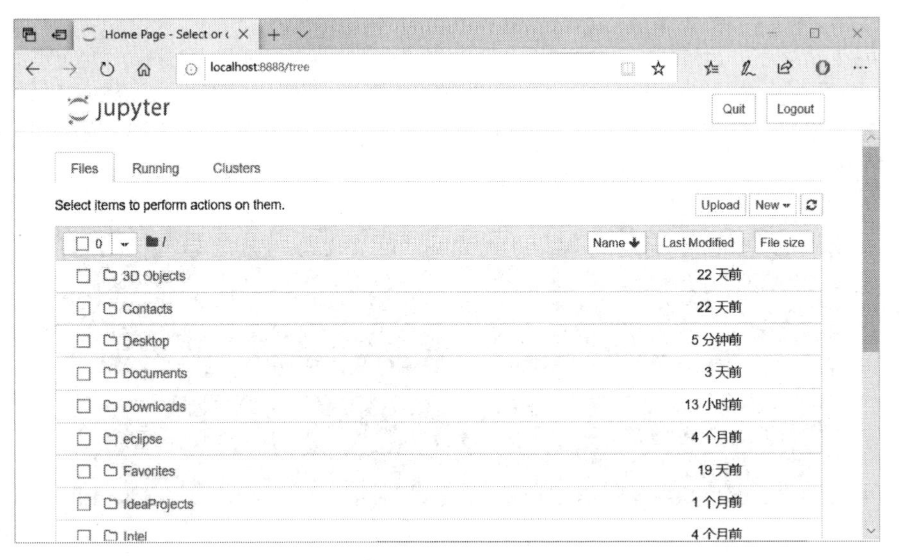

图 24-4　启动 Jupyter Notebook 工具

（2）使用 Jupyter Notebook

要使用 Jupyter Notebook 执行 Python 指令，需要创建 Python 文件，如图 24-5 所示，单击右边的 New 按钮，在下列菜单中选择 Python 3 创建 ipynb 文件，如图 24-6 所示。

Jupyter Notebook 工具的使用与 IPython Shell 非常类似，如图 24-7 所示，在输入框中输入 Python 指令，然后单击 Run 按钮就可以保存了。

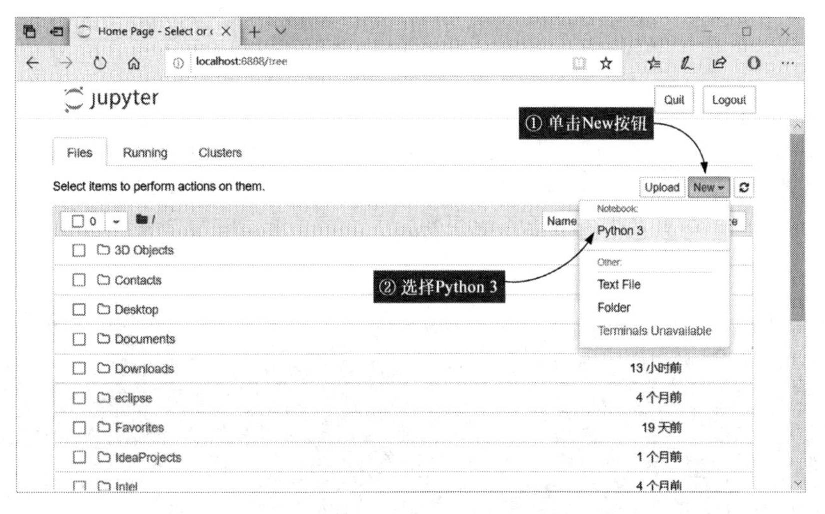

图 24-5　使用 Jupyter Notebook 工具

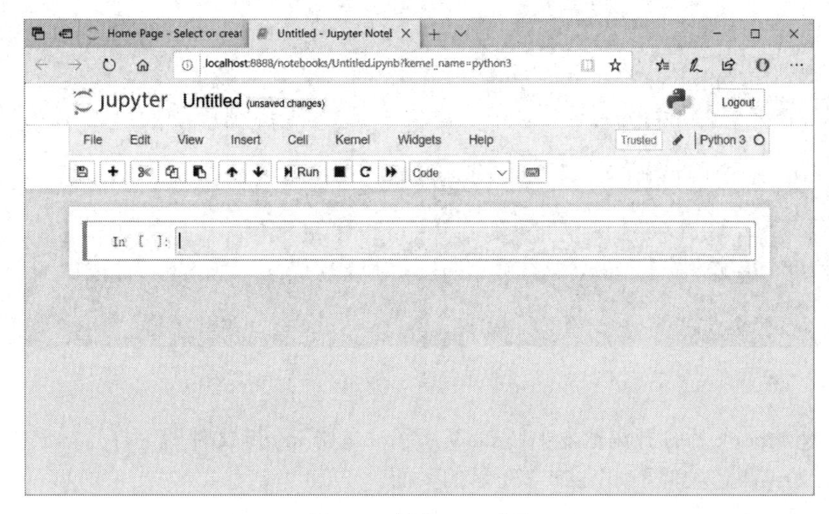

图 24-6　创建 ipynb 文件

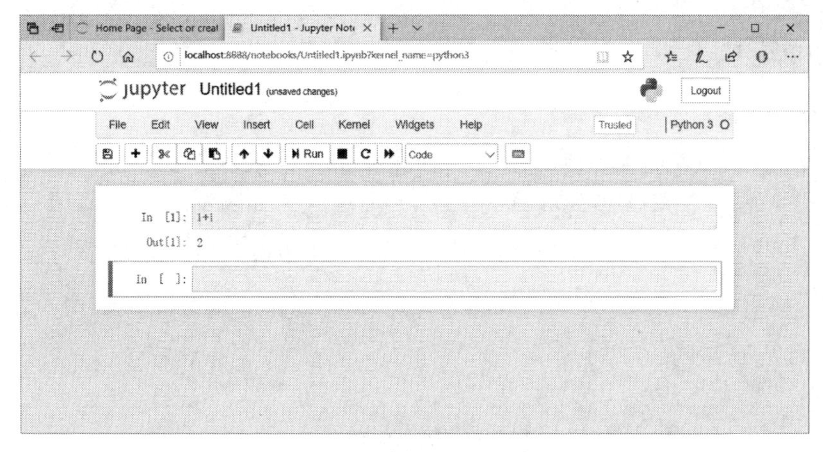

图 24-7　执行 Python 指令

Jupyter Notebook 工具中快捷键也与 IPython Shell 类似，读者可以通过 Help 获得更多的帮助，这里不再赘述。

（3）保存和打开 ipynb 文件

保存文件可以单击工具栏中的 按钮，也可通过选择菜单 File → Save as…实现。由于默认的名字是 Untitled.ipynb，如果想重新命名读者可通过选择菜单 File → Rename…实现。

如何打开 ipynb 文件，可以首先通过命令提示符进入 ipynb 文件所在目录，如图 24-8 所示，然后通过 Jupyter Notebook 命令启动。

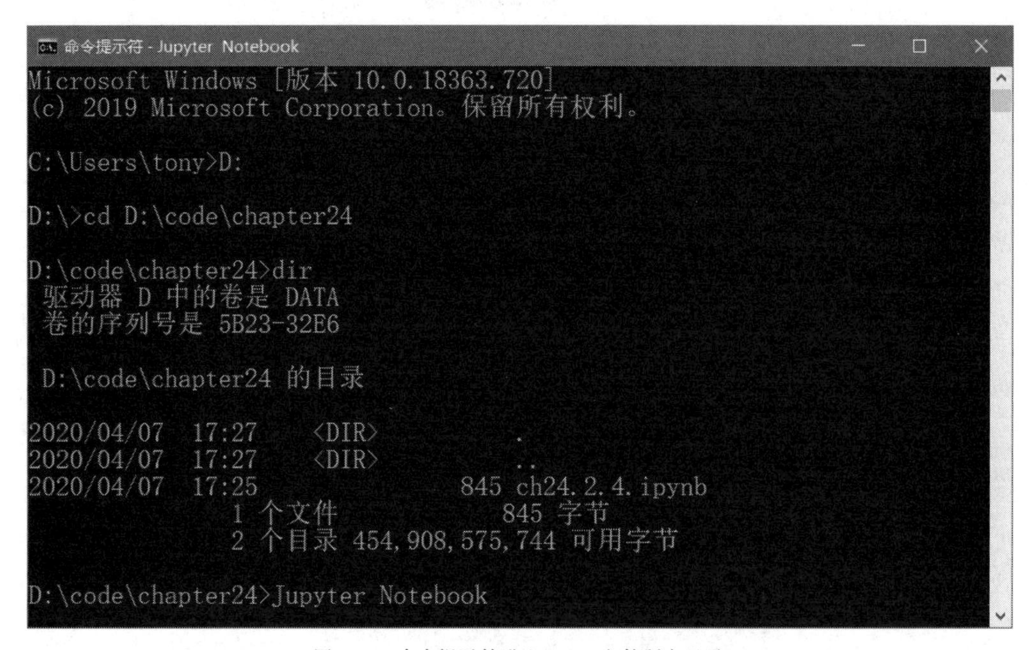

图 24-8　命令提示符进入 ipynb 文件所在目录

启动 Jupyter Notebook 后打开浏览器如图 24-9 所示，单击 ipynb 文件即可打开，该文件记录了上次保存的指令以及运行的结果，类似于如图 24-7 所示的页面。

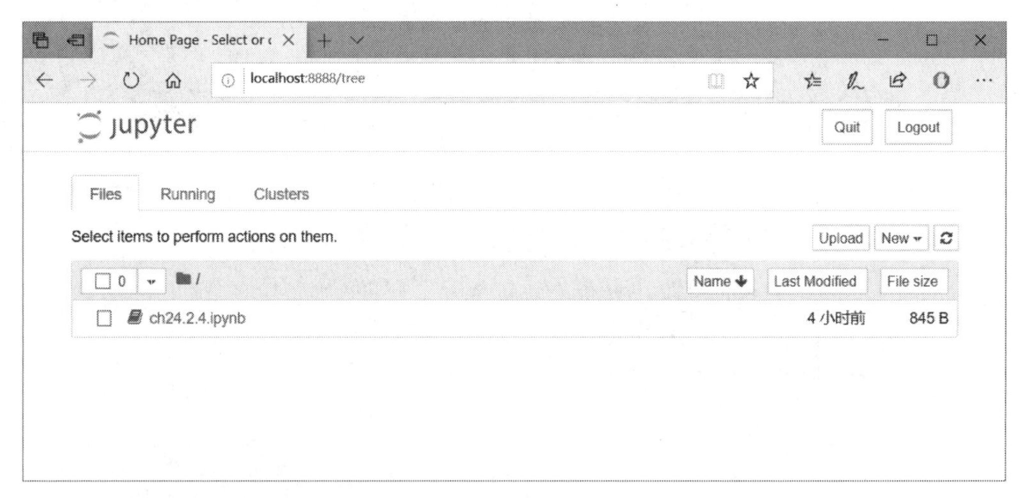

图 24-9　打开 ipynb 文件

24.3　数据分析与科学计算基础库——NumPy

NumPy（Numerical Python 的缩写）是一个开源的 Python 数据分析和科学计算库。NumPy 底层是用 C 语言实现，因此 NumPy 提供数据结构（数组）比 Python 内置数据结构访问效率更高。

微课视频

另外，NumPy 支持大量高维度数组与矩阵运算，提供大量的数学函数库。

24.3.1　NumPy 库安装

安装 NumPy 库可以使用 pip 工具，指令如下：

```
pip install numpy -i https://pypi.tuna.tsinghua.edu.cn/simple
```

其他平台安装过程也是类似的，这里不再赘述。

提示：Anaconda 环境包括了 NumPy 库，所以如果安装了 Anaconda，这个安装过程可以省略。

24.3.2　NumPy 中的多维数组对象

在 NumPy 库中最重要的数据结构是多维数组对象（ndarray），数组中的每个元素具有相同的数据类型，每个元素在内存中都有相同的存储空间。

创建 NumPy 数组可以使用 array() 函数，其参数可以是 Python 中的元组或列表类型数据。

（1）创建一维数组

列表创建一维数组示例代码如下：

```
a = np.array([1, 2, 3])
```

元组创建一维数组示例代码如下：

```
b = np.array((1, 2, 3))
```

使用 Jupyter Notebook 创建一维数组，如图 24-10 所示。

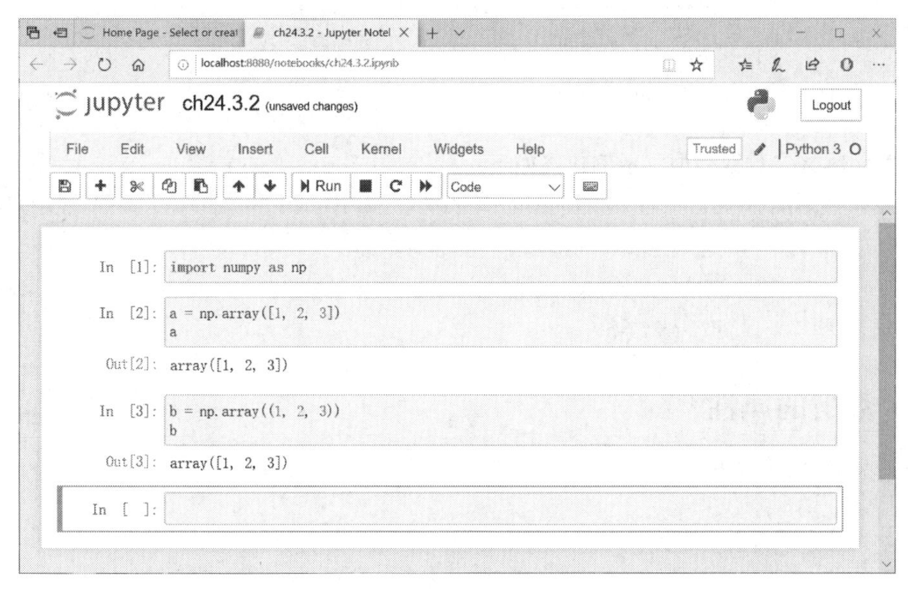

图 24-10　安装 NumPy 库

(2)创建二维数组

事实上使用 array() 函数可以创建任何维度的 NumPy 数组。由于二维数组使用的比较多，下面介绍二维数组的创建。

列表创建二维数组示例代码如下：

```
In  [4]: L = [[1,2,3], [4,5,6], [7,8,9]]
         c = np.array(L)   # 嵌套列表创建数组
         c

Out[4]:  array([[1, 2, 3],
                [4, 5, 6],
                [7, 8, 9]])
```

其中 L 变量是嵌套的列表。元组创建二维数组示例代码如下：

```
In  [5]: T1 = ([1.5,2,3], [4,5,6], [7,8,9])
         d = np.array(T1)  # 嵌套元组创建数组
         d

Out[5]:  array([[1.5, 2. , 3. ],
                [4. , 5. , 6. ],
                [7. , 8. , 9. ]])
```

其中 T1 变量是元组里嵌套列表，注意 T1 中第一个列表元素的第一个元素 1.5 是一个浮点类型数据，所以在创建数组时所有元素都转换为浮点。

24.3.3 NumPy 数组的数据类型

NumPy 数组支持的数据类型比 Python 内置的数据类型要多。数组的 dtype 属性可以返回数组的类型，示例代码如下：

```
In  [6]: b = np.array([1., 2., 3.])
         b.dtype

Out[6]:  dtype('float64')
```

也可以在声明时指定数据类型，示例代码如下：

```
In  [7]: b = np.array((1, 2, 3, 4), dtype=float)
         b.dtype

Out[7]:  dtype('float64')
```

24.3.4 数组的属性

数组的属性如表 24-3 所示。

表 24-3　数组的属性

数　组	说　明
ndim	数组的维度
shape	数组的形状，每个维度的元素个数
size	数组的元素总个数
dtype	数组的类型
itemsize	每个元素的大小，以字节为单位
nbytes	数组总字节大小，以字节为单位

数组的属性示例代码如下：

```
In  [8]: d

Out[8]: array([[1.5, 2. , 3. ],
               [4. , 5. , 6. ],
               [7. , 8. , 9. ]])

In  [9]: print('d数组的维度: ', d.ndim)
         print('d数组的形状:', d.shape)
         print('d数组的元素总个数:', d.size)
         print('d数组的类型:', d.dtype)
         print('每个元素的大小:', d.itemsize)

         d数组的维度:  2
         d数组的形状: (3, 3)
         d数组的元素总个数: 9
         d数组的类型: float64
         每个元素的大小: 8
```

上述代码中 d 是一个二维数组，其中 shape 属性是数组的形状，该属性很常用，形状使用元组表示，二维数组 d 表示为 (3, 3)。

24.3.5　数组的轴

数组有多少维度就有多少个轴，数组中的轴是有索引顺序的，轴索引从 0 开始，最后一个轴的索引是“维度 –1”。如图 24-11 所示一维数组只有一个轴，它的索引就是 0；如图 24-12 所示，二维数组有两个轴，注意：0 轴表示的是“行”，1 轴表示的是“列”。

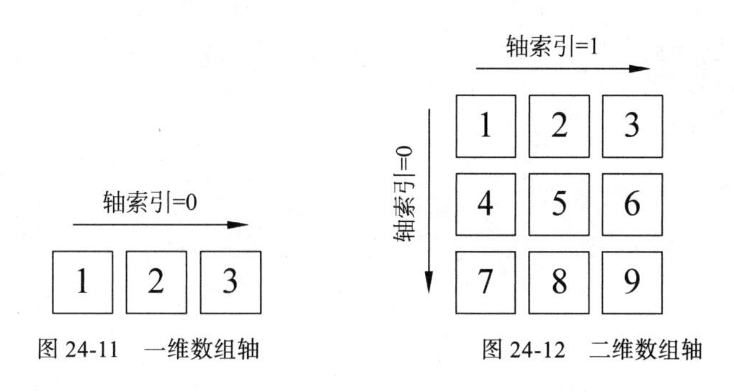

图 24-11　一维数组轴　　图 24-12　二维数组轴

24.3.6 访问一维数组中的元素

熟悉数组的轴才能学习如何访问数组中的元素。在学习 Python 列表和元组时，访问它们的元素可以通过下标索引访问，也可以通过切片访问。

NumPy 一维数组访问元素与 Python 列表和元组访问元素完全一样，访问过程不再赘述。

示例代码如下：

```
In  [10]: a = np.array([1, 2, 3, 4, 5, 6])

In  [11]: a[5] #正值索引访问
Out[11]: 6

In  [12]: a[-1] #负值索引访问
Out[12]: 6

In  [13]: a[1:3] #切片访问
Out[13]: array([2, 3])
```

上述代码第 10 行创建如图 24-13 所示的一维数组。代码第 11 行采用正值索引访问，代码第 12 行采用负值索引访问它们都是访问最后一个元素。代码第 13 行采用切片访问一维数组，结果还是一个一维数组。

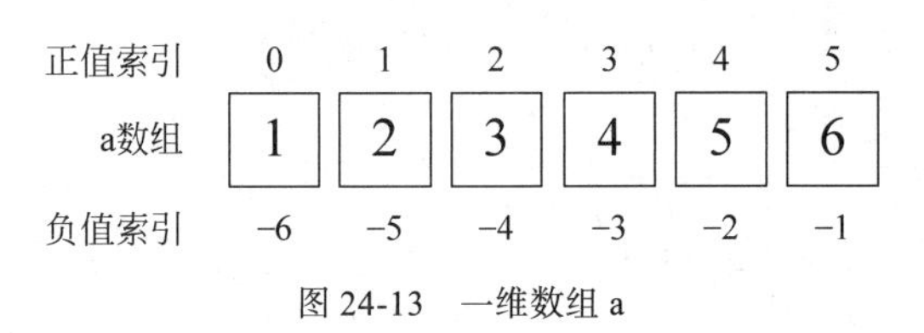

图 24-13 一维数组 a

24.3.7 访问二维数组中的元素

二维数组访问元素就比较麻烦了，原理上在每个轴上访问与一维数组访问一样，也可以采用下标索引访问元素或切片访问元素。

（1）下标索引访问

二维数组索引访问语法如下：

```
a[所在0轴索引, 所在1轴索引]
```

其中 a 表示一个二维数组，返回要访问“所在 0 轴索引”和“所在 1 轴索引”的元素。

示例代码如下：

```
In  [14]: a = np.array([[1, 2, 3],
                        [4, 5, 6],
                        [7, 8, 9]])

In  [15]: a[2, 1]
Out[15]: 8

In  [16]: a[-1, -2]
Out[16]: 8
```

上述代码第 14 行创建如图 24-14 所示的二维数组。代码第 15 行 a[2, 1] 采用正值索引访问元素，0 轴上索引为 2 说明访问的是第 3 行；1 轴上索引为 1 说明访问的是第二列，所以最后返回结果是 8。代码第 16 行采用负正值索引访问，a[2, 1] 和 a[−1, −2] 事实上访问的都是同一个元素。

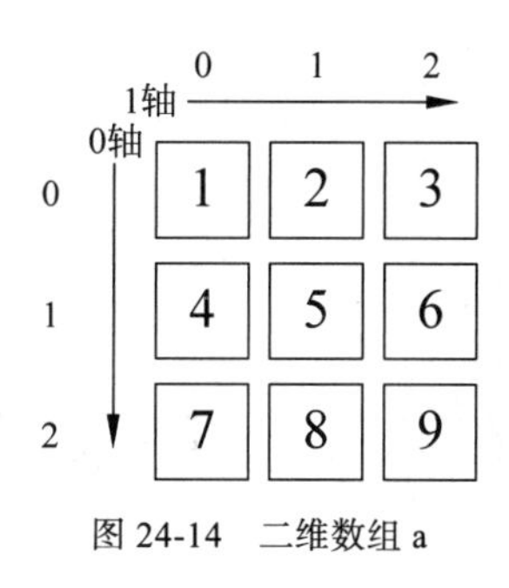

图 24-14　二维数组 a

（2）切片访问

二维数组切片访问语法如下：

```
a[所在0轴切片, 所在1轴切片]
```

其中 a 表示一个二维数组，返回要访问“所在 0 轴切片”和“所在 1 轴切片”。切片操作不会降低数组的维度，所以二维数组切片后还是一个二维数组。

示例代码如下：

```
In  [17]: a[1:3, 1:3]

Out[17]: array([[5, 6],
                [8, 9]])

In  [18]: a[1:, 1:]

Out[18]: array([[5, 6],
                [8, 9]])
```

代码中的 a 是图 24-14 所示的二维数组。代码第 17 行 a[1:3, 1:3] 是对 a 数组进行切片操作，0 轴上 [1:3] 说明访问的是从第 2 行～第 4 行，但不包括第 4 行的切片；1 轴上 [1:3] 说明访问的是从第 2 列～第 4 列，但不包括第 4 列的切片。a[1:3, 1:3] 切片是返回如图 24-15 所示的灰色区域的二维数组。a[1:, 1:] 切片操作与 a[1:3, 1:3] 返回同样的二维数组。

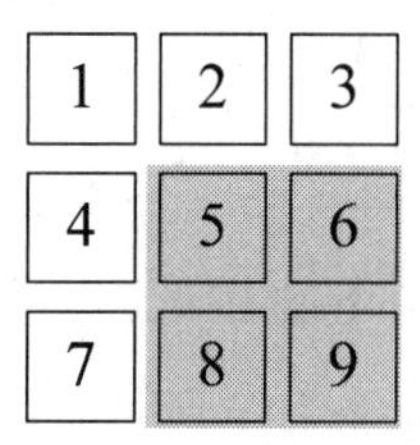

图 24-15　二维数组 a 切片 [1:, 1:] 切片操作

24.4　数据分析必备库——pandas

微课视频

pandas 是一个开源的 Python 数据分析库。pandas 广泛应用于学术和商业领域，包括金融、经济学、统计学、广告、网络分析等。它可以完成数据处理和分析中的 5 个典型步骤：数据加载、数据准备、数据

操作、数据建模和数据分析。

pandas 数据结构基于 NumPy 数组，而 NumPy 底层是用 C 语言实现，因此访问速度快。pandas 提供了快速高效的 Series 和 DataFrame 数据结构。

24.4.1 pandas 库安装

安装 pandas 库可以使用 pip 工具，指令如下：

```
pip install pandas -i https://pypi.tuna.tsinghua.edu.cn/simple
```

其他平台安装过程也是类似的，这里不再赘述。

提示： Anaconda 环境包括了 pandas 库，所以如果安装了 Anaconda，这个安装过程可以省略。

24.4.2 Series 数据结构

Series 数据结构是一种带有标签的一维数组对象，能够保存任何数据类型。如图 24-16 所示，一个 Series 对象包含两个数组：数据和数据索引（即标签），其中数据部分是 NumPy 的数组（ndarray）类型。

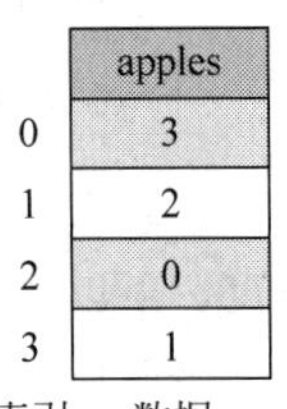

图 24-16 Series 结构

（1）创建 Series 对象

创建 Series 对象构造方法语法格式如下：

```
pandas.Series(data, index, dtype, ...)
```

其中参数 data 是 Series 数据部分，可以是列表、NumPy 数组、标量值（常数）、字典；参数 index 是 Series 标签（即索引）部分，与数据的长度相同，默认从 0 开始的整数数列；dtype 用于数据类型，如果没有则推断数据类型。

使用列表创建 Series 对象示例代码如下：

```
In [1]: import pandas as pd

In [2]: apples = pd.Series([3,2,0,1])

In [3]: apples
Out[3]: 0    3
        1    2
        2    0
        3    1
        dtype: int64

In [4]: b = pd.Series([3,2,0,1], index=['a','b','c','d'])

In [5]: b
Out[5]: a    3
        b    2
        c    0
        d    1
        dtype: int64
```

代码第 2 行创建 Series 对象，标签（即索引）部分是默认的整数。代码第 4 行指定标签（即索引）创建 Series 对象，索引为 ['a', 'b', 'c', 'd']。

（2）访问 Series 元素

访问 Series 元素可以通过标签下标访问，也可以通过标签切片访问。

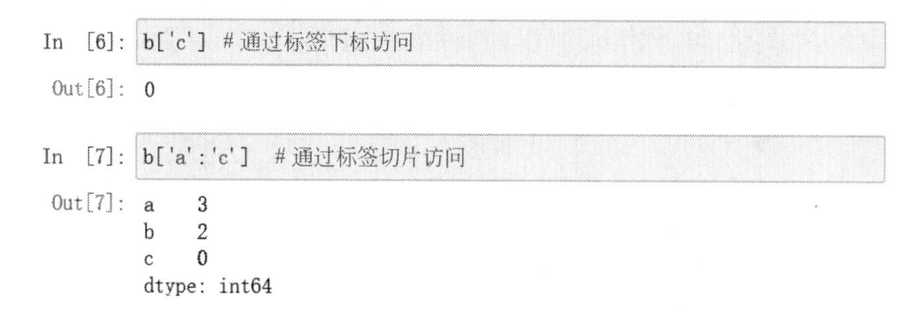

```
In  [6]: b['c'] #通过标签下标访问
Out[6]: 0

In  [7]: b['a':'c']  #通过标签切片访问
Out[7]: a    3
        b    2
        c    0
        dtype: int64
```

代码第 6 行通过标签下标访问 Series 对象 b，返回值为 0。代码第 7 行通过标签切片访问 Series 对象 b，返回值为一个 Series 对象。

24.4.3　DataFrame 数据结构

DataFrame 数据结构是由多个 Series 结构构成二维表格对象。如图 24-17 所示，每个列可以是不同数据类型，行和列是带有标签的轴，而且行和列都是可变的。

列标签(列索引)

	apples	oranges	bananas
0	3	0	1
1	2	1	2
2	0	2	1
3	1	3	0

行标签(行索引)　　数据

图 24-17　DataFrame 数据结构

（1）创建 DataFrame 对象

DataFrame 构造函数语法格式如下：

```
pandas.DataFrame( data, index, columns, dtype, ...)
```

其中参数 data 是 DataFrame 数据部分，可以是列表、NumPy 数组、字典、Series 对象和其他的 DataFrame 对象；参数 index 是行索引（即行标签），默认从 0 开始的整数数列；参数 columns 是列索引（即列标签），默认从 0 开始的整数数列；参数 dtype 用于数据类型，如果没有则推断数据类型。

使用列表创建 DataFrame 对象示例代码如下：

```
In  [8]: L =[[3,0,1], [2,1,2],  [0,2,1], [1,3,0]]

In  [9]: df1 = pd.DataFrame(L)

In  [10]: df1
Out[10]:
```

	0	1	2
0	3	0	1
1	2	1	2
2	0	2	1
3	1	3	0

上述代码第 8 行是定义嵌套列表对象 L，代码第 9 行是通过列表对象 L 创建 DataFrame 对象，其他的参数都是默认的。

使用列标签创建 DataFrame 对象示例代码如下：

```
In  [11]: df2 = pd.DataFrame(L,columns=['apples','oranges','bananas'])

In  [12]: df2
Out[12]:
```

	apples	oranges	bananas
0	3	0	1
1	2	1	2
2	0	2	1
3	1	3	0

使用行标签和列标签创建 DataFrame 对象示例代码如下：

```
In  [13]: df3 = pd.DataFrame(L,columns=['apples','oranges','bananas'],
                              index=['June','Robert','Lily','David'])

In  [14]: df3
Out[14]:
```

	apples	oranges	bananas
June	3	0	1
Robert	2	1	2
Lily	0	2	1
David	1	3	0

（2）访问 DataFrame 列

访问 DataFrame 列可以使用单个列标签或多个列标签访问。单个列标签访问，示例代码如下：

```
In  [15]: df3['apples'] # 使用单个列标签访问

Out[15]: June      3
         Robert    2
         Lily      0
         David     1
         Name: apples, dtype: int64
```

DataFrame 列还可以使用多个列标签访问，示例代码如下：

```
In  [16]: df3[['apples', 'bananas']]  # 使用多个列标签访问

Out[16]:
```

	apples	bananas
June	3	1
Robert	2	2
Lily	0	1
David	1	0

24.5　项目实战：贵州茅台股票数据分析

本节将介绍一个完整的股票数据分析项目，该项目是从第 23 章保存的贵州茅台股票历史数据中读取，然后根据需要对贵州茅台股票数据进行分析。

微课视频

24.5.1　从数据库中读取股票历史数据

pandas 库要从 MySQL 数据库中读取数据，则依赖这两个库：mysql-connector-python 和 SQLAlchemy。mysql-connector-python 用于 Python 访问 MySQL 数据库，SQLAlchemy 是一个对象关系映射[①]库。

首先需要使用 pip 工具安装这两个库，指令如下：

```
pip install mysql-connector-python
pip install SQLAlchemy
```

如果安装缓慢或有异常，可以加上 -i https://pypi.tuna.tsinghua.edu.cn/simple 参数。其他平台安装过程也是类似的，这里不再赘述。

（1）连接数据库

SQLAlchemy 提供了连接数据库的引擎，对于不同的数据库有不同的引擎和不同的连接字符串。示例代码如下：

```
In  [1]: import pandas as pd

In  [2]: from sqlalchemy import create_engine

In  [3]: engine = create_engine('mysql+mysqlconnector://root:12345@localhost:3306/QuoteDB',
                                encoding='utf8')
```

① 对象关系映射（Object Relational Mapping，ORM）是一种为了解决面向对象与关系数据库存储的技术。

代码第3行通过create_engine()函数创建数据库引擎对象，就是连接数据库过程。create_engine()函数的第一个参数是数据库连接字符串，连接字符串说明如下：

- mysql+mysqlconnector是连接协议。
- root是用户。
- 12345是密码。
- Localhost是数据库主机地址。
- 3306是数据库服务默认端口。
- QuoteDB是数据库。

create_engine()函数的encoding参数设置为utf8，设置数据库字符集为utf-8。

（2）读取数据

有了连接数据库引擎就可以读取数据了，pandas提供的read_sql_query()函数可以读取表中数据到一个DataFrame对象。示例代码如下：

```
In [4]: sql = 'select * from historicalquote'

In [5]: df = pd.read_sql_query(sql, engine)

In [6]: df
Out[6]:
```

	HDate	Open	High	Low	Close	Volume	Symbol
0	2019-12-05	1125.00	1132.01	1118.00	1129.80	21339	600519
1	2019-12-06	1135.97	1170.00	1130.10	1170.00	39506	600519
2	2019-12-09	1175.00	1176.00	1156.10	1158.70	21824	600519
3	2019-12-10	1159.60	1165.00	1151.00	1164.40	15087	600519
4	2019-12-11	1168.00	1170.75	1155.55	1158.98	14568	600519
...	...	...	...	...	...	...	...
75	2020-03-30	1060.25	1077.00	1057.00	1072.00	30687	600519
76	2020-03-31	1082.00	1115.00	1081.80	1111.00	47984	600519
77	2020-04-01	1117.00	1129.00	1103.00	1103.00	33205	600519
78	2020-04-02	1104.00	1145.00	1103.88	1145.00	45206	600519
79	2020-04-03	1139.03	1147.96	1131.98	1139.79	27618	600519

80 rows × 7 columns

其中代码第4行是查询historicalquote（股票历史数据）表数据SQL语句，代码第5行read_sql_query(sql, engine)函数从数据库historicalquote表读取数据到一个DataFrame对象中。

24.5.2 获得特定时间段股票交易数据

在数据分析时经常需要过滤出符合条件的数据，DataFrame对象query()方法可以过滤条件的数据，query()方法参数是过滤条件字符串。

本节实现查询2020年2月份所有交易数据，代码如下：

```
In  [7]: df2 = df.query("HDate >= '2020-02-01' and HDate < '2020-03-01'")

In  [8]: df2.head()
Out[8]:
```

	HDate	Open	High	Low	Close	Volume	Symbol
34	2020-02-03	985.00	1010.68	980.00	1003.92	123443	600519
35	2020-02-04	1015.00	1057.00	1011.01	1038.01	62624	600519
36	2020-02-05	1050.00	1054.00	1033.03	1049.99	47418	600519
37	2020-02-06	1059.43	1075.00	1052.02	1071.00	47171	600519
38	2020-02-07	1070.01	1077.00	1061.02	1076.00	31279	600519

上述代码第 7 行 query() 方法过滤数据，其中 "HDate >= '2020-02-01' and HDate < '2020-03-01' " 查询条件。由于数据比较多，代码第 8 行通过 DataFrame 的 head() 方法只列出前 5 条数据。

24.5.3　查询时间段内最大成交量

本节实现查询 2020 年 2 月份最大交易数据。成交量（Volume）是数据 DataFrame 一个列，它是 Series 对象。代码如下：

```
In  [9]: df2[['Volume']]
Out[9]:
```

	Volume
34	123443
35	62624
36	47418
37	47171
38	31279

Series 对象的 max() 方法可以取最大值。代码如下：

```
In  [10]: df2[['Volume']].max()
Out[10]: Volume    123443
         dtype: int64
```

从结果可见最大成交量是 123443。

24.5.4　查询时间段内总成交量

本节实现查询 2020 年 2 月份总成交易量。与 Series 对象的 max() 方法类似，使用 sum() 方法求 Series 数据之和。代码如下：

```
In  [11]: df2[['Volume']].sum()
Out[11]: Volume    843685
         dtype: int64
```

从结果可见总成交量是 843685。

24.5.5 按照成交金额排序

DataFrame 对象中的 sort_values() 函数实现。代码如下：

```
In  [12]: df.sort_values('Volume')
Out[12]:
```

	HDate	Open	High	Low	Close	Volume	Symbol
12	2019-12-24	1153.00	1155.00	1145.00	1148.00	11823	600519
3	2019-12-11	1168.00	1170.75	1155.55	1158.98	14568	600519
2	2019-12-10	1159.60	1165.00	1151.00	1164.40	15087	600519
9	2019-12-19	1163.00	1163.00	1152.00	1157.40	19552	600519
8	2019-12-18	1174.00	1175.20	1164.00	1168.00	19640	600519
...	...	...	...	...	...	...	...
65	2020-03-17	1055.00	1078.00	1011.12	1045.10	79359	600519
67	2020-03-19	993.99	1015.00	960.10	996.00	102265	600519
34	2020-02-03	985.00	1010.68	980.00	1003.92	123443	600519
19	2020-01-03	1117.00	1117.00	1076.90	1078.56	130319	600519
18	2020-01-02	1128.00	1145.06	1116.00	1130.00	148099	600519

80 rows × 7 columns

代码第 12 行 sort_values ('Volume') 函数实现对 Volume 列数据排序，默认是升序。

第 25 章 项目实战 3：数据可视化技术——贵州茅台股票数据可视化

大量的数据中蕴藏着丰富的信息，如果能够让这些数据清晰地、友好地、漂亮地展示出来，那么你就可能会发现这些信息。例如股票的数据量很大，但通过股票的 K 线图能够看出股票的走势，从而帮助你下决定。

Python 的数据可视化库有很多，但是应用有不同的方向。这些库主要包括：

（1）Matplotlib（https://matplotlib.org/）：是基础数据可视化库，很多可视化库就是在此扩展的。

（2）Seaborn（https://seaborn.pydata.org/）：是专门用于数据分析的可视化库，它基于 Matplotlib 之上开发的，能够与 pandas 的 DataFrame 对象很好的结合。

（3）Basemap（https://matplotlib.org/basemap/）：可视化地理数据，即在地图上实现数据可视化，例如：热点图。它是 Matplotlib 扩展库。

本章将通过股票数据分析项目实战介绍 Python 绘制图表库 Matplotlib。

25.1 使用 Matplotlib 绘制图表

微课视频

Matplotlib 是一个支持 Python 的 2D 绘图库，它可以绘制各种形式的图表，从而使数据可视化，便于进行数据分析。

Matplotlib 可以绘制的图表有线图、散点图、条形图、柱状图、3D 图形，以及图形动画等，同时 Matplotlib 还提供了丰富的图形图像工具。本节将介绍 Matplotlib 的安装和基本开发过程。

25.1.1 安装 Matplotlib

Matplotlib 安装可以使用 pip 工具，安装指令如下：

```
pip install matplotlib -i https://pypi.tuna.tsinghua.edu.cn/simple
```

其他平台安装过程也是类似的，这里不再赘述。

25.1.2 图表基本构成要素

如图 25-1 所示是一个折线图表，其中图表有标题，图表除了有 x 轴和 y 轴坐标外，也可以为 x 轴和 y 轴添加标题，x 轴和 y 轴有默认刻度，也可以根据需要改变刻度，还可以为刻度添加标题。图表中有类似的图形时可以为其添加图例，用不同的颜色标识出它们的区别。

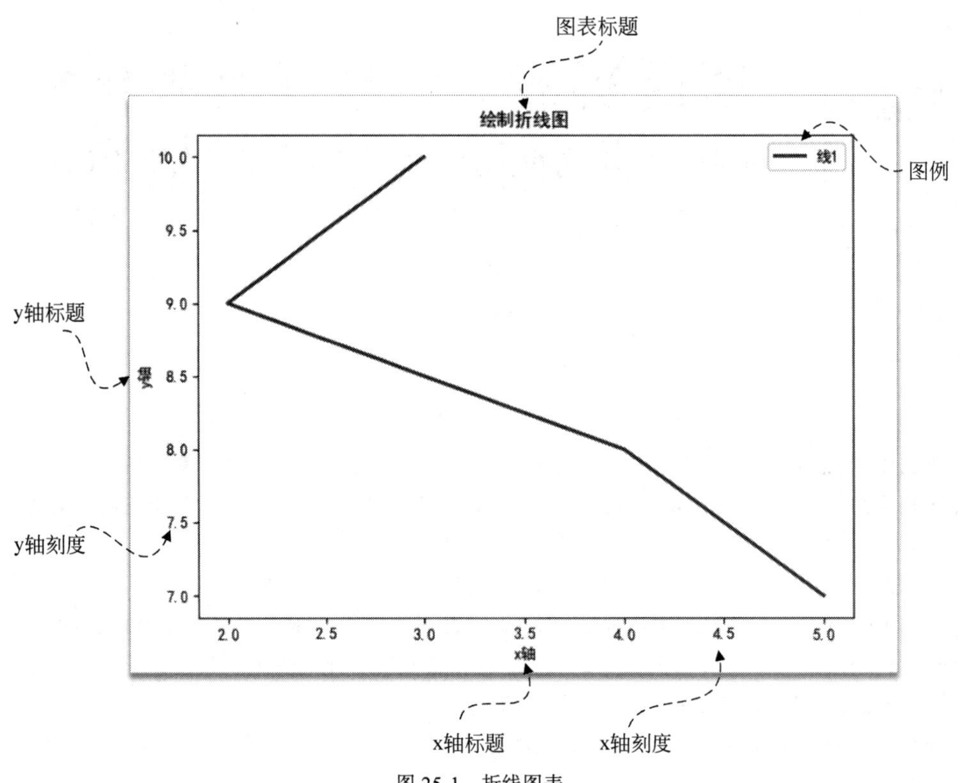

图 25-1 折线图表

25.1.3 绘制折线图

下面通过一个常用图表介绍 Matplotlib 库的使用。折线图是由线构成的，是比较简单的图表。

提示：考虑到数据分析方便，本章代码推荐使用 Jupyter Notebook 工具编写代码，以及运行代码。首先需要在 ipynb 文件开始添加如下代码：

```
import matplotlib.pyplot as plt
plt.rcParams['font.family'] = ['SimHei'] # 设置中文字体
plt.rcParams['axes.unicode_minus'] = False # 设置负号显示
```

---

rcParams 是 Matplotlib 的全局变量，保存一些设置信息。如果不设置中文字体，则无法显示中文；如果不设置负号，则也无法正常显示。

折线图示例代码如下：

```
x = [-5, -4, 2, 1]  # x 轴坐标数据                    ①
y = [7, 8, 9, 10]  # y 轴坐标数据                     ②
# 绘制线段
plt.plot(x, y, 'b', label='线1', linewidth=2)       ③

plt.title('绘制折线图')  # 添加图表标题

plt.ylabel('y轴')  # 添加 y 轴标题
```

```
plt.xlabel('x 轴 ')   # 添加 x 轴标题

plt.legend()   # 设置图例
# 以分辨率 72 来保存图片
plt.savefig(' 折线图 ', dpi=72)          ④

plt.show()   # 显示图形                  ⑤
```

上述代码第①行和第②行是准备 x 和 y 轴坐标数据，坐标数据放到列表或元组等序列中，两个序列数据一一对应，即 x 的第一个元素对应 y 的第一个元素。

代码第③行 plot() 函数是绘制一条线段，其中 x 和 y 是坐标数据；'b' 参数是设置线段颜色，其他颜色表示为红色 'r'、绿色 'g'、青色 'c'、品红 'm'、黄色 'y'、黑色 'k'。plot() 函数中的 label 参数是图例中显示线段名；参数 linewidth 是设置宽度。

代码第④行 savefig() 函数用来保存图片，第一个参数为图片文件名，dpi 参数是图片的 dpi 值，图片默认格式为 png。图表显示的同时，会在当前目录下生成一个名为“折线图 .png”的图片。

代码第⑤行 show() 函数用来显示图片。注意：在 Jupyter Notebook 运行显示 Matplotlib 图表时可以省略调用 show() 函数，图片会嵌入在页面中，如图 25-2 所示。

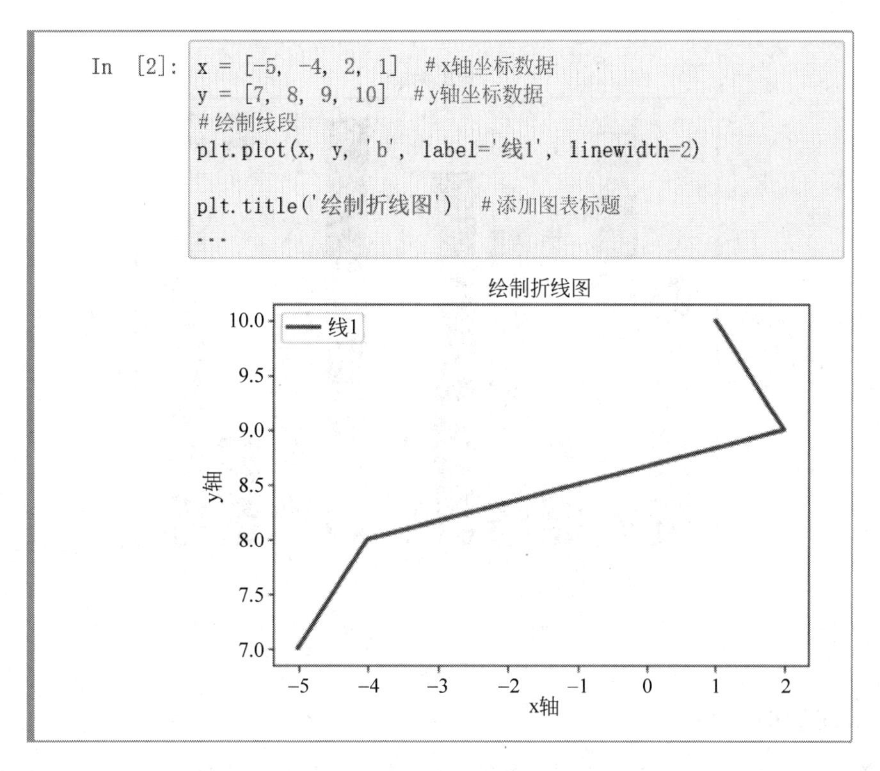

图 25-2　程序运行结果

25.1.4　绘制柱状图

柱状图示例如下：

```
x1 = [1, 3, 5, 7, 9]  # x1 轴坐标数据
y1 = [5, 2, 7, 8, 2]  # y1 轴坐标数据

x2 = [2, 4, 6, 8, 10]  # x2 轴坐标数据
y2 = [8, 6, 2, 5, 6]  # y2 轴坐标数据

# 绘制柱状图
plt.bar(x1, y1, label='柱状图1')            ①
plt.bar(x2, y2, label='柱状图2')            ②

plt.title('绘制柱状图')  # 添加图表标题

plt.ylabel('y轴')  # 添加y轴标题
plt.xlabel('x轴')  # 添加x轴标题

plt.legend()  # 设置图例
plt.show()
```

上述绘制了具有两种不同图例的柱状图。代码第①行和第②行通过bar()函数绘制柱状图。运行程序后结果如图25-3所示。

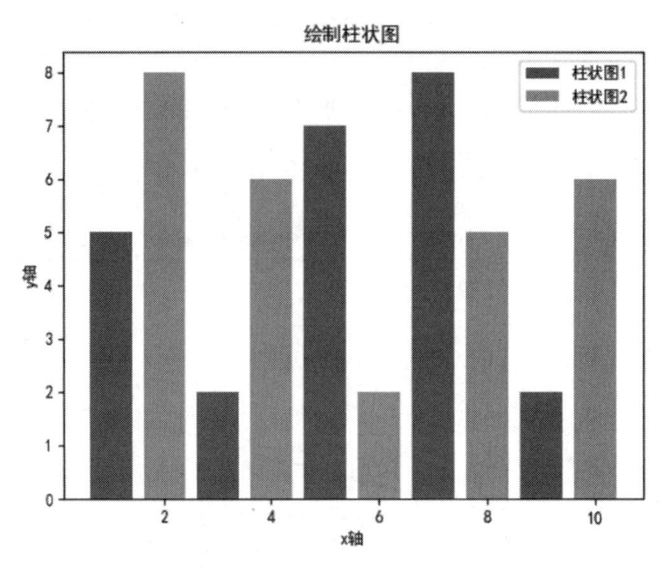

图25-3 程序运行结果

25.1.5 绘制饼状图

饼状图用来展示各分项在总和中的比例。饼状图有点特殊，它没有坐标。绘制饼状图代码示例如下：

```
# 各种活动标题列表
activies = ['工作', '睡', '吃', '玩']        ①
# 各种活动所占时间列表
slices = [8, 7, 3, 6]                      ②
# 各种活动在饼状图中的颜色列表
```

```
cols = ['c', 'm', 'r', 'b']                    ③

plt.pie(slices, labels=activies, colors=cols,
        shadow=True, explode=(0, 0.1, 0, 0), autopct='%.1f%%')  ④

plt.title(' 绘制饼状图 ')

plt.show()   # 显示图形
```

上述代码绘制了一个饼状图，展示了一个人一天中的各项活动所占比例。代码第①行设置活动标题，代码第②行设置活动所占时间，绘图时 Matplotlib 会计算出各个活动所占比例。代码第③行设置各种活动在饼状图中的颜色。注意这三个列表元素的对应关系。

绘制饼状图的关键是代码第④行的 pie() 函数，其中 shadow 参数设置是否有阴影；explode 参数设置各项脱离饼主体效果。如图 25-4 所示为“睡”活动脱离饼主体效果。explode 参数值是 (0,0.1,0,0) 元组，对应各项；autopct 参数设置各项显示百分比，%.1f%% 是格式化字符串，%.1f 表示保留一位小数，%% 显示一个百分号“%”。

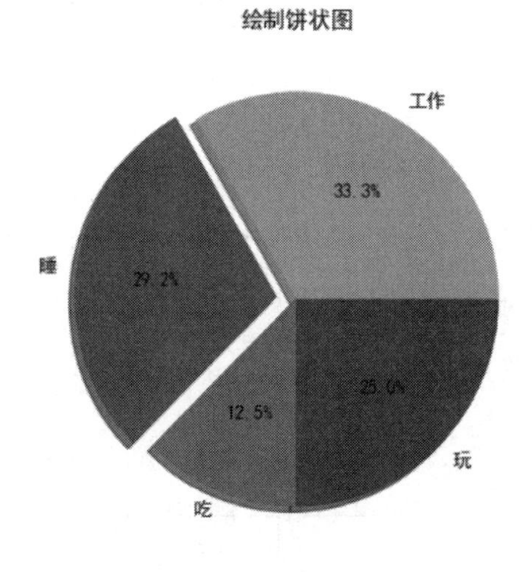

图 25-4　程序运行结果

25.1.6　绘制散点图

散点图用于科学计算。绘制散点图代码示例如下：

```
import numpy as np

n = 1024
x = np.random.normal(0, 1, n)                            ①
y = np.random.normal(0, 1, n)                            ②

plt.scatter(x, y)                                        ③

plt.title(' 绘制散点图 ')                                 ④
```

上述代码绘制了一个散点图。代码第①行和第②行生成随机数的 x 和 y 轴坐标，其中 np.random.

normal() 是 NumPy 库提供的计算随机函数，本例是生成 1024 个正态分布（平均值为 0，标准差为 1）的随机数。代码第③行通过 scatter() 函数绘制散点图。运行程序会启动一个对话框，如图 25-5 所示。

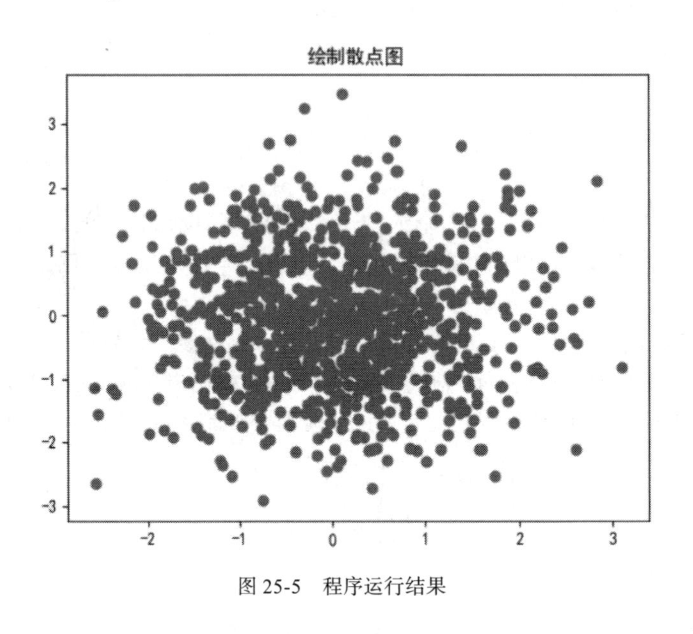

图 25-5　程序运行结果

25.1.7　绘制子图表

在一个画布中可以绘制多个子图表，设置子图表的位置函数是 subplot()，subplot() 函数语法如下：

```
subplot(nrows, ncols, index, **kwargs)
```

参数 nrows 设置总行数，参数 ncols 设置总列数，index 是要绘制的子图位置，index 从 1 开始到 nrows×ncols 结束。

图 25-6 所示是 2 行 2 列子图表布局，subplot(2,2,1) 函数也可以表示为 subplot(221)。

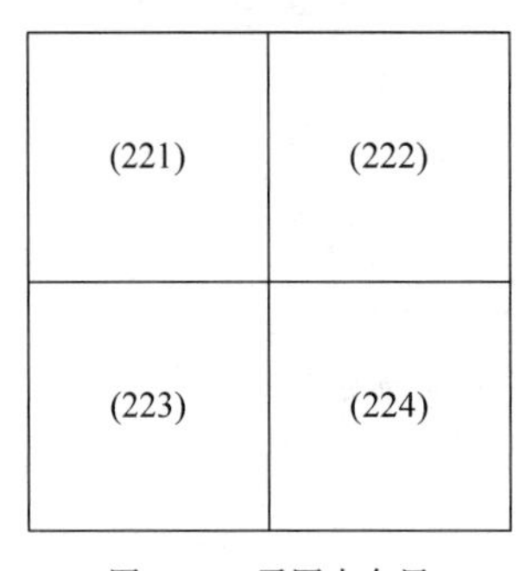

图 25-6　子图表布局

子图表示例如下：

```
def drowsubbar():
    """ 绘制柱状图 """

    x1 = [1, 3, 5, 7, 9]  # x1 轴坐标数据
    y1 = [5, 2, 7, 8, 2]  # y1 轴坐标数据
```

```
    x2 = [2, 4, 6, 8, 10]  # x2 轴坐标数据
    y2 = [8, 6, 2, 5, 6]  # y2 轴坐标数据

    # 绘制柱状图
    plt.bar(x1, y1, label='柱状图 1')
    plt.bar(x2, y2, label='柱状图 2')

    plt.title('绘制柱状图')  # 添加图表标题

    plt.ylabel('y 轴')  # 添加 y 轴标题
    plt.xlabel('x 轴')  # 添加 x 轴标题


def drowsubpie():
    """绘制饼状图"""

    <省略绘制饼状图，代码参考 25.1.5 节>


def drowsubline():
    """绘制折线图"""

    <省略绘制折线图，代码参考 25.1.3 节>


def drowssubscatter():
    """绘制散点图"""

    <省略绘制散点图，代码参考 25.1.6 节>


plt.subplot(2, 2, 1)  # 替换 (221)    ①
drowsubbar()                          ②

plt.subplot(2, 2, 2)  # 替换 (222)
drowsubpie()

plt.subplot(2, 2, 3)  # 替换 (223)
drowsubline()

plt.subplot(2, 2, 4)  # 替换 (224)
drowssubscatter()

plt.tight_layout()  # 调整布局         ③

plt.show()  # 显示图形
```

上述代码第①行调用 plt.subplot(2,2,1) 函数设置要绘制的子图表的位置。代码第②行调用自定义函数 drowsubbar() 绘制柱状图。代码第③行调整了各个图表布局，使得它们都能正常显示。图 25-7 所示是未调整布局时的状态，可见子图表之间部分重叠；图 25-8 所示是调整之后的布局效果。

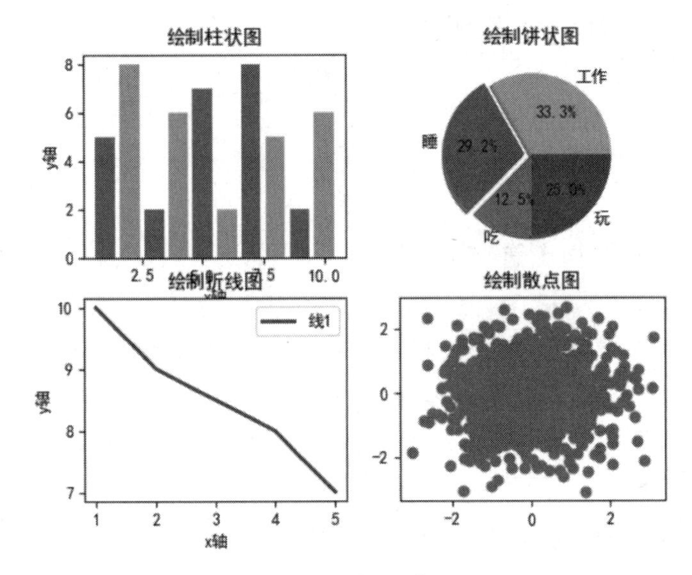

图 25-7　未调整布局

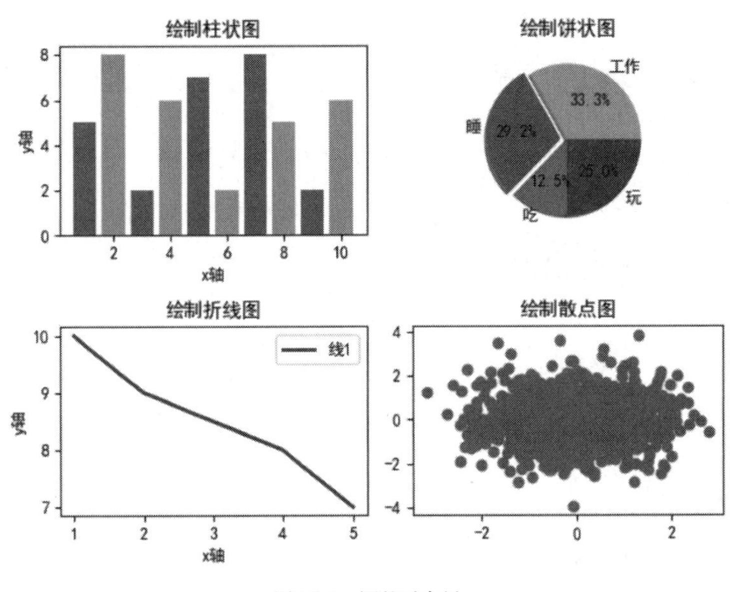

图 25-8　调整后布局

25.2　项目实战：贵州茅台股票数据可视化

微课视频

贵州茅台股票数据项目在第 24 章进行了数据分析，本节将对贵州茅台股票数据进行可视化分析。

25.2.1　从数据库读取股票数据

数据是放到 MySQL 数据库，从数据库读取股票数据参考 24.5.1 节。但需要一些修改，实现代码如下：

```
In [1]: import pandas as pd

In [2]: from sqlalchemy import create_engine

In [3]: engine = create_engine('mysql+mysqlconnector://root:12345@localhost:3306/QuoteDB',
                               encoding='utf8')

In [4]: sql = 'select HDate, Open, High, Low, Close, Volume from HistoricalQuote'

In [5]: df = pd.read_sql_query(sql, engine, parse_dates={'HDate','%Y-%m-%d'})

In [6]: df['HDate'].head()

Out[6]: 0    2019-12-06
        1    2019-12-09
        2    2019-12-10
        3    2019-12-11
        4    2019-12-12
        Name: HDate, dtype: datetime64[ns]
```

在股票数据可视化过程中不需要股票代号信息，所以代码第 4 行是 SQL 字符串，其中不需要 HistoricalQuote 表中的 Symbol（股票代号）字段。

另外，股票数据可视化过程中日期时间通常作为 x 数据，因此需要将 HistoricalQuote 表中的 HDate 字段中的字符串数据转换为 datetime 数据。代码第 5 行 read_sql_query() 函数中的 parse_dates={'HDate', '%Y-%m-%d'} 参数，就实现了这种转换。

为了使股票数据可视化方便，首先需要查询 2020 年 2 月份所有交易数据，代码如下：

```
In [7]: df2 = df.query("HDate >= '2020-02-01' and HDate < '2020-03-01'")
        df2

Out[7]:
```

	HDate	Open	High	Low	Close	Volume
34	2020-02-03	985.00	1010.68	980.00	1003.92	123443
35	2020-02-04	1015.00	1057.00	1011.01	1038.01	62624
36	2020-02-05	1050.00	1054.00	1033.03	1049.99	47418
37	2020-02-06	1059.43	1075.00	1052.02	1071.00	47171
38	2020-02-07	1070.01	1077.00	1061.02	1076.00	31279
39	2020-02-10	1062.00	1074.60	1057.20	1066.49	30533
40	2020-02-11	1063.00	1099.68	1062.80	1098.00	47918
41	2020-02-12	1089.00	1098.79	1085.88	1097.27	28125
42	2020-02-13	1098.00	1113.89	1088.01	1091.00	30357
43	2020-02-14	1090.45	1093.51	1083.11	1088.00	23288
44	2020-02-17	1082.50	1096.19	1082.40	1093.82	27028

25.2.2　绘制股票成交量折线图

从成交量可以大体上看出一只股票的走势。本节将对从数据库里查询出来的数据进行处理，提取成交量和交易日期，然后绘制一张折线图。代码如下：

```
import matplotlib.pyplot as plt
```

```
plt.rcParams['font.family'] = ['SimHei'] # 设置中文字体
plt.rcParams['axes.unicode_minus'] = False # 设置负号显示

# 设置图表大小
plt.figure(figsize=(15, 6))                    ①

# 绘制线段
plt.plot(df2['HDate'],df2['Volume'])           ②

plt.title('贵州茅台股票交易历史')   # 添加图表标题
plt.ylabel('成交量')   # 添加 y 轴标题
plt.xlabel('交易日期')   # 添加 x 轴标题
plt.xticks(rotation=30)                        ③

plt.savefig('贵州茅台股票成交量', dpi=200)
plt.show()   # 显示图形
```

上述代码第①行 figure() 函数是设置图表大小。figsize 参数是一个元组，分别表示图表的高和宽，单位是英寸。

代码第②行 plot() 函数是绘制折线图，df2 是 DataFrame 对象。df2['HDate'] 是 df2 对象 HDate 列数据，返回 Series 对象，作为图表的 x 轴数据。df2['Volume'] 是股票成交量列数据，是图表的 y 轴数据。代码第③行设置 x 轴刻度，由于显示日期比较长，需要倾斜 30° 显示。

运行程序则如图 25-9 所示。

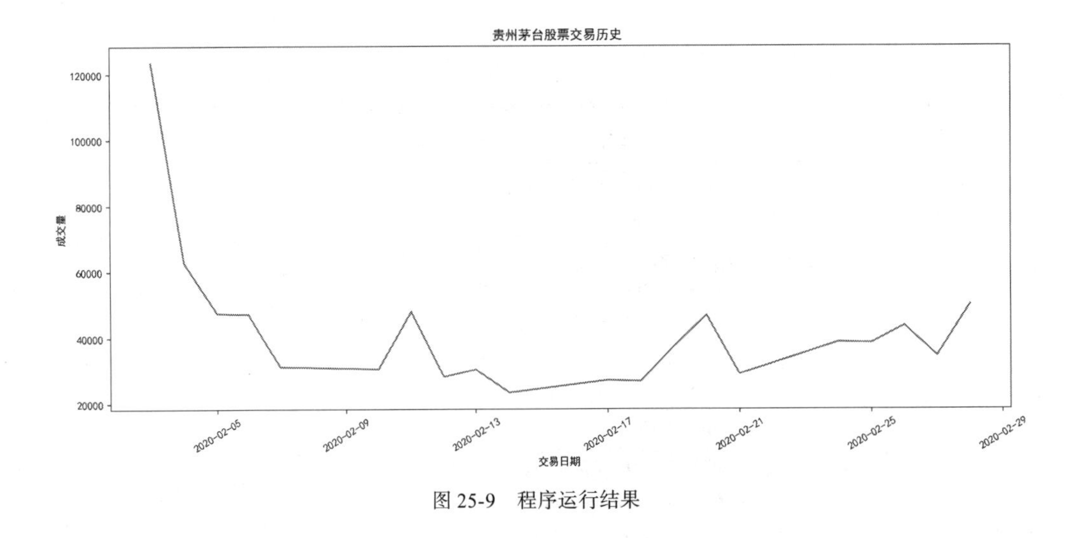

图 25-9 程序运行结果

25.2.3 绘制股票 OHLC 图

如果想更进一步分析股票信息，则需要查看和分析开盘价、最高价、最低价、收盘价等数据，开盘价、最高价、最低价、收盘价也称为 OHLC（Open-High-Low-Close），如果把 OHLC 数据全部绘制到一张图上可便于进行数据分析，但是这样一个简单的 OHLC 图看起来还是有困难的，这需要 K 线图，25.2.4 节将介绍 K 线图的绘制，本节绘制 OHLC 折线图，如图 25-10 所示。

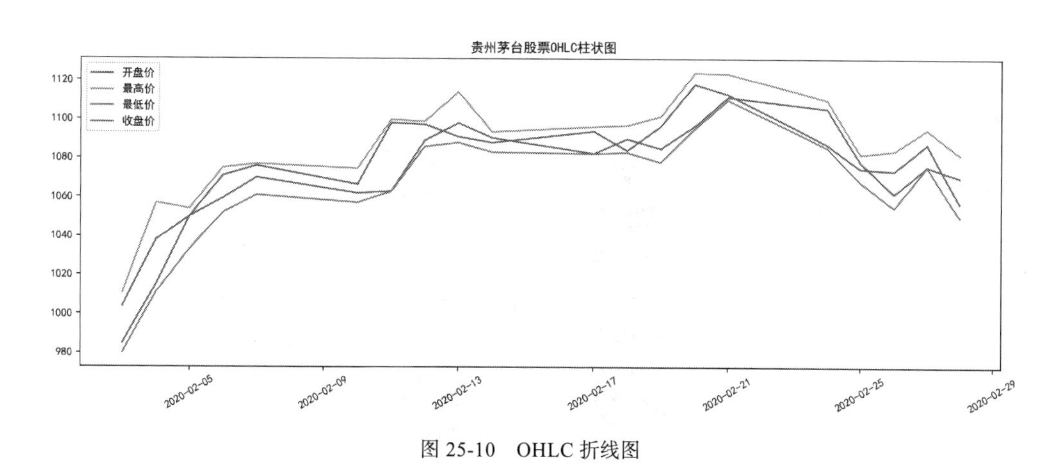

图 25-10　OHLC 折线图

代码如下：

```
# 设置图表大小
plt.figure(figsize=(15, 5))

plt.title('贵州茅台股票 OHLC 柱状图')   # 添加图表标题

plt.plot(df2['HDate'],df2['Open'],label='开盘价')        ①
plt.plot(df2['HDate'],df2['High'],label='最高价')
plt.plot(df2['HDate'],df2['Low'],label='最低价')
plt.plot(df2['HDate'],df2['Close'],label='收盘价')       ②
plt.legend()   # 设置图例                                 ③

plt.xticks(rotation=30)

plt.savefig('OHLC 柱状图', dpi=200)
plt.show()   # 显示图形
```

上述代码第①行 ~ 第②行绘制了 4 个折线图，其中 label 参数设置在图例中显示的折线标签。代码第③行设置图例，否则 plot() 函数中 label 参数没有用处。

25.2.4　绘制股票 K 线图

K 线图（Candlestickchart）又称“阴阳烛”图，它将 OHLC 信息绘制在一张图表上，宏观上可以反映出价格走势，微观上可以看出每天涨跌等信息。K 线图广泛用于股票、期货、贵金属、数字货币等行情的技术分析，称为 K 线分析。

K 线可分“阳线”“阴线”和“中立线”三种，阳线代表收盘价大于开盘价，阴线代表开盘价大于收盘价，中立线则代表开盘价等于收盘价。如图 25-11 所示，K 线中的阴阳线，在中国、日本和韩国，阳线以红色表示，阴线以绿色表示，即红升绿跌；而在欧美，习惯则正好相反，阴线以红色表示，阳线以绿色表示，绿升红跌。

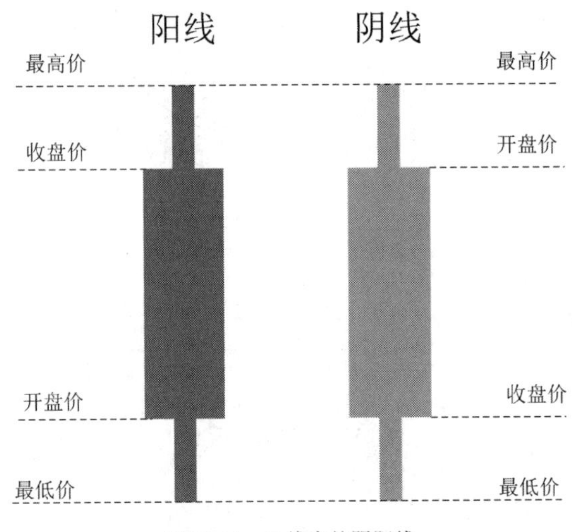

图 25-11　K 线中的阴阳线

Matplotlib 早期版本中包含了一个 finance 模块，从 Matplotlib2.2.0 开始 finance 模块从 Matplotlib 中脱离出来，作为一个独立于 Matplotlib 的图表库——mplfinance 存在，下载地址为 https://github.com/matplotlib/mplfinance，所以需要额外安装 mplfinance。

安装 mplfinance 可以使用 pip 工具，安装指令如下：

```
pip install mplfinance -i https://pypi.tuna.tsinghua.edu.cn/simple
```

其他平台安装过程也是类似的，这里不再赘述。

安装成功，首先需要引入所需的模块，代码如下：

```
In [11]: from mplfinance.original_flavor import candlestick_ohlc
         import matplotlib.dates as mdates
```

candlestick_ohlc 是 mplfinance 库中用于绘制 K 线条图的函数。然后需要对 df2 对象进行预处理，代码如下：

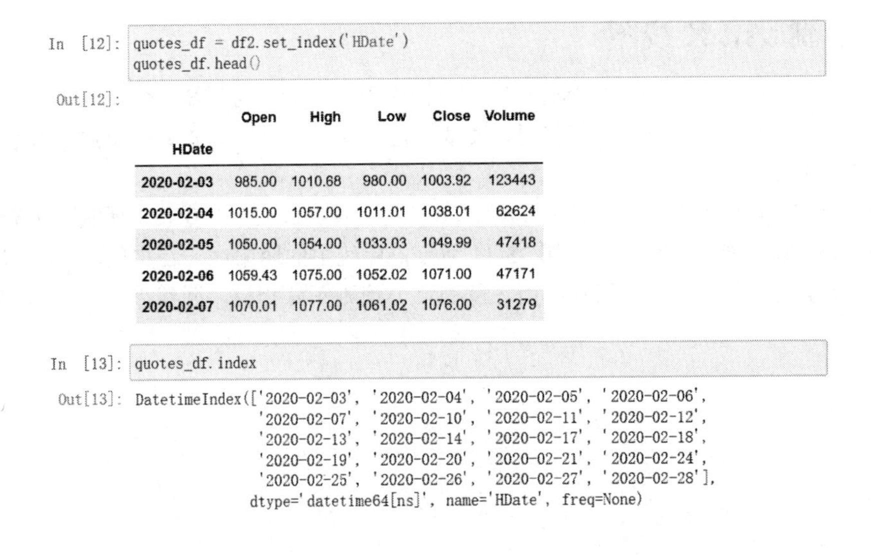

```
In [12]: quotes_df = df2.set_index('HDate')
         quotes_df.head()
```

Out[12]:

HDate	Open	High	Low	Close	Volume
2020-02-03	985.00	1010.68	980.00	1003.92	123443
2020-02-04	1015.00	1057.00	1011.01	1038.01	62624
2020-02-05	1050.00	1054.00	1033.03	1049.99	47418
2020-02-06	1059.43	1075.00	1052.02	1071.00	47171
2020-02-07	1070.01	1077.00	1061.02	1076.00	31279

```
In [13]: quotes_df.index

Out[13]: DatetimeIndex(['2020-02-03', '2020-02-04', '2020-02-05', '2020-02-06',
                        '2020-02-07', '2020-02-10', '2020-02-11', '2020-02-12',
                        '2020-02-13', '2020-02-14', '2020-02-17', '2020-02-18',
                        '2020-02-19', '2020-02-20', '2020-02-21', '2020-02-24',
                        '2020-02-25', '2020-02-26', '2020-02-27', '2020-02-28'],
                       dtype='datetime64[ns]', name='HDate', freq=None)
```

代码第 12 行 df2.set_index('HDate') 是重新设置行索引，将 HDate 列作为行索引。代码第 13 行 quotes_df.index 读取 quotes_df 对象索引，从输出结果可见索引数据 datetime64 日期时间类型。

绘制 K 线图代码如下：

```
quotes_data = zip(mdates.date2num(quotes_df.index.to_pydatetime()),
                  quotes_df['Open'], quotes_df['High'],
                  quotes_df['Low'],  quotes_df['Close'] )                ①

fig, ax = plt.subplots(figsize=(15, 5))                                  ②
g = candlestick_ohlc(ax, quotes_data, width=1, colorup='r', colordown='g') ③
ax.xaxis_date()                                                          ④

plt.title('贵州茅台股票K线图')   # 添加图表标题
plt.xticks(rotation=30)

plt.savefig('贵州茅台股票K线图', dpi=200)
plt.show()   # 显示图形
```

上述代码第①行中 mdates.date2num(quotes_df.index.to_pydatetime()) 是使用 matplotlib.dates 提供的函数 date2num() 将日期转换为数值，quotes_df.index.to_pydatetime() 是将 datetime64 索引数据转换为 Python 的 datetime 数据类型。

代码第②行是准备绘制子图，虽然画布上只有一个图，这里也需要使用子图，这是因为 subplots() 函数能返回图表对象和坐标轴对象。

代码第③行调用 candlestick_ohlc() 函数绘制 K 线图，第一个参数 ax 是坐标轴；第二个参数使用 zip() 函数获得元组对象；参数 width=1 是设置 K 线中“阴阳烛”的宽度；参数 colorup='r' 设置阳线为红色；参数 colordown='g' 设置阴线为绿色。这个设置符合中国人的习惯。

代码第④行是设置 x 轴数据以日期形式显示。运行程序显示如图 25-12 所示 K 线图。

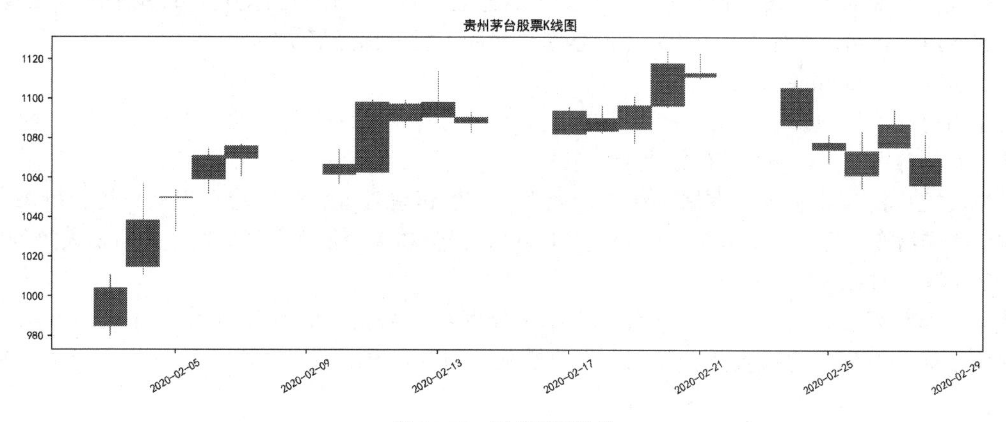

图 25-12　图表运行结果

第 26 章　项目实战 4：计算机视觉技术——网站验证码识别

近几年来人工智能技术越来越火热，而计算机视觉被看作人工智能与计算机科学的一个分支，计算机视觉技术应用也越来越广泛。由于 Python 语言有很多计算机视觉处理库，所有 Python 语言是计算机视觉应用开发重要的语言之一。

本章通过网站验证码识别项目介绍计算机视觉技术和 OpenCV 库的使用。

26.1　人工智能

微课视频

人工智能（Artificial Intelligence，AI），就是使人制造出来的机器具有人类智能的科学。具体而言人工智能是指通过计算机程序具有人类智能的技术，人工智能是计算机学科的一个分支。人工智能是包括十分广泛的科学，它由不同的领域组成，如机器学习、计算机视觉等。人工智能已经广泛应用于各个领域，如：自动驾驶、自动回复电子邮件、智能家居等。

人工智能主要包括如下三个分支：

（1）认知

认知是最受欢迎的一个人工智能分支，负责所有感觉“像人一样”的交互。它能不断地在数据分析、数据挖掘和 NLP（自然语言处理）经验中不断学习，帮助人类做出最好决策。

（2）机器学习（Machine Learning）

机器学习是在大量数据中寻找一些“模式”，然后用这些模式来预测结果。它还处于计算机科学的前沿，但将来有望对日常工作场所产生极大的影响。

机器学习已广泛应用于数据挖掘、计算机视觉、自然语言处理、生物特征识别、搜索引擎、医学诊断、检测信用卡欺诈、证券市场分析、DNA 序列测序、语音和手写识别、战略游戏和机器人等领域。

（3）深度学习（Deep Learning）

深度学习是机器学习的分支，是一种以人工神经网络（Artificial Neural Network，ANN）为架构，对数据进行学习的算法。它将大数据和无监督算法的分析相结合，模拟人类大脑中的神经网络进行计算学习。

26.2　计算机视觉

微课视频

计算机视觉（Computer Vision）又称为机器视觉（Machine Vision），它是让计算机实现“人眼”功能的技术。

在过去的几年里，计算机视觉在人脸识别、人体行为检测、无人驾驶等有广泛的应用。当下热门的人工智能应用领域更离不开计算机视觉，如：自然语言处理、人机对话和数据分析等。

从具体的技术而言，最基本的计算机视觉技术包括：图像和视频访问、图像显示、图像缩放、图像旋转等内容。另外，图像灰度化、归一化和图像分割等图像处理技术也属于这一范畴。

26.2.1　计算机视觉的 Python 语言相关库

在 Python 语言中提供了如下丰富的计算机视觉技术相关库：

（1）PIL（Python Imaging Library，图像处理类库）：提供了图像处理的基本操作，如图像缩放、裁剪、旋转和颜色转换等。

（2）Matplotlib 数据可视化库：该库在第 25 章已经介绍过。Matplotlib 中的 PyLab 库包含很多创建图像的函数。

（3）NumPy 库：该库在第 24 章已经介绍过。NumPy 中的数组对象可以表示图像，它为图像变形、建模、图像分类、图像聚类等提供了计算基础。

（4）SciPy（http://scipy.org/）：基于 NumPy 库之上，它提供很多高效的数值运算操作，如：数值积分、优化、统计、信号处理等，这些运算在图像处理方面非常常用。

上面这些库都是辅助库，并不是专业计算机视觉库，而 OpenCV 库是最专业的计算机视觉库，本章重点介绍 OpenCV 库。

26.2.2　色彩空间

色彩空间是计算机系统中表示颜色的色彩模型。常用的色彩空间包括：

- RGB：即红（Red）、绿（Green）和蓝（Blue）。是依据人眼识别的颜色定义出的空间，可表示大部分颜色。
- BGR：即蓝（Blue）、绿（Green）和红（Red）。OpenCV 库中采用此色彩空间描述图像颜色。
- CMY：即青（Cyan）、洋红（Magenta）和黄（Yellow）。是工业印刷采用的颜色空间。它与 RGB 不同，RGB 来源于物体发光，而 CMY 是依据反射光得到的。
- HSV：即色调（Hue）、饱和度（Saturation）和明黑度（Value）。为了更好地数字化处理颜色而提出来的。

26.3　使用 OpenCV 库

OpenCV（https://opencv.org/）是一个处理计算机视觉问题的开源库。OpenCV 支持多种编程语言，例如 C++、Python 和 Java 等。也支持多种平台，包括 Windows、Linux 和 macOS。

微课视频

26.3.1　安装 OpenCV 库

安装 Python 版的 OpenCV 库可以使用 pip 工具，指令如下：

```
pip install opencv-python -i https://pypi.tuna.tsinghua.edu.cn/simple
```

其他平台安装过程也是类似的，这里不再赘述。

26.3.2　读取和显示图像

OpenCV 通过 imread() 函数读取图像，通过 imshow() 函数显示图像。

示例代码如下：

```
# coding=utf-8
```

```
# 代码文件：code/chapter26/ch26.3.2.py

import cv2                                          ①

img = cv2.imread('./images/Lenna.jpg')              ②

print('img 类型：', type(img))                       ③
print('图像属性：')
print('- 像素数 : ', img.size)                       ④
print('- 大小 : ', img.shape)                        ⑤

h, w = img.shape[:2]                                ⑥
print('- 图像高 = {},  图像宽 = {}'.format(h, w))
cv2.imshow('Lenna', img)                            ⑦

cv2.waitKey(0)                                      ⑧
cv2.destroyAllWindows()                             ⑨
```

运行后控制台输出结果如下：

```
img 类型：  <class 'numpy.ndarray'>
图像属性：
- 像素数 :   299568
- 大小 :   (316, 316, 3)
- 图像高 = 316,   图像宽 = 316
```

其中代码第①行导入OpenCV库，需要注意cv2表示的不是OpenCV库第2版本，而是表示底层采用C++语言实现，cv表示的底层采用C语言实现。

代码第②行通过imread()函数读取当前images目录下的Lenna.jpg图像文件。需要注意文件名和路径不要有中文。代码第③行输出imread()函数返回img对象数据类型，从输出结果可见它是一个NumPy数组类型。代码第④行img.size返回图像像素数。代码第⑤行img.shape返回图像的形状（shape），即图像的大小，它是一个三元组。代码第⑥行img.shape[:2]返回图像的高度和宽度。

代码第⑦行通过imshow()函数在窗口中显示图像，第一个参数是给窗口一个名字，第二个参数是要显示的图像对象。

代码第⑧行的waitKey(n)函数等待用户按任意键n毫秒时间，如果n为0表示一直等待直到用户按下任何键。代码第⑨行关闭并释放所有窗口。

上述程序运行后在窗口中显示如图26-1所示图像。

图26-1 显示图像窗口

提示： 示例中img.shape返回值是一个三元组(316, 316, 3)，表示图像高和宽都是316，3表示一个像素点有3个颜色值，即：BGR通道，每一个通道占用一个字节，取值范围0~255。

26.3.3 调整图像大小

OpenCV通过resize()函数缩放图像。示例代码如下：

```
# coding=utf-8
# 代码文件：code/chapter26/ch26.3.3.py
import cv2

img = cv2.imread('./images/face.png')
print('原始图像大小：', img.shape)

scale_factor = 0.6  # 缩放因子                           ①
width = int(img.shape[1] * scale_factor)                 ②
height = int(img.shape[0] * scale_factor)                ③
dim = (width, height)                                    ④

# 重新调整图像
resized = cv2.resize(img, dim)                           ⑤
print('缩放后图像大小', resized.shape)
cv2.imshow("Resized image", resized)

cv2.waitKey(0)
cv2.destroyAllWindows()
```

其中代码第①行定义缩放因子，代码第②行和第③行计算缩放之后图像的宽和高。代码第④行创建宽和高二元组 dim。代码第⑤行调用 resize() 函数缩放图像。

26.3.4 图像旋转

图像旋转可以通过仿射（affine）变换实现。仿射变换是一种 2D 坐标变换，它包括：旋转变换、平移变换和缩放变换。每一种变换都可以用矩阵表示，通过多次矩阵相乘得到最后结果。

OpenCV 通过图像旋转示例代码如下：

```
# coding=utf-8
# 代码文件：code/chapter26/ch26.3.4.py
import cv2

img = cv2.imread('./images/Lenna.jpg')
h, w = img.shape[:2]
center = (w // 2, h // 2)                                ①

# 定义二维旋转仿射矩阵
M = cv2.getRotationMatrix2D(center, -45, 1.0)            ②
# 对图像 img 进行仿射变换
rotated = cv2.warpAffine(img, M, (w, h))                 ③

cv2.imshow("OpenCV Rotation", rotated)

cv2.waitKey(0)
cv2.destroyAllWindows()
```

上述代码第①行计算图像中心点。代码第②行 getRotationMatrix2D() 定义二维旋转仿射矩阵，第 1 个参数是设置旋转中心点；第 2 个参数是选择的角度，正数表示逆时针旋转，负数表示顺时针旋转；第 3 个参数是缩放因子。代码第③行 warpAffine() 函数对 img 对象进行仿射变换，M 是变换矩阵，(w, h) 是输出图像的大写。

上述程序运行后在窗口中显示如图 26-2 所示图像。

图 26-2 显示图像窗口

26.3.5 绘制几何图形

使用 OpenCV 可以在图像上绘制各种几何图形，其中包括：线、多边形、圆、矩形和椭圆形等几何图形。

示例代码如下：

```
# coding=utf-8
# 代码文件：code/chapter26/ch26.3.5.py
import cv2
import numpy as np

# 创建 400x500 图像对象
img = np.zeros((400, 500, 3), np.uint8)                    ①
# 填充图像背景为白色
img.fill(255)                                              ②

# 画线段
cv2.line(img, (100, 100), (200, 50), (255, 200, 0), 5)  ③

pts = np.array([[10, 20],
                [20, 30],
                [70, 20],
                [50, 10]], np.int32)

# 画多边形
cv2.polylines(img, [pts], True, (100, 100, 100), 4)        ④
# 画矩形
cv2.rectangle(img, (215, 200), (400, 350), (0, 0, 255), 3)       ⑤
# 画圆形
cv2.circle(img, (100, 300), 55, (0, 255, 0), -1)           ⑥

cv2.imshow('show', img)

cv2.waitKey(0)
cv2.destroyAllWindows()
```

上述代码第①行创建 NumPy 数组对象，它可以表示 OpenCV 图像对象。代码第②行填充数组对象所有元素为 255，这样图像对象背景变为白色了。

代码第③行 line() 函数是绘制线段，该函数第 2 个参数 (100, 100) 和第 3 个参数 (200, 50) 是设置线段的开始和结束位置，第 4 个参数 (255, 200, 0) 设置线段颜色，第 5 个参数设置线段的粗细程度。

代码第④行 polylines() 函数是绘制多边形，第 2 个参数绘制多边形顶点列表，第 3 个参数 True 绘制多边形是否闭合，第 4 个参数（100，100，100）设置颜色，第 5 个参数设置线段的粗细程度。

代码第⑤行 rectangle() 函数是绘制矩形，该函数第 2 个参数 (215, 200) 和第 3 个参数 (400, 350) 是设置矩形的两个顶点，第 4 个参数（0，0，255）设置颜色，第 5 个参数设置线段的粗细程度，如果是 –1 则填充矩形内容。

代码第⑥行 circle() 函数是绘制圆形，该函数第 2 个参数 (100, 300) 设置原点，第 3 个参数 55 设置半径，第 4 个参数（0，255，0）设置颜色，第 5 个参数设置线段的粗细程度，如果是 –1 则填充圆形内容。

上述程序运行后在窗口中显示如图 26-3 所示图像。

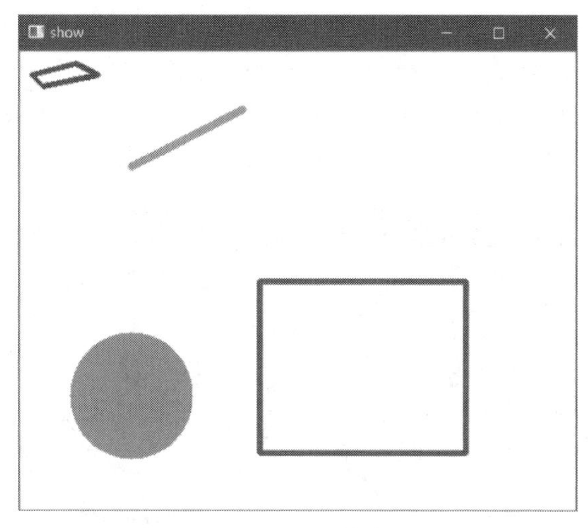

图 26-3　显示图像窗口

26.3.6　图像的灰度化

在图像识别、验证等处理时，经常会将图像灰度化处理。图像灰度化将 3 个颜色通道变为 1 个通道。如图 26-4（a）所示是彩色图像，如图 26-4（b）所示是灰度图像。

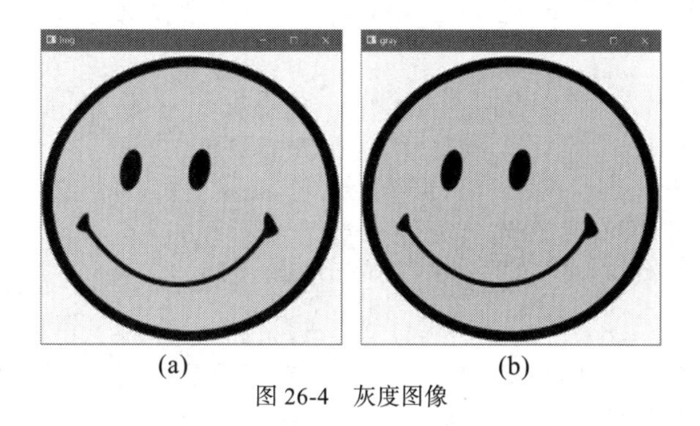

(a)　　(b)

图 26-4　灰度图像

灰度图像示例代码如下：

```
# coding=utf-8
# 代码文件：code/chapter26/ch26.3.6.py
import cv2

img = cv2.imread('./images/face.png')
gray = cv2.cvtColor(img, cv2.COLOR_BGR2GRAY) ①
cv2.imshow('img', img)
cv2.imshow('gray', gray)
cv2.waitKey(0)
cv2.destroyAllWindows()
```

上述代码第①行 cvtColor() 函数是改变图像的色彩空间，参数 cv2.COLOR_BGR2GRAY 表示改变色彩空间 BGR 为 GRAY，即灰度图像。

26.3.7 图像的二值化与阈值

在图像识别、验证等处理时，需要对图像进行灰度化后再进行二值化处理。如图26-5（a）所示是灰度化图像，它虽然只有一个颜色通道，但灰度取值是0~255连续的整数。图像二值化就是将图像上像素点的灰度值重新设置为0或255两个极端值。因此需要指定一个阈值T，大于或等于T的灰度值设置为0或255，小于T的灰度值设置为255或0。图像进行二值化处理后只有黑和白的视觉效果，如图26-5(b）所示。

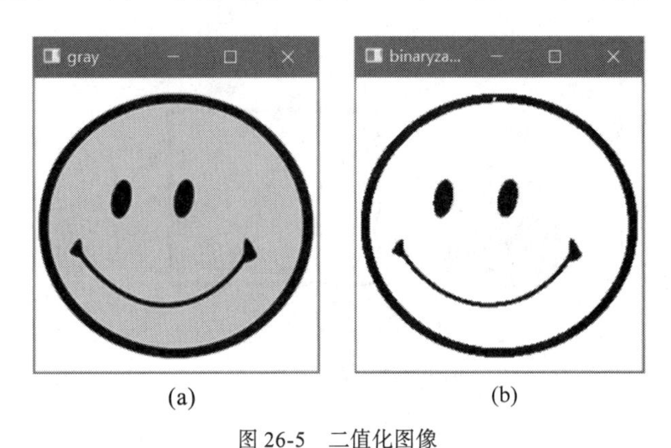

(a) (b)

图26-5 二值化图像

二值化图像示例代码如下：

```
# coding=utf-8
# 代码文件：code/chapter26/ch26.3.7.py
import cv2
import matplotlib.pyplot as plt

plt.rcParams['font.family'] = ['SimHei']  # 设置中文字体

img = cv2.imread('./images/opencv-image-threshold.png')
gray = cv2.cvtColor(img, cv2.COLOR_BGR2GRAY)                           ①

_, threshold1 = cv2.threshold(gray, 60, 255, cv2.THRESH_BINARY)        ②
threshold2 = cv2.adaptiveThreshold(gray, 255, cv2.ADAPTIVE_THRESH_MEAN_C,
 cv2.THRESH_BINARY, 11, 5)                                             ③
threshold3 = cv2.adaptiveThreshold(gray, 255, cv2.ADAPTIVE_THRESH_GAUSSIAN_C,
cv2.THRESH_BINARY, 11, 5)                                              ④

titles = ['原始灰度图像', '阈值 = 60',
          '均值计算阈值', '高斯计算阈值']
images = [gray, threshold1, threshold2, threshold3]
for i in range(4):
    plt.subplot(2, 2, i + 1)
    plt.imshow(images[i], 'gray')                                      ⑤
    plt.title(titles[i])

plt.tight_layout()  # 调整布局
plt.show()  # 显示图像
```

在进行二值化处理时，需要对图像进行灰度化处理，见代码第①行。代码第②行threshold()函数是指定阈值进行二值化处理，threshold() 函数定义如下：

```
threshold(src, thresh, maxval, type)
```

其中第 1 个参数 src 是输入的图像；第 2 个参数 thresh 是设置阈值；第 3 个参数 maxval 是大于（低于）阈值时赋予的新值；第 4 个参数 type 是阈值类型，阈值类型主要取值如下：

- THRESH_BINARY：当前点值大于阈值时，返回值为 maxval，否则为 0。
- THRESH_BINARY_INV：与 THRESH_BINARY 相反。
- THRESH_TOZERO：当前点值大于阈值时，不改变，否则为 0。
- THRESH_TOZERO_INV：当前点值大于阈值时，设置为 0，否则不改变。

代码第③行和第④行是使用 adaptiveThreshold() 函数自适应阈值。adaptiveThreshold() 函数语法如下：

```
adaptiveThreshold(src, maxValue, adaptiveMethod, thresholdType, blockSize, C)
```

其中第 1 个参数 src 是输入的图像；第 2 个参数 maxValue 是设置最大；第 3 个参数设置如何计算阈值方法，取值主要包括：

- ADAPTIVE_THRESH_MEAN_C：阈值是邻域的均值。
- ADAPTIVE_THRESH_GAUSSIAN_C：阈值是邻域的高斯分布加权和。

第 4 个参数 thresholdType 设置阈值类型；第 5 个参数 blockSize 设置象素邻域大小，取值是奇数，通常取值 21、23、25 等；第 6 个参数 C 是从计算阈值时减去的常数。

代码第⑤行是通过 matplotlib 的 pyplot 库的 imshow() 函数显示图像，而不是通过 OpenCV 库的 imshow() 函数显示图像，这是因为使用 pyplot 库可以将多个图像显示在一个窗口中，如图 26-6 所示。plt.imshow() 函数第 1 个参数 images[i] 是图像对象，第 2 个参数 'gray' 是设置颜色映射方案，一般 'gray' 用来显示灰度和二值化图像。

上述示例程序运行后在窗口中显示如图 26-6 所示图像。从图中可见使用自适应阈值是对于图像的不同部分使用不同的阈值，自适应阈值可为光照条件变化的图像提供更好的处理结果。

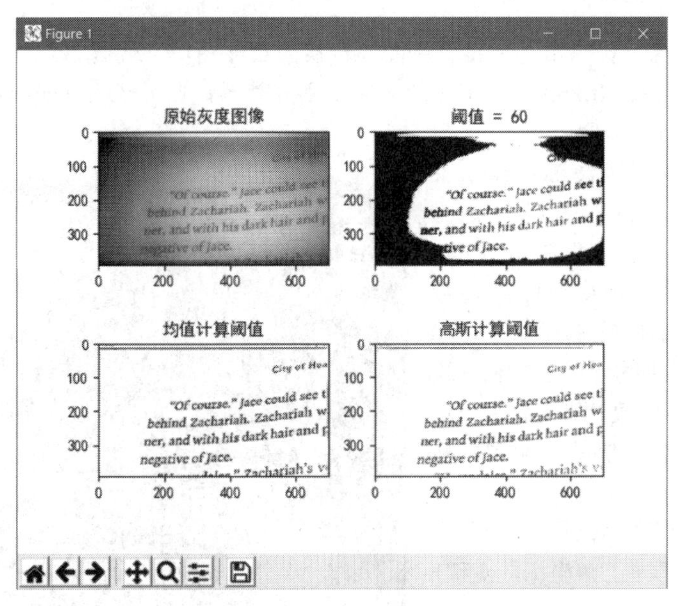

图 26-6　绘制图像

26.3.8 人脸检测

在人工智能应用中人脸检测非常重要。机器学习中人脸检测的第一步需要训练人脸分类器，这是一个耗时耗力的过程，需要收集大量的样本。经过训练好的分类器就可以进行检验了。OpenCV 提供了人脸检测实现函数以及训练好的分类器数据，这些数据可以在 OpenCV 库的安装目录中找到。为了使用方便笔者已经将数据复制到本节配套代码的 data 目录下。

使用 OpenCV 人脸检测示例代码如下：

```
# coding=utf-8
# 代码文件：code/chapter26/ch26.3.8.py
import cv2

# 读取图像
img = cv2.imread("./images/GP40039.JPG")                                          ①
# 灰度化图像
gray_img = cv2.cvtColor(img, cv2.COLOR_BGR2GRAY)                                  ②

# 创建分类器对象
face_cascade = cv2.CascadeClassifier("./data/haarcascade_frontalface_default.xml") ③
# 搜索图像中的人脸数据
faces = face_cascade.detectMultiScale(gray_img, scaleFactor=1.86,
                                      minNeighbors=5)                             ④
# 给脸部绘制矩形
for x, y, w, h in faces:                                                          ⑤
    img = cv2.rectangle(img, (x, y), (x + w, y + h), (0, 255, 0), 3)              ⑥

cv2.imshow("Gray", img)

cv2.waitKey(0)
cv2.destroyAllWindows()
```

代码第①行读取图像，代码第②行将彩色图像转换为灰度图像。代码第③行创建分类器对象，其中 haarcascade_frontalface_default.xml 是训练好的人脸识别分类器，此外还有 haarcascade_smile.xml 检测微笑，haarcascade_eye.xml 检测眼睛等。

代码第④行调用分类器对象 face_cascade 的 detectMultiScale() 方法进行检测，该方法第 1 个参数 gray_img 是一个灰度图像。第 2 个参数 scaleFactor 表示人脸检测过程中每次迭代时图像缩小的比例。第 3 个参数 minNeighbors 表示人脸检测过程中每次迭代时相邻矩形的最小个数(默认为 3 个)。detectMultiScale() 方法返回值是检测到的所有人脸数据的列表。

代码第⑤行遍历所有检测到的人脸数据 faces，其中 x 和 y 是矩形左上角坐标，w 和 h 是矩形的宽和高。代码第⑥行绘制矩形。

上述程序运行后在窗口中显示如图 26-7 所示图像。

图 26-7 绘制图像

提示：读者可以通过改变 detectMultiScale() 方法的 scaleFactor 和 minNeighbors 参数精确地检测人脸。

26.4　项目实战：网站验证码识别

本节介绍一个网站验证码识别项目。

26.4.1　验证码

为了防止计算机程序模拟人登录网站进行一些违规操作，如：恶意注册、刷票、论坛灌水等。网站后台生成一个随机编码，当用户登录时不仅要输入正确的用户名和密码，还要输入正确的编码。这个编码就是验证码，缩写为 CAPTCHA（Completely Automated Public Turing test to tell Computers and Humans Apart，全自动区分计算机和人类的图灵测试）。

随着人工智能技术的发展验证码越来越复杂。验证码中不仅有简单的字符，还有汉字、数学运算等，而验证码形式也有多种，不仅有图片还有声音等形式。

26.4.2　验证码识别

如果说验证码是“道”，那么验证码识别就是“魔”。验证码与验证码识别就是一对矛盾，它们此消彼长。验证码识别涉及的技术很多，但核心技术是图像识别和语音识别等。

图 26-8　验证码

各个网站生成的验证码各有不同，因此验证码识别过程要具体问题具体分析。为了将本章所学内容用于验证码识别，本节介绍的网站验证码识别是相对比较简单的图片验证码，如图 26-8 所示。

为了识别图像中的验证码，则需要使用 OCR（Optical Character Recognition）技术。简单说 OCR 可以识别图片中的文字。OCR 涉及人工智能中的用机器学习或深度学习技术，但这些内容已经超出本书范围，读者推荐使用 OCR 引擎 Tesseract。

26.4.3　安装 OCR 引擎 Tesseract

Tesseract 是一个开源的 OCR 引擎，可以识别多种格式的图像文件并将其转换成文本，目前已支持 60 多种语言（包括中文）。

Tesseract 下载地址 https://digi.bib.uni-mannheim.de/tesseract/，笔者推荐下载 Windows 版本的 exe 安装文件。下载完成读者即可安装，安装过程不再赘述。

安装成功后需要配置环境变量，将 Tesseract 的安装目录添加到系统的 PATH 中，如图 26-9 所示是在 Windows 10 下添加 PATH。

图 26-9　添加 PATH

26.4.4　安装 pytesseract 库

Tesseract 既是一个 OCR 引擎，也是一个 OCR 工具，读者可以使用 tesseract.exe 命令工具识别图片中的文字。但是如果要在 Python 程序代码中调用 Tesseract 识别图片中的文字，则需要安装 pytesseract 库。

安装 pytesseract 库可以使用 pip 工具，指令如下：

```
pip install pytesseract -i https://pypi.tuna.tsinghua.edu.cn/simple
```

其他平台安装过程也是类似的，这里不再赘述。

安装 pytesseract 库成功后，还需要配置环境。在 Python 安装路径下面 Lib\site-packages\pytesseract 目录中找到 pytesseract.py 文件，如图 26-10 所示。

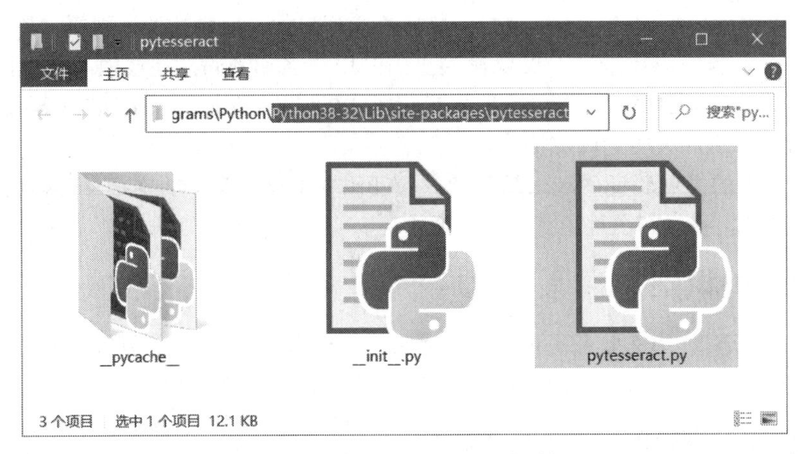

图 26-10 找到 pytesseract.py 文件

修改 pytesseract.py 文件，主要代码如下：

```
...
try:
    from PIL import Image
except ImportError:
    import Image


# tesseract_cmd = 'tesseract'                                          ①
tesseract_cmd = r'C:\Program Files\Tesseract-OCR\tesseract.exe'       ②

numpy_installed = find_loader('numpy') is not None
if numpy_installed:
    from numpy import ndarray

...
```

首先找到代码第①行 tesseract_cmd = 'tesseract' 修改为代码第②行所示内容。tesseract_cmd 是指 Tesseract 引擎中的 tesseract.exe 文件。

26.4.5 安装 pillow 库

pillow 是一个图像处理库，可以裁剪图像、新建图像、调整图像大小和编辑图像等。pytesseract 库依赖于 pillow 库处理图像，因此使用 pytesseract 库需要安装 pillow 库。

安装 pillow 库可以使用 pip 工具，指令如下：

```
pip install pillow -i https://pypi.tuna.tsinghua.edu.cn/simple
```

其他平台安装过程也是类似的，这里不再赘述。

26.4.6 验证码识别代码实现

验证码识别过程分为如下两个阶段：

（1）图像处理：图像处理包括灰度化、二值化、降噪、切割和归一化等。灰度化和二值化经过前面的学习读者应该比较熟悉。降噪是减少图像中的干扰因素，包括：随机颜色字符、随机颜色背景、干扰线、干扰点等，事实上二值化也是为了降噪，二值化可以取出颜色差别比较大的干扰线和干扰点。切割是从图像中切割出单个的字符图像，这是为了便于识别处理。归一化是将切割后的图像调整为相同的大小图像，这也是为了便于识别处理。

（2）图像识别：图像识别包括特征提取、训练和识别。这个过程一般可通过机器学习或深度学习算法进行。但本例中 Tesseract 引擎可以完成识别过程。

实现代码如下：

```
# coding=utf-8
# 代码文件：code/chapter26/26.4 项目实战 /ch26.4.6.py

import cv2
import pytesseract as tess
from PIL import Image
import matplotlib.pyplot as plt

# 设置中文字体
plt.rcParams['font.family'] = ['SimHei']

# 1.读取图片
src_image = cv2.imread("./captcha_img/test2.png")          ①
# 2.转为灰度化图像
gray_image = cv2.cvtColor(src_image, cv2.COLOR_BGR2GRAY)  ②
# 3.转为二值化图像
th_image = cv2.adaptiveThreshold(gray_image, 255, cv2.ADAPTIVE_THRESH_MEAN_C, cv2.THRESH_
BINARY, 21, 1)                                              ③

pil_image = Image.fromarray(th_image)                      ④
# 转文本显示
text = tess.image_to_string(pil_image)                     ⑤
print(text.replace(' ', ''))

titles = ['原始图像', '灰度图像',
          '二值化图像']                                     ⑥
images = [src_image, gray_image, th_image]
for i in range(3):
    plt.subplot(3, 1, i + 1)
    plt.imshow(images[i], 'gray')                          ⑦
    plt.title(titles[i])

plt.tight_layout()  # 调整布局
```

```
plt.show()  # 显示图像                                              ⑧
```

上述代码第①行～第③行是图像的处理过程，其中代码第②行是图像灰度化处理。代码第③行是图像二值化处理过程，其中采用自适应阈值进行二值化处理。

代码第④行、第⑤行是图像的识别过程，其中代码第④行从 NumPy 数值对象 th_image 创建 PIL 中的 Image 图像对象。代码第⑤行使用 pytesseract 中 image_to_string() 函数识别图像中的字符。

为了看到比较处理过程中不同阶段的图像，代码第⑥行～第⑧行是显示多个图像到一个窗口中。

上述示例程序运行后在控制台中输出识别文字：

```
qYwpN
```

并在窗口中显示如图 26-11 所示图像。

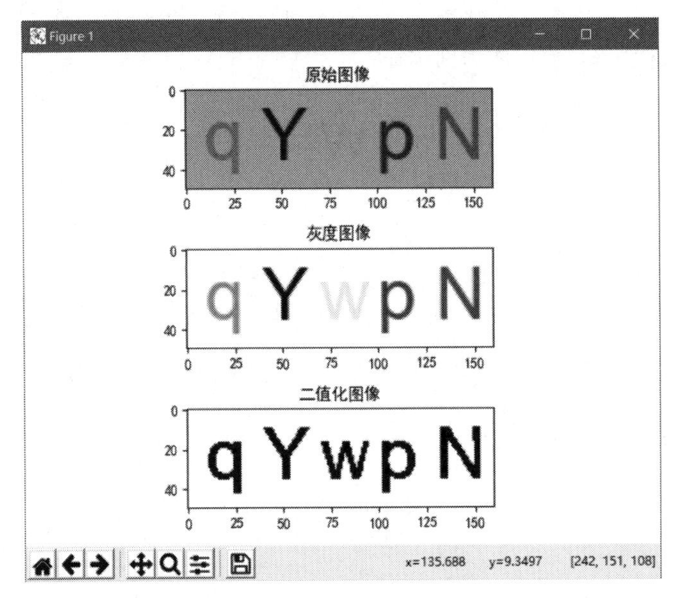

图 26-11 绘制图像

第 27 章 项目实战 5：Python Web Flask 框架——PetStore 宠物商店项目

Python 也可以进行 Web 开发。Python 社区中 Web 框架很多，有影响力的 Web 框架有：Django、Flask、web.py、Tornado 和 TurboGears。Flask 非常轻量和简单，因此笔者推荐初学者学习 Flask 框架。本章先介绍 Flask 框架技术，然后再介绍 Web 版的 PetStore 宠物商店项目实现。

27.1 Web 应用程序概述

Web 应用程序涉及的技术很多，包括：网络通信协议、网络架构、前端技术和后台技术等。

微课视频

27.1.1 HTTP/HTTPS

Web 应用程序在进行网络通信时通常采用协议：HTTP/HTTPS。HTTP/HTTPS 在 20.4.2 节进行了简介，HTTP/HTTPS 更加深入内容的介绍超出了本书范围，读者可以参考其他的资料学习。

27.1.2 B/S 网络架构

Web 应用程序的网络架构是基于 B/S（浏览器 / 服务器）结构。B/S 网络架构是 C/S（客户端 / 服务器）结构的特例而已，就是浏览器作为客户端。

B/S 结构如图 27-1 所示，客户端是一个浏览器，服务器是一个 Web 服务器，每次 Web 处理过程有请求和应答两个过程。

（1）请求过程

在网络通信时，用户使用浏览器发出请求，数据被封装在 HTTP 请求对象中。Web 服务器接收 HTTP 请求，并处理请求。

（2）应答过程

Web 服务器处理完成这些请求后，会将结果返回给客户端，返回的数据被封装在 HTTP 应答对象中，Web 浏览器从 HTTP 应答对象中获取数据并显示在浏览器上。

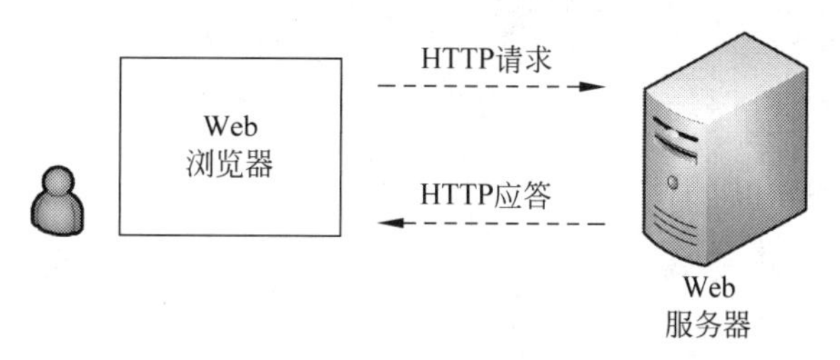

图 27-1　B/S 结构

27.1.3 Web前端技术

Web前端技术主要包括：HTML、CSS和JavaScript，以及多种Web前端框架。有关Web前端技术详细介绍超出了本书范围，读者可以参考其他的资料学习。

27.2 Flask框架介绍

微课视频

Flask(https://flask.palletsprojects.com）是一个Python实现的Web开发微框架。Flask依赖两个外部库：Werkzeug WSGI和Jinja2模板引擎。

WSGI是Web服务器网关接口（Web Server Gateway Interface，WSGI)，它是Python应用程序或框架和Web服务器之间的一种接口，如图27-2所示。Werkzeug是WSGI具体实现工具包，Werkzeug实现了HTTP请求和HTTP响应对象，以及一些实用函数。这使得能够在其上构建Python Web应用程序。

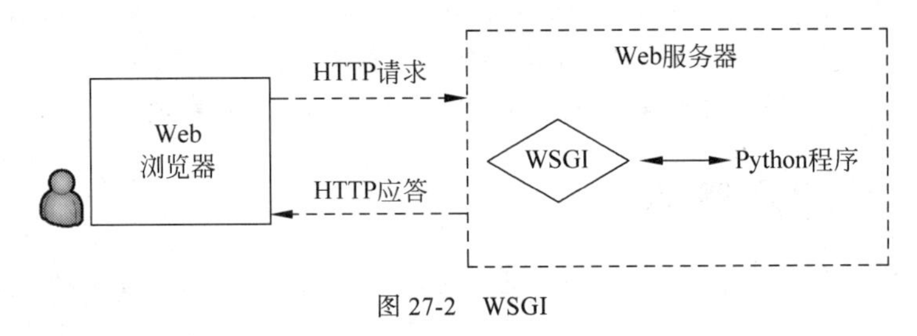

图27-2 WSGI

Jinja2模板引擎将在27.4节详细。

27.3 编写Flask程序

微课视频

本节介绍Flask核心技术，其中包括路由、Jinja2模板和访问静态文件等内容。

27.3.1 安装Flask

在介绍Flask技术前，需要先安装Flask框架。Flask安装可以使用pip工具，安装指令如下：

```
pip install Flask -i https://pypi.tuna.tsinghua.edu.cn/simple
```

其他平台安装过程也是类似的，这里不再赘述。

27.3.2 第一个Flask程序

Flask框架安装成功后，可以编写一个简单的Flask程序，了解Flask程序结构、运行环境和调试方式等内容。

代码如下：

```
# coding=utf-8
# 代码文件：chapter27/27.3.2/hello.py

from flask import Flask         ①

app = Flask(__name__)           ②

@app.route('/')                 ③
```

```
def hello_world():          ④
    return 'Hello World'    ⑤


if __name__ == '__main__':
    app.run(debug=True)     ⑥
```

上述代码第①行是从 Flask 框架引入 Flask 类，它是主要类。代码第②行创建 Flask 对象，其中参数是主模块名。代码第③行 @app.route('/') 是路由装饰器，它用来声明函数 hello_world() 与 URL 之间的映射关系。代码第④行 hello_world() 是视图函数用来处理客户端请求。代码第⑤行应答给客户端 HTML 代码。

代码第⑥行 app.run() 方法启动 Flask 框架自带的 Web 服务器。app.run() 方法定义如下：

```
app.run(host, port, debug, options)
```

其中各个参数说明如下：

- host：服务器主机名，默认是 127.0.0.1，即 localhost。如果设置 0.0.0.0 可以在本机之外访问。
- port：主机端口，默认是 5000。
- debug：调试模式，默认是 false；如果设置 true，服务器会在代码修改后自动重新载入 Python 程序。
- options：可选参数。

提示：Flask 框架自带的 Web 服务器支持的并发数很少，一般只应用于开发阶段。当 Flask 应用发布时应使用专业的 Web 服务器。

编写 Flask 程序可以使用 PyCharm 等 IDE 工具，也可以使用文本编辑工具。启动 Flask 可以在 PyCharm 中运行，如图 27-3 所示。也可以在命令提示符中运行，如图 27-4 所示。

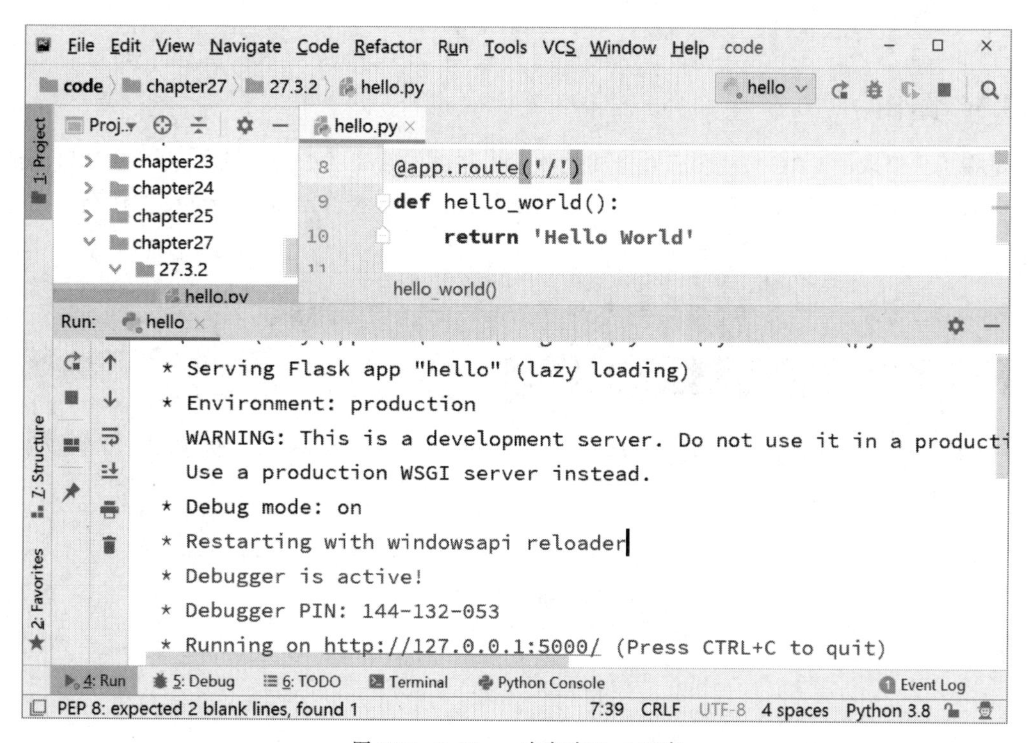

图 27-3　PyCharm 中启动 Flask 程序

```
C:\Windows\System32\cmd.exe - Python hello.py
Microsoft Windows [版本 10.0.18363.720]
(c) 2019 Microsoft Corporation。保留所有权利。

C:\Users\tony\OneDrive\书>Python hello.py
 * Serving Flask app "hello" (lazy loading)
 * Environment: production
   WARNING: This is a development server. Do not use it in a production deployment.
   Use a production WSGI server instead.
 * Debug mode: on
 * Restarting with windowsapi reloader
 * Debugger is active!
 * Debugger PIN: 144-132-053
 * Running on http://127.0.0.1:5000/ (Press CTRL+C to quit)
```

图 27-4 命令提示符中启动 Flask 程序

启动 Flask 程序后，就可以在浏览器中测试了，打开浏览器在地址栏中输入 URL 网址 http://127.0.0.1:5000/，如图 27-5 所示页面会显示 Hello World 字符串。

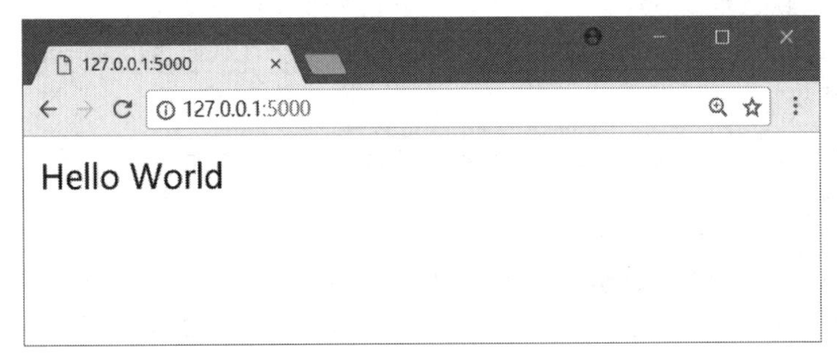

图 27-5 在浏览器中测试

27.3.3 路由

路由是指用户请求的 URL 与视图函数之间的映射。路由作用如图 27-6 所示，用户在浏览器地址栏中输入 URL 网址，Web 服务器根据路由规则找到对应的视图函数。装饰器 @app.route 注册路由，并指定路由规则。

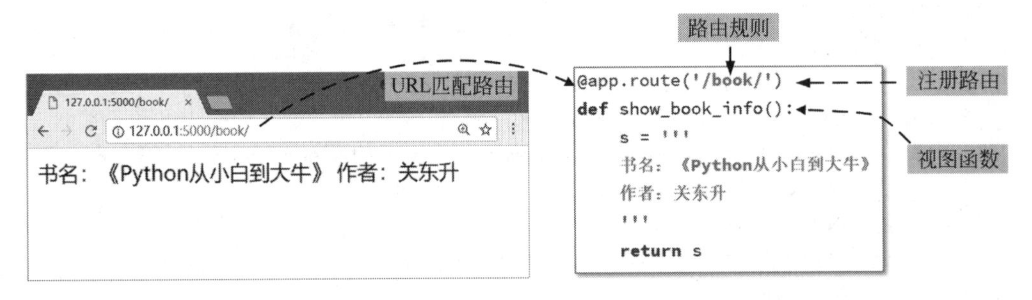

图 27-6 路由作用

代码如下：

```
# coding=utf-8
# 代码文件：chapter27/27.3.3/1.路由/hello.py
```

```
...

@app.route('/hello')        ①
def hello_world():
    return 'Hello World'

@app.route('/book/')        ②
def show_book_info():
    s = '''
    书名：《Python 从小白到大牛》
    作者：关东升
    '''
    return s
...
```

上述代码定义了两个视图函数。在用户浏览器地址栏中输入，如图 27-7 所示网址，则调用代码第①行注册的路由视图函数。如果用户在浏览器地址栏中输入，如图 27-8 所示网址，则调用代码第②行注册的路由视图函数。

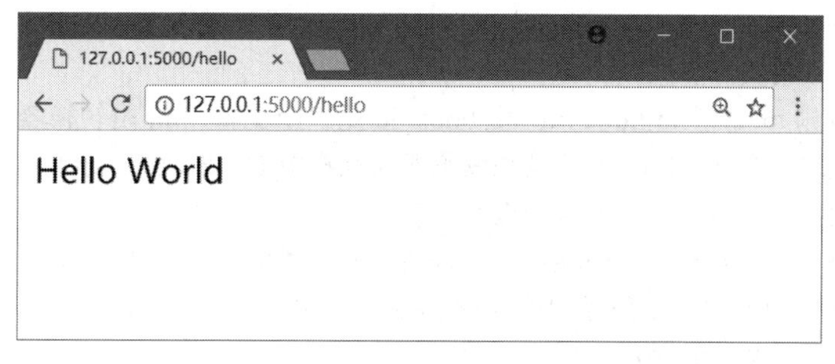

图 27-7　在浏览器中测试 1

图 27-8　在浏览器中测试 2

为了匹配更多的网址，可以在注册路由规则中使用变量，变量采用 <variable_name> 形式声明，路由变量将会作为命名参数传递到视图函数里。路由变量默认是字符串类型，如果路由变量是其他类型，可以用 <converter:variable_name> 指定一个转换器（converter），转换器有下面几种：

- int：接受整数。
- float：接受浮点数。

代码如下：

```
# coding=utf-8
```

```
# 代码文件：chapter27/27.3.3/2.使用变量/hello.py
...
@app.route('/hello/<name>')                    ①
def hello(name):
    s = 'Hello, {0}!'.format(name)
    return s

@app.route('/book/<int:book_id>')              ②
def show_book_id(book_id):
    s = '您选择的图书编号：{0}。'.format(book_id)
    return s

@app.route('/book/<float:price>')              ③
def show_book_price(price):
    s = '图书价格：￥{0:.2f}。'.format(price)
return s
...
```

上述代码定义了三个视图函数。代码第①行路由规则 /hello/<name> 中 <name> 表示一个字符串变量，name 将作为视图函数参数。如图 27-9 所示是在浏览器地址栏中输入网址：http://127.0.0.1:5000/hello/Tom，其中 Tom 是 name 的实际参数。

代码第②行路由规则 /book/<int:book_id> 中 book_id 是一个变量，int 是转换器，它会在 book_id 变量中将数据转换为整数类型。如图 27-10 所示是在浏览器地址栏中输入网址：http://127.0.0.1:5000/book/100，其中 100 是 book_id 的实际参数，它是整数类型。

代码第③行路由规则 /book/<float:price> 中 price 是一个变量，float 是转换器，它会在 book_id 变量中将数据转换为浮点类型。如图 27-11 所示是在浏览器地址栏中输入网址：http://127.0.0.1:5000/book/98.9，其中 98.9 是 price 的实际参数，它是浮点类型。

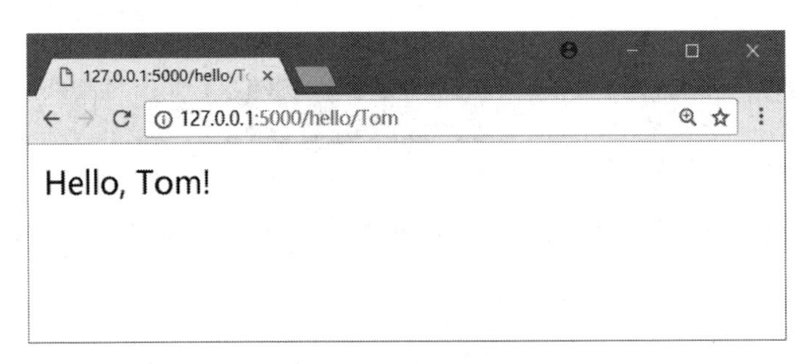

图 27-9　在浏览器中测试 1

图 27-10　在浏览器中测试 2

图 27-11　在浏览器中测试 3

27.4　Jinja2 模板

微课视频

Jinja2 模板引擎（http://jinja.pocoo.org），它是 Python 的一个流行的 Web 模板引擎。模板引擎是为了使 HTML 代码与动态数据分离而产生的。

27.4.1　没有使用模板

为了比较使用模板的优点，本节先介绍一个没有使用模板示例，代码如下：

```
# coding=utf-8
# 代码文件：code/chapter27/27.4/1.没有使用模板/hello.py

from flask import Flask
import datetime

app = Flask(__name__)

@app.route('/book/')
def show_book_info():
    s = '''
    <html>
        <body>
            <h3>书名：《Python 从小白到大牛》</h3>
            <h3>作者：关东升</h3>
            <h3>时间：{0}</h3>
        </body>
    </html>
    '''
    time = datetime.datetime.now()
    return s.format(time)
…
```

上述代码 show_book_info() 视图函数返回字符串，服务器将字符串应答给客户端的浏览器。为了在浏览器中显示网页，因此通常情况下视图函数返回的字符串，应该是 HTML 字符串。返回字符串中“时间”是动态计算获得的。

上述程序启动后，在浏览器中测试结果如图 27-12 所示，其中浏览器左边是显示的网页，右边是网页对应的 HTML 代码，从 HTML 代码可见与视图函数 show_book_info() 返回的字符串是一致的。

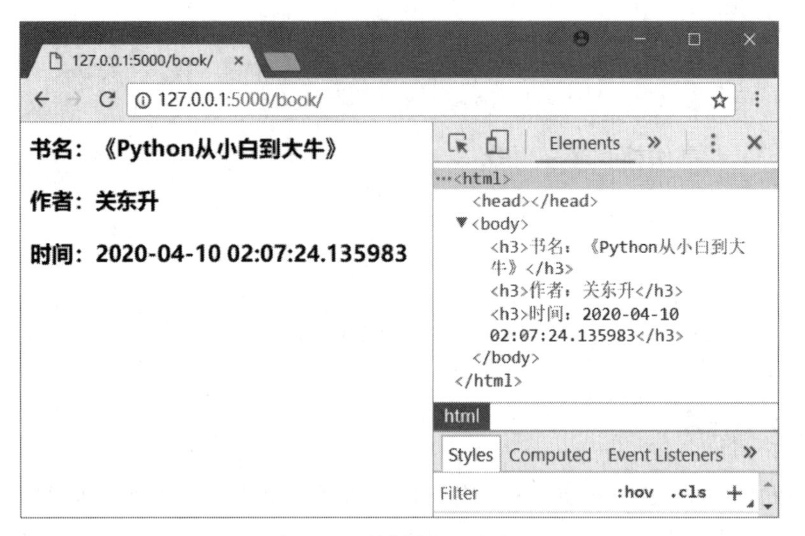

图 27-12 浏览器中显示页面

27.4.2 使用模板

27.4.1 节示例返回客户端的 HTML 代码，其中只有“时间”数据是动态的，其他的 HTML 字符串都是静态的。如果动态数据与静态的 HTML 代码“强耦合”在一起会有引起严重的问题。

在 Web 应用开发时，往往是由一个开发团队配合开发，不同人员有不同的角色。静态 HTML 网页是有美工设计和维护的。而动态的数据是由程序员编写的计算机程序计算而得。Web 应用开发时动态数据与静态的 HTML 代码应该是“松耦合”的，模板技术可以开放“松耦合”Web 应用。

重构 27.4.1 节示例 hello.py 代码如下：

```
# coding=utf-8
# 代码文件：code/chapter27/27.4/2. 使用模板 /hello.py

import datetime

from flask import Flask, render_template

app = Flask(__name__)

@app.route('/book/')
def show_book_info():
    t = datetime.datetime.now()
    return render_template('book.html',
                           book_name='Python 从小白到大牛 ',
                           author=' 关东升 ',
                           time=t)

...
```

上述代码中 render_template() 函数，使用模板引擎将静态 HTML 代码文件 book.html 与动态数据（book_name、author 和 time）结合起来，并生成 HTML 字符串。

book.html 是模板文件，代码如下：

```
<!-- chapter27/27.4.1/2. 使用模板 /templates/book.html -->
<html>
    <body>
        <h3> 书名：《{{ book_name }}》</h3>
        <h3> 作者：{{  author }}</h3>
        <h3> 时间：{{ time }}</h3>
    </body>
</html>
```

模板文件中“{{ }}”是动态内容，它会计算表达式，并将结果输出。示例中的 book_name、author 和 time 变量内容是从 Python 代码中传递过来的。

注意：模板文件与 Python 代码文件相对位置。如图 27-13 所示，book.html 文件应该放在 Python 代码文件 hello.py 下面的 templates 文件夹中。

图 27-13　模板文件位置

27.4.3　模板中使用表达式

在模板文件中“{{ }}”用于输出表达式结果。表达式如果是单个变量还可以变量过滤器。Jinga2 变量过滤器语法如下：

```
{{ 变量 | 过滤器 }}
```

过滤器包括：

- capitalize：首字母大写。
- lower：小写。
- upper：大写
- title：所有单词首字母大写。
- trim：去除前后空格。
- striptags：去除 html 标签。

示例 hello.py 代码如下：

```
# coding=utf-8
# 代码文件：code/chapter27/27.4/3. 模板中使用表达式 /hello.py
...
@app.route('/hello/<name>')
def hello(name):
    s1 = "Long long ago, there's a girl named betty! She was 5 years old."
    s2 = '    ' + s1 + '    '
    s3 = '<p>' + s1 + '</p>'
return render_template('hello.html', name=name, message=(s1, s2, s3))
...
```

上述代码 render_template() 函数中 name 和 message 是模板数据的变量名，name 是字符串，message

是元组。

示例 hello.html 模板文件代码如下：

```
<!--code/chapter27/27.4.1/3.模板中使用表达式/templates/hello.html-->
<html>
    <body>
        <h3>1+1 = {{ 1+1 }}</h3>
        <h3>name 变量：{{ name }}</h3>
        <h3>name 首字母大写：{{ name|capitalize }}</h3>
        <h3>name 小写：{{ name|lower }}</h3>
        <h3>name 大写：{{ name|upper }}</h3>
        <h3>所有单词首字母大写：{{ message[0]|title }}</h3>
        <h3>去除前后空格：{{ message[1]|trim }}</h3>
        <h3>去除 html 标签：{{ message[2]|striptags }}</h3>
    </body>
</html>
```

模板文件中 message[0]、message[1] 和 message[2] 分别取元组 message 中的三个元素。

程序启动后，在浏览器地址栏中输入 http://127.0.0.1:5000/hello/tom，测试结果如图 27-14 所示。

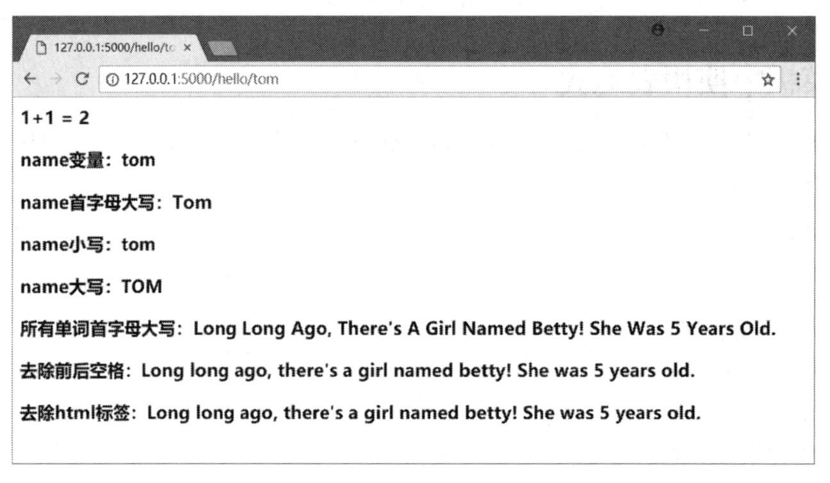

图 27-14 浏览器中显示页面

27.4.4 模板中使用语句

在模板中不仅可以使用表达式，还可以使用语句。Jinga2 模板引擎中语句的语法结构如下：

```
{% 语句 %}
…
{% end语句 %}
```

其中语句可以是 if、for 和 block 等。本节先介绍 if 和 for 语句。

（1）if 语句

if 语句语法如下：

```
{% if 条件表达式 %}
…
```

```
{% endif %}
```

示例 book_info.html 模板文件代码如下：

```
<!--code/chapter27/27.4/4. 模板中使用语句 /templates/book_info.html-->
<!DOCTYPE html>
<html>
<head>
    <title> 图书信息 </title>
</head>
<body>
    <h3>{{ info }}</h3>
    {% if price <= 50.0 %}
        <h3> 很便宜哦！ </h3>
    {% else %}
        <h3> 好贵哦！ </h3>
    {% endif %}
</body>
</html>
```

示例 hello.py 代码如下：

```
# coding=utf-8
# 代码文件：code/chapter27/27.4/4. 模板中使用语句 /hello.py
...
@app.route('/book/<float:price>')    ①
@app.route('/book/<int:price>')      ②
def show_book_price(price):
    info = '''
    书名：《Python 从小白到大牛》
    作者：关东升
    '''
return render_template('book_info.html', price=price, info=info)
...
```

上述代码 show_book_price(price) 函数注册了两个路由，代码第①行路由将变量 price 转换为浮点类型数据，代码第②行路由将变量 price 转换为整数类型数据。

程序启动后，在浏览器地址栏中输入 http://127.0.0.1:5000/book/89.0，测试结果如图 27-15 所示。

图 27-15　浏览器中显示页面

（2）for 语句

for 语句语法如下：

```
{% for item in 序列 %}
...
{% endfor %}
```

示例 books.html 模板文件代码如下：

```
<!--file:code/chapter27/27.4/4.模板中使用语句/templates/books.html-->
<!DOCTYPE html>
<html>
<head>
    <title>图书信息</title>
</head>
<body>
    {% for book in book_list %}

        <h3>书名：《{{ book.bookname }}》</h3>
        <h3>作者：{{  book.author }}</h3>
        <hr>

    {% endfor %}
</body>
</html>
```

示例 hello.py 代码如下：

```
# coding=utf-8
# 代码文件：code/chapter27/27.4/4.模板中使用语句/hello.py
...

@app.route('/book/')
def show_book_info():
    book1 = {"bookname": "Python从小白到大牛", "author": "关东升"}
    book2 = {"bookname": "Java从小白到大牛", "author": "关东升"}
    book3 = {"bookname": "Kotlin从小白到大牛", "author": "关东升"}

    list = []
    list.append(book1)
    list.append(book2)
    list.append(book3)

return render_template('books.html', book_list=list)
...
```

上述代码 show_book_info() 函数注册路由 /book/，render_template() 函数为 books.html 模板文件提供的 book_list 列表数据。

程序启动后，在浏览器地址栏中输入 http://127.0.0.1:5000/book/，测试结果如图 27-16 所示。

图 27-16　浏览器中显示页面

27.4.5　模板中访问静态文件

Web 应用有一些静态文件，如：图片文件、CSS 文件和 JavaScript 文件等。在使用 Jinja 模板时，如图 27-17 所示，这些静态文件应当放到当前 Python 代码文件同级的 static 文件夹中。

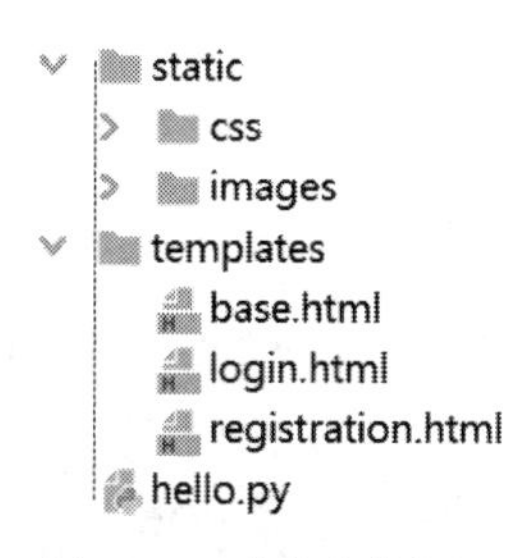

图 27-17　静态文件位置

在模板中获得这些静态文件 URL 路径，可以使用 url_for() 函数。示例代码如下：

```
url_for('static', filename = 'css/book.css')
```

其中 static 是指定静态文件所在的文件夹，filename 参数是指定的静态文件。示例代码如下：

```
<!--code/chapter27/27.4/5. 访问静态文件 /templates/login.html-->
<!doctype html>
<html>
<head>
    <meta charset="utf-8">
    <title>图书管理系统 - 用户登录 </title>
    <link rel="stylesheet" type="text/css" href="{{ url_for('static', filename = 'css/book.
css') }}"> ①
</head>

<body>
<!-- 页面头部信息 -->
<div id="header">
    <h5>用户登录 </h5>
```

```
        <img src="{{ url_for('static', filename = 'images/book_img2.jpg') }}" width="20px"
height="20px">                                    ②
        <hr/>
    </div>
    <!-- 页面内容信息 -->
    ...
    <!-- 页面底部信息 -->
    <div id="footer">
        <hr/>
        Copyright © 智捷课堂 2008-2018. All Rights Reserved
    </div>

    </body>
    </html>
```

上述代码第①行指定CSS文件，其中href属性是指定CSS文件的路径，使用{{ url_for('static', filename = 'css/book.css') }}语句获得CSS文件路径。代码第②行img标签中src属性指定图片路径，使用{{ url_for('static', filename = 'images/book_img2.jpg') }}语句获得图片文件路径。

27.5 处理HTTP操作

微课视频

Web应用程序通过HTTP协议进行通信。Flask提供了操作和访问HTTP对象能力。

27.5.1 使用request请求对象

HTTP协议中客户端提交的数据被封装在请求对象中。Flask提供了请求对象request，request的属性包括：

- form：包含了客户端浏览器提交的HTML表单数据，它是字典类型数据。其中字典键是HTML控件的名，字典值是HTML控件的值。
- args：客户端提交参数，参数是跟在URL的?后面的内容，例如：http://127.0.0.1:5000/login?userid=tony&userpwd=12345中的userid=tony&userpwd=12345。
- files：与上传文件相关的属性。
- method：获得当前请求方法。

使用request对象示例的hello.py代码如下：

```
# coding=utf-8
# 代码文件：code/chapter27/27.5/1.request请求对象/hello.py
...
@app.route('/index')                    ①
def index():
    return render_template('login.html')


@app.route('/login', methods=['GET', 'POST'])   ②
def login():
    if request.method == 'POST':            ③
        login_form = request.form           ④
        print(login_form['userid'])         ⑤
        print(login_form['userpwd'])        ⑥
```

```
        return render_template('result.html', result=login_form)
    else:
        args_info = request.args          ⑦
        print(args_info['userid'])        ⑧
        print(args_info['userpwd'])       ⑨
        return render_template('result.html', result=args_info)
...
```

上述代码第①行注册路由 /index，在浏览器地址栏中输入 http://127.0.0.1:5000/index，则进入如图 27-18 所示的登录页面。

代码第②行注册路由 /login，methods=['GET', 'POST'] 声明，可以接收客户端发送的 HTTP 协议的 GET 或 POST 请求方法。代码第③行判断 POST 请求方法，否则就是 GET 请求方法。代码第④行是 POST 请求方法提交过来的表单，代码第⑤行和第⑥行取出表单中的数据。

图 27-18　登录页面

hello.py 代码中视图函数 login() 可以通过 GET 或 POST 请求调用。

（1）GET 请求

在浏览器地址栏中输入 http://127.0.0.1:5000/login?userid=Tony&userpwd=12345，则发送 GET 请求调用 login() 视图函数，进入如图 27-19 所示的结果页面，其中 userid=Tony&userpwd=12345 请求参数。代码第⑦行 request.args 可以获得这些参数，代码第⑧行取出 userid 参数对应的值，代码第⑨行取出 userpwd 参数对应的值。

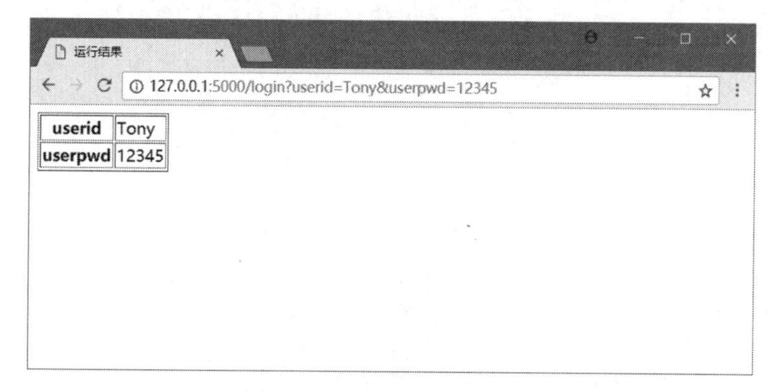

图 27-19　GET 请求的结果页面

（2）POST 请求

发送 POST 请求需要在客户端 HTML 表单中发送，login.html 示例代码如下：

```
<!--code/chapter27/27.5/1.request 请求对象 /templates/login.html-->
<!doctype html>
<html>
<head>
    <meta charset="utf-8">
    <title> 图书管理系统 - 用户登录 </title>
    <link rel="stylesheet" type="text/css" href="{{ url_for('static', filename = 'css/book.
css') }}">
</head>

<body>
<!-- 页面头部信息 -->
<div id="header">
     <img src="{{ url_for('static', filename = 'images/book_img2.jpg') }}" width="20px"
height="20px">
    用户登录
    <hr/>
</div>
<!-- 页面内容信息 -->
<div id="content">

    <form action="/login" method="POST">   ①
        <table width="40%" border="0">
            <tbody>
            <tr>
                <td> 用户 ID: </td>
                <td><input name="userid" type="text"/></td>
            </tr>
            <tr>
                <td> 密码: </td>
                <td><input name="userpwd" type="password"/></td>
            </tr>
            <tr align="center">
                <td colspan="2">
                    <input type="submit" value=" 确定 ">
                    <input type="reset" value=" 取消 ">
                </td>
            </tr>
            </tbody>
        </table>
    </form>                              ②
</div>
<!-- 页面底部信息 -->
<div id="footer">
    <hr/>
    Copyright © 智捷课堂 2008-2018. All Rights Reserved
</div>
```

```
</body>
</html>
```

上述代码第①行～第②行是 HTML 表单，代码第①行 form 标签的 action 属性设置为路由 /login，method 属性设置为 POST 方法。

测试 POST 请求时，在登录页面输入用户 ID 和密码，如图 27-20 所示，单击“确定”按钮提交表单，服务器端 hello.py 的 login() 函数被调用，服务器端处理完成后，页面跳转至如图 27-21 所示的结果页面。

图 27-20　POST 请求

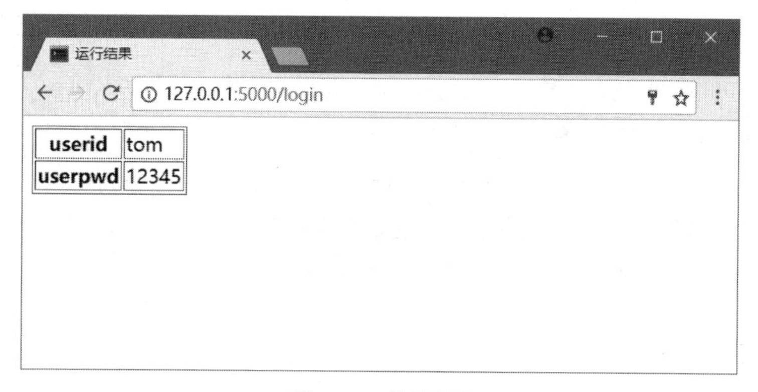

图 27-21　结果页面

27.5.2　使用 response 响应对象

HTTP 协议中服务器端返回的数据被封装在应答对象中，应答对象中包含了返回给客户端的数据、应答头部信息和状态码等信息。Flask 提供了应答对象 response，创建 response 对象可以使用 make_response() 函数。

视图函数可以返回字符串，也可以返回 response 对象。例如：返回字符串视图函数如下：

```
@app.route('/hello')
def hello():
    return '<h1>Helo World.</h1>'
```

返回 response 对象的视图函数如下：

```
@app.route('/hello')
```

```
def hello():
    response = make_response('<h1>Hello World.</h1>')
    return response
```

make_response('<h1>Hello World.</h1>') 函数中参数是返回客户端的 HTML 字符串。返回 response 对象有很多优点，例如：可以设置应答状态码、Cookie 和应答头信息等。示例代码如下：

```
@app.route('/hello')
def hello():
    response = make_response('<h1>Hello World.</h1>', 200)      ①
    response.headers['Content-Type'] = 'text/html'              ②
    print(response)
    return response
```

代码第①行 make_response() 函数的第 2 个参数设置应答状态码，200 表示本次 HTTP 通信过程是成功的。代码第②行设置应答头信息。

返回 response 对象时也可以使用模板，示例代码如下：

```
@app.route('/index')
def index():
    response = make_response(render_template('login.html'))
    return response
```

在 make_response() 函数中嵌套了 render_template('login.html') 函数，实现在返回 response 对象时使用模板。

27.5.3 使用 session 对象

当客户端访问 Web 服务器时，服务器与客户端建立会话（session），并为每一个客户端分配一个会话 ID（Session ID），当浏览器关闭或会话操作超时，会话对象就会失效。

Flask 提供了会话对象 session，session 对象是一种字典结构。

（1）设置 session 数据

```
from flask import Flask, render_template, request, session
app = Flask(__name__)
app.secret_key = '任何不容易被猜到的字符串'                        ①
...
@app.route('/login', methods=['GET', 'POST'])
def login():
    if request.method == 'POST':
        session['userid'] = request.form['userid']              ②
    return render_template('result.html')
```

在 session 对象初始化时，需要设置应用程序的密钥，见代码第①行 app.secret_key 属性。代码第②行是设置 session 数据，其中 'userid' 是 session 的键。

（2）删除 session 数据

删除 session 数据可以使用 session.pop() 方法，示例代码如下：

```
@app.route('/logout')
def logout():
```

```
    session.pop('userid', None)
    return render_template('result.html')
```

27.6 PetStore 宠物商店项目——需求与设计

从本节开始将介绍基于 Python Web 版本实现的 PetStore 宠物商店项目，所涉及的知识点有 Python 面向对象、Flask 框架和 Python 数据库编程相关等知识，其中还会用到很多 Python 基础知识。

27.6.1 项目概述

PetStore 是 Sun（现 Oracle）公司为了演示自己的 JavaEE 技术而编写的一个基于 Web 宠物店项目，如图 27-22 所示为项目启动页面。有关项目介绍的网址是 http://www.oracle.com/technetwork/java/index-136650.html。

PetStore 是典型的电子商务项目是现在很多电商平台的雏形。技术方面主要是 JavaEE 技术，用户界面采用 Java Web 技术实现。

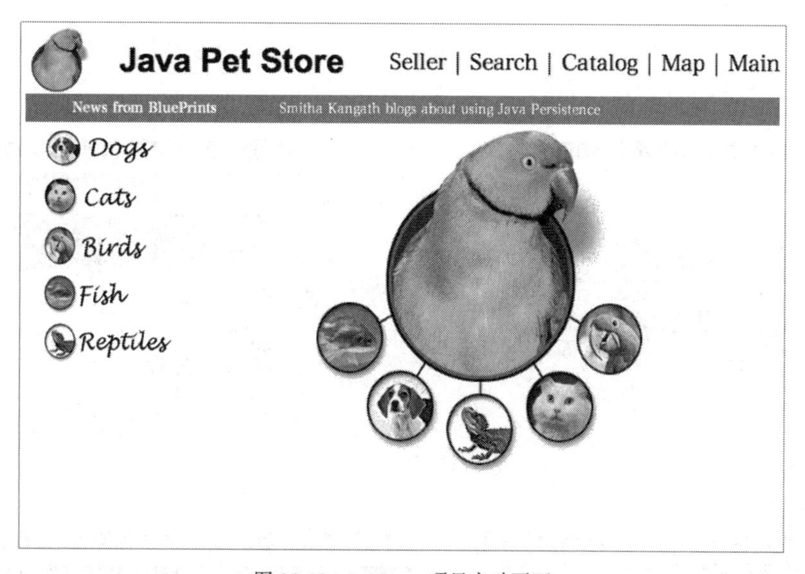

图 27-22　PetStore 项目启动页面

27.6.2 需求分析

PetStore 宠物商店项目主要功能如下：

- 用户登录
- 查询商品
- 添加商品到购物车
- 查看购物车
- 下订单
- 查看订单

采用用例分析函数描述用例图如图 27-23 所示。

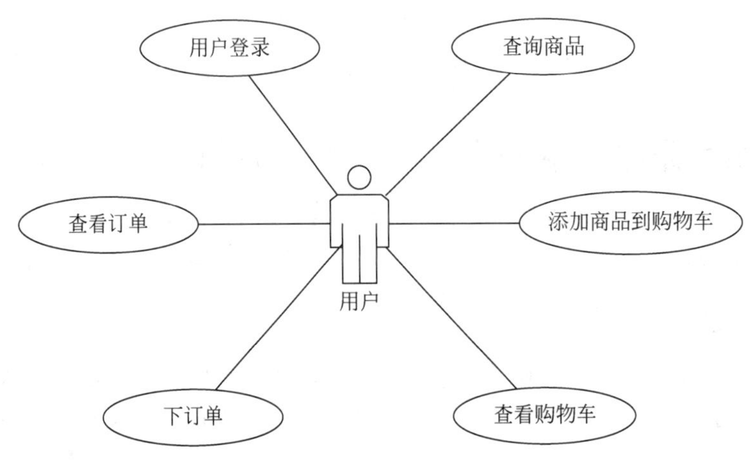

图 27-23 PetStore 宠物商店用例图

27.6.3 原型设计

原型设计草图对于开发人员、设计人员、测试人员、UI 设计人员以及用户都是非常重要的。PetStore 宠物商店项目原型设计图如图 27-24 所示。

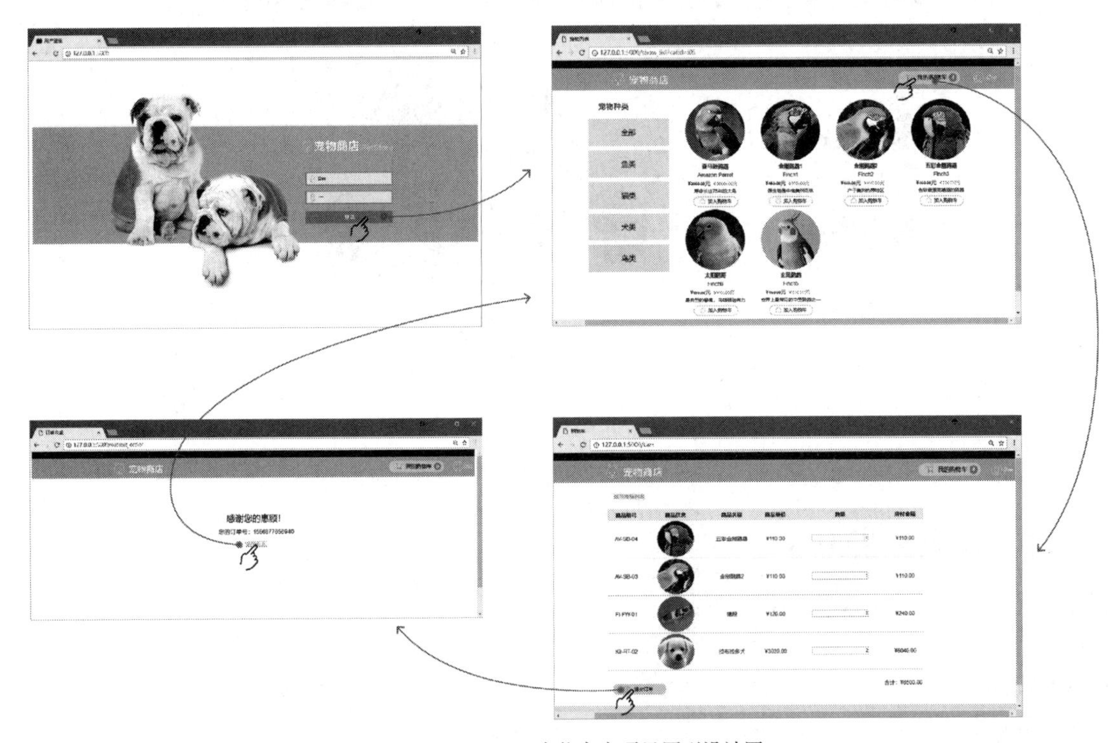

图 27-24 PetStore 宠物商店项目原型设计图

27.6.4 数据库设计

Sun 提供的 PetStore 宠物商店项目数据库设计比较复杂，根据如图 27-23 的用例图重新设计数据库，数据库设计模型如图 27-25 所示。

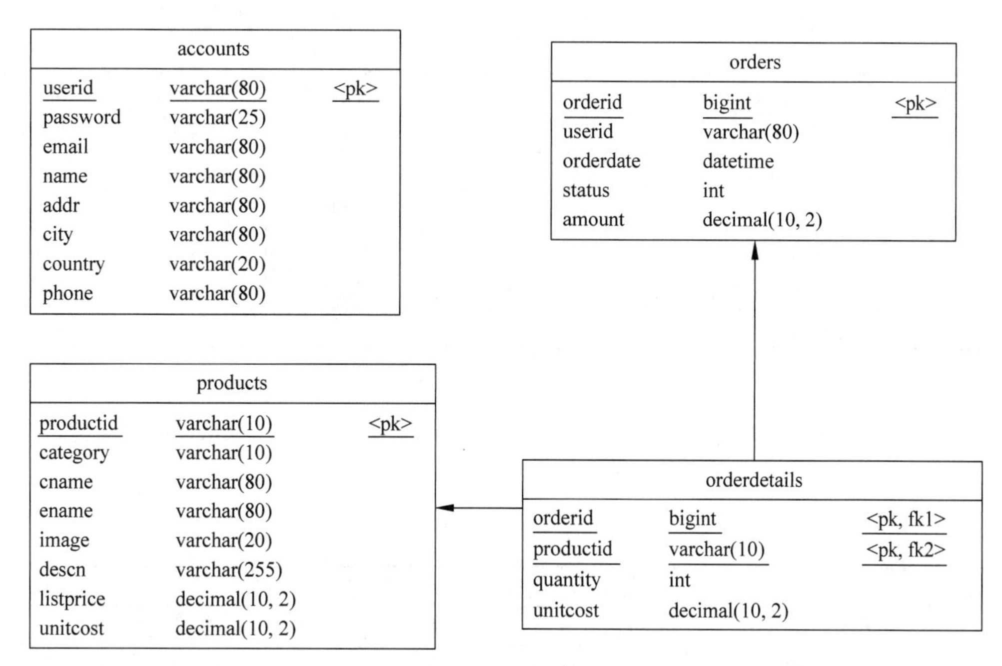

图 27-25　数据库设计模型

数据库设计模型中各个表说明如下：

1．用户表

用户表（accounts）是 PetStore 宠物商店的注册用户名，用户 Id（userid）是主键，用户表结构如表 27-1 所示。

表 27-1　用户表

字　段　名	数据类型	长　　度	精　　度	主　　键	外　　键	备　　注
userid	varchar(80)	80	-	是	否	用户 Id
password	varchar(25)	25	-	否	否	用户密码
email	varchar(80)	80	-	否	否	用户 Email
name	varchar(80)	80	-	否	否	用户名
addr	varchar(80)	80	-	否	否	地址
city	varchar(80)	80	-	否	否	所在城市
country	varchar(20)	20	-	否	否	国家
phone	varchar(80)	80	-	否	否	电话号码

2．商品表

商品表（products）是 PetStore 宠物商店所销售的商品（宠物），商品 Id（productid）是主键，商品表结构如表 27-2 所示。

表 27-2　商品表

字　段　名	数据类型	长　　度	精　　度	主　　键	外　　键	备　　注
productid	varchar(10)	10	-	是	否	商品 Id
category	varchar(10)	10	-	否	否	商品类别

续表

字 段 名	数据类型	长 度	精 度	主 键	外 键	备 注
cname	varchar(80)	80	-	否	否	商品中文名
ename	varchar(80)	80	-	否	否	商品英文名
image	varchar(20)	20	-	否	否	商品图片
descn	varchar(255)	255	-	否	否	商品描述
listprice	decimal(10,2)	10	2	否	否	商品市场价
unitcost	decimal(10,2)	10	2	否	否	商品单价

3. 订单表

订单表（orders）记录了用户每次购买商品所生成的订单信息，订单 Id（orderid）是主键，订单表结构如表 27-3 所示。

表 27-3 订单表

字 段 名	数据类型	长 度	精 度	主 键	外 键	备 注
orderid	bigint		-	是	否	订单 Id
userid	varchar(80)	80	-	否	否	下订单的用户 Id
orderdate	datetime		-	否	否	下订单时间
status	int		-	否	否	订单付款状态 0 待付款 1 已付款
amount	decimal(10,2)	10	2	否	否	订单应付金额

4. 订单明细表

订单表中不能描述其中有哪些商品，购买商品的数量，购买时商品的单价等信息，这些信息被记录在订单明细表中。订单明细表（ordersdetails）记录了某个订单更加详细的信息，订单明细表主键是由 orderid 和 productid 两个字段联合而成，是一种联合主键，订单明细表结构如表 27-4 所示。

表 27-4 订单明细表

字 段 名	数据类型	长 度	精 度	主 键	外 键	备 注
orderid	bigint		-	是	是	订单 Id
productid	varchar(10)	10	-	是	是	商品 Id
quantity	int		-	否	否	商品数量
unitcost	decimal(10,2)	10	2	否	否	商品单价

从图 27-25 所示的数据库设计模型中可以编写 DDL(数据定义）语句①，使用这些语句可以很方便地创建和维护数据库中的表结构。

27.6.5 架构设计

无论是复杂的企业级系统，还是手机上的应用，都应该有效地组织程序代码，进而提高开发效率、降低开发成本，这就需要设计。而架构设计就是系统的“骨架”，它源自于前人经验的总结和提炼。但遗憾的是本书的定位是初学者，并不是介绍架构设计方面的书。为了满足开发 PetStore 宠物商店项目需要，这

① 数据定义语句，用于创建、删除和修改数据库对象，包括 DROP、CREATE、ALTER、GRANT、REVOKE 和 TRUNCATE 等语句。

里笔者给出最简单的架构设计结果。

世界著名软件设计大师 Martin Fowler 在他的《企业应用架构模式》(*Patterns of Enterprise Application Architecture*) 一书中提到，为了有效地组织代码，一个系统应该分为三个基本层，如图 27-26 所示。“层”(Layer) 是相似功能的类和接口的集合，“层”之间是松耦合的，“层”的内部是高内聚的。

1）表示层

表示层是用户与系统交互的组件集合。用户通过这一层向系统提交请求或发出指令，系统通过这一层接收用户请求或指令，待指令消化吸收后再调用下一层，接着将调用结果展现到这一层。表示层应该是轻薄的，不应该具有业务逻辑。

2）服务层

服务层是软件系统的核心业务处理层。服务层负责接收表示层的指令和数据，待指令和数据消化吸收后，再进行组织业务逻辑的处理，并将结果返回给表示层。

3）数据持久层

数据持久层用于访问持久化数据，持久化数据可以是保存在数据库、文件、其他系统或者网络的数据。根据不同的数据来源，数据持久层会采用不同的技术。如果数据保存到数据库中，则使用 Python DB-API 和 PyMySQL 等技术；如果数据保存为 JSON 格式等文件形式，则需要用 I/O 流和 JSON 解码技术实现。

Martin Fowler 分层架构设计看起来像一个多层“蛋糕”，蛋糕师在制作多层“蛋糕”时先做下层再做上层，最后做顶层。没有下层就没有上层，称为“上层依赖于下层”。为了降低松耦度，层之间还需要定义接口，通过接口隔离实现细节，上层调用者只用关心接口，不用关心下一层的实现细节。

Martin Fowler 分层架构是基本形式，在具体实现项目设计时，可能会有所变化。本章实现的 PetStore 宠物商店项目，由于简化了需求，逻辑比较简单，可以不需要服务层，表示层可以直接访问数据持久层。如图 27-27 所示，表示层采用 Flask Web 技术实现，数据持久层采用 Python DB-API 和 PyMySQL 技术实现。

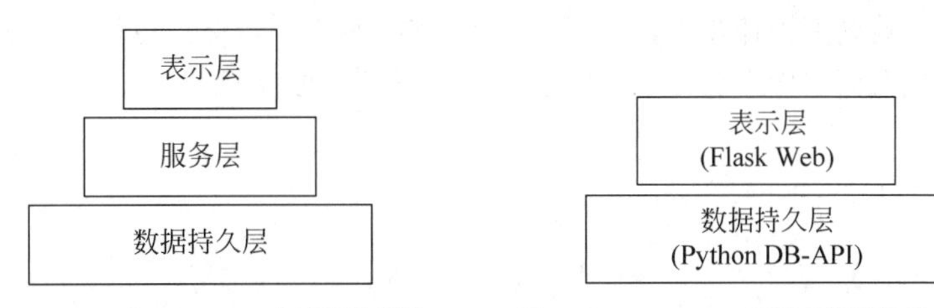

图 27-26　Martin Fowler 分层架构设计　　图 27-27　PetStore 宠物商店项目架构设计

27.6.6　系统设计

系统设计是在具体架构下的设计实现，PetStore 宠物商店项目主要分为表示层和数据持久层。其具体实现如下：

1. 数据持久层设计

数据持久层在具体实现时，会采用 DAO（数据访问对象）设计模式，数据库中每个数据表对应一个 DAO 对象，每个 DAO 对象中都有访问数据表的 CRUD 4 类操作。

如图 27-28 所示为 PetStore 宠物商店项目的数据持久层类图，其中定义了 4 个 DAO 类，这 4 个类对应数据库中的 4 个数据表，DAO 中一般包含对数据库表的 CRUD 操作。

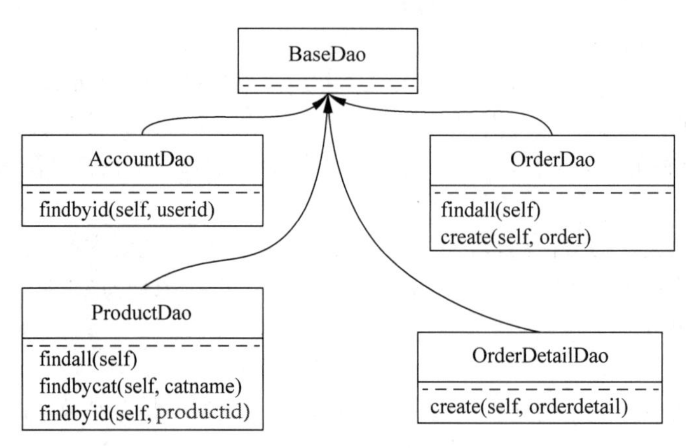

图 27-28 PetStore 宠物商店项目的数据持久层类图

2. 表示层设计

表示层主要采用 Flask Web 技术实现，此外，还有 HTML、CSS 和 JavaScript 等前端技术。

27.7 PetStore 宠物商店项目——创建数据库

在设计完成之后，编写 Python 代码之前应该创建并初始化数据库。

27.7.1 安装和配置 MySQL 数据库

首先应该为开发该项目准备好数据库。本书推荐使用 MySQL 数据库，如果没有安装 MySQL 数据库，可以参考第 19 章安装 MySQL 数据库。

27.7.2 编写数据库 DDL 脚本

按照图 27-25 所示的数据库设计模型，编写数据库 DDL 脚本。当然，也可以通过一些工具生成 DDL 脚本，然后把这个脚本放在数据库中执行就可以了。下面是编写的 DDL 脚本。

```
/* 删除数据库 */
DROP DATABASE IF EXISTS petstore;

/* 创建数据库 */
CREATE DATABASE  IF NOT EXISTS  petstore;

use petstore;

/* 用户表 */
CREATE TABLE IF NOT EXISTS accounts (
    userid varchar(80) not null,          /* 用户 Id  */
    password varchar(25)  not null,       /* 用户密码 */
    email varchar(80) not null,           /* 用户 Email */
    name varchar(80) not null,            /* 用户名 */
    addr varchar(80) not null,            /* 地址 */
    city varchar(80) not  null,           /*  所在城市 */
    country varchar(20) not null,         /*  国家 */
    phone varchar(80) not null,           /*  电话号码 */
```

```
PRIMARY KEY (userid));

/* 商品表 */
CREATE TABLE IF NOT EXISTS products (
    productid varchar(10) not null,      /* 商品 Id */
    category varchar(10) not null,       /* 商品类别 */
    cname varchar(80) null,              /* 商品中文名 */
    ename varchar(80) null,              /* 商品英文名 */
    image varchar(20) null,              /* 商品图片 */
    descn varchar(255) null,             /* 商品描述 */
    listprice decimal(10,2) null,        /* 商品市场价 */
    unitcost decimal(10,2) null,         /* 商品单价 */
PRIMARY KEY (productid));

/* 订单表 */
CREATE TABLE IF NOT EXISTS orders (
    orderid bigint not null,             /* 订单 Id */
    userid varchar(80) not null,         /* 下订单的用户 Id */
    orderdate datetime not null,         /* 下订单时间 */
    status int not null default 0,       /* 订单付款状态  0 待付款  1 已付款 */
    amount decimal(10,2) not null,       /* 订单应付金额 */
PRIMARY KEY (orderid));

/* 订单明细表 */
CREATE TABLE IF NOT EXISTS orderdetails (
    orderid bigint not null,             /* 订单 Id */
    productid varchar(10) not null,      /* 商品 Id */
    quantity int not null,               /* 商品数量 */
    unitcost decimal(10,2) null,         /* 商品单价 */
PRIMARY KEY (orderid, productid));
```

如果读者对于编写 DDL 脚本不熟悉，可以直接使用笔者编写好的 petstore-mysql-schema.sql 脚本文件，文件位于 PetStore 项目下“数据库脚本文件”目录中。

27.7.3　插入初始数据到数据库

PetStore 宠物商店项目有一些初始的数据，这些初始数据在创建数据库之后插入。这些插入数据的语句如下：

```
use petstore;

/* 用户表数据 */
INSERT INTO accounts VALUES('j2ee','j2ee','yourname@yourdomain.com','关东升', '北京丰台区',
'北京', '中国',  '18811588888');
INSERT INTO accounts VALUES('ACID','ACID','acid@yourdomain.com','Tony', '901 San Antonio
Road', 'Palo Alto', 'USA',  '555-555-5555');

/* 商品表数据 */
INSERT INTO products VALUES ('FI-SW-01','鱼类','神仙鱼', 'Angelfish', 'fish1.jpg', '来自澳大利
亚的咸水鱼', 650, 400);
INSERT INTO products VALUES ('FI-SW-02','鱼类','虎鲨', 'Tiger Shark','fish4.gif', '来自澳大
```

```
利亚的咸水鱼', 850, 600);
    …
    INSERT INTO products VALUES ('AV-CB-01','鸟类','亚马逊鹦鹉', 'Amazon Parrot','bird4.gif',
'寿命长达 75 年的大鸟', 3150, 3000);
    INSERT INTO products VALUES ('AV-SB-02','鸟类','雀科鸣鸟', 'Finch','bird1.gif', '会唱歌的鸟
儿', 150, 110);
```

如果读者不愿意自己编写插入数据的脚本文件，可以直接使用笔者编写好的 jpetstore-mysql-dataload.sql 脚本文件，文件位于 PetStore 项目下“数据库脚本文件”目录中。

27.8 PetStore 宠物商店项目——创建项目

本项目推荐使用 PyCharm IDE 工具创建项目。

27.8.1 创建项目

参考 3.2 节创建 PyCharm IDE 工具创建项目“PetStore 宠物商店项目”，如图 27-29 所示。

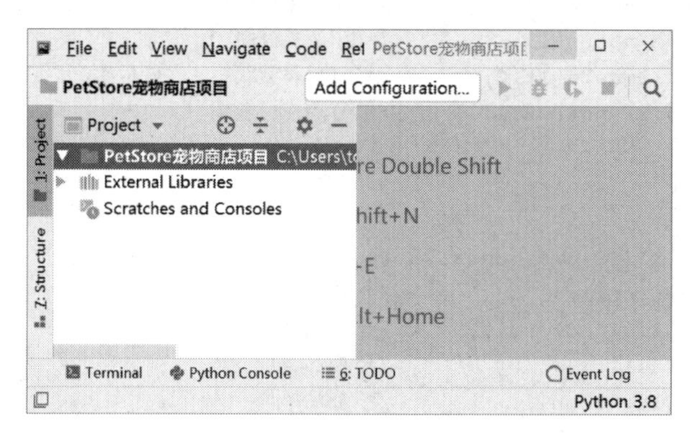

图 27-29 创建 PetStore 宠物商店项目

提示：在 PyCharm 中创建文件夹步骤：右击 PetStore 根目录，选择菜单 New → Directory，在弹出对话框中输入要创建的文件夹。

27.8.2 项目包结构

在项目中创建两个包：app 和 dao，如图 27-30 所示。其中 app 包是保存表示层等相关模块内容，dao 包是保存数据持久层等相关模块内容。

图 27-30 PetStore 项目包

27.8.3　项目配置文件

为了配置项目方便，在项目根目录下创建一个配置文件 config.py，config.py 文件内容如下：

```
# coding=utf-8
# 代码文件：code/chapter27/PetStore 宠物商店项目 /config.py
# 服务器配置文件

# 数据库设置
DB_HOST = '127.0.0.1'
DB_PORT = 3306
DB_USER = 'root'
DB_PASSWORD = '12345'
DB_DATABASE = 'petstore'
DB_CHARSET = 'utf8'

# 创建你自己的密钥
SECRET_KEY = '<创建你自己的密钥>'
```

目前在配置文件中主要配置的是数据库连接。

27.9　PetStore 宠物商店项目——数据持久层

项目创建并初始化完成后，可以先编写数据持久层代码。

27.9.1　编写 DAO 基类

DAO 的主要任务是对数据库进行 CRUD 操作，这些操作需要建立数据库连接，最后还要关闭数据连接，所以需要把一些基本功能封装一个 DAO 基类中。DAO 基类是 BaseDao，BaseDao 代码如下：

```
# coding=utf-8
# 代码文件：code/chapter27/PetStore 宠物商店项目 /dao/base_dao.py

""" 定义 DAO 基类 """

import pymysql
import config

class BaseDao(object):    ①
    def __init__(self):  ②
        self.config = configparser.ConfigParser()
        self.config.read('config.ini', encoding='utf-8')

        host = self.config['db']['host']
        user = self.config['db']['user']
        # 读取整数 port 数据
        port = self.config.getint('db', 'port')
        password = self.config['db']['password']
        database = self.config['db']['database']
        charset = self.config['db']['charset']
```

```
        self.conn = pymysql.connect(host=host,
                                    user=user,
                                    port=port,
                                    password=password,
                                    database=database,
                                    charset=charset)      ③

    def close(self):                                      ④
        """关闭数据库连接"""

        self.conn.close()
```

上述代码第①行定义了DAO基类BaseDao，它直接继承object类。代码第②行是BaseDao类构造方法，在该构造方法中读取配置文件信息。代码第③行是创建数据库连接对象conn，注意它是成员变量。代码第④行是定义close()方法，用来关闭数据库连接。

27.9.2 用户管理DAO

用户管理AccountDao类代码如下：

```
# coding=utf-8
# 代码文件：code/chapter27/PetStore宠物商店项目/dao/account_dao.py


"""用户管理DAO"""
from dao.base_dao import BaseDao


class AccountDao(BaseDao):
    def __init__(self):
        super().__init__()

    def findbyid(self, userid):
        account = None
        try:
            # 2. 创建游标对象
            with self.conn.cursor() as cursor:
                # 3. 执行SQL操作
                sql = 'select userid,password,email,name,addr,city,country,phone ' \
                      'from accounts where userid =%s'
                cursor.execute(sql, userid)
                # 4. 提取结果集
                row = cursor.fetchone()

                if row is not None:
                    account = {}
                    account['userid'] = row[0]
                    account['password'] = row[1]
                    account['email'] = row[2]
                    account['name'] = row[3]
                    account['addr'] = row[4]
```

```
                account['city'] = row[5]
                account['country'] = row[6]
                account['phone'] = row[7]

            # with 代码块结束
            # 5. 关闭游标

    finally:
        # 6. 关闭数据连接
        self.close()

    return account
```

AccountDao 继承了 BaseDao 基类。一般情况下一个 DAO 会有 CRUD 的 4 类方法，由于本项目中只需要实现 findbyid(self,userid) 方法，具体代码不再赘述。

27.9.3　商品管理 DAO

商品管理 ProductDao 类代码如下：

```
# coding=utf-8
# 代码文件：code/chapter27/PetStore 宠物商店项目 /dao/product_dao.py

""" 商品管理 DAO"""
from dao.base_dao import BaseDao


class ProductDao(BaseDao):
    def __init__(self):
        super().__init__()

    def findall(self):
        """ 查询所有商品信息 """

        products = []

        try:
            # 2. 创建游标对象
            with self.conn.cursor() as cursor:
                # 3. 执行 SQL 操作
                sql='select productid,category,cname,ename,image,listprice,unitcost,descn ' \
                    'from products'
                cursor.execute(sql)
                # 4. 提取结果集
                result_set = cursor.fetchall()

                for row in result_set:
                    product = {}
                    product['productid'] = row[0]
                    product['category'] = row[1]
                    product['cname'] = row[2]
```

```
                product['ename'] = row[3]
                product['image'] = row[4]
                product['listprice'] = float(row[5])
                product['unitcost'] = float(row[6])
                product['descn'] = row[7]
                products.append(product)
            # with 代码块结束
            # 5. 关闭游标
    finally:
        # 6. 关闭数据连接
        self.close()

    return products

def findbycat(self, catname):
    """ 按照商品类别查询商品 """

    products = []
    try:
        # 2. 创建游标对象
        with self.conn.cursor() as cursor:
            # 3. 执行 SQL 操作
            sql='select productid,category,cname,ename,image,listprice,unitcost,descn ' \
                  'from products where category=%s'
            cursor.execute(sql, catname)
            # 4. 提取结果集
            result_set = cursor.fetchall()

            for row in result_set:
                product = {}
                product['productid'] = row[0]
                product['category'] = row[1]
                product['cname'] = row[2]
                product['ename'] = row[3]
                product['image'] = row[4]
                product['listprice'] = float(row[5])
                product['unitcost'] = float(row[6])
                product['descn'] = row[7]
                products.append(product)
            # with 代码块结束
            # 5. 关闭游标
    finally:
        # 6. 关闭数据连接
        self.close()

    return products


def findbyid(self, productid):
    """ 按照商品 id 查询商品 """

    product = None
```

```
        try:
            # 2. 创建游标对象
            with self.conn.cursor() as cursor:
                # 3. 执行 SQL 操作
                sql='select productid,category,cname,ename,image,listprice,unitcost,descn' \
                    ' from products where productid=%s'
                cursor.execute(sql, productid)
                # 4. 提取结果集
                row = cursor.fetchone()

                if row is not None:
                    product = {}
                    product['productid'] = row[0]
                    product['category'] = row[1]
                    product['cname'] = row[2]
                    product['ename'] = row[3]
                    product['image'] = row[4]
                    product['listprice'] = float(row[5])
                    product['unitcost'] = float(row[6])
                    product['descn'] = row[7]

                # with 代码块结束
                # 5. 关闭游标

        finally:
            # 6. 关闭数据连接
            self.close()

        return product
```

本项目中 ProductDao 只需要实现 findall(self)、findbycat(self, catname) 和 findbyid(self, productid) 方法。

27.9.4　订单管理 DAO

订单管理 OrderDao 类代码如下：

```
# coding=utf-8
# 代码文件：code/chapter27/PetStore 宠物商店项目 /dao/order_dao.py

""" 订单管理 DAO"""
import pymysql

from dao.base_dao import BaseDao


class OrderDao(BaseDao):
    def __init__(self):
        super().__init__()

    def findall(self):
        """ 查询所有订单 """
```

```
        orders = []
        try:
            # 2. 创建游标对象
            with self.conn.cursor() as cursor:
                # 3. 执行SQL操作
                sql = 'select orderid,userid,orderdate from orders'
                cursor.execute(sql)
                # 4. 提取结果集
                result_set = cursor.fetchall()

                for row in result_set:
                    order = {}
                    order['orderid'] = row[0]
                    order['userid'] = row[1]
                    order['orderdate'] = row[2]
                    orders.append(order)
                # with代码块结束
                # 5. 关闭游标
        finally:
            # 6. 关闭数据连接
            self.close()

        return orders

    def create(self, order):
        """创建订单，插入到数据库"""

        try:
            # 2. 创建游标对象
            with self.conn.cursor() as cursor:
                # 3. 执行SQL操作
                sql = 'insert into orders (orderid,userid,orderdate,status,amount) ' \
                      'values (%s,%s,%s,%s,%s)'
                affectedcount = cursor.execute(sql, order)
                print('成功插入{0}条数据'.format(affectedcount))
                # 4. 提交数据库事务
                self.conn.commit()
                # with代码块结束 5. 关闭游标
        except pymysql.DatabaseError as e:
            # 4. 回滚数据库事务
            self.conn.rollback()
            print(e)
        finally:
            # 6. 关闭数据连接
            self.close()
```

本项目中OrderDao只需要实现findall(self)和create(self, order)函数。

27.9.5 订单明细管理DAO

订单明细管理OrderDetailDao类代码如下：

```
# coding=utf-8
```

```
# 代码文件：code/chapter27/PetStore 宠物商店项目 /dao/order_detail_dao.py

""" 订单明细管理 DAO"""
import pymysql

from dao.base_dao import BaseDao


class OrderDetailDao(BaseDao):
    def __init__(self):
        super().__init__()

    def create(self, orderdetail):
        """ 创建订单详细，插入到数据库 """

        try:
            # 2. 创建游标对象
            with self.conn.cursor() as cursor:
                # 3. 执行 SQL 操作
                sql = 'insert into orderdetails (orderid, productid,quantity,unitcost) ' \
                      'values (%s,%s,%s,%s)'
                affectedcount = cursor.execute(sql, orderdetail)
                print(' 成功插入 {0} 条数据 '.format(affectedcount))

                # 4. 提交数据库事务
                self.conn.commit()

                # with 代码块结束 5. 关闭游标
        except pymysql.DatabaseError as e:
            # 4. 回滚数据库事务
            self.conn.rollback()
            print(e)
        finally:
            # 6. 关闭数据连接
            self.conn.close()
```

在本项目中 OrderDetailDao 需要实现 create(self, orderdetail) 方法。

27.10　PetStore 宠物商店项目——表示层

从客观上讲，表示层开发的工作量是很大的，有很多细节工作。

27.10.1　启动模块实现

Python 应用程序需要有一个主模块，它是应用程序的入口，主模块文件 run_server.py 的代码如下：

```
# coding=utf-8
# 代码文件：code/chapter27/PetStore 宠物商店项目 /run_server.py

from app.views import app    ①
```

```
if __name__ == '__main__':
    app.run(debug=True)     ②
```

该模块是主模块，程序启动时会调用该模块。代码第①行从 app.views 包导入 app 对象。代码第②行是通过调试模式运行 Flask 应用。

27.10.2 登录页面实现

登录页面如图 27-31 所示。

图 27-31 登录页面

（1）登录模板

登录模板 login.html 主要代码如下：

```
<!--file:code/chapter27/PetStore 宠物商店项目 /app/templates/login.html-->
<html>
<head>
    <title>用户登录 </title>
    <meta http-equiv="Content-Type" content="text/html; charset=utf-8">
</head>
<body bgcolor="#FFFFFF" leftmargin="0" topmargin="0" marginwidth="0" marginheight="0">
<form action="/login" method="post">
…
<input type="text" name="userid" placeholder="请输入用户 ID" value="j2ee"
                       style="width:150;border: none;background-color: #EEEEEE "/>
…
<input type="password" name="userpwd" placeholder="请输入密码 "  value="j2ee"
                       style="width:150;border: none;background-color: #EEEEEE "/>
…
```

```
<input type="image" src="{{ url_for('static', filename='images/login_btn.jpg') }}" >
…
</form>
</body>

</html>
```

（2）登录显示视图函数代码

进入宠物商店首页，调用此视图函数，代码如下：

```
# coding=utf-8
# 代码文件：code/chapter27/PetStore 宠物商店项目 /app/views.py

import datetime

from flask import Flask, render_template, request, session

import config
from dao.account_dao import AccountDao
from dao.order_dao import OrderDao
from dao.order_detail_dao import OrderDetailDao
from dao.product_dao import ProductDao

app = Flask(__name__)
app.secret_key = config.SECRET_KEY


@app.route('/')
@app.route('/index')
def index():
    return render_template('login.html')
```

（3）登录提交视图代码

用户单击“登录”按钮，调用此视图函数，代码如下：

```
@app.route('/login', methods=['POST'])
def login():
    if request.method == 'POST':
        login_form = request.form

        dao = AccountDao()
        account = dao.findbyid(login_form['userid'])
        password = login_form['userpwd']

        if account is not None and account['password'] == password:    ①
            print(' 登录成功。')
            # 登录成功保存用户 Session
            session['userid'] = request.form['userid']                  ②

            # 查询所有数据
            product_dao = ProductDao()
```

```
            list = product_dao.findall()
            print(list)

            list2 = re_list(list)
            session['list'] = list2      ③
            session['catid'] = 'i01'     ④

            return render_template('list.html')

    # 登录失败重新
    print('登录失败。')
    return render_template('login.html')
```

上述代码第①行是比较用户登录是否成功。用户登录成功后，代码第②行将用户id保存在Session中，代码第③行是将查询出商品列表信息保存在Session中，这个目的是为了在商品列表页面显示商品信息。代码第④行是将选择的商品类别信息保存到Session中。

27.10.3　商品列表

登录成功后会进入商品列表页面，如图27-32所示。用户可以选择宠物种类，则根据商品类型进行查询。

图27-32　商品列表页面

（1）显示商品列表模板

显示商品列表模板list.html，主要代码如下：

```
<!--code/chapter27/PetStore宠物商店项目/app/templates/list.html-->
...
<table border="0 " cellspacing="0 " cellpadding="0 ">
    <!--    循环行     -->
```

```
{% for rows in session['list'] %}    ①
<tr>
    <!--    循环列     -->
    {% for cell in rows %}           ②
    <td>
        <table width="230" border="0 " cellpadding="0 " cellspacing="0 ">
            <tr>
                <td colspan="2" align="center">
                    <img
                            src="{{ url_for('static', filename='pet_images/') }}{{ cell.
image }}">
                </td>
            </tr>
            <tr>
                <td colspan="2 " width="190 " height="30" align="center">
                    <span class="cname">{{ cell.cname }}</span>
                </td>
            </tr>
            <tr>
                <td colspan="2" width="190" height="22" align="center">
                    <span class="ename">{{ cell.ename }}</span>
                </td>
            </tr>
            <tr>
                <td width="80" height="26" align="right">
                    &yen;<span
                     class="listprice">{{ '{:.2f}'.format(cell.listprice) }}</span>元
                </td>
                <td width="102" height="26"> 
                    <span
                    class="unitcost">&yen;{{ '{:.2f}'.format(cell.unitcost) }}元</span>
                </td>
            </tr>
            <tr>
                <td colspan="2" align="center">
                    <span class="descn">{{ cell.descn }}</span>
                </td>
            </tr>
            <tr>
                <td colspan="2" align="center">
                    <a href="/add_cart?id={{ cell.productid }}">
                        <img src="{{ url_for('static', filename='images/cell_cart_btn.
                                  jpg')  }} "
                             width="190 " height="45 " alt="添加购物车 ">
                    </a>
                </td>
            </tr>
        </table>
    </td>
    {% endfor %}
```

```
    </tr>
    {% endfor %}
</table>
...
```

上述模板代码实现图27-32所示页面，该页面中每行最多有四列，每个单元格有一个商品信息，如图27-33所示。代码第②行循环显示一列中商品。代码第①行循环显示行，一行最多有4个商品。

图27-33 商品列表一个单元格信息

（2）显示商品列表视图

商品列表视图函数，代码如下：

```
# coding=utf-8
# 代码文件：code/chapter27/PetStore 宠物商店项目 /app/views.py
...
# 显示商品列表
@app.route('/show_list')
def show_pet_list():
    args_info = request.args              ①
    # 获得选中的宠物类别
    catid = 'i01' if 'catid' not in args_info.keys() else args_info['catid']   ②
    print(' 宠物类别 ', catid)

    # 根据类别查询商品
    dao = ProductDao()

    if catid == 'i02':                    ③
        list = dao.findbycat(' 鱼类 ')
    elif catid == 'i03':
        list = dao.findbycat(' 猫类 ')
    elif catid == 'i04':
        list = dao.findbycat(' 犬类 ')
    elif catid == 'i05':
        list = dao.findbycat(' 鸟类 ')    ④
    else:
        # 查询所有数据
        list = dao.findall()              ⑤

    list2 = re_list(list)                 ⑥
```

```
    session['list'] = list2
    session['catid'] = catid
    return render_template('list.html')

def re_list(list):                                                  ⑦
    """ 重新构造 list，从 1 维到 2 维 """
    if len(list) % 4 == 0:  # 整除
        row = len(list) // 4
    else:
        row = len(list) // 4 + 1

    list2 = []
    for n in range(row):
        L = list[n * 4: (n + 1) * 4]
        list2.append(L)

    return list2
```

上述代码第①行是获得请求参数列表。代码第②行是获得选中的宠物类别。代码第③行～第④行查询商品类别信息，代码第⑤行是查询所有的商品列表。代码第⑥行调用 re_list(list) 函数将 1 维列表转换为 2 维列表。代码第⑦行是定义 re_list(list) 函数。

27.10.4　添加商品到购物车

在如图 27-32 所示页面，用户单击商品中的“加入购物车”按钮，将选中的商品添加到购物车中。并在上面的状态栏中显示添加购物车的商品种类数量。

添加商品到购物车视图函数，代码如下：

```
# coding=utf-8
# 代码文件：code/chapter27/PetStore 宠物商店项目 /app/views.py
...
# 添加购物车
@app.route('/add_cart')
def add_pet_cart():
    sid = request.args['id']

    # 判断 Session 中是否有购物车数据，购物车是一个列表结构
    cart = session['cart'] if 'cart' in session.keys() else []     ①

    for item in cart:                                               ②
        if item[0] == sid:  # item[0] 保存在购物车的商品 id           ③
            item[1] += 1  # item[1] 保存在购物车的商品数量，对当前数量 +1  ④
            break
    else:
        # 第一次添加商品到购物车数量是 1
        cart.append([sid, 1])                                       ⑤

    session['cart'] = cart                                          ⑥
    return render_template('list.html')
```

上述代码第①行从 Session 中取出购物车数据，如果 Session 中没有购物车数据，则创建一个空的列表对象赋值给购物车数据 cart。代码第②行采用 for 循环遍历购物车 cart，购物车数据结构是一种二维列表结构，如图 27-34 所示，其中购物车中有两种商品，每一种商品又是列表结构，其中第 1 个元素是商品 id，第 2 个元素是用户选购的商品数量。代码第③行判断从购物车取出的商品是否为选择的商品，代码第④行是从购物车中取出的商品，数量加 1。代码第⑤行第一次添加商品到购物车，所有它的数量为 1。注意 else 语句是在 for 语句没有发生 break 时才运行的代码。代码第⑥行将购物车对象 cart 重新放置到 Session 中。

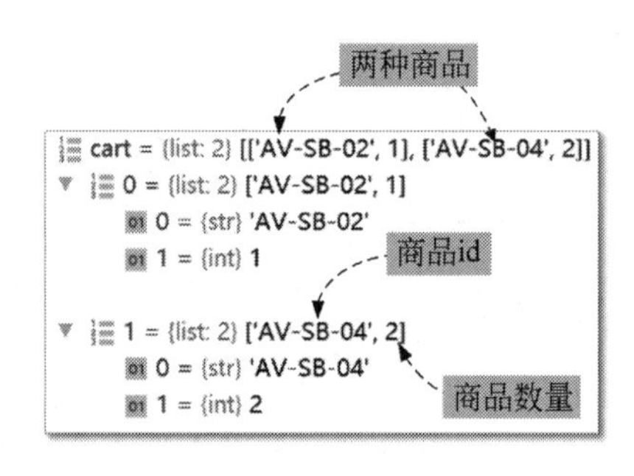

图 27-34　购物车数据结构

27.10.5　查看购物车

在如图 27-32 所示页面，用户单击“我的购物车”按钮后会跳转到购物车页面，如图 27-35 所示。

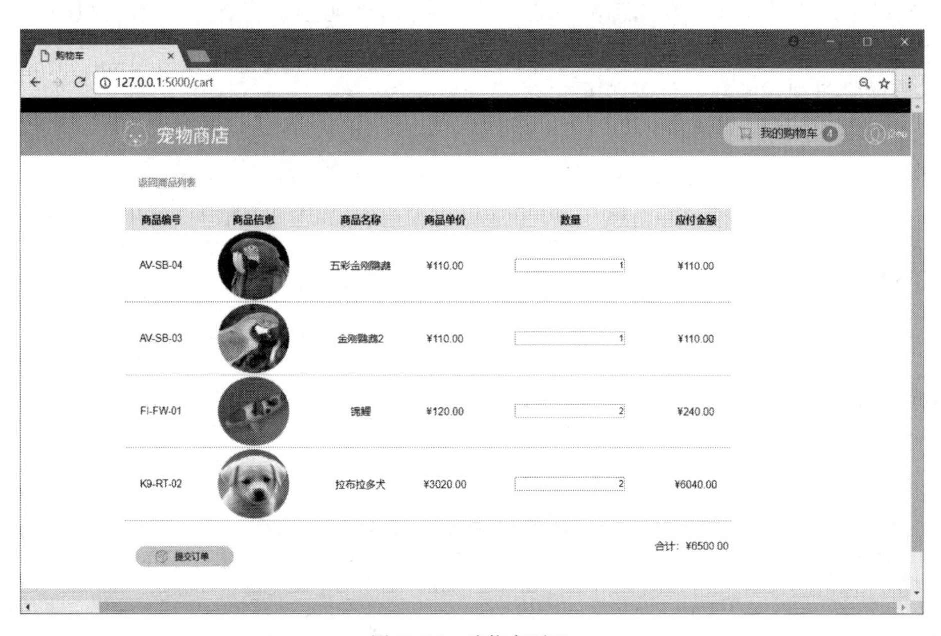

图 27-35　购物车页面

（1）显示购物车列表模板

显示购物车列表模板 cart.html，主要代码如下：

```
<!--file:code/chapter27/PetStore 宠物商店项目 /app/templates/cart.html-->
...
```

```
<table width="100%" border="0" cellspacing="0" cellpadding="0" id="cart_table">
    <tr align="center" bgcolor=#ECECEC height="35">
        <th> 商品编号 </th>
        <th> 商品信息 </th>
        <th> 商品名称 </th>
        <th> 商品单价 </th>
        <th> 数量 </th>
        <th> 应付金额 </th>
    </tr>
    <tbody>
        {% for item in list %}                                                    ①
        <tr align="center">
           <td><span>{{ item[0] }}</span></td>                                    ②
           <td>
               <img src="{{ url_for('static', filename='pet_images/')}}{{ item[1] }}"
                   width="113" height="106" alt="{{ item[2] }}" />               ③
           </td>
           <td><span>{{ item[2] }}</span></td>
           <td>&yen;<span id="price_{{ item[0] }}">{{ '{:.2f}'.format(item[3])}}</span>   ④
           </td>
           <td><span>
                   <input type="text" style="text-align:right;" id="quantity_{{ item[0] }}"
                       name="quantity_{{ item[0] }}" value="{{ item[4] }}" />     ⑤
               </span>
           </td>
           <td>&yen;<span id="subtotal_{{ item[0] }}">{{ '{:.2f}'.format(item[5])}}</span>  ⑥
           </td>
        </tr>
        <tr>
           <td colspan="6" width="100%" height="5">
               <img src="{{ url_for('static', filename='images/table_line.jpg') }}" />
           </td>
        </tr>

        {% endfor %}                                                              ⑦
    </tbody>
</table>
...
```

上述模板代码第①行～第⑦行是循环显示购物车信息。代码第②行显示商品编号，代码第③行显示商品图片。代码第④行显示商品单价，表达式 id="price_{{ item[0] }}" 分配了该行中商品单价所在 span 标签的 id，为 span 分配 id 目的是需要在 JavaScript 代码中访问它，计算应付金额和合计。类似在代码第⑤行和第⑥行分配 id 目的都有此原因。

代码第⑤行是一个文本输入框，用于显示和修改商品数量。代码第⑥行是显示应付金额，其中 ¥ 在页面中显示人民币符号 ¥。另外，表达式 {{ '{:.2f}'.format(item[5])}} 可以格式化数据，可以保留两位小数。

（2）显示购物车列表视图

显示购物车列表视图函数，代码如下：

```
# coding=utf-8
```

```
# 代码文件：code/chapter27/PetStore 宠物商店项目 /app/views.py
...
# 查看购物车
@app.route('/cart')
def show_cart():
    if 'cart' not in session.keys():                                    ①
        return render_template('list.html')

    cart = session['cart']                                              ②
    list = []                                                           ③
    total = 0.0
    for item in cart:                                                   ④
        dao = ProductDao()
        # 按照商品 id 查询商品
        product = dao.findbyid(item[0])

        # 计算应付金额
        subtotal = item[1] * product['unitcost']                        ⑤
        total += subtotal
        # 元组 [ 订单 id, 商品 id, 商品名称 , 商品单价 , 数量 , 应付金额 ]
          new_item = (item[0], product['image'], product['cname'], product['unitcost'],
item[1], subtotal)                                                      ⑥
        list.append(new_item)

    return render_template('cart.html', list=list, total=total)
```

上述代码第①行是判断 Session 中是否有购物车 cart 对象，如果没有购物车，则回到商品列表页面。

代码第②行从 Session 中取出购物车 cart 对象。代码第③行是创建一个列表对象 list，用来保存在页面中显示的购物车列表信息。

代码第④行循环遍历购物车对象 cart，其中代码第⑤行计算应付金额，它是通过数量乘以单价计算而得。代码第⑥行创建一个元组对象，这个元组与页面中的一行购物车数据是对应的。

（3）修改商品数量

修改商品数量是在购物车 cart.html 模板中实现的，主要代码如下：

```
<!--file:code/chapter27/PetStore 宠物商店项目 /app/templates/cart.html-->
...
<head>
    <title>购物车 </title>
    <meta http-equiv="Content-Type" content="text/html; charset=utf-8">

    <link rel="stylesheet" type="text/css" href="{{ url_for('static', filename='css/public.
css') }}">
    <script src="{{ url_for('static', filename='js/jquery-3.3.1.min.js') }}">   ①
    </script>

    <script>
        $(function () {

            {% for item in list %}                                      ②
```

```
            $('#quantity_{{ item[0] }}').blur(function () {             ③

                // 数量
                var quantity = $('#quantity_{{ item[0] }}').val()
                // 商品单价
                var price = $('#price_{{ item[0] }}').text();
                // 应付金额
                var subtotal = $('#subtotal_{{ item[0] }}').text();
                // 合计
                var total = $('#total').text();

                var newSubtotal = quantity * price; // 新的应付金额
                newSubtotal = parseFloat(newSubtotal);
                // 四舍五入
                newSubtotal = newSubtotal.toFixed(2);
                $('#subtotal_{{ item[0] }}').text(newSubtotal);

                // 计算合计
                calcTotal();                                            ④

            });

            {% endfor %}                                                ⑤

            function calcTotal() {

                var total = 0.0;

                {% for item in list %}
                // 应付金额
                var subtotal = $('#subtotal_{{ item[0] }}').text();
                subtotal = parseFloat(subtotal);
                total += subtotal;
                {% endfor %}

                total = total.toFixed(2);
                $('#total').text(total);
            }
        });
    </script>

</head>
...
```

商品数量主要是通过 JavaScript 框架 jquery 实现的。代码第①行导入 jquery 框架，jquery 框架相关知识超出了本书介绍范围，本书不再过多解释。代码第②行～第⑤行循环创建购物车数量文本框失去焦点事件 blur()，见代码第③行。代码第④行调用 calcTotal() 函数计算合计。

27.10.6　提交订单

在如图 27-35 所示页面，用户可以在商品数量文本框中修改商品数量。如果确认数量无误，用户可以单击“提交订单”按钮提交订单，如果成功则会跳转到如图27-36所示的成功页面。

图27-36 成功页面

提交订单视图函数，代码如下：

```
# coding=utf-8
# 代码文件：code/chapter27/PetStore 宠物商店项目 /app/views.py
…
# 提交订单
@app.route('/submit_order', methods=['POST'])
def submit_order():

    cart = session['cart']
    total = 0.0
    orderdetail_list = []

    # 获得订单 ID
    orderdate = datetime.datetime.today()                          ①
    orderid = int(orderdate.timestamp() * 1000)                    ②

    for item in cart:
        dao = ProductDao()
        # 按照商品 id 查询商品
        product = dao.findbyid(item[0])

        # 商品数量
        quantity = request.form['quantity_' + str(item[0])]        ③
        try:
            quantity = int(quantity)
        except:
            quantity = 0

        # 计算应付金额
        subtotal = quantity * product['unitcost']
        total += subtotal
        new_item = (orderid, item[0], quantity, product['unitcost'])
```

```
        orderdetail_list.append(new_item)

    # 从用户 Session 中取出用户 id
    userid = session['userid']
    status = 0   # 1 待付款 0 已付款
    amount = total

    # 创建订单
    order = (orderid, userid, orderdate, status, amount)
    orderdao = OrderDao()
    orderdao.create(order)                  ④

    for item in orderdetail_list:           ⑤
        orderdetaildao = OrderDetailDao()
        # 创建订单详细
        orderdetaildao.create(item)

    # 清除购物车
    session.pop('cart', None)               ⑥

    return render_template('finish.html', orderid=orderid)
```

上述代码第①行获得当前日时间，用来生成订单 Id。代码第②行生成订单 Id，订单 Id 生成规则是当前系统时间毫秒数。代码第③行是从客户端提交的表单中提取出所有商品数量输入框数据，商品数量输入框命名规则是 'quantity_' + 商品 Id。代码第④行订单数据。代码第⑤行是循环插入订单详细数据。

数据插入成功后，需要从 Session 中清除购物车信息，见代码第⑥行。

第 28 章 项目实战 6：Python 综合技术——QQ 聊天工具开发

本章介绍通过 Python 语言实现的 QQ 聊天工具项目，所涉及的知识点有面向对象、Lambda 表达式、wxPython 图形用户界面、访问数据库、线程和网络通信等，其中还会用到很多 Python 基础知识。

28.1 系统分析与设计

本节对 QQ 聊天工具项目进行分析和设计，其中设计过程包括原型设计、数据库设计和系统设计。

28.1.1 项目概述

QQ 是一个网络即时聊天工具，即时聊天工具是可以在两名或多名用户之间传递即时消息的网络软件，大部分的即时聊天软件都可以显示联络人名单，并能显示联络人是否在线，聊天者发出的每一句话都会显示在双方的屏幕上。即时聊天工具主要有以下几种：

- ICQ：最早的网络即时通信工具。1996 年三个以色列人维斯格、瓦迪和高德芬格一起开发了 ICQ 工具。ICQ 支持在 Internet 上聊天、发送消息和文件等。
- QQ：国内最流行的即时通信工具之一。
- MSN Messenger：是微软所开发，曾经在公司中广泛使用。
- 百度 HI：百度公司推出的一款集文字消息、音视频通话、文件传输等功能的即时通信软件。
- 阿里旺旺：阿里巴巴公司为自己旗下产品用户定制的商务沟通软件。
- Gtalk：Google 的即时通信工具。
- Skype：网络即时语音沟通工具。
- 微信：基于移动平台的即时通信工具。

28.1.2 需求分析

QQ 项目工具分为客户端和服务器端，客户端主要功能如下：

- 用户登录：用户打开登录窗口，单击“登录”按钮登录。客户端向服务器发送用户登录请求消息；客户端接收到服务器端返回信息，如果成功界面跳转，否则弹出提示框，提示用户登录失败。
- 打开聊天对话框：用户双击好友列表中的好友，打开聊天对话框。
- 显示好友列表：当用户登录成功后，客户端接收服务器端数据，根据数据显示好友列表。
- 刷新好友列表：每个用户上线（登录成功），服务器端会广播用户上线消息，客户端接收到用户上线消息后则将好友列表中好友在线状态更新。
- 向好友发送消息：用户在聊天对话框中发送消息给好友，服务器端接收到这个消息后，转发给用户好友。

- 接收好友消息：客户端接收好友消息，这个消息是服务器端转发的。
- 用户下线：单击好友列表的关闭窗口，则用户下线。客户端向服务器发送用户下线消息。

采用用例分析方法描述客户端用例图，如图 28-1 所示。

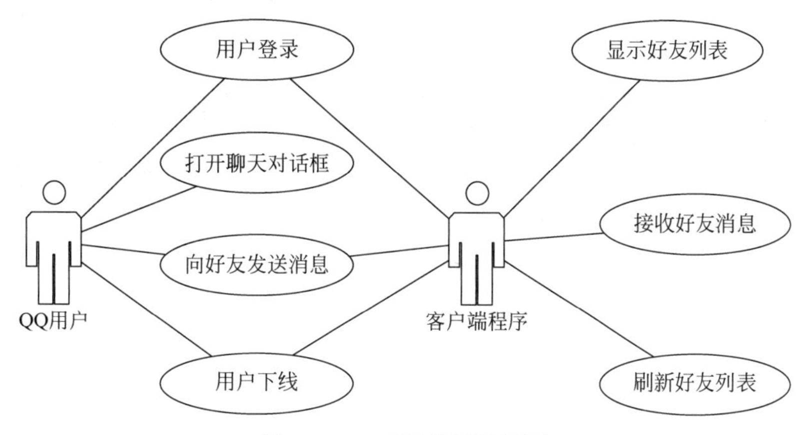

图 28-1　QQ 项目客户端用例图

服务器端主要功能如下：

- 客户端用户登录：客户端用户发生登录请求，服务器端查询数据库用户信息，验证用户登录。用户登录成功后服务器端将好友信息发送给客户端。
- 广播在线用户列表：用户好友列表状态是不断变化的，服务器端会定期发送在线的用户列表，以便于客户端刷新自己的好友列表。
- 接收用户消息：用户在聊天时发送消息给服务器端，服务器端一直不断地接收用户消息。
- 转发消息给好友：服务器端接收到用户发送的聊天信息，然后再将消息转发给好友。采用用例分析方法描述服务器端用例图，如图 28-2 所示。

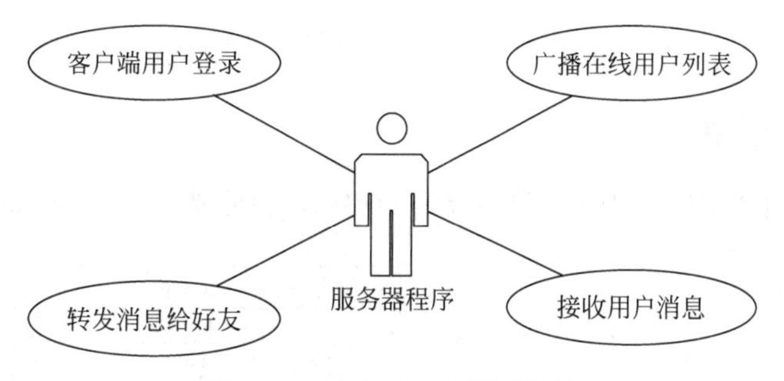

图 28-2　QQ 项目服务器端用例图

28.1.3　原型设计

服务器端没有界面，也没有原型设计，而客户端有界面和原型设计。原型设计主要应用于图形界面应用程序，原型设计对于系统设计人员、开发人员、测试人员、UI 设计人员以及用户都是非常重要的。QQ 项目客户端原型设计图如图 28-3 所示。

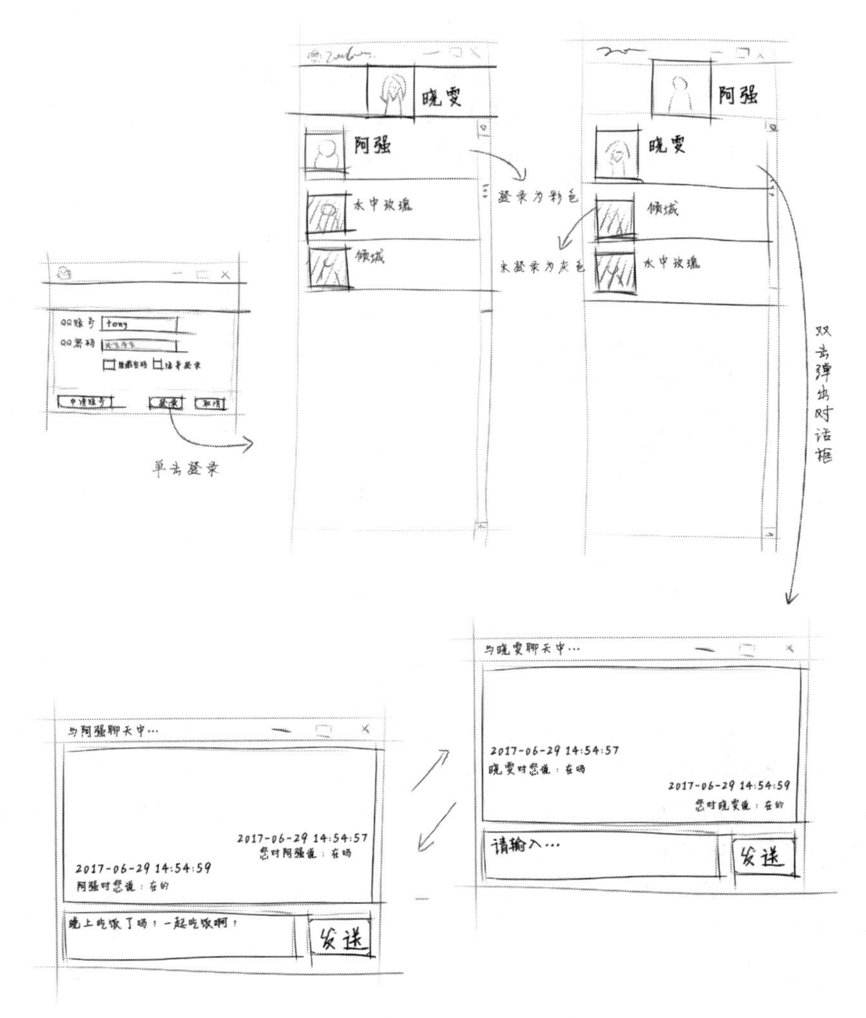

图 28-3　QQ 项目客户端原型设计图

28.1.4　数据库设计

QQ 项目中客户端没有数据库，只有服务器端有数据库，服务器数据库设计如图 28-4 所示。

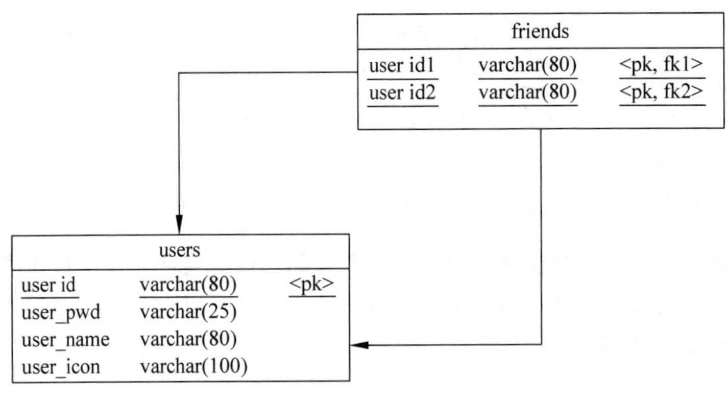

图 28-4　数据库设计模型

现对数据库设计模型中各个表进行如下说明。

1．用户表

用户表（users）是 QQ 的注册用户，用户 Id（user_id）是主键，用户表结构如表 28-1 所示。

表 28-1　用户表

字 段 名	数据类型	长　度	精　度	主　键	外　键	备　注
user_id	varchar(80)	80	-	是	否	用户 Id
user_pwd	varchar(25)	25	-	否	否	用户密码
user_name	varchar(80)	80	-	否	否	用户名
user_icon	varchar(100)	100	-	否	否	用户头像

2．用户好友表

用户好友表（friends）只有两个字段用户 Id1 和用户 Id2，它们是用户好友的联合主键，给定一个用户 Id1 和用户 Id2 可以确定用户好友表中唯一一条数据，这是“主键约束”。用户好友表与用户表关系比较复杂，用户好友表的两个字段都引用到用户表用户 Id 字段，用户好友表中的用户 Id1 和用户 Id2 都是必须是用户表中存在的用户 Id，这是“外键约束”，用户好友表结构如表 28-2 所示。

表 28-2　用户好友表

字 段 名	数据类型	长　度	精　度	主　键	外　键	备　注
user_id1	varchar(80)	80	-	是	是	用户 Id1
user_id2	varchar(80)	80	-	是	是	用户 Id2

对于初学者理解用户好友表与用户表的关系有一定的困难，下面通过图 28-5 进一步理解它们之间的关系。从图中可见用户好友表中的 user_id1 和 user_id2 数据都是用户表 user_id 存在的。

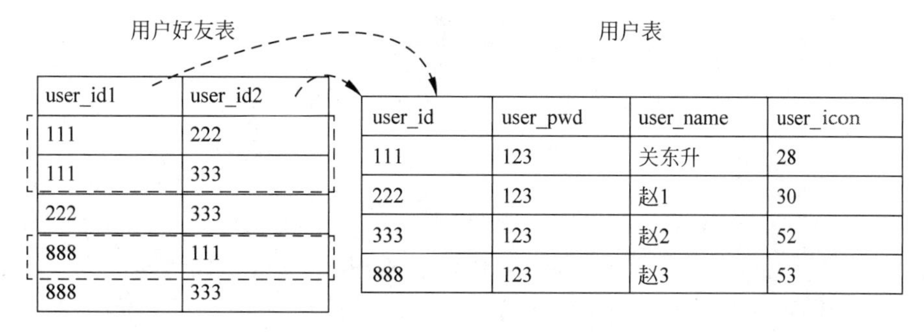

图 28-5　用户好友表与用户表数据

那么用户 111 的好友应该有 222、333 和 888，凡是好友表中 user_id1 或 user_id2 等于 111 的数据都是其好友。要想通过一条 SQL 语句查询出用户 111 的好友信息，可以有多种写法，主要使用表连接或子查询实现，如下代码是笔者通过子查询实现的 SQL 语句。

```
select user_id,user_pwd,user_name,user_icon FROM users
  WHERE user_id IN (select user_id2 as user_id  from friends where user_id1 = 111)
    OR user_id IN (select user_id1 as user_id  from friends where user_id2 = 111)
```

其中 select user_id2 as user_id from friend where user_id1 = 111 和 select user_id1 as user_id from friend where user_id2 = 111 是两个子查询，分别查询出好友表中 user_id1=111 的 user_id2 的数据和 user_id2=111 的 user_id1 的数据。

在 MySQL 数据库执行 SQL 语句，结果如图 28-6 所示。

```
命令提示符 - mysql -hlocalhost -uroot -p
mysql> select user_id,user_pwd,user_name,user_icon FROM users
    ->   WHERE user_id IN (select user_id2 as user_id  from friends where user_id1 = 111)
    ->      OR user_id IN (select user_id1 as user_id  from friends where user_id2 = 111)
    -> ;
+---------+----------+-----------+-----------+
| user_id | user_pwd | user_name | user_icon |
+---------+----------+-----------+-----------+
| 222     | 123      | 赵1       | 30        |
| 333     | 123      | 赵2       | 52        |
| 888     | 123      | 赵3       | 53        |
+---------+----------+-----------+-----------+
3 rows in set (0.01 sec)

mysql>
```

图 28-6 子查询实现 SQL 语句

28.1.5 网络拓扑图

QQ 项目分为客户端和服务器端，采用 C/S（客户端 / 服务器端）网络结构，如图 28-7 所示，服务器端只有一个，客户端可以有多个。

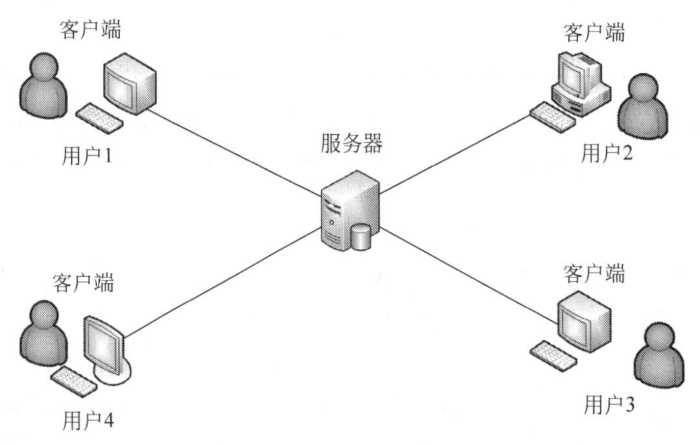

图 28-7 QQ 项目网络结构

28.1.6 系统设计

系统设计也分为客户端和服务器端。

1．客户端系统设计

如图 28-8 所示是客户端类图，客户端有三个窗口：用户登录窗口 LoginFrame、好友列表窗口 FriendsFrame 和聊天窗口 ChatFrame，其中 CartFrame 与 FriendsFrame 有关联关系。

2．服务器端系统设计

服务器端没有图形用户界面，服务器端主程序并不是面向对象的，主程序没有封装成为类。但服务器端访问数据库的数据持久层是面向对象的，类图如图 28-9 所示。

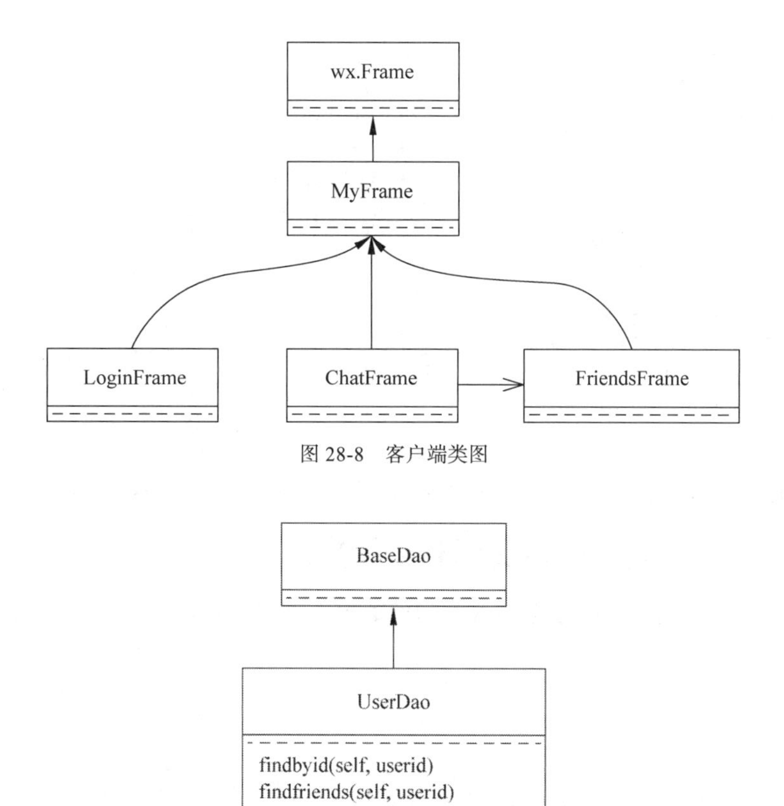

图 28-8　客户端类图

图 28-9　服务器端数据持久层类图

28.2　任务 1：创建服务器端数据库

在设计完成后，编写 Python 代码之前应该先创建服务器端数据库。

28.2.1　迭代 1.1：安装和配置 MySQL 数据库

首先应该为开发该项目准备好数据库。本书推荐使用 MySQL 数据库，如果没有安装 MySQL 数据库，可以参考 19.2 节安装 MySQL 数据库。

28.2.2　迭代 1.2：编写数据库 DDL 脚本

按照图 28-4 所示的数据库设计模型可以编写出数据库 DDL 脚本。当然，也可以通过一些工具生成 DDL 脚本，然后把这个脚本导入到数据库中执行就可以了。下面是编写的 DDL 脚本。

```
/* 删除数据库 */
DROP DATABASE IF EXISTS qq;

/* 创建数据库 */
CREATE DATABASE  IF NOT EXISTS  qq;

use qq;

/* 用户表 */
```

```
CREATE TABLE IF NOT EXISTS users (
    user_id varchar(80) not null,        /* 用户Id  */
    user_pwd varchar(25)  not null,      /* 用户密码 */
    user_name varchar(80) not null,      /* 用户名 */
    user_icon varchar(100) not null,     /* 用户头像 */
PRIMARY KEY (user_id));


/* 用户好友表Id1和Id2互为好友 */
CREATE TABLE IF NOT EXISTS friends (
    user_id1 varchar(80) not null,       /* 用户Id1  */
    user_id2 varchar(80) not null,       /* 用户Id2  */
PRIMARY KEY (user_id1, user_id2));
```

如果读者对于编写DDL脚本不熟悉，可以直接使用笔者编写好的qq-mysql-schema.sql脚本文件。

28.2.3 迭代1.3：插入初始数据到数据库

QQ项目服务器端有一些初始的数据，这些初始数据在创建数据库之后插入。这些插入数据的语句如下：

```
use qq;

/* 用户表数据 */
INSERT INTO users VALUES('111','123', '关东升', '28');
INSERT INTO users VALUES('222','123', '赵1', '30');
INSERT INTO users VALUES('333','123', '赵2', '52');
INSERT INTO users VALUES('888','123', '赵3', '53');

/* 用户好友表Id1和Id2互为好友 */
INSERT INTO friends VALUES('111','222');
INSERT INTO friends VALUES('111','333');
INSERT INTO friends VALUES('888','111');
INSERT INTO friends VALUES('222','333');
```

如果读者不愿意自己编写插入数据的脚本文件，可以直接使用笔者编写好的qq-mysql-dataload.sql脚本文件。

28.3 任务2：创建项目

微课视频

为了便于管理和发布，客户端和服务器分为两个不同的项目：QQ客户端项目和QQ服务器项目。笔者推荐使用PyCharm IDE工具。

28.3.1 迭代2.1：创建QQ客户端项目

参考3.2节创建PyCharm IDE工具创建项目“QQ客户端项目”，如图28-10所示。

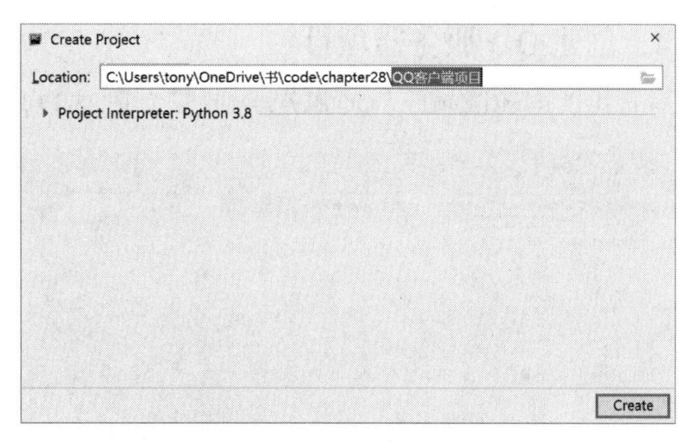

图 28-10　创建 QQ 客户端项目

28.3.2　迭代 2.2：QQ 客户端项目中添加资源图片

项目中会用到很多资源图片，为了使用方便，这些图片最好放到一个项目目录下。参考图 28-11，在项目根目录下创建 resource 文件夹，然后在 resource 文件夹下再创建 icon 和 images 文件夹，项目的所有资源文件（声音、图片和配置文件等）都要放到该 resource 目录下，这就是资源目录。images 文件夹是项目所需的资源图片文件，icon 文件夹是项目所需的图标文件。然后将本章配套资源图片复制到项目的 images 和 icon 文件夹中。

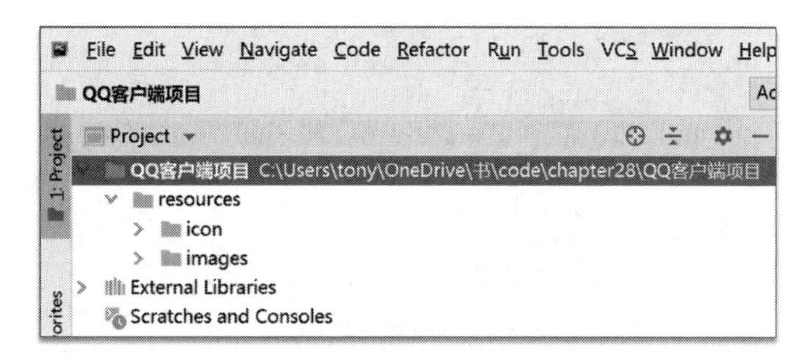

图 28-11　QQ 客户端项目 resource 资源目录

28.3.3　迭代 2.3：QQ 客户端项目中添加包

在 QQ 客户端项目中创建包 qq.frame，如图 28-12 所示。

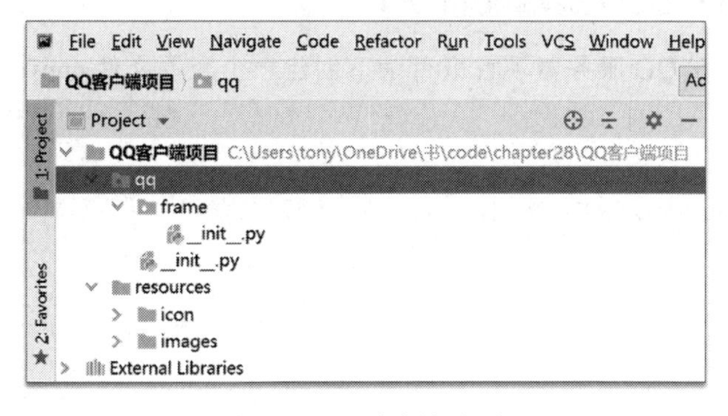

图 28-12　QQ 客户端项目包

28.3.4 迭代 2.4：创建 QQ 服务器项目

参考 3.2 节创建 PyCharm IDE 工具创建项目“QQ 服务器项目”，如图 28-13 所示。

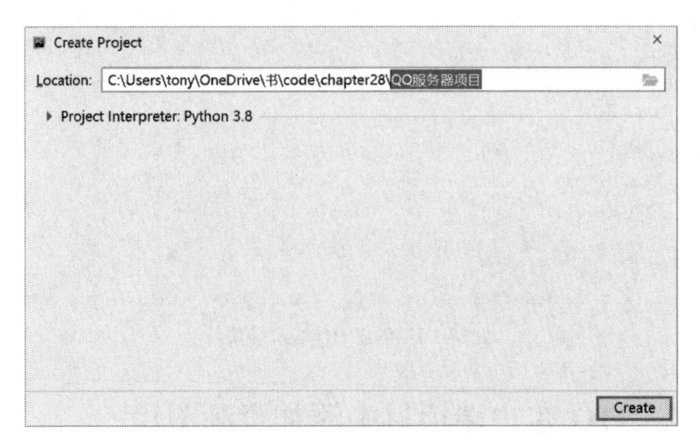

图 28-13 创建 QQ 服务器项目

28.3.5 迭代 2.5：QQ 服务器项目中添加包

在 QQ 服务器项目中创建包 qq.dao，如图 28-14 所示。

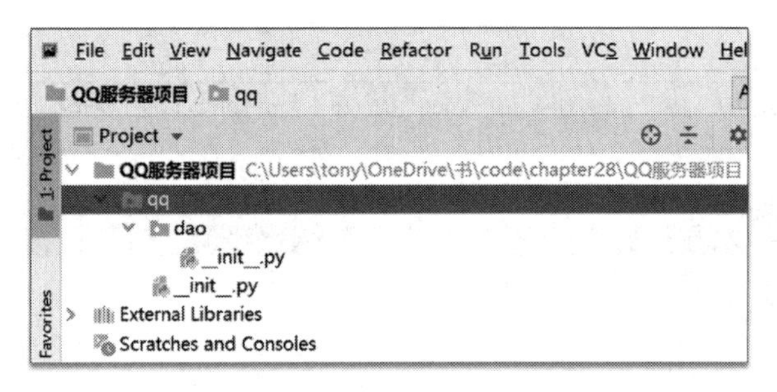

图 28-14 QQ 服务器项目包

28.4 任务 3：服务器项目数据持久层

微课视频

服务器项目是通过数据持久层访问数据库，主要类有 BaseDao 和 UserDao。

28.4.1 迭代 3.1：服务器端配置文件

为了配置项目方便，在 QQ 服务器项目根目录下创建一个配置文件 config.py，config.py 文件内容如下：

```
# coding=utf-8
# 代码文件：code/chapter28/QQ服务器项目/config.py
# 服务器配置文件

# 数据库设置
DB_HOST = '127.0.0.1'
DB_PORT = 3306
```

```
DB_USER = 'root'
DB_PASSWORD = '12345'
DB_DATABASE = 'qq'
DB_CHARSET = 'utf8'

# 服务器端端口号
SERVER_PORT = 8888
```

在 config.py 文件配置了数据库连接信息和服务器端口。

28.4.2　迭代 3.2：编写 base_dao 模块

base_dao 模块中定义了 DAO 基类是 BaseDao，base_dao 模块代码如下：

```
# coding=utf-8
# 代码文件：code/chapter28/QQ 服务器项目 /qq/dao/base_dao.py

""" 定义 DAO 基类 """

import pymysql

import config


class BaseDao(object):                                          ①
    def __init__(self):                                         ②
        # 从配置文件中读取信息
        host = config.DB_HOST                                   ③
        user = config.DB_USER
        port = config.DB_PORT
        password = config.DB_PASSWORD
        database = config.DB_DATABASE
        charset = config.DB_CHARSET                             ④

        self.conn = pymysql.connect(host=host,
                                    user=user,
                                    port=port,
                                    password=password,
                                    database=database,
                                    charset=charset)            ⑤

        def close(self):                                        ⑥
        """ 关闭数据库连接 """
        self.conn.close()
```

上述代码第①行定义了 DAO 基类 BaseDao，它直接继承 object 类。代码第②行是 BaseDao 类构造方法，在该构造方法中读取配置文件信息。代码第③行～第④行读取配置文件中数据库相关的配置信息。

代码第⑤行是创建数据库连接对象 conn，注意它是成员变量。代码第⑥行是定义 close() 方法用来关闭数据库连接。

28.4.3　迭代 3.3：编写用户管理 DAO 类

用户管理 UserDAO 类代码如下：

```
# coding=utf-8
# 代码文件：code/chapter28/QQ服务器项目/qq/dao/user_dao.py

"""用户管理DAO"""
from qq.dao.base_dao import BaseDao


class UserDao(BaseDao):
    def __init__(self):
        super().__init__()

    def findbyid(self, userid):   ①
        """根据用户id查询用户信息"""

        try:
            # 2. 创建游标对象
            with self.conn.cursor() as cursor:
                # 3. 执行SQL操作
                sql = 'select user_id,user_pwd,user_name, user_icon ' \
                      'from users where user_id =%s'
                cursor.execute(sql, userid)
                # 4. 提取结果集
                row = cursor.fetchone()

                if row is not None:
                    user = {}
                    user['user_id'] = row[0]
                    user['user_pwd'] = row[1]
                    user['user_name'] = row[2]
                    user['user_icon'] = row[3]
                    return user

                # with代码块结束
                # 5. 关闭游标

        finally:
            # 6. 关闭数据连接
            self.close()

    def findfriends(self, userid):                  ②
        """根据用户id查询好友信息"""

        users = []
        try:
            # 2. 创建游标对象
            with self.conn.cursor() as cursor:
                # 3. 执行SQL操作
                sql = 'select user_id,user_pwd,user_name,user_icon FROM users WHERE ' \
                      ' user_id IN (select user_id2 as user_id from friends where user_id1
= %s)' \
                      ' OR user_id IN (select user_id1 as user_id from friends where user_
id2 = %s)'                                          ③
```

```
            cursor.execute(sql, (userid, userid))
            # 4. 提取结果集
            result_set = cursor.fetchall()

            for row in result_set:
                user = {}
                user['user_id'] = row[0]
                user['user_pwd'] = row[1]
                user['user_name'] = row[2]
                user['user_icon'] = row[3]

                users.append(user)
            # with 代码块结束
            # 5. 关闭游标
    finally:
        # 6. 关闭数据连接
        self.close()

    return users
```

代码第①行 findbyid(self, userid) 方法是定义按照主键查询。代码第②行 findfriends(self, userid) 方法是定义按照用户 id 查找其好友数据。代码第③行 SQL 语句使用了子查询。

28.5　任务 4：QQ 客户端项目 UI 实现

QQ 客户端 UI 开发的工作量是很大的，有很多细节工作需要完成。

微课视频

28.5.1　迭代 4.1：客户端配置文件

为了配置项目方便，在 QQ 客户端项目根目录下创建一个配置文件 config.py，config.py 文件内容如下：

```
# coding=utf-8
# 代码文件：code/chapter28/QQ 服务器项目 /config.py
# QQ 客户端配置文件

# 服务器端 IP
SERVER_IP = '127.0.0.1'
# 服务器端口号
SERVER_PORT = 8888
```

在 config.py 文件配置了服务器的 IP 和端口。

28.5.2　迭代 4.2：编写 my_frame 模块

my_frame 模块中定义了自定义窗口类 MyFrame 和一些模块变量。my_frame 模块中代码如下：

```
# coding=utf-8
# 代码文件：code/chapter28/QQ 客户端项目 /qq/frame/my_frame.py

""" 定义 Frame 窗口基类 """
import socket
import sys
```

```
import wx

from config import *

# 操作命令代码
COMMAND_LOGIN = 1  # 登录命令                                          ①
COMMAND_LOGOUT = 2  # 下线命令
COMMAND_SENDMSG = 3  # 发消息命令
COMMAND_REFRESH = 4  # 刷新好友列表命令                                ②

# 登录结果
RESULT_SUCCESS = '0'  # '0'登录成功                                    ③
RESULT_FAILURE = '-1'  # '-1'登录失败                                  ④

# 服务器地址
server_address = (SERVER_IP, SERVER_PORT)

client_socket = socket.socket(socket.AF_INET, socket.SOCK_DGRAM)     ⑤
# 设置超时1秒，不再等待接收数据
client_socket.settimeout(1)                                          ⑥


class MyFrame(wx.Frame):                                             ⑦
    def __init__(self, title, size):
        super().__init__(parent=None, title=title, size=size,
             style=wx.DEFAULT_FRAME_STYLE ^ wx.MAXIMIZE_BOX)         ⑧
        # 设置窗口居中
        self.Centre()
        # 设置Frame窗口内容面板
        self.contentpanel = wx.Panel(parent=self)                    ⑨

        ico = wx.Icon('resources/icon/qq.ico', wx.BITMAP_TYPE_ICO)
        # 设置窗口图标
        self.SetIcon(ico)                                            ⑩
        # 设置窗口的最大和最小尺寸
        self.SetSizeHints(size, size)                                ⑪
        self.Bind(wx.EVT_CLOSE, self.OnClose)                        ⑫

    def OnClose(self, event):                                        ⑬
        # 退出系统
        self.Destroy()
        client_socket.close()
        sys.exit(0)
```

上述代码第①行～第⑤行是在my_frame模块中定义的变量，这些变量在所有导入my_frame模块的代码中都可以使用。代码第①行～第②行为定义操作命令代码标识。代码第③行和第④行为定义登录结果标识。代码第⑤行窗口创建了基于UDP Socket的对象。代码第⑥行设置了Socket超时时间。

代码第⑦行定义自定窗口类MyFrame，直接继承wx.Frame。代码第⑧行调用父类构造方法，其中style参数是设置窗口的样式，其取值是wx.DEFAULT_FRAME_STYLE ^ wx.MAXIMIZE_BOX这是表示wx.DEFAULT_FRAME_STYLE与wx.MAXIMIZE_BOX进行位异或运算，最后的结果是除了

wx.MAXIMIZE_BOX（最大化按钮）样式以外的样式。代码第⑨行为窗口添加一个内容面板，在此窗口类中子窗口和控件都放入到该面板中。代码第⑩行是为窗口设置图标，这样所有的窗口都有相同图标。

代码第⑪行 SetSizeHints() 方法是设置窗口的最大尺寸和最小尺寸，而本例中最大尺寸和最小尺寸相等，也就是这个窗口不能改变大小，本项目中的窗口全部是这样的特点。代码第⑫行是为窗口绑定关闭窗口事件。当用户关闭窗口时，会调用 OnClose(self, event) 方法，见代码第⑬行，在该方法中 self.Destroy() 是释放窗口中占用资源，client_socket.close() 关闭 Socket 释放资源，sys.exit(0) 是退出系统。

28.5.3　迭代 4.3：登录窗口实现

客户端启动后应马上显示用户登录窗口，界面如图 28-15 所示。界面中有很多组件，但是本例中主要使用文本框、密码框和两个按钮。用户输入 QQ 号码和 QQ 密码，单击“登录”按钮，如果输入的账号和密码正确，则登录成功并进入好友列表窗口；如果输入的不正确，则弹出如图 28-16 所示的对话框。

注意：如果登录是出现如图 28-17 所示的提示对话框，很可能服务器端没有启动。

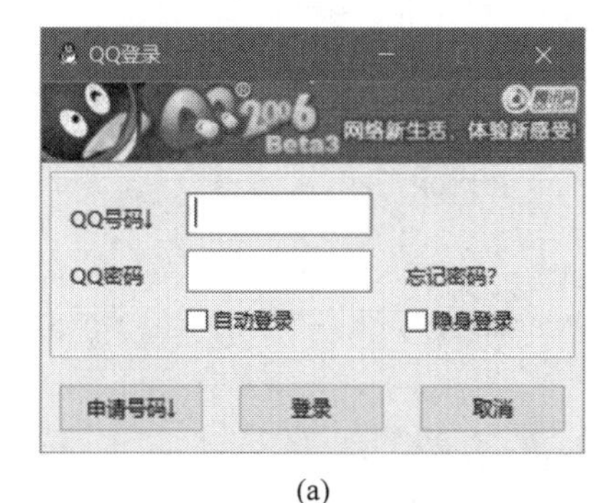

(a)

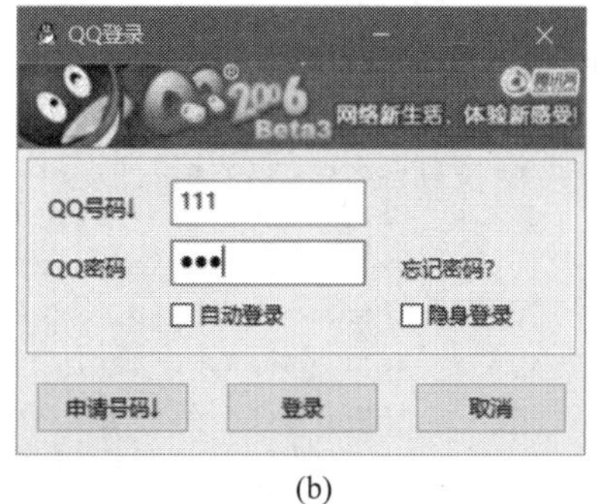

(b)

图 28-15　登录窗口

图 28-16　登录失败提示

图 28-17　服务器超时提示

用户登录窗口 LoginFrame 代码如下：

```
# coding=utf-8
# 代码文件：code/chapter28/QQ 客户端项目 /qq/frame/login_frame.py

""" 用户登录窗口 """
import json

from qq.frame.friends_frame import FriendsFrame
from qq.frame.my_frame import *


class LoginFrame(MyFrame):
```

```
    def __init__(self):
        super().__init__(title='QQ登录', size=(340, 255))

        # 创建顶部图片
        topimage = wx.Bitmap('resources/images/QQ11.JPG', wx.BITMAP_TYPE_JPEG)
        topimage_sb = wx.StaticBitmap(self.contentpanel, bitmap=topimage)

        # 创建界面控件
        middlepanel = wx.Panel(self.contentpanel, style=wx.BORDER_DOUBLE)

        accountid_st = wx.StaticText(middlepanel, label='QQ号码↓')
        password_st = wx.StaticText(middlepanel, label='QQ密码')
        self.accountid_txt = wx.TextCtrl(middlepanel)
        self.password_txt = wx.TextCtrl(middlepanel, style=wx.TE_PASSWORD)

        st = wx.StaticText(middlepanel, label='忘记密码?')
        st.SetForegroundColour(wx.BLUE)

        # 创建FlexGrid布局fgs对象
        fgs = wx.FlexGridSizer(3, 3, 8, 20)
        fgs.AddMany([(accountid_st, 0, wx.ALIGN_BOTTOM),
                     self.accountid_txt,
                     wx.StaticText(middlepanel),
                     (password_st, 0, wx.ALIGN_BOTTOM),
                     self.password_txt,
                     (st, 0, wx.ALIGN_BOTTOM),
                     wx.StaticText(middlepanel),
                     wx.CheckBox(middlepanel, label='自动登录'),
                     wx.CheckBox(middlepanel, label='隐身登录')])

        panelbox = wx.BoxSizer()
        panelbox.Add(fgs, flag=wx.ALL, border=10)
        middlepanel.SetSizer(panelbox)

        # 创建按钮对象
        okb_btn = wx.Button(parent=self.contentpanel, label='登录')
        self.Bind(wx.EVT_BUTTON, self.okb_btn_onclick, okb_btn)
        cancel_btn = wx.Button(parent=self.contentpanel, label='取消')
        self.Bind(wx.EVT_BUTTON, self.cancel_btn_onclick, cancel_btn)

        # 创建水平Box布局hbox对象
        hbox = wx.BoxSizer(wx.HORIZONTAL)
      hbox.Add(wx.Button(parent=self.contentpanel, label='申请号码↓'), flag=wx.ALL,
               border=10)
        hbox.Add(okb_btn, flag=wx.ALL, border=10)
        hbox.Add(cancel_btn, flag=wx.ALL, border=10)

        vbox = wx.BoxSizer(wx.VERTICAL)
        vbox.Add(topimage_sb)
        vbox.Add(middlepanel, flag=wx.ALL | wx.EXPAND, border=5)
        vbox.Add(hbox, flag=wx.BOTTOM, border=1)
```

```
        self.contentpanel.SetSizer(vbox)

    def okb_btn_onclick(self, event):                                    ①
        """ 确定按钮事件处理 """

        account = self.accountid_txt.GetValue()
        password = self.password_txt.GetValue()
        user = self.login(account, password)                             ②

        if user is not None and user['result'] == RESULT_SUCCESS:
            print(' 登录成功。')
            next_frame = FriendsFrame(user)
            next_frame.Show()
            self.Hide()
        elif user is not None and user['result'] == RESULT_FAILURE:
            print(' 登录失败。')
            dlg = wx.MessageDialog(self, ' 您 QQ 号码或密码不正确 ',
                                   ' 登录失败 ',
                                   wx.OK | wx.ICON_ERROR)                ③
            dlg.ShowModal()                                              ④
            dlg.Destroy()                                                ⑤
        else:
            dlg = wx.MessageDialog(self, ' 请检查服务器是否启动！ ',
                                   ' 服务器超时 ',
                                   wx.OK | wx.ICON_INFORMATION)          ⑥
            dlg.ShowModal()
            dlg.Destroy()

    def cancel_btn_onclick(self, event):
        """ 取消按钮事件处理 """

        # 退出系统
        self.Destroy()
        sys.exit(0)

    def login(self, userid, password):
        """ 客户端向服务器发送登录请求 """

        # TODO 登录处理
```

上述代码第①行定义的 okb_btn_onclick(self, event) 方法是用户单击登录按钮时调用的。其中代码第②行调用了 self.login(account, password) 方法进行登录处理，如果登录成功则返回当前用户信息，如果返回的为 None 则表示登录失败。

代码第③行创建对话框，其中参数 wx.OK | wx.ICON_ERROR 设置对话框有一个确定按钮，以及错误图标，如图 28-16 所示。代码第④行是弹出对话框，代码第⑤行释放资源。

代码第⑥行创建对话框，其中参数 wx.OK | wx.ICON_INFORMATION 设置对话框有一个确定按钮，以及提示信息图标，如图 28-17 所示。

28.5.4　迭代 4.4：好友列表窗口实现

在客户端用户登录成功之后，界面会跳转到好友列表窗口，如图 28-18 所示。

好友列表窗口类 FriendsFrame 代码如下：

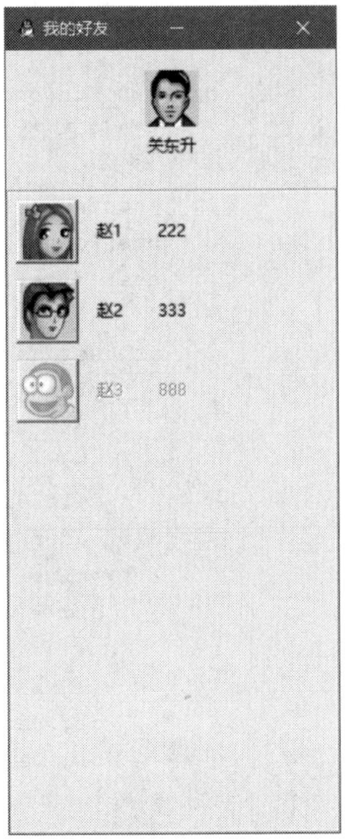

图 28-18　好友列表窗口

```
# coding=utf-8
# 代码文件：code/chapter28/QQ 客户端项目 /qq/frame/friends_frame.py

""" 好友列表窗口 """

import json
import threading

from wx.lib.scrolledpanel import ScrolledPanel

from qq.frame.chat_frame import ChatFrame
from qq.frame.my_frame import *

class FriendsFrame(MyFrame):
    def __init__(self, user):
        super().__init__(title=' 我的好友 ', size=(260, 600))

        self.chatFrame = None

        # 用户信息
        self.user = user
        # 好友列表
        self.friends = user['friends']
        # 保存好友控件的列表
        self.friendctrols = []  ①

        usericonfile = 'resources/images/{0}.jpg'.format(user['user_icon'])
        usericon = wx.Bitmap(usericonfile, wx.BITMAP_TYPE_JPEG)
        # 顶部面板
        toppanel = wx.Panel(self.contentpanel)
        usericon_sbitmap = wx.StaticBitmap(toppanel, bitmap=usericon)
        username_st = wx.StaticText(toppanel, style=wx.ALIGN_CENTRE_HORIZONTAL,
                                    label=user['user_name'])

        # 创建顶部 box 布局管理对象
        topbox = wx.BoxSizer(wx.VERTICAL)
        topbox.AddSpacer(15)
        topbox.Add(usericon_sbitmap, 1, wx.CENTER)
        topbox.AddSpacer(5)
        topbox.Add(username_st, 1, wx.CENTER)
        toppanel.SetSizer(topbox)

        # 好友列表面板
        panel =ScrolledPanel(self.contentpanel, -1, size=(260, 1000), style=wx.DOUBLE_BORDER)

        gridsizer = wx.GridSizer(cols=1, rows=20, gap=(1, 1))
        if len(self.friends) > 20:
            gridsizer = wx.GridSizer(cols=1, rows=len(self.friends), gap=(1, 1))

        # 添加好友到好友列表面板
```

```
        for index, friend in enumerate(self.friends):                               ②

            friendpanel = wx.Panel(panel, id=index)

            fdname_st = wx.StaticText(friendpanel, id=index, style=wx.ALIGN_CENTRE_HORIZONTAL,
                                      label=friend['user_name'])

            fdqq_st = wx.StaticText(friendpanel, id=index, style=wx.ALIGN_CENTRE_HORIZONTAL,
                                    label=friend['user_id'])

            path = 'resources/images/{0}.jpg'.format(friend['user_icon'])
            icon = wx.Bitmap(path, wx.BITMAP_TYPE_JPEG)

            # 如果好友在线 fdqqname_st 可用，否则不可用
            if friend['online'] == '0':                                              ③
                # 转换为灰色图标
                icon2 = icon.ConvertToDisabled()                                     ④
                fdicon_sb = wx.StaticBitmap(friendpanel, id=index, bitmap=icon2,
                                            style=wx.BORDER_RAISED)
                fdicon_sb.Enable(False)                                              ⑤
                fdname_st.Enable(False)                                              ⑥
                fdqq_st.Enable(False)                                                ⑦
                self.friendctrols.append((fdname_st, fdqq_st, fdicon_sb, icon))      ⑧
            else:
                 fdicon_sb = wx.StaticBitmap(friendpanel, id=index, bitmap=icon, style=wx.
BORDER_RAISED)
                fdicon_sb.Enable(True)
                fdname_st.Enable(True)
                fdqq_st.Enable(True)
                self.friendctrols.append((fdname_st, fdqq_st, fdicon_sb, icon))      ⑨

            # 为好友图标、昵称和 QQ 控件添加双击事件处理
            fdicon_sb.Bind(wx.EVT_LEFT_DCLICK, self.on_dclick)
            fdname_st.Bind(wx.EVT_LEFT_DCLICK, self.on_dclick)
            fdqq_st.Bind(wx.EVT_LEFT_DCLICK, self.on_dclick)

            friendbox = wx.BoxSizer(wx.HORIZONTAL)
            friendbox.Add(fdicon_sb, 1, wx.CENTER)
            friendbox.Add(fdname_st, 1, wx.CENTER)
            friendbox.Add(fdqq_st, 1, wx.CENTER)

            friendpanel.SetSizer(friendbox)

            gridsizer.Add(friendpanel, 1, wx.ALL, border=5)

        panel.SetSizer(gridsizer)


        # 创建整体 box 布局管理器
        box = wx.BoxSizer(wx.VERTICAL)
        box.Add(toppanel, -1, wx.CENTER | wx.EXPAND)
```

```
        box.Add(panel, -1, wx.CENTER | wx.EXPAND)
        self.contentpanel.SetSizer(box)

    def on_dclick(self, event):
        # 获得选中 friends 的好友索引
        fid = event.GetId()

        if self.chatFrame is not None and self.chatFrame.IsShown():
            dlg = wx.MessageDialog(self, '聊天窗口已经打开。',
                                   '操作失败',
                                   wx.OK | wx.ICON_ERROR)
            dlg.ShowModal()
            dlg.Destroy()
            return

        # 停止当前线程
        self.is_running = False
        self.t1.join()

        self.chatFrame = ChatFrame(self, self.user, self.friends[fid])
        self.chatFrame.Show()

        event.Skip()

    # TODO 启动接收消息子线程
    # TODO 刷新好友列表
```

上述代码第①行定义了成员列表变量 friendctrols，它用来保存好友图标等控件。代码第②行遍历所有好友列表，其中 index 是循环变量，friend 是取出的好友。代码第③行是判断好友是否在线，其中 friend['online']=='0' 好友下线，friend['online']=='1' 好友在线。在好友不在线时，需要将好友的图标（fdicon_sb）、名字静态文本（fdname_st）和 QQ 静态文本（fdqq_st）等控件设置为不可用，见代码第⑤行、第⑥行和第⑦行。

提示： wx.StaticBitmap 控件即便设置为不可用，它显示的图标或图片仍然是高亮的，要达到灰色的效果，需要对原始图片进行处理，使其转换为灰色图片，代码第④行 wx.Bitmap 的 ConvertToDisabled() 方法可以将图片转换为灰色图片。

代码第⑧行和第⑨行是将好友的图标等控件保存到一个元组中，再将该元组保存到 friendctrols 列表中，其中元组有 4 个元素，即 (fdname_st, fdqq_st, fdicon_sb, icon)。

另外，有关用户下线、启动接收消息子线程和刷新好友列表，这些处理会在后面详细介绍。

28.5.5 迭代 4.5：聊天窗口实现

在客户端用户双击好友列表中的好友，会弹出好友聊天窗口，界面如图 28-19（a）所示，在这里可以给好友发送聊天信息，可以接收好友回复的信息，如图 28-19（b）所示。

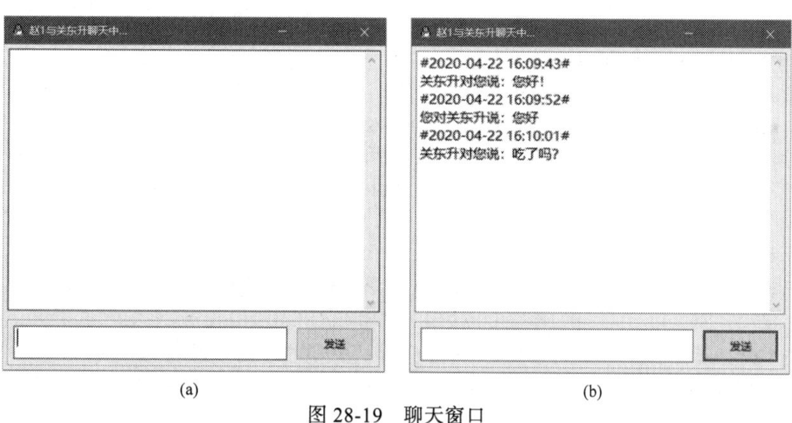

(a)　(b)

图 28-19　聊天窗口

聊天窗口类 ChatFrame 代码如下：

```
# coding=utf-8
# 代码文件：chapter28/QQ/com/zhijieketang/qq/client/chat_frame.py

""" 好友聊天窗口 """

import datetime
import json
import threading

from com.zhijieketang.qq.client.my_frame import *


class ChatFrame(MyFrame):
    def __init__(self, friendsframe, user, friend):
        super().__init__(title='', size=(450, 400))

        self.friendsframe = friendsframe

        self.user = user
        self.friend = friend

        title = '{0} 与 {1} 聊天中 ...'.format(user['user_name'], friend['user_name'])
        self.SetTitle(title)

        # 创建查看消息文本输入控件
        self.seemsg_tc = wx.TextCtrl(self.contentpanel, style=wx.TE_MULTILINE | wx.TE_READONLY)
        self.seemsg_tc.SetFont(wx.Font(11, wx.FONTFAMILY_DEFAULT,
                                       wx.FONTSTYLE_NORMAL,
                                       wx.FONTWEIGHT_NORMAL, faceName=' 微软雅黑 '))

        # 底部发送消息面板
        bottompanel = wx.Panel(self.contentpanel, style=wx.DOUBLE_BORDER)

        bottomhbox = wx.BoxSizer()
        # 创建发送消息文本输入控件
```

```
        self.sendmsg_tc = wx.TextCtrl(bottompanel)
        # 设置焦点到发送消息文本输入控件
        self.sendmsg_tc.SetFocus()
        self.sendmsg_tc.SetFont(wx.Font(11, wx.FONTFAMILY_DEFAULT,
                                        wx.FONTSTYLE_NORMAL,
                                        wx.FONTWEIGHT_NORMAL, faceName='微软雅黑'))

        sendmsg_btn = wx.Button(bottompanel, label='发送')
        self.Bind(wx.EVT_BUTTON, self.on_click, sendmsg_btn)

        bottomhbox.Add(self.sendmsg_tc, 5, wx.CENTER | wx.ALL | wx.EXPAND, border=5)
        bottomhbox.Add(sendmsg_btn, 1, wx.CENTER | wx.ALL | wx.EXPAND, border=5)
        bottompanel.SetSizer(bottomhbox)

        # 创建整体Box布局管理对象
        box = wx.BoxSizer(wx.VERTICAL)
        box.Add(self.seemsg_tc, 5, wx.CENTER | wx.ALL | wx.EXPAND, border=5)
        box.Add(bottompanel, 1, wx.CENTER | wx.ALL | wx.EXPAND, border=5)
        self.contentpanel.SetSizer(box)

        # 消息日志
        self.msglog = ''

    def on_click(self, event):
        # 发送消息
        # TODO 发送消息

# TODO 接收消息

    # 重写OnClose方法
    def OnClose(self, event):  ①
        # 停止当前子线程
        self.is_running = False
        self.t1.join()
        self.Hide()
        # 重启好友列表窗口子线程
        self.friendsframe.resettread()
```

用户关闭聊天窗口并不退出系统，见代码第①行，只是停止当前窗口中的线程，隐藏当前窗口，回到好友列表界面，并重启好友列表线程。

提示： 当前窗口中启动的线程，在窗口退出或隐藏时，一定要先停止线程再退出或隐藏窗口。

28.6 任务5：用户登录过程实现

微课视频

用户登录时客户端和服务器端互相交互，客户端和服务器端代码比较复杂，涉及多线程编程。用户登录过程如图28-20所示，当用户1打开登录对话框，输入QQ号码和QQ密码，单击登录按钮，用户登录过程开始。

第①步：用户1登录，客户端将QQ号码和QQ密码数据封装发给服务器端。

第②步：服务器端接收用户 1 请求，验证用户 1 的 QQ 号码和 QQ 密码是否与数据库的 QQ 号码和 QQ 密码一致。

第③步：返回给用户 1 登录结果。服务器端将登录结果发给客户端，客户端接收服务器端返回的消息，登录成功进入用户好友列表，不成功则给用户提示信息。

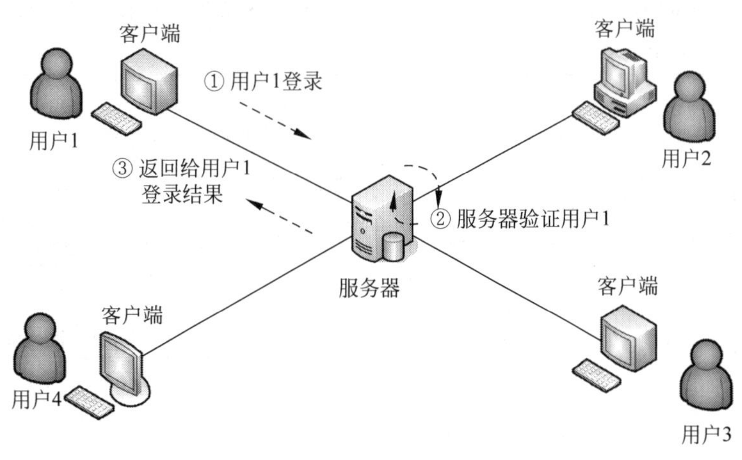

图 28-20　用户登录过程

28.6.1　迭代 5.1：QQ 客户端启动

在介绍客户端登录编程之前，首先介绍 QQ 客户端项目中的启动模块 client_main，代码如下：

```
# coding=utf-8
# 代码文件：code/chapter28/QQ 客户端项目 /client_main.py

import wx

from qq.frame.login_frame import LoginFrame

class App(wx.App):                    ①

   def OnInit(self):
        # 创建窗口对象
        frame = LoginFrame()          ②
        frame.Show()                  ③
        return True


if __name__ == '__main__':
    app = App()                       ④
    app.MainLoop()   # 进入主事件循环
```

在 client_main 模块中定义了一个 wx.Python 的 App 应用程序类，见代码第①行。代码第②行显示登录窗口，代码第③行显示窗口。代码第④行创建了 App 对象，然后调用 app.MainLoop() 进入主事件循环。

提示：有时 Python 代码文件需要运行多个进程，例如：启动多个 QQ 客户端程序，以及一个服务器端程序，这样就有多个进程在运行了。为了测试多个 QQ 客户端程序同时运行，可以在不同的命令提示符前窗口启动。但是如果在同一个 PyCharm IDE 工具测试运行多个客户端程序，需要进行一些运行配置。如果是第一次运行 client_main.py 文件，则右击菜单选择 Create Run Configuration，弹出如图 28-21 所示对话框，勾选 Allow parallel run 复选框，则允许同时并运行多个程序。如果已经运行 client_main.py 文件，则右击菜单选择 Edit 'client main'。

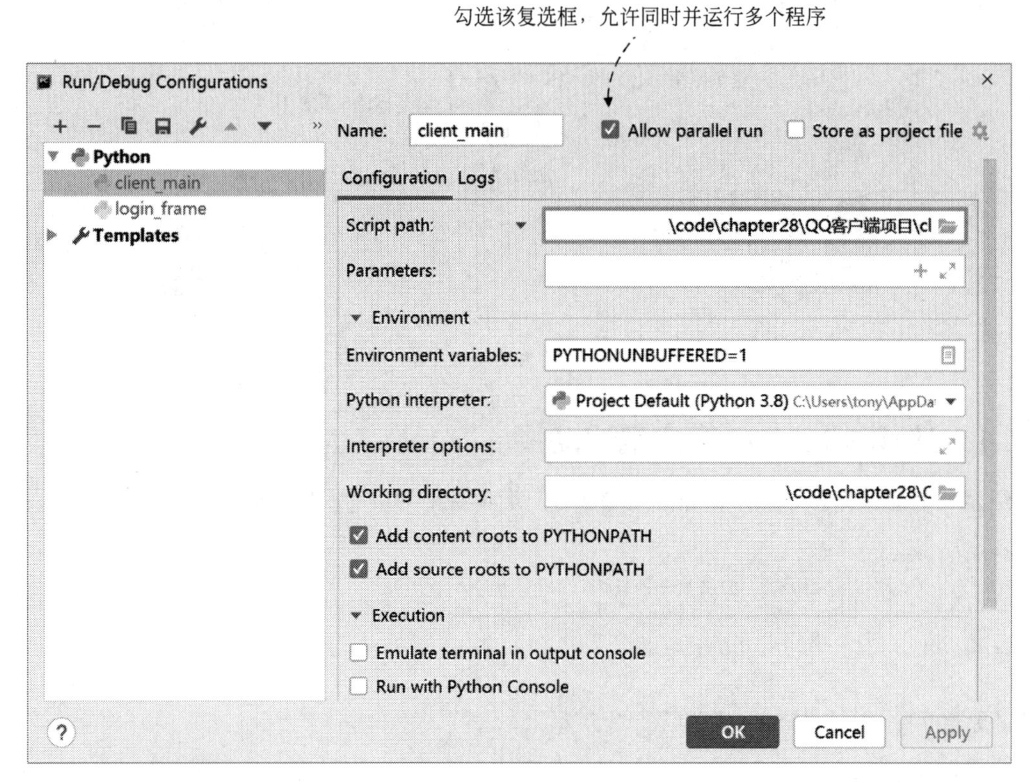

图 28-21 配置并行运行

28.6.2 迭代 5.2：客户端登录过程实现

客户端登录程序需要在 LoginFrame 中编写，主要完成图 28-20 所示第①步和第③步。LoginFrame 代码如下：

```
# coding=utf-8
# 代码文件：code/chapter28/QQ客户端项目/qq/frame/login_frame.py

…

class LoginFrame(MyFrame):
    def __init__(self):
        super().__init__(title='QQ登录', size=(340, 255))
        …
    …
```

```
    def login(self, userid, password):                              ①
        """ 客户端向服务器发送登录请求 """

        json_obj = {}                                               ②
        json_obj['command'] = COMMAND_LOGIN                         ③
        json_obj['user_id'] = userid
        json_obj['user_pwd'] = password

        # JSON 编码
        json_str = json.dumps(json_obj)                             ④
        # 给服务器端发送数据
        client_socket.sendto(json_str.encode(), server_address)          ⑤

        # 从服务器端接收数据
        try:
            json_data, _ = client_socket.recvfrom(1024)             ⑥
            # JSON 解码
            json_obj = json.loads(json_data.decode())               ⑦
            print(' 从服务器端接收数据：{0}'.format(json_obj))

            return json_obj
        except Exception:                                           ⑧
            print(' 服务器超时，服务器没有启动！ ')
```

上述代码第①行定义了 login(self, userid, password) 方法，当用户单击登录按钮时调用该方法。代码第②行发送给服务器端 JSON 对象，代码第③行是设置登录标志（COMMAND_LOGIN=1）。发送给服务器端 JSON 数据内容如下：

```
{
    "user_id": "111",                       #QQ 号码
    "user_pwd": "123",                      #QQ 密码
    "command": 1                            # 命令 1 为登录
}
```

代码第④行是将 JSON 对象编码为 JSON 字符串。代码第⑤行是发送数据给指定服务器端。到此为止，用户发送登录请求给服务器端，即完成如图 28-20 中所示的第①步操作。

代码第⑥行客户端调用 Socket 对象的 recvfrom() 方法等待服务器端应答。服务器端返回数据 json_data，json_data 是 JSON 字符串，代码第⑦行将 JSON 字符串解码为 JSON 对象。代码第⑧行是发生异常，发生异常往往是由于服务器超时。

从服务器端返回的 JSON（json_ob）数据示例代码如下：

```
{
    "result": "0",                  # 登录结果 "0" 登录成功 "-1" 登录失败
    "user_icon": "52",
    "user_pwd": "123",
    "user_id": "333",
    "user_name": " 赵 2",
    "friends": [                            # 该用户的好友列表
        {
            "online": "1",                  # 好友在线状态 "1" 为在线 "0" 为离线
            "user_icon": "28",
```

```
            "user_pwd": "123",
            "user_id": "111",
            "user_name": "关东升"
        },
        {
            "online": "1",
            "user_icon": "30",
            "user_pwd": "123",
            "user_id": "222",
            "user_name": "赵1"
        },
        {
            "online": "0",
            "user_icon": "53",
            "user_pwd": "123",
            "user_id": "888",
            "user_name": "赵3"
        }
    ]
}
```

到此为止完成了图28-20中所示的第③步操作。

28.6.3 迭代5.3：QQ服务器端启动

在介绍服务器端编程之前，首先介绍QQ服务器启动模块server_main，代码如下：

```
# coding=utf-8
# 代码文件：code/chapter28/QQ服务器项目/server_main.py

import json
import socket
import traceback as tb

from config import *

from qq.dao.user_dao import UserDao

# 操作命令代码
COMMAND_LOGIN = 1  # 登录命令
COMMAND_LOGOUT = 2  # 下线命令
COMMAND_SENDMSG = 3  # 发消息命令
COMMAND_REFRESH = 4  # 刷新好友列表命令

# 登录结果
RESULT_SUCCESS = '0'  # '0'登录成功
RESULT_FAILURE = '-1'  # '-1'登录失败

# 所有已经登录的客户端信息
clientlist = []

# 服务器Socket对象
```

```
server_socket = socket.socket(socket.AF_INET, socket.SOCK_DGRAM)
server_socket.bind(('', SERVER_PORT))

print('服务器启动, 监听自己的端口{0}...'.format(SERVER_PORT))

# 创建字节序列对象列表，作为接收数据的缓冲区
buffer = []

# 主循环
while True:    ①
    #TODO 服务器端处理
```

上述代码第①行是服务器端循环，服务器端一直循环接收客户端数据并发送数据给客户端。

28.6.4　迭代 5.4：登录过程的服务器端验证

迭代 5.4 任务实现图 28-20 中所示的第②步操作。服务器端实现代码如下：

```
...
# 主循环
while True:
    try:
        # 接收数据报包
        data, client_address = server_socket.recvfrom(1024)    ①
        json_obj = json.loads(data.decode())
        print('服务器接收客户端，消息：{0}'.format(json_obj))

        # 取出客户端传递过来的操作命令
        command = json_obj['command']                           ②

        if command == COMMAND_LOGIN:   # 用户登录过程           ③
            # 通过用户 Id 查询用户信息
            userid = json_obj['user_id']
            userpwd = json_obj['user_pwd']
            print('user_id:{0}  user_pwd:{1}'.format(userid, userpwd))

            dao = UserDao()
            user = dao.findbyid(userid)
            print(user)

            # 判断客户端发送过来的密码与数据库的密码是否一致
            if user is not None and user['user_pwd'] == userpwd:   # 登录成功 ④
                # 登录成功
                # 创建保存用户登录信息的二元组
                clientinfo = (userid, client_address)
                # 用户登录信息添加到 clientlist
                clientlist.append(clientinfo)                   ⑤

                json_obj = user
                json_obj['result'] = RESULT_SUCCESS

                # 取出好友用户列表
```

```
                dao = UserDao()
                friends = dao.findfriends(userid)                       ⑥
                # 返回 clientinfo 中 userid 列表
                cinfo_userids = map(lambda it: it[0], clientlist)       ⑦

                for friend in friends:                                  ⑧
                    fid = friend['user_id']
                    # 添加好友状态 '1' 在线 '0' 离线
                    friend['online'] = '0'
                    if fid in cinfo_userids:  # 用户登录
                        friend['online'] = '1'

                json_obj['friends'] = friends                           ⑨
                print('服务器发送用户成功，消息：{0}'.format(json_obj))

                # JSON 编码
                json_str = json.dumps(json_obj)
                # 给客户端发送数据
                server_socket.sendto(json_str.encode(), client_address)   ⑩
            else:  # 登录失败
                json_obj = {}
                json_obj['result'] = RESULT_FAILURE
                # JSON 编码
                json_str = json.dumps(json_obj)
                # 给客户端发送数据
                server_socket.sendto(json_str.encode(), client_address)   ⑪

        elif command == COMMAND_SENDMSG:  # 用户发送消息

            # TODO 用户发送消息

        elif command == COMMAND_LOGOUT:  # 用户发送下线命令
            # TODO 用户发送消息

        # TODO 刷新用户列表

    except Exception:
        tb.print_exc()
        print('服务器超时')
...
```

上述代码第①行是从客户端传递过来消息。代码第②行从消息中取出命令。代码第③行判断操作命令是否为用户登录命令（COMMAND_LOGIN）。

代码第④行判断客户端传递过来的密码与数据库查询出来的密码是否一致，如果密码一致登录成功。登录成功后需要将登录用户信息添加到 clientlist 对象，见代码第⑤行。clientlist 包保存了所有登录的用户信息的列表，clientlist 中的每一个元素都是二元组，例如 (userid,client_address)，其中 userid 是用户 Id，client_address 是登录用户的主机地址和端口，以备后面的服务器端与客户端的通信。

代码第⑥行是根据用户 Id 查询其好友列表。代码第⑦行是找出这些好友中哪些在线，这个过程使用了 map() 函数进行过滤，若在 client_address 列表有这个好友 Id，那么这个好友就是在线的。

代码第⑧行遍历好友列表 friends，添加好友列表在线状态，online 键对应好友在线状态，好友列表 friends 在数据库查询返回时没有 online 键。

代码第⑨行将好友列表添加到 JSON 对象 json_obj 中，json_obj 对象中还保存了用户信息和返回结果，json_obj['result']= RESULT_SUCCESS 表示返回结果是登录成功。代码第⑩行是给客户端发送数据。

如果登录失败，设置 json_obj['result']= RESULT_FAILURE 表示返回结果是登录失败，然后通过代码第⑪行给客户端发送数据。

28.7　任务 6：刷新好友列表

用户好友列表状态是不断变化的，服务器端会定期发送在线的用户列表，以便于客户端刷新自己的好友列表。这个过程如图 28-22 所示，操作步骤如下：

第①步：服务器端定期发送在线用户列表给所有在线的客户端。

第②步：客户端刷新好友列表。

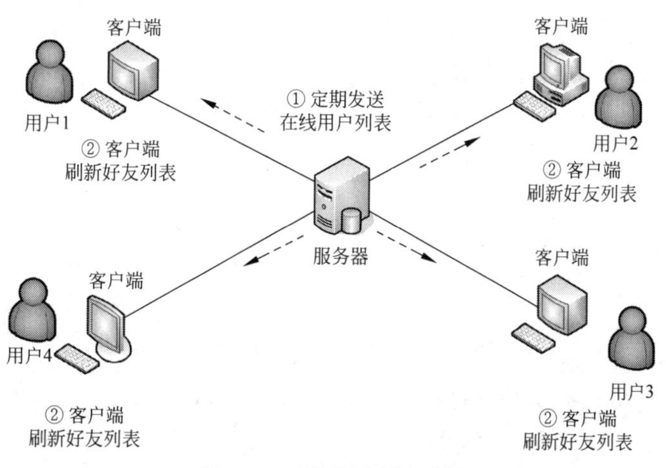

图 28-22　刷新好友列表过程

28.7.1　迭代 6.1：服务器端刷新好友列表

服务器端定期发送在线用户列表给所有在线的客户端，server_main.py 代码如下：

```
# coding=utf-8
# 代码文件：code/chapter28/QQ 服务器项目 /server_main.py

...

# 主循环
while True:
    try:
        # 接收数据报包
        data, client_address = server_socket.recvfrom(1024)
        json_obj = json.loads(data.decode())
        print(' 服务器接收客户端，消息：{0}'.format(json_obj))
```

```
            # 取出客户端传递过来的操作命令
            command = json_obj['command']

            if command == COMMAND_LOGIN:  # 用户登录过程
                # 通过用户 Id 查询用户信息
                # TODO 用户登录过程

            elif command == COMMAND_SENDMSG:  # 用户发送消息

                # TODO 用户发送消息
            ...

            # 刷新用户列表
            # 如果 clientlist 中没有元素时跳到下次循环
            if len(clientlist) == 0:
                continue

            json_obj = {}
            json_obj['command'] = COMMAND_REFRESH                    ①
            usersid_map = map(lambda it: it[0], clientlist)          ②
            useridlist = list(usersid_map)
            json_obj['OnlineUserList'] = useridlist                  ③

            for clientinfo in clientlist:                            ④
                _, address = clientinfo
                # JSON 编码
                json_str = json.dumps(json_obj)
                # 给客户端发送数据
                server_socket.sendto(json_str.encode(), address)

        except Exception:
            tb.print_exc()
            print('服务器超时')
```

上述代码第①行为客户端设置了操作命令 COMMAND_REFRESH（刷新好友列表）。代码第②行使用 map() 函数对 clientlist 进行映射，返回 usersid_map 对象，它是一种 map 类型，然后再通过 list(usersid_map) 返回列表，该列表是在线用户 Id 列表。代码第③行将在线用户 Id 列表保存到 json_obj 对象中。

代码第④行是根据在线用户列表进行遍历，逐一给每个用户发送消息，客户端会收到如下 JSON 消息。

```
{
    "command": 4,
    "OnlineUserList": [ #当前用户 Id 列表
        "111",
        "222",
        "333"
    ]
}
```

28.7.2　迭代 6.2：客户端刷新好友列表

ChatFrame 中添加接收服务器端信息功能，并刷新好友列表的代码。为了不阻塞主线程（UI 线程），这些处理应该放到子线程中。

friends_frame.py 相关代码如下：

```
# coding=utf-8
# 代码文件：code/chapter28/QQ 客户端项目 /qq/frame/friends_frame.py

...

class FriendsFrame(MyFrame):
    def __init__(self, user):
        super().__init__(title=' 我的好友 ', size=(260, 600))

        self.chatFrame = None

        # 用户信息
        self.user = user
        # 好友列表
        self.friends = user['friends']
        # 保存好友控件的列表
        self.friendctrols = []

        ...

        # 初始化线程
        # 子线程运行状态
        self.is_running = True                                  ①
        # 创建一个子线程
        self.t1 = threading.Thread(target=self.thread_body)    ②
        # 启动线程 t1
        self.t1.start()                                         ③

    ...
    # 刷新好友列表
    def refreshfriendlist(self, onlineuserlist):

        for index, friend in enumerate(self.friends):
            frienduserid = friend['user_id']
            fdname_st, fdqq_st, fdicon_sb, fdicon = self.friendctrols[index]

            if frienduserid in onlineuserlist:
                fdname_st.Enable(True)
                fdqq_st.Enable(True)
                fdicon_sb.Enable(True)
                fdicon_sb.SetBitmap(fdicon)
            else:
                fdname_st.Enable(False)
                fdqq_st.Enable(False)
```

```
                fdicon_sb.Enable(False)
                fdicon_sb.SetBitmap(fdicon.ConvertToDisabled())

        # 重绘窗口，显示更换之后的图片
        self.contentpanel.Layout()

    # 线程体函数
    def thread_body(self):                                          ④
        # 当前线程对象
        while self.is_running:                                      ⑤
            try:
                # 从服务器端接收数据
                json_data, _ = client_socket.recvfrom(1024)         ⑥
                # JSON 解码
                json_obj = json.loads(json_data.decode())
                print('从服务器端接收数据：{0}'.format(json_obj))
                cmd = json_obj['command']

                if cmd is not None and cmd == COMMAND_REFRESH:      ⑦
                    useridlist = json_obj['OnlineUserList']
                    if useridlist is not None and len(useridlist) > 0:   ⑧
                        # 刷新好友列表
                        self.refreshfriendlist(useridlist)

            except Exception:
                continue

    # 重启子线程
    def resettread(self):                                           ⑨
        # 子线程运行状态
        self.is_running = True
        # 创建一个子线程
        self.t1 = threading.Thread(target=self.thread_body)
        # 启动线程 t1
        self.t1.start()

    ...
```

上述代码第①行定义了成员变量 is_running，该变量用来设置子线程停止还是继续。代码第②行创建子线程。代码第③行启动子线程。代码第④行是线程体函数，用来执行子线程操作。代码第⑤行根据成员变量 is_running 判断是否继续执行子线程。代码第⑥行接收从服务器端返回的数据。代码第⑦行判断操作命令是否为 COMMAND_REFRESH(刷新好友列表)，如果是则调用 refreshFriendList() 方法刷新好友列表。

代码第⑨行定义了重新启动接收消息子线程方法 resettread()，该方法用来启动一个接收消息子线程。当关闭聊天窗口回到好友列表窗口时调用该方法。

chat_frame.py 相关代码如下：

```
...
class ChatFrame(MyFrame):
    def __init__(self, friendsframe, user, friend):
        super().__init__(title='', size=(450, 400))
```

```
        ...
        # 子线程运行状态
        self.is_running = True
        # 创建一个子线程
        self.t1 = threading.Thread(target=self.thread_body)   ①
        # 启动线程 t1
        self.t1.start()

    …

    # 线程体函数
    def thread_body(self):
        # 当前线程对象
        while self.is_running:
            try:
                # 从服务器端接收数据
                json_data, _ = client_socket.recvfrom(1024)
                # JSON 解码
                json_obj = json.loads(json_data.decode())
                print('CharFrame 从服务器端接收数据：{0}'.format(json_obj))
                command = json_obj['command']

                # command 不等于空值时执行
                if command is not None and command == COMMAND_REFRESH: # 刷新好友列表  ②
                    # 获得好友列表
                    userids = json_obj['OnlineUserList']
                    # 刷新好友列表
                    self.friendsframe.refreshfriendlist(userids)
                else: # 接收聊天信息
                    # TODO 接收聊天信息                            ③

            except Exception:

                continue
```

上述代码第①行是创建子线程，然后再启动子线程，线程启动时会调用线程体函数 thread_body(self)，在线程体函数中代码第②行判断是否刷新好友列表（COMMAND_REFRESH），代码第③行是接收聊天信息。

28.8　任务 7：聊天过程实现

聊天过程如图 28-23 所示，客户端用户 1 向用户 3 发送消息，这个过程实现步骤如下：

微课视频

第①步：客户端用户 1 向用户 3 发送消息。

第②步：服务器端接收用户 1 消息与转发给用户 3 消息。

第③步：客户端用户 3 接收用户 1 消息。

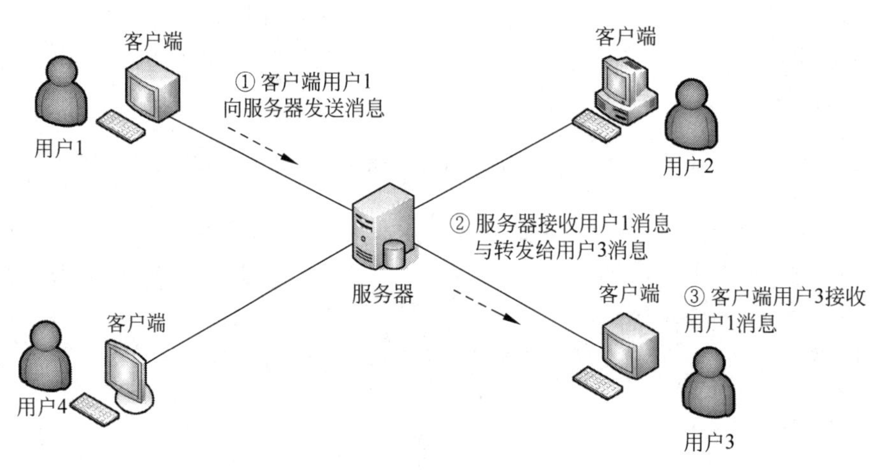

图 28-23 聊天过程

28.8.1 迭代 7.1：客户端用户 1 向服务器发送消息

客户端用户 1 向用户 3 发送消息是在聊天窗口 chat_frame 模块中实现的。chat_frame.py 相关代码如下：

```
# coding=utf-8
# 代码文件：code/chapter28/QQ客户端项目/qq/frame/chat_frame.py

...

class ChatFrame(MyFrame):
    def __init__(self, friendsframe, user, friend):
        super().__init__(title='', size=(450, 400))

        ...

    def on_click(self, event):                                          ①
        # 发送消息
        if self.sendmsg_tc.GetValue() != '':                            ②
            now = datetime.datetime.today()
            strnow = now.strftime('%Y-%m-%d %H:%M:%S')
            # 在消息查看框中显示消息
            msg = '#{0}#\n您对{1}说：{2}\n'.format(strnow,
                   self.friend['user_name'], self.sendmsg_tc.GetValue())
            self.msglog += msg
            self.seemsg_tc.SetValue(self.msglog)                        ③
            # 光标显示在最后一行
            self.seemsg_tc.SetInsertionPointEnd()                       ④

            # 向服务器端发送消息
            json_obj = {}                                               ⑤
            json_obj['command'] = COMMAND_SENDMSG
            json_obj['user_id'] = self.user['user_id']
            json_obj['message'] = self.sendmsg_tc.GetValue()
            json_obj['receive_user_id'] = self.friend['user_id']        ⑥
```

```
            # JSON 编码
            json_str = json.dumps(json_obj)
            # 给服务器端发送数据
            client_socket.sendto(json_str.encode(), server_address)   ⑦
            # 清空发送消息文本框
            self.sendmsg_tc.SetValue('')
    ...
```

上述代码第①行是当用户单击发送按钮时调用 on_click(self,event) 方法。代码第②行判断发送消息文本框是否为空。代码第③行将日志信息在查看框中显示。代码第④行是将光标显示到信息查看框的最后一行。

代码第⑤行 ~ 第⑥行是准备向服务器端发送消息。代码第⑦行向服务器端发送数据，数据格式如下：

```
{
    "receive_user_id": "222",             # 接收消息的用户 Id（即用户 3）
    "message": "你好吗？",                 # 发送的消息
    "user_id": "111",                     # 发送消息的用户 Id（即用户 1）
    "command": 3                          # 命令 3 是发送聊天消息
}
```

28.8.2　迭代 7.2：服务器端接收用户 1 消息与转发给用户 3 消息

服务器端接收用户 1 消息与转发给用户 3 消息是在 qq_server 模块中完成的，相关代码如下：

```
# coding=utf-8
# 代码文件：code/chapter28/QQ 服务器项目 /server_main.py

...

# 主循环
while True:
    try:
        # 接收数据报包
        data, client_address = server_socket.recvfrom(1024)
        json_obj = json.loads(data.decode())
        print('服务器接收客户端，消息：{0}'.format(json_obj))

        # 取出客户端传递过来的操作命令
        command = json_obj['command']

        if command == COMMAND_LOGIN:   # 用户登录过程
            # 通过用户 Id 查询用户信息
            ...

        elif command == COMMAND_SENDMSG:   # 用户发送消息                 ①

            # 获得好友 Id
            fduserid = json_obj['receive_user_id']                      ②
            # 向客户端发送数据
```

```
            # 在clientlist中查找好友Id
            filter_clientinfo = filter(lambda it: it[0] == fduserid, clientlist)    ③
            clientinfo = list(filter_clientinfo)

            if len(clientinfo) == 1:                                                 ④
                _, client_address = clientinfo[0]                                    ⑤

                # 服务器端转发消息给客户端
                # JSON编码
                json_str = json.dumps(json_obj)
                server_socket.sendto(json_str.encode(), client_address)              ⑥

        elif command == COMMAND_LOGOUT:  # 用户发送下线命令
            # 获得用户Id
            ...

    ...

    except Exception:
        tb.print_exc()
        print('服务器超时')
```

上述代码第①行是判断客户端命名是否为“用户发送消息”。代码第②行获得接收消息的用户好友Id。要想给用户3发消息，需要在clientlist登录用户列表中查找该用户。代码第③行通过filter()函数过滤找到该用户。代码第④行len(clientinfo)==1判断是否找到该用户，如果找到则代码第⑤行取出该用户的主机地址和端口。代码第⑥行是发送消息给客户端，消息示例代码如下：

```
{
    "receive_user_id": "111",          # 发送消息的用户Id（即用户1）
    "user_id": "222",                  # 接收消息的用户Id（即用户3）
    "message": "你好吗？",             # 发送的消息
    "command": 3
}
```

28.8.3 迭代7.3：客户端用户3接收用户1消息

客户端用户3接收用户1消息是在聊天窗口类ChatFrame中的接收消息子线程中实现的，这个接收消息代码与ChatFrame中刷新好友列表代码共用一个线程。

ChatFrame中相关代码如下：

```
# coding=utf-8
# 代码文件：code/chapter28/QQ客户端项目/qq/frame/chat_frame.py

"""好友聊天窗口"""
...
class ChatFrame(MyFrame):
    def __init__(self, friendsframe, user, friend):
        super().__init__(title='', size=(450, 400))
        ...
```

```
    # 线程体函数
    def thread_body(self):
        # 当前线程对象
        while self.is_running:
            try:
                # 从服务器端接收数据
                json_data, _ = client_socket.recvfrom(1024)
                # JSON 解码
                json_obj = json.loads(json_data.decode())
                print('CharFrame 从服务器端接收数据：{0}'.format(json_obj))
                command = json_obj['command']
                # command 不等于空值时执行，不等于空值或是
                if command is not None and command == COMMAND_REFRESH:
                    # 获得好友列表
                    …
                else:
                    # 获得当前时间，并格式化
                    now = datetime.datetime.today()
                    strnow = now.strftime('%Y-%m-%d %H:%M:%S')
                    # 在消息查看框中显示消息
                    message = json_obj['message']          ①
                      log = "#{0}#\n{1} 对您说：{2}\n".format(strnow, self.friend['user_name'],
message)
                    self.msglog += log
                    self.seemsg_tc.SetValue(self.msglog)   ②
                    # 光标显示在最后一行
                    self.seemsg_tc.SetInsertionPointEnd()

            except Exception:
                # 出现异常，休眠 2s，再接收数据
                # time.sleep(2)
                continue

    …
```

上述代码第①行是取出接收的消息，代码第②行是将接收的消息显示在消息查看框中。

28.9　任务 8：用户下线

用户单击关闭好友列表窗口就会下线，在服务器端会即时下线用户登录信息，但不会马上通知其他客户端，而是等到下一次刷新好友列表时，好友才能看到该用户已经下线的消息。这个过程如图 28-24 所示。

微课视频

第①步：用户 1 下线。

第②步：服务器端下线用户。

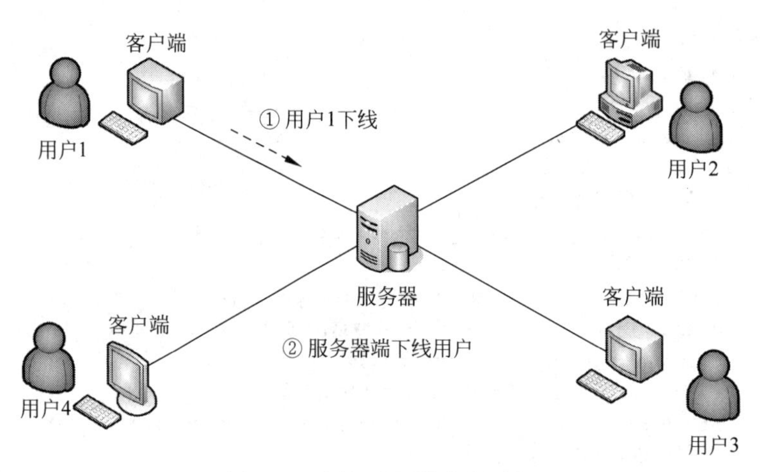

图 28-24　用户下线刷新好友列表

28.9.1　迭代 8.1：客户端实现

用户关闭好友列表窗口会触发用户下线处理，FriendsFrame 相关代码如下：

```
# coding=utf-8
# 代码文件：code/chapter28/QQ客户端项目/qq/frame/friends_frame.py
...
class FriendsFrame(MyFrame):
    def __init__(self, user):
        super().__init__(title='我的好友', size=(260, 600))

        ...
    ...

    def OnClose(self, event):                                              ①

        if self.chatFrame is not None and self.chatFrame.IsShown():
            dlg = wx.MessageDialog(self, '请先关闭聊天窗口，再关闭好友列表窗口。',
                                   '操作失败',
                                   wx.OK | wx.ICON_ERROR)
            dlg.ShowModal()
            dlg.Destroy()
            return

        # 当前用户下线，给服务器端发送下线消息
        json_obj = {}                                                      ②
        json_obj['command'] = COMMAND_LOGOUT
        json_obj['user_id'] = self.user['user_id']                         ③

        # JSON编码
        json_str = json.dumps(json_obj)
        # 给服务器端发送数据
        client_socket.sendto(json_str.encode(), server_address)            ④

        # 停止当前子线程
```

```
        self.is_running = False                              ⑤
        self.t1.join()                                       ⑥
        self.t1 = None

        # 关闭窗口，并退出系统
        super().OnClose(event)
```

上述代码第①行 OnClose(self,event) 方法在用户关闭窗口时调用。代码第②行和第③行用来准备给服务器端发送数据。代码第④行发送下线消息。发送的 JSON 消息格式如下：

```
{
    "user_id": "111",                    # 发送消息的用户 Id（即用户 1）
    "command": 2                         # 命令 2 是用户下线
}
```

代码第⑤行是设置 is_running 变量为 False 停止子线程。代码第⑥行是挂起主线程，等待 t1 子线程介绍。

28.9.2　迭代 8.2：服务器端实现

服务器端接收用户下线消息将该用户下线，就是将用户从 clientlist 列表中删除。server_main 模块相关代码如下：

```
# coding=utf-8
# 代码文件：code/chapter28/QQ 服务器项目 /server_main.py
…
# 主循环
while True:
    try:
        # 接收数据报包
        data, client_address = server_socket.recvfrom(1024)
        json_obj = json.loads(data.decode())
        print('服务器接收客户端，消息：{0}'.format(json_obj))

        # 取出客户端传递过来的操作命令
        command = json_obj['command']

        if command == COMMAND_LOGIN:  # 用户登录过程
            …
        elif command == COMMAND_SENDMSG:  # 用户发送消息
            # 获得好友 Id
            …
        elif command == COMMAND_LOGOUT:  # 用户发送下线命令     ①
            # 获得用户 Id
            userid = json_obj['user_id']                      ②
            for clientinfo in clientlist:                     ③
                cuserid, _ = clientinfo
                if cuserid == userid:
                    # 从 clientlist 列表中删除用户
                    clientlist.remove(clientinfo)             ④
                    break
```

```
            print(clientlist)

        # 刷新用户列表
        ...
    except Exception:
        tb.print_exc()
        print('服务器超时')
```

上述代码第①行判断命令是用户下线命令。代码第②行是获得当前用户 Id。代码第③行遍历 clientlist 列表，当找到要下线的用户 Id 时，则从 clientlist 列表中删除用户，见代码第④行。

用户下线后，服务器端 clientlist 列表中该用户信息会被删除，当服务器端再次发送刷新好友列表消息时，其他用户会收到该用户已经下线消息，于是刷新自己的好友列表。

图书资源支持

感谢您一直以来对清华版图书的支持和爱护。为了配合本书的使用，本书提供配套的资源，有需求的读者请扫描下方的“书圈”微信公众号二维码，在图书专区下载，也可以拨打电话或发送电子邮件咨询。

如果您在使用本书的过程中遇到了什么问题，或者有相关图书出版计划，也请您发邮件告诉我们，以便我们更好地为您服务。

我们的联系方式：

地　　址：北京市海淀区双清路学研大厦 A 座 714

邮　　编：100084

电　　话：010-83470236　010-83470237

客服邮箱：2301891038@qq.com

QQ：2301891038（请写明您的单位和姓名）

资源下载：关注公众号“书圈”下载配套资源。

资源下载、样书申请

书圈

获取最新书目

观看课程直播